面向 21 世纪课程教材
Textbook Series for 21st Century

普通高等教育"十四五"规划教材

饮料工艺学

第 4 版

陈安均　胡小松　主编

蒲　彪　主审

U0219190

中国农业大学出版社
·北京·

内 容 简 介

饮料是食品行业重要领域之一,饮料工艺学是食品科学与工程类专业的专业课程。本教材系统地阐述了饮料学的基础理论与加工工艺,绪论部分概述了饮料的定义与分类、饮料工业的发展概况、饮料工艺学的主要研究内容与学习方法,第1章介绍饮料用水及水处理,第2章介绍饮料生产常用的辅料,第3～12章分别介绍包装饮用水、果蔬汁类及其饮料、蛋白饮料、碳酸饮料、特殊用途饮料、风味饮料、茶饮料、咖啡(类)饮料、植物饮料、固体饮料。本书在兼顾高等学校教材理论性、系统性较强的前提下,尽可能从实用出发,既有最新理论和技术,又涉及饮料加工中的生产实际问题,力求理论和实践有机融合。为方便教学使用,各章前配有学习目的与要求,章后附有思考题。

本书既可作为高等院校食品类专业的教材,也可供从事食品饮料行业实际工作的专业技术人员参考。

图书在版编目(CIP)数据

饮料工艺学 / 陈安均,胡小松主编 . --4 版 . --北京:中国农业大学出版社,2023.12
ISBN 978-7-5655-3122-4

Ⅰ.①饮… Ⅱ.①陈… ②胡… Ⅲ.①饮料－生产工艺－高等学校－教材 Ⅳ.①TS27

中国国家版本馆 CIP 数据核字(2023)第 234273 号

书　　名	饮料工艺学　第4版
	Yinliao Gongyixue
作　　者	陈安均　胡小松　主编

策划编辑	魏　巍　宋俊果　王笃利	责任编辑	魏　巍　刘彦龙
封面设计	郑　川　李尘工作室		
出版发行	中国农业大学出版社		
社　　址	北京市海淀区圆明园西路2号	邮政编码	100193
电　　话	发行部 010-62733489,1190	读者服务部	010-62732336
	编辑部 010-62732617,2618	出　版　部	010-62733440
网　　址	http://www.caupress.cn	E-mail	cbsszs@cau.edu.cn
经　　销	新华书店		
印　　刷	北京溢漾印刷有限公司		
版　　次	2023年12月第4版　2023年12月第1次印刷		
规　　格	185 mm×260 mm　16开本　21印张　524千字		
定　　价	59.00元		

普通高等学校食品类专业系列教材
编审指导委员会委员

（按姓氏拼音排序）

第4版编审人员

主　编　陈安均（四川农业大学食品学院）
　　　　胡小松（中国农业大学食品科学与营养工程学院）

副主编　廖小军（中国农业大学食品科学与营养工程学院）
　　　　王如福（山西农业大学食品科学与工程学院）
　　　　谭兴和（湖南农业大学食品科学技术学院）
　　　　孟宪军（沈阳农业大学食品学院）
　　　　刘兴艳（四川农业大学食品学院）
　　　　田建军（内蒙古农业大学食品科学与工程学院）
　　　　吴彩娥（南京林业大学轻工学院食品系）

编　者　陈安均（四川农业大学食品学院）
　　　　陈　佩（华南农业大学食品学院）
　　　　陈文学（海南大学食品学院）
　　　　程建军（东北农业大学食品学院）
　　　　胡小松（中国农业大学食品科学与营养工程学院）
　　　　蒋和体（西南大学食品科学学院）
　　　　李国胜（海南大学食品学院）
　　　　廖小军（中国农业大学食品科学与营养工程学院）
　　　　刘兴艳（四川农业大学食品学院）
　　　　孟宪军（沈阳农业大学食品学院）
　　　　申晓琳（河南牧业经济学院）
　　　　苏　琳（内蒙古农业大学食品科学与工程学院）
　　　　孙希云（沈阳农业大学食品学院）
　　　　谭兴和（湖南农业大学食品科学技术学院）
　　　　田建军（内蒙古农业大学食品科学与工程学院）
　　　　王如福（山西农业大学食品科学与工程学院）
　　　　吴彩娥（南京林业大学轻工学院食品系）

主　审　蒲　彪（四川农业大学食品学院）

第3版编写人员

主　编　蒲　彪（四川农业大学食品学院）
　　　　胡小松（中国农业大学食品科学与营养工程学院）

副主编　廖小军（中国农业大学食品科学与营养工程学院）
　　　　王如福（山西农业大学食品科学与工程学院）
　　　　谭兴和（湖南农业大学食品科学技术学院）
　　　　孟宪军（沈阳农业大学食品学院）
　　　　刘兴艳（四川农业大学食品学院）
　　　　田建军（内蒙古农业大学食品科学与工程学院）
　　　　吴彩娥（南京林业大学轻工学院食品系）

编　者　陈　佩（华南农业大学食品学院）
　　　　陈文学（海南大学食品学院）
　　　　程建军（东北农业大学食品学院）
　　　　胡小松（中国农业大学食品科学与营养工程学院）
　　　　蒋和体（西南大学食品科学学院）
　　　　李国胜（海南大学食品学院）
　　　　廖小军（中国农业大学食品科学与营养工程学院）
　　　　刘兴艳（四川农业大学食品学院）
　　　　孟宪军（沈阳农业大学食品学院）
　　　　蒲　彪（四川农业大学食品学院）
　　　　申晓琳（河南牧业经济学院）
　　　　苏　琳（内蒙古农业大学食品科学与工程学院）
　　　　孙希云（沈阳农业大学食品学院）
　　　　谭兴和（湖南农业大学食品科学技术学院）
　　　　田建军（内蒙古农业大学食品科学与工程学院）
　　　　王如福（山西农业大学食品科学与工程学院）
　　　　吴彩娥（南京林业大学轻工学院食品系）

第 2 版编写人员

主　　编　蒲　彪（四川农业大学食品学院）
　　　　　　胡小松（中国农业大学食品科学与营养工程学院）

副主编　廖小军（中国农业大学食品科学与营养工程学院）
　　　　　　王如福（山西农业大学食品科学与工程学院）
　　　　　　谭兴和（湖南农业大学食品科学技术学院）
　　　　　　孟宪军（沈阳农业大学食品学院）

编　　者　李远志（华南农业大学食品学院）
　　　　　　蒋和体（西南大学食品科学学院）
　　　　　　张素华（扬州大学旅游烹饪（食品科学与工程）学院）
　　　　　　陈文学（海南大学食品学院）
　　　　　　吴彩娥（南京林业大学资环学院食品系）
　　　　　　程建军（东北农业大学食品学院）
　　　　　　陈忠军（内蒙古农业大学食品科学与工程学院）
　　　　　　刘兴艳（四川农业大学食品学院）

第1版编写人员

主　编　胡小松（中国农业大学食品学院）
　　　　蒲　彪（四川农业大学工程技术学院）
　　　　廖小军（中国农业大学食品学院）

副主编　王如福（山西农业大学食品系）
　　　　谭兴和（湖南农业大学食品科技学院）
　　　　孟宪军（沈阳农业大学食品系）

编　者　李远志（华南农业大学食品系）
　　　　蒋和体（西南农业大学食品学院）
　　　　刘金福（天津农学院食品系）
　　　　张素华（扬州大学农学院食品系）
　　　　吴彩娥（山西农业大学食品系）
　　　　程建军（东北农业大学食品学院）
　　　　陈忠军（内蒙古农业大学食品工程系）
　　　　李梅青（安徽农业大学食品系）

出 版 说 明
（代总序）

　　岁月如梭，食品科学与工程类专业系列教材自启动建设工作至现在的第 4 版或第 5 版出版发行，已经近 20 年了。160 余万册的发行量，表明了这套教材是受到广泛欢迎的，质量是过硬的，是与我国食品专业类高等教育相适宜的，可以说这套教材是在全国食品类专业高等教育中使用最广泛的系列教材。

　　这套教材成为经典，作为总策划，我感触颇多，翻阅这套教材的每一科目、每一章节，浮现眼前的是众多著作者们汇集一堂倾心交流、悉心研讨、伏案编写的景象。正是大家的高度共识和对食品科学类专业高等教育的高度责任感，铸就了系列教材今天的成就。借再一次撰写出版说明（代总序）的机会，站在新的视角，我又一次对系列教材的编写过程、编写理念以及教材特点做梳理和总结，希望有助于广大读者对教材有更深入的了解，有助于全体编者共勉，在今后的修订中进一步提高。

　　一、优秀教材的形成除著作者广泛的参与、充分的研讨、高度的共识外，更需要思想的碰撞、智慧的凝聚以及科研与教学的厚积薄发。

　　20 年前，全国 40 余所大专院校、科研院所，300 多位一线专家教授，覆盖生物、工程、医学、农学等领域，齐心协力组建出一支代表国内食品科学最高水平的教材编写队伍。著作者们呕心沥血，在教材中倾注平生所学，那字里行间，既有学术思想的精粹凝结，也不乏治学精神的光华闪现，诚所谓学问人生，经年积成，食品世界，大家风范。这精心的创作，与敷衍的粘贴，其间距离，何止云泥！

　　二、优秀教材以学生为中心，擅于与学生互动，注重对学生能力的培养，绝不自说自话，更不任凭主观想象。

　　注重以学生为中心，就是彻底摒弃传统填鸭式的教学方法。著作者们谨记"授人以鱼不如授人以渔"，在传授食品科学知识的同时，更启发食品科学人才获取知识和创造知识的思维与灵感，于润物细无声中，尽显思想驰骋，彰耀科学精神。在写作风格上，也注重学生的参与性和互动性，接地气，说实话，"有里有面"，深入浅出，有料有趣。

三、优秀教材与时俱进，既推陈出新，又勇于创新，绝不墨守成规，也不亦步亦趋，更不原地不动。

首版再版以至四版五版，均是在充分收集和尊重一线任课教师和学生意见的基础上，对新增教材进行科学论证和整体规划。每一次工作量都不小，几乎覆盖食品学科专业的所有骨干课程和主要选修课程，但每一次修订都不敢有丝毫懈怠，内容的新颖性，教学的有效性，齐头并进，一样都不能少。具体而言，此次修订，不仅增添了食品科学与工程最新发展，又以相当篇幅强调食品工艺的具体实践。每本教材，既相对独立又相互衔接互为补充，构建起系统、完整、实用的课程体系，为食品科学与工程类专业教学更好服务。

四、优秀教材是著作者和编辑密切合作的结果，著作者的智慧与辛劳需要编辑专业知识和奉献精神的融入得以再升华。

同为他人作嫁衣裳，教材的著作者和编辑，都一样的忙忙碌碌，飞针走线，编织美好与绚丽。这套教材的编辑们站在出版前沿，以其炉火纯青的编辑技能，辅以最新最好的出版传播方式，保证了这套教材的出版质量和形式上的生动活泼。编辑们的高超水准和辛勤努力，赋予了此套教材蓬勃旺盛的生命力。而这生命力之源就是广大院校师生的认可和欢迎。

第 1 版食品科学与工程类专业系列教材出版于 2002 年，涵盖食品学科 15 个科目，全部入选"面向 21 世纪课程教材"。

第 2 版出版于 2009 年，涵盖食品学科 29 个科目。

第 3 版(其中《食品工程原理》为第 4 版)500 多人次 80 多所院校参加编写，2016 年出版。此次增加了《食品生物化学》《食品工厂设计》等品种，涵盖食品学科 30 多个科目。

需要特别指出的是，这其中，除 2002 年出版的第 1 版 15 部教材全部被审批为"面向 21 世纪课程教材"外，《食品生物技术导论》《食品营养学》《食品工程原理》《粮油加工学》《食品试验设计与统计分析》等为"十五"或"十一五"国家级规划教材。第 2 版或第 3 版教材中，《食品生物技术导论》《食品安全导论》《食品营养学》《食品工程原理》4 部为"十二五"普通高等教育本科国家级规划教材，《食品化学》《食品化学综合实验》《食品安全导论》等多个科目为原农业部"十二五"或农业农村部"十三五"规划教材。

本次第 4 版(或第 5 版)修订，参与编写的院校和人员有了新的增加，在比较完善的科目基础上与时俱进做了调整，有的教材根据读者对象层次以及不同的特色做了不同版本，舍去了个别不再适合新形势下课程设置的教材品种，对有些教材的题目做了更新,使其与课程设置更加契合。

在此基础上,为了更好满足新形势下教学需求,此次修订对教材的新形态建设提出了更高的要求,出版社教学服务平台"中农 De 学堂"将为食品科学与工程类专业系列教材的新形态建设提供全方位服务和支持。此次修订按照教育部新近印发的《普通高等学校教材管理办法》的有关要求,对教材的政治方向和价值导向以及教材内容的科学性、先进性和适用性等提出了明确且具针对性的编写修订要求,以进一步提高教材质量。同时为贯彻《高等学校课程思政建设指导纲要》文件精神,落实立德树人根本任务,明确提出每一种教材在坚持食品科学学科专业背景的基础上结合本教材内容特点努力强化思政教育功能,将思政教育理念、思政教育元素有机融入教材,在课程思政教育润物细无声的较高层次要求中努力做出各自的探索,为全面高水平课程思政建设积累经验。

教材之于教学,既是教学的基本材料,为教学服务,同时教材对教学又具有巨大的推动作用,发挥着其他材料和方式难以替代的作用。教改成果的物化、教学经验的集成体现、先进教学理念的传播等都是教材得天独厚的优势。教材建设既成就了教材,也推动着教育教学改革和发展。教材建设使命光荣,任重道远。让我们一起努力吧!

罗云波

2021 年 1 月

第4版前言

教育部"面向21世纪课程教材"《饮料工艺学》自2002年出版以来,承蒙广大读者喜爱,被数十所高校食品及相关专业选用,2009年在第1版基础上进行了更新完善,改版为第2版,使用效果进一步提高。国家标准GB/T 10789—2015《饮料通则》于2016年4月1日起实施,新国标对饮料的定义、分类名称和顺序进行了调整,为使教材更加适应教学需要,进行了第二次修订形成第3版。近年来,我国饮料工业发展较快,一些新技术、新工艺、新设备得以推广应用,新法规、新标准不断发布和实施。同时,为更好地落实"实施科教兴国战略,强化现代化建设人才支撑",为饮料工业"高质量发展"培养富有创新精神的人才,坚决实现人才强国梦,本着紧跟前沿、与时俱进、领学与自学相结合的理念,编写组与出版社决定对该教材进行第三次修订,本次修订为第4版。新版教材在保持原版的体系和特色的基础上,结合饮料工业和学科研究现状,重点对行业发展的实际情况和趋势进行了重新梳理,并对重要技术进行完善和补充。

本书由陈安均、胡小松任主编,参加编写人员和分工如下:绪论由陈安均编写;第1章1.1,1.2.1,1.2.2由王如福编写,1.2.3,1.2.4由田建军编写;第2章由谭兴和、陈安均编写;第3章由廖小军、刘兴艳编写;第4章由胡小松编写;第5章5.1由申晓琳编写,5.2,5.3由陈佩编写;第6章6.1～6.4由陈安均编写,6.5,6.6由吴彩娥编写;第7章7.1,7.3,7.4由苏琳编写,7.2由吴彩娥编写;第8章由程建军编写;第9章由蒋和体编写;第10章由陈文学、李国胜编写;第11章由刘兴艳编写;第12章由孟宪军、孙希云编写。陈安均负责全书的统稿,蒲彪审定。

由于本书涉及学科多、知识面广,参加编写人员较多,难免存在疏漏和不妥之处,敬请同行专家和读者批评指正。

编 者

2023年10月

第3版前言

教育部"面向21世纪课程教材"《饮料工艺学》自2002年出版以来,承蒙广大读者喜爱,被数十所高校食品及相关专业选用,2009年在第1版基础上进行了更新完善,改版为第2版,使用效果进一步提高。近年来我国饮料工业发展很快,新技术、新工艺、新设备大量采用,新法规、新标准不断发布和实施。国家标准 GB/T 10789—2015《饮料通则》于2016年4月1日起实施。新国标对饮料的定义、分类名称和顺序进行了调整,删除或调整了部分饮料类别下属分类和定义。为使教材与时俱进,更加适应教学需要,决定再次修订改版。本次出版为第3版,涉及相关内容均以 GB/T 10789—2015 为准。

修订是对原版教材的再创作过程,新版在保持原版教材体系和特色的基础上,结合饮料工业和学科发展现状,并联系高等教育教学、教改实际,对第2版教材进行了较大幅度的修订,部分章节更新内容在30%以上。

本书由蒲彪、胡小松任主编,参加编写人员和分工如下:绪论由蒲彪编写;第1章1.1,1.2.1,1.2.2由王如福编写,1.2.3,1.2.4由田建军编写;第2章由谭兴和编写;第3章由廖小军、刘兴艳编写;第4章由蒲彪、胡小松编写;第5章5.1由申晓琳编写,5.2,5.3由陈佩编写;第6章6.1～6.4由蒲彪编写,6.5,6.6由吴彩娥编写;第7章7.1,7.3,7.4由苏琳编写,7.2由吴彩娥编写;第8章由程建军编写;第9章由蒋和体编写;第10章由陈文学、李国胜编写;第11章由刘兴艳编写;第12章由孟宪军、孙希云编写。蒲彪负责全书的统稿,胡小松审定。

由于本书涉及学科多、知识面广,参加编写人员较多,难免存在疏漏和不妥之处,敬请同行专家和读者批评指正。

编　者
2016年3月

第 2 版前言

教育部"面向 21 世纪课程教材"《软饮料工艺学》自 2002 年由中国农业大学出版社出版以来,7 年中被数十所高校食品及相关专业广泛选用,反响很好。近年来我国饮料工业发展很快,新技术、新工艺、新设备被大量采用,新法规、新标准不断发布和实施,急需修订再版。由于新的国家标准 GB 10789—2007《饮料通则》将"软饮料"改称为"饮料",故教材更名为《饮料工艺学》。

修订是对原版教材的再创作过程,本次修订在保持原版教材体系和特色的基础上,结合饮料工业和学科发展现状,并联系高等教育教学、教改实际,对 2002 年版《软饮料工艺学》进行了大量修改和完善。新增了第 9 章咖啡饮料、第 10 章植物饮料和第 11 章风味饮料,删除了第 11 章其他饮料;虽然新国标将含乳饮料和植物蛋白饮料归为蛋白饮料一大类,考虑到教材的延续性和行业的习惯性,仍将其独立为第 5、第 6 两章;全书由原来的 11 章改变为 13 章,绝大部分章节更新内容在 30% 以上。修订后的教材更加符合新时期的教学要求。

本书由蒲彪、胡小松任主编,参加编写人员和分工如下:绪论、3.1~3.4、第 4 章、第 5 章、12.1 由蒲彪编写,1.1、1.2.1~1.2.2 由王如福编写,1.2.3~1.2.4、12.3 由张素华编写,第 2 章由谭兴和编写,3.5~3.6、12.2 由吴彩娥编写,第 6 章由李远志、陈忠军编写,第 7 章由廖小军编写,第 8 章由蒋和体编写,第 9 章由陈文学编写,第 10 章由刘兴艳编写,第 11 章由程建军编写,第 13 章由孟宪军编写。蒲彪负责全书的统稿,胡小松审定。

由于本书涉及学科多、知识面广,参加编写人员较多,难免存在疏漏和不妥之处,敬请同行专家和读者批评指正。

编　者
2009 年 5 月

第 1 版前言

近些年,我国软饮料工业发展迅猛,软饮料总产量每年平均以 24％的速度增长,软饮料工业已成为食品工业中最有活力的组成部分。新技术的广泛应用、新品种的不断涌现,有力地促进了高校食品专业教学课程内容的改革,目前,软饮料工艺学已成为食品专业的一门重要的必修课程。尽管有关软饮料生产的参考书较多,但是尚缺乏能够适应当今教学需求的教材,因此,我们组织编写了《软饮料工艺学》一书。本书是高等教育面向 21 世纪教学课程和教学内容体系改革研究与实践(04-18)项目成果。

全书分为 12 章(包括绪论),由胡小松、蒲彪任主编。参加编写的人员分工如下:绪论、第 3 章、第 10 章的第 1 节由蒲彪编写,第 1 章由王如福编写,第 2 章由谭兴和编写,第 4 章由胡小松、廖小军编写,第 5 章由刘金福编写,第 6 章由李远志、陈忠军编写,第 7 章由廖小军、胡小松编写,第 8 章由蒋和体、李梅青编写,第 9 章由孟宪军编写,第 10 章由蒲彪、吴彩娥、张素华编写,第 11 章由程建军编写。最后由蒲彪负责全书的统稿工作,胡小松审定。

由于本书涉及的学科多、内容广,加之编者水平和能力有限,书中难免有疏漏和不妥之处,敬请同行专家和广大读者批评指正。

编　者
2002 年 7 月

目　　录

绪　论

0.1 饮料的定义与分类

0.1.1 饮料的定义

饮料(beverage)的传统定义是指经过加工制作,供人饮用的食品,以提供人们生活必需的水分和营养成分,达到生津止渴和增进身体健康的目的。

饮料是重要的食品类型之一,其种类繁多,风味各异,是人们日常生活中最普遍最必需的饮品。根据是否含酒精,饮料可分为两大类,即含酒精饮料和非酒精饮料。通常将含酒精饮料称为酒类,包括白酒、啤酒、葡萄酒、果酒和黄酒等;非酒精饮料称为软饮料。但软饮料并非完全不含酒精,如所加香精的溶剂往往是酒精,另外发酵饮料也可能产生微量酒精。

根据产品的组织形态不同,可以把饮料分为液态饮料、固体饮料和共态饮料三种类型。通常情况下,饮料含水率很高,以呈液态的居多。固体饮料是指用食品原辅料、食品添加剂等加工制成粉末状、颗粒状或块状等固态料,供冲调或冲泡饮用的固体制品。共态饮料则是指那些既可以是固态,也可以是液态,在物理形态上处于过渡状态的饮料。如冷饮类的冰糕、雪糕、冰激凌等。

饮料都具有一定的滋味和口感,而且十分强调色、香、味。它们或者保持天然原料的色、香、味,或者经过加工调配加以改善,以满足人们各方面的需要。饮料不仅能为人们补充水分,而且还有补充营养的作用,有的甚至还有食疗作用。有些饮料含有特殊成分,对人体起着不同的作用。例如,碳酸饮料,饮用时有清凉爽口感,具有消暑解渴作用;茶和咖啡是传统的嗜好饮品,由于含有咖啡碱,饮用时有提神作用;酒类作为嗜好饮品有悠久的历史,适当饮用可使人醒神兴奋,消除疲劳,但过量饮用则使人致醉伤身等。

何谓软饮料,国际上无明确规定,一般认为不含酒精的饮料即为软饮料(soft drinks),各国规定有所不同。

美国软饮料法规把软饮料规定为:软饮料是指人工配制的,酒精(用作香精等配料的溶剂)含量不超过0.5%的饮料,但不包括果汁、纯蔬菜汁、大豆乳制品、茶叶、咖啡、可可等以植物性原料为基础的饮料。

日本没有软饮料的概念,称为清凉饮料。包括碳酸饮料、水果饮料、固体饮料、咖啡饮料、茶饮料、矿泉水、苏打水、运动饮料等,但不包括含乳酸菌的饮料。

英国法规把软饮料定义为"任何供人类饮用而出售的需要稀释或不需要稀释的液体产品",包括各种果汁饮料、汽水(苏打水、奎宁汽水、甜化汽水)、姜啤以及加药或植物的饮料,不包括水、天然矿泉水(包括强化矿物质的)、果汁(包括加糖和不加糖的、浓缩的)、乳及乳制品、茶、咖啡、可可或巧克力、蛋制品、粮食制品(包括加麦芽汁含酒精的,但不能醉人的除外)、肉类、酵母或蔬菜等制品(包括番茄汁)、汤料、能醉人的饮料以及除苏打水外的任何不甜的饮料。

欧盟其他国家的规定基本与英国相似。

为了促进我国饮料市场的快速健康发展,根据近年来饮料行业的发展现状,国家质量监督检验检疫总局、国家标准化管理委员会制定了新的国家标准GB/T 10789—2015《饮料通则》,该标准代替GB/T 10789—2007《饮料通则》,于2016年4月1日起实施。新国标中主要对饮料分类的名称和顺序进行了调整,删除或调整了部分饮料类别下属分类和定义,在此标准中饮料的定义为:饮料是指经过定量包装的,供直接饮用或按一定比例用水冲调或冲泡饮用的,乙醇含量(质量分数)不超过 0.5%的制品;也可为饮料浓浆或固体形态。

除我国国标将软饮料更名为饮料,日本将软饮料称为清凉饮料外,美国、欧盟等其他国家和地区,仍称为软饮料,本书所讲饮料均以我国国标 GB/T 10789—2015《饮料通则》为依据,分类如下。

0.1.2 饮料的分类

根据 GB/T 10789—2015《饮料通则》,按原料或产品性状不同,饮料分为 11 个类别及相应的种类。

1. 包装饮用水类

包装饮用水类是指以直接来源于地表、地下或公共供水系统的水为水源,经加工制成的密封于容器中可直接饮用的水,包括饮用天然矿泉水、饮用纯净水、其他饮用水(饮用天然泉水、饮用天然水、其他饮用水)等 3 个种类。

2. 果蔬汁类及其饮料

果蔬汁类及其饮料是指用水果和(或)蔬菜(包括可食的根、茎、叶、花、果实)等为原料,经加工或发酵制成的饮料,包括果蔬汁(浆)、浓缩果蔬汁(浆)、果蔬汁(浆)饮料[包括果蔬汁饮料、果肉(浆)饮料、复合果蔬汁饮料、果蔬汁饮料浓浆、发酵果蔬汁饮料、水果饮料等]。

3. 蛋白饮料

蛋白饮料是指以乳或乳制品,或其他动物来源的可食用蛋白,或含有一定蛋白质的植物果实、种子或种仁等为原料,添加或不添加其他食品原辅料和(或)食品添加剂,经加工或发酵制成的液体饮料。包括含乳饮料、植物蛋白饮料、复合蛋白饮料和其他蛋白饮料等 4 个种类,其中含乳饮料又进一步分为配制型含乳饮料、发酵型含乳饮料和乳酸菌饮料 3 种。

4. 碳酸饮料(汽水)

碳酸饮料是指以食品原辅料和(或)食品添加剂为基础,经加工制成的,在一定条件下充入二氧化碳气体的液体饮料,如果汁型碳酸饮料、果味型碳酸饮料、可乐型碳酸饮料和其他型碳酸饮料等,不包括由发酵法自身产生的二氧化碳气的饮料。

5. 特殊用途饮料

特殊用途饮料是指加入具有特定成分的适应所有或某些特殊人群需要的液体饮料,包括运动饮料、营养素饮料、能量饮料、电解质饮料和其他特殊用途饮料等 5 个种类。

6. 风味饮料

风味饮料是指以糖(包括食糖和淀粉糖)和(或)甜味剂、酸度调节剂、食用香精(料)等的一种或者多种作为调整风味的主要手段,经加工或发酵制成的液体饮料,包括茶味饮料、果味饮料、乳味饮料、咖啡味饮料、风味水饮料和其他风味饮料等。

7. 茶(类)饮料

茶(类)饮料是指以茶叶或茶叶的水提取液或其浓缩液、茶粉(包括速溶茶粉、研磨茶粉)或直接以茶的鲜叶为原料,添加或不添加食品原辅料和(或)食品添加剂,经加工制成的液体饮料。如原茶汁(茶汤)/纯茶饮料、茶浓缩液、茶饮料、果汁茶饮料和果味茶饮料、奶茶饮料、复

(混)合茶饮料、其他茶饮料。

8. 咖啡(类)饮料

咖啡(类)饮料是指以咖啡豆和(或)咖啡制品(研磨咖啡粉、咖啡的提取液或其浓缩液、速溶咖啡等)为原料,添加或不添加糖(食糖、淀粉糖)、乳和(或)乳制品、植脂末等食品原辅料和(或)食品添加剂,经加工制成的液体饮料,如浓咖啡饮料、咖啡饮料、低咖啡因咖啡饮料、低咖啡因浓咖啡饮料等。

9. 植物饮料

植物饮料是指以植物或植物抽提物为原料,添加或不添加其他食品原辅料和(或)食品添加剂,经加工或发酵制成的液体饮料,如可可饮料、谷物类饮料、食用菌饮料、藻类饮料和其他植物饮料等 5 个种类,不包括果蔬汁类及其饮料、茶(类)饮料和咖啡(类)饮料。

10. 固体饮料

用食品原辅料、食品添加剂等加工制成粉末状、颗粒状或块状等,供冲调或冲泡饮用的固态制品,如风味固态饮料、果蔬固态饮料、蛋白固体饮料、茶固态饮料、咖啡固态饮料、植物固态饮料、特殊用途固态饮料、其他固态饮料。

11. 其他类饮料

除上述之外的饮料,有部分经国家相关部门批准,可声称具有特定保健功能的制品为功能饮料。

0.2　饮料工业的发展概况

0.2.1　饮料的发展历史

饮料加工具有悠久的历史,不同类别的饮料其发展历史各不相同。碳酸饮料、果汁饮料和茶饮料占据重要地位。

碳酸饮料的发展历史可以追溯到从天然山泉中发现矿泉水。很长时间以来,人们都认为在天然泉水中沐浴有益于健康,科学家们发现在天然的矿物质水的水泡中含有二氧化碳气体,富含矿物质的山泉水具有医疗效果。

市售的第一种饮料是在 17 世纪问世的,是由水、柠檬汁及蜂蜜(用于增加甜度)制作而成的。1676 年,巴黎 Limonadiers 公司获准垄断销售这种柠檬汽水。1772 年英国人 Priestley 发明了制造碳酸饱和水的设备,成为制造碳酸饮料的始祖。然而,直到 1832 年碳酸饮料才开始得到广泛普及。1886 年,亚特兰大药剂师 John Pemberton 在乔治亚州发明了"可口可乐"。1892 年,William Painter 发明了皇冠盖。1898 年,Caleb Bradham 发明了"百事可乐"。1899 年,用于制造玻璃瓶的玻璃吹瓶机的第一项专利出现。1952 年,第一款低热量饮料"No-Cal Beverage"开始销售。1957 年,第一瓶铝罐开始采用。1959 年,第一瓶低热量可乐开始销售。1962 年,美国匹兹堡酿酒公司将拉环第一次推向市场。1963 年 3 月,美国施利茨酿酒公司向公众推出易拉罐装啤酒。20 世纪 70 年代,饮料开始采用塑料瓶包装形式,1973 年,PET 塑料瓶问世。1974 年,留置式拉环问世,美国瀑布城酿酒公司将其推向了市场。目前,可口可乐、百事可乐在世界碳酸饮料市场上占据垄断位置。

茶饮料的发展经历了传统冲泡、速溶茶、果汁茶、纯茶、保健茶这 5 个阶段。18 世纪,欧洲的茶商曾从中国进口一种用茶抽提浓缩液制作的深色茶饼,溶化后作为早餐用茶,这便是今天速溶茶的雏形。速溶茶的研制始于 1950 年的美国,初期的加工设备、技术大多是沿用速溶咖啡的,并不断在设备、技术上加以改进。20 世纪 60 年代,在速溶茶工业迅速发展的基础上,出现了工业规模的冰茶制造业。然而,在家庭或宴会中,冰茶已有 100~200 年的历史。1973 年,日本首先开发成功罐装茶水饮料——红茶饮料,有柠檬红茶和奶茶饮料产品。1983 年日本又推出了绿茶饮料。随后,日本企业相继推出了混合茶饮料和保健茶饮料,至 1985 年,无甜味、后味爽口、不加色素的天然茶饮料开始在日本走红,继而生产了纸容器、PET 瓶和玻璃瓶装茶饮料。一向以经营可乐等碳酸饮料闻名于世的饮料巨头可口可乐公司也在 2001 年推出了系列茶饮料。

早在 6 000 年以前,巴比伦人就有喝水果饮料的记载,又经过若干个世纪还有喝柠檬饮料的记载,这是果汁饮料的最古老记载。1868 年日本首次生产调味果汁饮料。1869 年美国新泽西州对瓶装葡萄汁首次进行巴氏杀菌,开始了小包装发酵型纯果汁的商品生产。1897 年日本用榨出的橘子汁生产果汁饮料,并开始销售,但由于杀菌不足,很快终止了销售。

0.2.2 国内外软饮料工业的生产与消费概况

2010—2022 年,全球软饮料行业市场规模波动变化。据欧睿数据库显示,全球软饮料市场销量在 2010—2019 年一直呈现逐年上升的趋势。2010 年销量为 5 485 亿 L,销售收入为 7 504 亿美元;2019 年销量达 7 276 亿 L,销售收入为 8 858 亿美元。2020 年受新型冠状病毒感染疫情的影响,全球软饮料市场规模大幅下降,市场销量降低为 6 933 亿 L,销售收入降低为 7 823 亿美元。2021 年,伴随着软饮料行业的复苏,全球软饮料市场销量快速回升至 7 278 亿 L,实现销售收入 8 821 亿美元。2022 年达到历史最高值,销量 7 564 亿 L,销售收入 9 603 亿美元。2016—2022 年,亚太地区软饮料行业快速发展,一直是全球第一大软饮料市场。2022 年,亚太地区占全球软饮料市场销量的 28.62%(2 165 亿 L),北美地区占 17.45%(1 320 亿 L),西欧地区(1 124 亿 L)和拉美地区(1 038 亿 L)分别占 14.86%、13.72%。

就软饮料种类而言,碳酸饮料、瓶装水占据前两位,第三位在果汁饮料和茶饮料中变化。亚太地区瓶装水长期占据第一位,碳酸饮料占第二位,即饮茶饮料占第三位,果汁饮料排名第四。2022 年,亚太地区瓶装水销量 1 110.5 亿 L,碳酸饮料销量 427.4 亿 L,即饮茶饮料销量 277.7 亿 L,果汁饮料销量 183.8 亿 L。在北美地区,碳酸饮料销量占比逐渐下降,瓶装水销量占比逐渐上升,2021 年瓶装水销量首次超过碳酸饮料,2022 年瓶装水销量进一步增加至 502.4 亿 L,碳酸饮料为 489.3 亿 L,而果汁饮料(146.6 亿 L)列第三位,即饮茶饮料列第四(64.3 亿 L)。在西欧地区,瓶装水(587.0 亿 L)、碳酸饮料(331.9 亿 L)、果汁饮料(110.2 亿 L)分列前三位,即饮茶饮料居第四位(43.4 亿 L)。在拉美地区,碳酸饮料销量在 527.5 亿 L(2020 年)到 590.0 亿 L(2013 年)之间波动,瓶装水销量则呈逐年上升趋势;2022 年拉美地区碳酸饮料市场销量(583.8 亿 L)显著高于瓶装水(296.0 亿 L),果汁饮料(111.9 亿 L)列第三位,即饮茶饮料(9.0 亿 L)则排到了能量饮料(17.1 亿 L)和运动饮料(15.7 亿 L)之后,排名第六。

就人均消费量来看,全球人均饮料消费量除个别年份有所下降外,基本呈现逐年上升的趋势。2010 年世界人均饮料消费量从 2010 年的 78.9 L 上升到 2022 年的 95.4 L。但各类饮料差异较大,瓶装水从 2010 年的人均 29.6 L 上升到 2022 年的 46.5 L,碳酸饮料则从 2010 年的

31.3 L下降到2022年的29.8 L,果汁饮料从2010年的10.0 L下降到2022年的8.7 L,即饮茶饮料从2010年4.6 L增加到2022年的5.2 L,能量饮料从2010年的0.8 L增加到2022年的2.1 L,运动饮料从2010年的1.4 L增加到2022年的1.9 L,即饮咖啡饮料在2010—2022年一直保持在0.6～0.8 L。

碳酸饮料向来是软饮料的主力军。碳酸饮料在上世纪80年代末至90年代初经历了一个快速发展过程以后,2000年后在世界范围增速明显放缓,主要表现为新兴市场的发展速度超过美国等成熟市场。1997年全球碳酸饮料销售量约1 540亿L,2007年全球碳酸饮料总量约1 960亿L,平均每年增幅约2.5%,其中非可乐类碳酸饮料的增长速度高于可乐类碳酸饮料。近年来人们更注重健康饮食,碳酸饮料市场销量几乎停滞不变,除2020年受新型冠状病毒感染疫情影响,碳酸饮料销量为2 170亿L外,2010—2022年其他年份的碳酸饮料市场基本维持在2 300亿L左右。而随着大众追求"无糖、低糖",减糖碳酸饮料在碳酸饮料中的占比从2010年的15.36%上升到2022年的16.33%。近十几年,世界人均碳酸饮料消费量一直维持在30 L左右。

瓶装水是近年来全球范围内发展速度最快的软饮料品种之一。1997年销量约840亿L,远低于碳酸饮料,至2000年时增加至1 080亿L,2004年销量近1 600亿L,2006年时销量与碳酸饮料相当,1997—2006年10年间销量以两位数速度增加,年均增长12.6%。2007年瓶装水销量超过2 000亿L,已成为全球销量最大的非酒精饮料品种。2010—2022年,全球包装饮用水一直呈现上升趋势。据统计,2010年全球包装饮用水销量为2 057亿L;2019年达到3 478亿L;2020年受新型冠状病毒感染疫情的影响,规模微有下降,至3 350亿L;2021年,快速回升至3 529亿L;2022年达到历史最高值,3 683亿L。

果蔬汁饮料总体发展平稳,其中果汁增速减缓,蔬菜汁增速较快。1997年世界果蔬汁销售量约为350亿L,2000年达到400亿L,2004年时销量超过500亿L,2007年销量约560亿L。2010—2022年全球果汁市场销量在662亿～732亿L波动,全球人均果汁饮料饮用量从2010—2015年的10 L左右,下降到了2020—2022年的8.6 L左右。

在上世纪80年代初期,日本伊藤园以我国乌龙茶为原料,推出即饮茶饮料,茶饮料不仅风靡日本,也在欧美国家和东南亚国家大为流行。随后茶饮料进入了一段迅速发展期。但进入2014年后,发展基本停滞,即饮茶饮料市场销量在400亿L上下波动,2019年达到历史峰值427.6亿L,2020年下降为385.6亿L,但2022年恢复到410.3亿L。目前,茶饮料人均饮用量已从高峰期的5.6 L(2014年,2015年)下降到了5.2 L(2022年)。

能量饮料和运动饮料、即饮咖啡饮料近年来发展迅猛。能量饮料2010年市场销量57.6亿L,至2022年已达168.4亿L,年复合增长率达9.3%。运动饮料2010年市场销量99.4亿L,至2022年已达152亿L,年复合增长率达3.6%。即饮咖啡饮料2010年市场销量42.6亿L,至2022年已达59.0亿L,年复合增长率近2.75%。

在我国食品工业中,饮料工业起步较晚,但发展十分迅速,已成为食品工业中最具活力的组成部分。在21世纪的头十年,我国饮料制造业产量以每年20%的速度递增,近几年略有减缓,但预计在未来几年,仍将保持10%以上的速度增长。1980年,全国饮料产量近28.8万t,1985年达到100万t,1997年突破1 000万t,2002年超过2 000万t,2005年超过3 000万t,以后以每年超过1 000万t的数量高速递增,2008年饮料总产量达到6 415.1万t,2011年更是突破1.1亿t大关,2013年我国饮料年产量已接近1.5亿t,2016年更是达到历史最高水平

1.83 亿 t,与 1980 年相比,相距 33 年,饮料的产量增长超过 635 倍。2019 年中国软饮料产量为 1.78 亿 t,2020 年受疫情影响,加上人们生活水平提高,下游需求量总体升高,中国软饮料产量 1.63 亿 t,不过虽然产量有所下降,但是销售收入却依然保持增长态势。2021 年、2022 年中国饮料产量回升,分别达到 1.83 亿 t 和 1.81 亿 t。

我国饮料总产量快速增长的同时,我国饮料制造业企业的规模和实力也在不断壮大。1992 年我国前 20 名饮料企业的合并年产量刚超过 100 万 t,在 2007 年,前 20 名企业的平均年产量已达到 141 万 t,年产量达到 100 万 t 以上的企业共 7 家。据不完全统计,2007 年规模以上企业达到 1 226 家。2010 年全国饮料总产量为 9 983.7 万 t,"二十强"企业的产量合计为 4 327.0 万 t,占全国饮料总产量的 43.34%。2011 年我国饮料制造业规模以上企业数量为 1 457 家,工业销售产值为 4 130.83 亿元,主营业务收入累计达 4 222.88 亿元,资产总计为 2 753.84 亿元,完成利润总额 338.66 亿元,从业人员年平均人数 42.33 万人,该年全国饮料产量 11 891 万 t,其中"二十强"企业产量合计为 4 993.57 万 t,比上年同期增长 16.00%。2020 年我国饮料制造业规模以上企业数量为 1 766 家,同比减少 105 家,中小企业受疫情影响较大,市场规模为 6 075 亿元,比 2019 年增长 5%。2020 年全国饮料产量 16 374 万 t,其中"二十强"企业产量占比 44.65%,比上年同期增长 2.5%。2021 年,疫情之下,相较于大中型企业,小企业的生产经营受到的影响更大,饮料行业规模以上企业数量同比略有减少,有 1 700 多家,头部的"二十强"企业产量在全行业的占比接近 50%,同比增加约 2 个百分点,行业的集中度继续提升。

饮料作为一种独具特色的食品,深受广大消费者的喜爱,是人们日常生活必不可少的一部分。随着科技的进步,以及人们生活水平的提高,人们对饮料的品质、品种提出了更高的要求,我国饮料品种已经从 20 世纪 80 年代初汽水一统天下的局面转变为百家争鸣的局面,饮料的种类极大丰富,出现了碳酸饮料、果蔬汁饮料、蛋白饮料、包装饮用水、茶饮料、咖啡饮料、植物饮料、风味饮料、特殊用途饮料和固体饮料在内的十一大类。传统三大饮料——包装饮用水、碳酸饮料和果蔬汁饮料长期稳稳占据饮料行业产量前三的位置,三大饮料的合计产量超过饮料总量的七成,其中,包装饮用水产量一直位居榜首,近年来,包装饮用水饮料总量比例已超过 50%,果蔬汁饮料与碳酸饮料的位置已然发生了改变,如 2005 年瓶装水产量为 1 386.3 万 t,所占比重为 41.01%;碳酸饮料为 771.9 万 t,占 22.84%;果蔬汁及果蔬汁饮料 644.6 万 t,占 18.77%。2008 年瓶装饮用水产量为 2 538.4 万 t,所占比重为 39%;碳酸饮料为 1 105.2 万 t,占 17%;果蔬汁及果蔬汁饮料为 1 170.2 万 t,占 18%。2011 年包装饮用水产量为 4 788.8 万 t,占 40.71%;果汁及蔬菜汁饮料 1 920.3 万 t,占 16.33%;碳酸饮料为 1 606.6 万 t,占 13.66%。2012 年包装饮用水产量为 5 562.8 万 t,占 42.71%;果汁及蔬菜汁饮料 2 229.2 万 t,占 17.12%;碳酸饮料为 1 311.3 万 t,占 10.07%。但近年来果蔬汁饮料产量呈现萎缩,已退居碳酸饮料之后。2020 年,我国饮料总产量 16 347 万 t,三大饮料中包装饮用水产量 8 685 万 t,碳酸饮料产量为 1 971 万 t,果蔬汁产量为 1 520 万 t。

虽然三大饮料占据了饮料行业的大半江山,但为了满足现代消费者的不同需要,各种饮料新品种将不断涌现,产品趋向更安全、健康、营养和多样化。气泡水、功能饮料是近几年深受消费者青睐的产品,出现多款新品。同时跨品类的产品十分丰富,如果汁茶复合饮料、活菌型益生菌气泡饮、气泡柠檬茶等。

从饮料的消费情况看,我国饮料的人均消费量在不断增长,2001 年约为 13 kg,2005 年为

26 kg,2008 年为 43 kg,2009 年达到 60 kg,若按 2014 年饮料产量与国家统计局公布的人口进行估算,2014 年我国饮料的人均消费量将近 120 kg。而在 2007 年,世界人均饮料消费水平就达到了 55 L,其中人均消费最高的墨西哥为 412.7 L,美国为 297 L,西欧国家为 150～210 L,日本为 114 L。可见,与世界消费水平相比,尤其是发达国家相比,我国还有不小的差距。当然,从另一个角度说明我国饮料市场还有很大的发展空间。

0.2.3　软饮料工业的发展前景

改革开放 40 多年来,我国饮料工业取得的巨大成就,主要表现在:产量高速增长,质量稳步提高,结构(地区结构、品种结构、企业结构)调整初见成效,饮料主剂"集中生产,分散罐装"的产业政策得以实施,饮料企业的技术装备水平、集约化程度和管理水平不断提高,各类标准逐渐完善,发展形成了一批集团化企业和知名品牌。与此同时随着安全生产意识不断提高,安全管理体系、相关标准规范日趋完善。我国饮料工业的发展前景广阔。

但在我国饮料工业快速发展的同时,饮料行业中还存在着一些问题,这也说明了我们具有改进的空间。目前存在的主要问题是:①目前还存在大量规模较小的中小型企业,专业化程度较低,技术装备水平及经营管理水平比较落后,无法形成规模化、标准化经营,导致产品质量较低,效益较差。②我国饮料行业注重挖掘城市尤其是大中型城市的需求市场,而忽视了小城市和农村消费群体消费力的挖掘。③由于体制问题,我国一度对饮料企业的管理制度不够清晰,每个企业可能由多个部门交叉管理,难以形成有效的监管,导致假冒伪劣现象层出不穷,尤其是小城市和农村消费市场假冒伪劣产品泛滥。④由于可口可乐、百事可乐等国际饮料大企业在国内迅速发展,在带动饮料行业的同时,也挤占了国产饮料的市场。此外,在已合资的企业中,中方权益的保证,国产品牌饮料的同步发展等方面也存在不少需要研究和解决的问题。⑤标准化和质量管理落后,随着国内外饮料市场的迅速发展,各种新产品、新工艺、新材料和各种添加剂成分的采用,我国饮料行业现有的产品标准、卫生和质量管理规范等已远远不能适应要求,迫切需要加强规范。

坚持创新在我国现代化建设全局中的核心地位,无论在产品设计上,还是生产工艺革新上,或是生产理念上都需要不断的探索和创新,加快实现高水平自立自强,加快建设科技强国。当今世界对食品和饮料的总体要求,可以归纳为"四化""三低""二高""一无"。"四化"即多样化、简便化、保健化、实用化;"三低"即低脂肪、低胆固醇、低糖;"二高"是高蛋白、高膳食纤维;"一无"是无防腐剂、香精、色素等。我们应充分利用和发展我国可利用的丰富资源优势,遵循天然、营养、回归自然的发展方向,适应消费者对饮料多口味的需要,积极发展果蔬汁、植物蛋白饮料、饮用天然矿泉水、乳、茶等天然饮料,并继续改进饮料包装,大力推广饮料主剂"集中生产,分散灌装"的产业政策;以名优产品为龙头,形成主剂生产厂与灌装厂专业化协作;稳步提高产业工人素质和技能,开发更多新技术、新产品、新包装;重点扶持名优产品,发展适销对路产品,打造我国饮料的民族品牌,积极开拓国际市场,使我国饮料行业与国际饮料发展新潮接轨,逐步接近和达到国际饮料工业先进水平。

随着我国饮料界工作者的不懈努力和创新,饮料的种类快速增长,质量与安全也在飞速提升,人民对美好生活的向往得到良好的满足,我们应为实现第二个百年奋斗目标,全面推进中华民族伟大复兴做出自己的贡献。

0.3 饮料工艺学的主要研究内容与学习方法

饮料工艺学是食品工艺学的一个分支,是一门应用科学。和食品工艺学一样,饮料工艺学需要有相应的自然科学学科、工程技术学科,乃至与社会科学交界的学科作为基础,才能够开展自身的研究工作。

饮料工艺学是根据技术上先进、经济上合理的原则,研究饮料生产中的原材料、半成品和成品的加工过程和工艺方法的一门学科。

在饮料生产中,技术先进包括工艺和设备先进两部分。要达到工艺先进,就需要了解和掌握工艺技术参数对加工制品品质的影响。实际上就是要掌握外界条件和饮料生产中的物理、化学、生物学之间的变化关系,这就需要切实掌握物理学、化学和生物学方面的基础知识,特别是食品生物化学和食品微生物学的基础知识。在这个基础上,才能将过程发生的变化和工艺技术参数的控制联系到一起,主动地进行控制,达到工艺控制上的最佳水准。设备先进包括设备自身的先进性和对工艺水平适应的程度,一般地说,这是设备制造行业的任务。但工艺技术的研究则应该考虑到设备对工艺水平适应的可能性,因此需要了解有关单元操作过程的一般原理,掌握食品工程原理这门学科。总之,达到技术先进需要有多学科的基础,这是饮料工艺学进行研究所需要的充分条件。

经济上合理,就是要求投入和产出之间有一个合理的比例关系。任何一个企业的生产,一项科学研究的确定,都必须考虑这个问题。这就需要有社会科学中有关的管理学科的知识作指导,使生产和科研能在权衡经济利益的前提下决定取舍或如何进行。因而这是饮料工艺学进行研究时的必要条件。

饮料工艺学的研究对象,从原材料到制成品,对它们的品质规格要求、理化性质和加工中的变化,必须能够充分地把握,才能正确地制定工艺技术要求。这就需要具有对成分分析的本领。因而,食品分析是和饮料工艺学并列的一门重要学科,有了准确的数据依据,才能正确地确定工艺技术参数。分析数据不准确,往往是决策失误的重要原因。

加工过程和方法的研究是建立在试验基础上的。过程和方法是否先进,也就是技术上是否先进的反映。一个制品所采用的加工过程,确定的工艺参数是否有科学依据,就表明了该制品生产技术水平的高低。但不容否认的是,还很有可能存在一些在技术理论上不能说明的问题,但有充分的试验依据可以证明其先进性,这是一种正常现象。否则,人类对客观世界无所发现的话,也就不会有今天的人类文明。正是这种发现,才推动了理论研究的进步。

综上所述,饮料工艺学不是一门简单的技艺学问,它需要生物学、化学、物理学、数学、食品微生物学、食品工程原理、食品机械与设备等诸多学科相关知识的融会贯通和灵活应用。在本门课程的学习中,不能设想只靠一本书就能全部掌握饮料的生产知识。在生产实践和科学研究中,许多新的知识又在不断地被发现和应用,所以,从时效上看,本书不可能包罗饮料的全部内容。因此,在学习本课程时必须要复习已经学习过的相关课程,同时,为了掌握饮料工艺学的新进展,还要阅读和了解有关饮料的文献和报道。只有这样,才能学好本门课程,更好地掌握饮料工艺学的知识,才能成为具备面向世界科技前沿、面向经济主战场、面向国家重大需求、面向生命健康的技术能力的新时代大学生,才能肩负光荣而伟大的历史使命,实现人才强国梦。

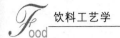

参考文献

[1] 董占波,陆建良.世界饮料市场现状及发展趋势.饮料工业,2008(12):1-3.

[2] 李勇.现代饮料生产技术.北京:化学工业出版社,2005.

[3] 杨帆.全球饮料市场分析.中国食品工业,2008(7):14-16.

[4] 中国轻工业联合会.中国轻工业年鉴2021.北京:中国轻工业出版社,2021.

[5] 中华人民共和国国家质量监督检验检疫总局,中国国家标准化管理委员会.中华人民共和国国家标准 饮料通则:GB/T 10789—2015.北京:中国标准出版社,2016.

第 1 章
饮料用水及水处理

本章学习目的与要求

1. 了解水质对饮料品质的影响。
2. 熟悉饮料用水对水质的基本要求。
3. 掌握水处理的基本原理和常用方法。

主题词:饮料用水　水质标准　硬度　碱度　混凝　过滤　硬水软化　石灰软化　离子交换　反渗透　电渗析　氯消毒　紫外线消毒　臭氧消毒

1.1 饮料用水的要求

水是饮料生产中最重要的原料之一,占 85%～95%。水质的好坏直接影响成品的质量。因此,全面了解水的各种性质,对于饮料用水的处理工作具有重要意义。

1.1.1 水源的分类及其特点

1. 地表水

地表水是指地球表面所存积的天然水,包括江水、河水、湖水、水库水、池塘水和浅井水等。地表水在地面流过,其特点是水量丰富,矿物质含量较少,硬度为 1～8 mmol/L。但是地表水水质不稳定,受自然因素影响较大,所含杂质会随地理位置如发源地、上游、下游和季节的变化如雨季、旱季等而发生改变。

应当指出,江河水不一定全部是地表水,其中部分可能是地下水穿过土层或岩层而流至地表。所以,江河水除含有泥沙、有机物外,还有多种可溶性盐类。我国江河水的含盐量通常为 70～990 mg/L。

地表水的污染物主要有黏土、沙、水草、腐殖质、昆虫、微生物、无机盐等,有时还会被有害物质,如工业废水等污染。近年来,由于工业的发展,大量含有害成分的废水排入江河,引起地表水污染,也增加了饮用水和工业用水处理的困难。

2. 地下水

地下水是指经过地层的渗透、过滤,进入地层并存积在地层中的天然水,主要包括深井水、泉水和自流井水等。由于经过地层的渗透和过滤而溶入了各种可溶性矿物质,其特点是水质较澄清,水温较稳定,但矿物质含量较高。地质层是一个自然过滤层,可滤去大部分悬浮物、水草、藻类、微生物等,因此水质较澄清。此外,地下深处受气候影响较小,冬暖夏凉,温度变化小。但是地下水流经地下,会溶入较多的可溶性矿物质,如 Ca^{2+}、Mg^{2+}、Fe^{3+} 的碳酸氢盐。一般含盐量为 100～5 000 mg/L,硬度为 2～10 mmol/L,有的硬度高达 10～25 mmol/L。

3. 城市自来水

主要是指地表水经过适当的水处理工艺,水质达到一定要求并贮存在水塔中的水。由于饮料厂多数设于城市,以自来水为水源,故在此也作为水源考虑。其特点为水质好且稳定,符合生活饮用水标准;水处理设备简单,容易处理,一次性投资小;但水价高,经常性费用大。使用时只要注意控制 Cl^-、Fe^{3+} 含量及碱度、微生物量即可。大自然是人类赖以生存发展的基本条件,我们必须牢固树立和践行绿水青山就是金山银山的理念,站在人与自然和谐共生的高度谋发展,保护水资源,这也是保护我们人类自己,保证人类的长久发展。

1.1.2 水中杂质对饮料生产的影响

天然水在自然界循环过程中,不断地和外界接触,使空气中、陆地上和地下岩层中各种物质溶解或混入。因此,在自然界里没有绝对纯洁的水,它们都受到不同程度的污染。

1.1.2.1 天然水源中杂质的分类

天然水源中的杂质,按其微粒分散的程度,大致可分为三类:悬浮物、胶体和溶解物质,见表 1-1。

表 1-1　天然水源中杂质的分类

项目	杂质类型		
	溶解物	胶体	悬浮物
粒径	$<1\ nm$	$1\sim200\ nm$	$>200\ nm$
特征	透明	光照下浑浊	浑浊(肉眼可见)
识别	电子显微镜	超显微镜	普通显微镜
常用处理法	离子交换	混凝、澄清、自然沉降、过滤	

1.1.2.2　水源中杂质的特征及对饮料品质的影响

1. 悬浮物质

天然水中凡是粒度大于 200 nm 的杂质统称为悬浮物。这类杂物使水质呈浑浊状态,大的肉眼可见,在静置时会自行沉降。悬浮杂质主要是泥土、砂粒之类的无机物质,也有浮游生物(如蓝藻类、绿藻类、硅藻类)及微生物等。

悬浮物质在成品饮料中能沉淀出来,生成瓶底积垢或絮状沉淀的蓬松性微粒;影响 CO_2 的溶解,造成装瓶时喷液;有害的微生物的存在不仅影响产品风味,而且还会导致产品变质。

2. 胶体物质

胶体物质的大小一般为 $1\sim200\ nm$,其具有两个很重要的特性:一是光线照射上去,被散射而呈浑浊的丁达尔现象;二是因吸附水中大量离子而带有电荷,使颗粒之间产生电性斥力而不能相互黏结,颗粒始终稳定在微粒状态而不能自行下沉,即具有胶体稳定性。

水中的胶体物质分为两种:无机胶体和有机胶体。无机胶体如黏土和硅酸胶体,是由许多离子和分子聚集而成的,它们占水中胶体的大部分,是造成水质浑浊的主要原因。有机胶体是一类分子质量很大的高分子物质,一般是动植物残骸经过腐蚀分解的腐殖酸、腐殖质等,是造成水质带色的原因。

3. 溶解物质

这类杂质的微粒在 1 nm 以下,以分子或离子状态存在于水中。溶解物主要是溶解气体、溶解盐类和其他有机物。

(1)溶解气体　天然水源中的溶解气体主要是氧气和二氧化碳,此外是硫化氢和氯气等。这些气体的存在会影响碳酸饮料中二氧化碳的溶解量并产生异味,影响其他饮料的风味和色泽。

(2)溶解盐类　天然水中常含的无机盐离子见表 1-2。所含溶解盐的种类和数量,因地区不同差异很大。这些无机盐构成了水的硬度和碱度。

①水的硬度　水的硬度是指水中离子沉淀肥皂的能力。

硬脂酸钠＋钙或镁离子 ——→ 硬脂酸钙或镁 ↓
　(肥皂)　　　　　　　　　　(沉淀物)

所以,水的硬度决定于水中钙、镁盐类的总含量。即水的硬度大小,通常指的是水中钙离子和镁离子盐类的含量。

表 1-2　天然水中常见无机盐离子

阳 离 子		阴 离 子	
名　称	化学符号	名　称	化学符号
氢离子	H^+	氢氧根离子	OH^-
钠离子	Na^+	氯离子	Cl^-
钾离子	K^+	重碳酸根离子	HCO_3^-
铵离子	NH_4^+	碳酸根离子	CO_3^{2-}
钙离子	Ca^{2+}	硝酸根离子	NO_3^-
镁离子	Mg^{2+}	亚硝酸根离子	NO_2^-
铁离子	Fe^{3+}	硫酸根离子	SO_4^{2-}
亚铁离子	Fe^{2+}	硅酸根离子	SiO_2^{2-}
锰离子	Mn^{2+}	酸式磷酸根离子	$H_2PO_4^-$
铝离子	Al^{3+}		

水的硬度分为总硬度、碳酸盐硬度(暂时硬度)和非碳酸盐硬度(永久硬度)。

碳酸盐硬度的主要化学成分是钙、镁的重碳酸盐,其次是钙、镁的碳酸盐。由于这些盐类一经加热煮沸就分解成为溶解度很小的碳酸盐,硬度大部分可除去,故又称暂时硬度。几种盐的溶解度见表 1-3。

表 1-3　几种盐的溶解度

盐　类	溶解度/(mg/L)	
	0 ℃	100 ℃
$Ca(HCO_3)_2$	2 630	分解
$Mg(HCO_3)_2$	5.1%	分解
$CaCO_3$	15	13
$Ca(OH)_2$	1 730	660
$Mg(OH)_2$	10	5

上述化学反应式如下:

$$Ca(HCO_3)_2 \xrightarrow{\triangle} CaCO_3 \downarrow + CO_2 \uparrow + H_2O$$

$$Mg(HCO_3)_2 \xrightarrow{\triangle} MgCO_3 \downarrow + CO_2 \uparrow + H_2O$$

$$MgCO_3 + H_2O \xrightarrow{\triangle} Mg(OH)_2 \downarrow + CO_2 \uparrow$$

非碳酸盐硬度表示水中钙、镁的氯化物($CaCl_2$、$MgCl_2$)、硫酸盐($CaSO_4$、$MgSO_4$)、硝酸盐 $[Ca(NO_3)_2$、$Mg(NO_3)_2]$ 等盐类的含量。这些盐类经加热煮沸不会发生沉淀,硬度不变化,故又称永久硬度。

总硬度(mmol/L)是暂时硬度和永久硬度之和。计算公式如下:

$$总硬度 = \frac{c(Ca^{2+})}{40.08} + \frac{c(Mg^{2+})}{24.3}$$

式中：$c(Ca^{2+})$ 为水中钙离子含量，mg/L；$c(Mg^{2+})$ 为水中镁离子含量，mg/L；40.08 为钙离子的摩尔质量，g/mol；24.3 为镁离子的摩尔质量，g/mol。

根据水质分析结果，可算出总硬度。

水的硬度的表示方法有多种，我国采用的表示方法与德国相同。以下为不同国家的表示方法。

德国度($°d$)：1 L 水中含有相当于 10 mg 的 CaO，其硬度即为 1 个德国度($1°d$)。这是我国目前最普遍使用的一种水的硬度表示方法。

美国度(mg/L)：1 L 水中含有相当于 1 mg 的 $CaCO_3$，其硬度即为 1 个美国度。

法国度($°f$)：1 L 水中含有相当于 10 mg 的 $CaCO_3$，其硬度即为 1 个法国度($1°f$)。

英国度($°e$)：1 L 水中含有相当于 14.28 mg 的 $CaCO_3$，其硬度即为 1 个英国度($1°e$)。

水的硬度国际通用单位为 mmol/L，也可用德国度($°d$)表示。其换算关系为：

$$1\ mmol/L = 2.804\ °d$$

饮料用水的水质，要求硬度小于 $8.5\ °d$。当水的硬度过大时，会产生碳酸钙沉淀和有机酸钙盐沉淀，对饮料生产会产生一些不良影响，例如 $Ca(HCO_3)_2$ 等会与有机酸反应产生沉淀，影响产品感官品质；非碳酸盐硬度过高时，还会使饮料出现盐味；另外，洗瓶时，在浸瓶槽上形成水垢，会增加烧碱的用量。

②水的碱度　水的碱度是指水中能与 H^+ 结合的 OH^-、CO_3^{2-} 和 HCO_3^- 的含量，以 mmol/L 表示。其中 OH^- 的含量称氢氧化物碱度，CO_3^{2-} 的含量称碳酸盐碱度，HCO_3^- 的含量称为重碳酸盐碱度。水中 OH^-、CO_3^{2-}、HCO_3^- 的总含量为水的总碱度。

天然水中通常不含 OH^-，又由于钙、镁碳酸盐的溶解度很小，所以当水中无钠、钾存在时，CO_3^{2-} 的含量也很小。因此，天然水中仅有 HCO_3^- 存在，只有在含 Na_2CO_3 或 K_2CO_3 的碱性水中，才存在有 CO_3^{2-}。

当水的碱度过大时，同样会对饮料生产产生不良影响，主要有以下几个方面：和金属离子反应形成水垢，产生不良气味；和饮料中的有机酸反应，改变饮料的糖酸比与风味；影响 CO_2 的溶入量；造成饮料酸度下降，使微生物容易在饮料中生存；生产果汁型碳酸饮料时，会与果汁中的某些成分发生反应，产生沉淀等。

③水的碱度与硬度的关系　总碱度和总硬度的关系，有以下 3 种情况(表 1-4)。

表 1-4　天然水中总碱度和总硬度的关系

分析结果	硬度/(mmol/L)		
	$H_{非碳}$	$H_{碳}$	$H_{负}$
$H_总 > A_总$	$H_总 - A_总$	$A_总$	0
$H_总 = A_总$	0	$H_总 = A_总$	0
$H_总 < A_总$	0	$H_总$	$A_总 - H_总$

注：H 表示硬度(如 H 非碳即非碳酸盐硬度)；A 表示碱度；H 负表示水的负硬度，主要含有 $NaHCO_3$、$KHCO_3$、Na_2CO_3、K_2CO_3。

天然水中的总碱度通常与该水中的暂时硬度大小相符合。

总碱度大于总硬度时，说明水中存在 OH^-、CO_3^{2-}，属于碱性水。

总碱度小于总硬度时，说明水中存在钙、镁离子的氯化物，OH^-、CO_3^{2-} 基本上不存在，属于非碱性水。如 Ca^{2+} 、Mg^{2+} 与 OH^- 、CO_3^{2-} 同时存在,则 Ca^{2+} 、Mg^{2+} 会与 OH^- 、CO_3^{2-} 发生反应,生成沉淀。

总碱度等于总硬度时,说明水中只含有 Ca^{2+} 、Mg^{2+} 的碳酸氢盐。

1.1.3 饮料用水的要求

饮料用水,除应符合我国《生活饮用水卫生标准》(GB 5749—2022)(表 1-5)外,还应符合表 1-6 所列的指标。

表 1-5 生活饮用水卫生标准

项 目		限 值
1. 微生物指标[a]	总大肠菌群(MPN/100 mL 或 CFU/100 mL)[a]	不应检出
	大肠埃希菌(MPN/100 mL 或 CFU/100 mL)[a]	不应检出
	菌落总数/(MPN/mL 或 CFU/mL)[b]	100
2. 毒理指标	砷/(mg/L)	0.01
	镉/(mg/L)	0.005
	铬(六价)/(mg/L)	0.05
	铅/(mg/L)	0.01
	汞/(mg/L)	0.001
	氰化物/(mg/L)	0.05
	氟化物/(mg/L)[b]	1.0
	硝酸盐(以 N 计)/(mg/L)[b]	10(地下水源限制时为 20)
	三氯甲烷/(mg/L)[c]	0.06
	一氯二溴甲烷/(mg/L)[c]	0.1
	二氯一溴甲烷/(mg/L)[c]	0.06
	三溴甲烷/(mg/L)[c]	0.1
	三卤甲烷(三氯甲烷、一氯二溴甲烷、二氯一溴甲烷、三溴甲烷总和)[c]	该类化合物中各种化合物的实测浓度与其各自限值的比值之和不超过 1
	溴酸盐/(mg/L)[c]	0.01
	亚氯酸盐/(mg/L)[c]	0.7
	氯酸盐/(mg/L)[c]	0.7
3. 感官性状和一般化学指标[d]	色度(铂钴色度单位)/度	15
	浑浊度(散射浑浊度单位)/NTU[b]	1
	臭和味	无异臭、异味
	肉眼可见物	无
	pH	不小于 6.5 且不大于 8.5

续表1-5

项　目		限　值
	铝/(mg/L)	0.2
	铁/(mg/L)	0.3
	锰/(mg/L)	0.1
	铜/(mg/L)	1.0
	锌/(mg/L)	1.0
	氯化物/(mg/L)	250
	硫酸盐/(mg/L)	250
	溶解性总固体/(mg/L)	1 000
	总硬度(以 $CaCO_3$ 计)/(mg/L)	450
	高锰酸钾盐指数(以 O_2 计)/(mg/L)	3
	氨(以 N 计)/(mg/L)	0.5
4. 放射性指标[e]	总 α 放射性/(Bq/L)	0.5(指导值)
	总 β 放射性/(Bq/L)	1(指导值)

注：[a] MPN 表示最可能数；CFU 表示菌落形成单位。当水样检出总大肠菌群时，应进一步检验大肠埃希氏菌或耐热大肠菌群；当水样未检出总大肠菌群，不必检验大肠埃希氏菌或耐热大肠菌群。

[b] 放射性指标超过指导值，应进行核素分析和评价，判定能否饮用。小型集中式供水和分散式供水因水源与净水技术受限时，菌落总数指标限值按 500 MPN/mL 或 500 CFU/mL 执行，氟化物指标限值按 1.2 mg/L 执行，硝酸盐(以 N 计)指标限值按 20 mg/L 执行，浑浊度指标限值按 3 NTU 执行。

[c] 水处理工艺流程中预氧化或消毒方式：
——采用液氯、次氯酸钙及氯胺时，应测定三氯甲烷、一氯二溴甲烷、二氯一溴甲烷、三溴甲烷、三卤甲烷、二氯乙酸、三氯乙酸；
——采用次氯酸钠时，应测定三氯甲烷、一氯二溴甲烷、二氯一溴甲烷、三溴甲烷、三卤甲烷、二氯乙酸、三氯乙酸、氯酸盐；
——采用臭氧时，应测定溴酸盐；
——采用二氧化氯时，应测定亚氯酸盐；
——采用二氧化氯与氯混合消毒剂发生器时，应测定亚氯酸盐、氯酸盐、三氯甲烷、一氯二溴甲烷、二氯一溴甲烷、三溴甲烷、三卤甲烷、二氯乙酸、三氯乙酸；
——当原水中含有上述污染物，可能导致出厂水和末梢水的超标风险时，无论采用何种预氧化或消毒方式，都应对其进行测定。

[d] 当发生影响水质的突发公共事件时，经风险评估，感官性状和一般化学指标可暂时适当放宽。

[e] 放射性指标超过指导值(总 β 放射性扣除 40 K 后仍然大于 1 Bq/L)，应进行核素分析和评价，判定能否饮用。
引自：GB 5749—2022。

表 1-6　饮用水和饮料用水在指标上的差异

指　标	饮用水	饮料用水
色度/度	<15	<5
溶解性总固体/(mg/L)	<1 000	—
总硬度(以 $CaCO_3$ 计)/(mg/L)	<450	—
高锰酸钾消耗量(以 O_2 计)/(mg/L)	—	<10
游离氯/(mg/L)	0.3~4	<0.05

注：GB 5749—2022规定，自来水厂氯气及游离氯制剂(游离氯，mg/L)出厂水中余量≥0.3，出厂水中限值<4，管网末梢水中余量≥0.05。

1.2　饮料用水的处理

从表1-6可以看出,饮料生产用水要求极为严格。因此,必须对不符合饮料用水要求的水质进行改良,这个过程称为水处理。我国大部分水厂处理工艺以常规工艺"混凝+沉淀+过滤+消毒"为主。常规处理工艺的主要去除对象是水源水中的悬浮物、胶体杂质和细菌,工艺控制的主要目标是出水的浊度、色度和细菌总数。对于水质良好的水源,常规处理工艺可获得安全合格的饮用水。但对于现阶段的饮用水水源面临的有机污染物、氯化消毒副产物、致病微生物、藻类及藻毒素和臭味增多等情况,常规饮用水处理工艺就难以满足饮用水的标准要求。因此,必须进行原水预处理,就是在原水进入混凝—沉淀—过滤为核心的常规处理工艺之前,通过一定的处理方法,去除那些常规工艺难以去除的污染物,或者是改变这些污染物的性质,使其能够通过后续处理得到有效的去除。预处理方法主要包括:化学预氧化技术、生物预处理技术和粉末活性炭吸附预处理技术。上述各种预处理方法除能去除水中有机污染物外,还具有除味、除臭和除色作用。

1. 化学预氧化技术

化学预氧化技术是在水处理前端投加氧化剂,以氧化水中的有机物或改变有机物的性质,使之在后续工艺中得到有效去除的强化处理技术。化学预氧化的目的主要为去除水中有机污染物和控制氯化消毒副产物,从而保障饮用水的安全性。此外,预氧化还有除藻、除臭味、除铁锰和氧化助凝等方面的作用。在预氧化过程中,氧化剂和水中多种成分作用,能够提高对有害成分的去除效率,但在一定条件下也会产生某些副产物。各种氧化剂作为预处理药剂对给水处理的综合影响程度差别较大。目前能够用于给水处理的氧化剂主要有氯、二氧化氯。从氧化还原电位来看,几种氧化剂的氧化能力由强到弱的排序为:臭氧($E^{\ominus}=2.07$ V)>高锰酸钾($E^{\ominus}=1.68$ V)>氯($E^{\ominus}=1.36$ V)。

2. 生物预处理技术

饮用水生物预处理技术1971年始于日本,是指在常规饮用水处理工艺前增设生物处理工艺,利用附着在固体表面上的生物膜使水中的氨氮、有机污染物、亚硝酸盐、铁、锰等污染物被初步去除,减轻常规处理的负荷,通过生物预处理和后续处理的物理、化学和生物的作用达到提高水质的目的。由于生物膜上的生物量很大,即使原水中的有机物浓度很低,也能得到有效处理。另外,由于不断充气,水在填料中多次往复循环,生物膜不断更新,保证了活性,提高了对有机物的去除效果。微生物只能降解易被生物氧化的有机物,一般对亲水的小于相对分子质量1 000的有机物(这部分有机物也是常规混凝沉淀处理工艺难以去除的污染物)去除效率高,同时还可以去除氨氮、亚硝酸盐氮,使水质得到全面提高,减轻后续处理的负担。生物预处理的主要去除效果:①饮用水生物预处理可以去除进水中80%左右的可生物降解有机物,如以高锰酸盐指数表示,生物预处理的去除率一般在20%～30%;②生物预处理对氨氮的去除率可以达到70%～90%。生物预处理技术应用于饮用水这类贫营养水的处理,对净化水质起主要作用的绝大多数微生物属于贫营养型,具有世代周期长,繁殖速度慢的特征。为保证处理效果和加快净化的效率,必须保证有足够的微生物量。生物膜法因微生物附着于载体填料上,相对而言能获得更为稳定的生长环境,适合于世代周期长的微生物生存和繁殖,因而绝大多数生物预处理都采用生物膜法的形式。

3. 粉末活性炭吸附预处理技术

活性炭是一种多孔性物质,其中由微孔构成的内表面积约占总面积的 95% 以上,过渡孔和大孔表面积仅占 5% 左右。活性炭对有机物的去除主要靠微孔吸附作用。粉末活性炭吸附预处理工艺一般是将粉末活性炭投加到原水中,吸附水中的有机物,然后通过后续的混凝沉淀加以去除。粉末活性炭有价格便宜、不需增加特殊设备和构筑物、应用灵活等特点,尤其适合于原水水质季节性变化大的原水净化和现有常规处理水厂的工艺改善。该方法是完善常规处理工艺以去除饮用水中的有机污染物的有效方法之一。

粉末活性炭应用于水厂的目的是为了去除氯酚产生的臭味,研究发现它对水中的色、臭、味的去除效果也十分显著。随着水源污染的日益严重以及消毒副产物(disinfection by product,DBP)的检出,人们对去除饮用水源中的酚类、农药、消毒副产物及其前体物方面做了大量研究,发现粉末活性炭对此类物质也有很好的去除效果。

在水处理之前,应首先对水质进行精密分析,了解水中杂质种类、状态,并确定用水量,以便决定水处理选用的工艺、设备。常用的水处理方法有以下几种。

1.2.1　混凝沉淀

取一杯浑浊的水进行观察。首先,发现一些粗大的泥沙颗粒迅速沉到杯底,水逐渐澄清,杯底的下沉物渐渐增多。但在一定时间以后,水就不容易进一步澄清。甚至放置更久时间,也达不到透亮程度,有时还带有一定的色度和臭味。这种浑浊、颜色和臭味,是细小悬浮物和胶体物所致。

要去除水中细小悬浮物和胶体物质,就应进行水处理。在水处理过程中有两种途径。一种方法是在水中加入混凝剂,使水中细小悬浮物及胶体物质互相吸附结合成较大的颗粒,从水中沉淀出来,此过程称混凝(coagulation)。另一种方法是使细小悬浮物和胶体物质直接吸附在一些相对巨大的颗粒表面而除去,这就是过滤。若两种途径并用,则过滤过程应在混凝过程之后。

混凝是指在水中加入某些溶解盐类,使水中的细小悬浮物或胶体微粒互相吸附结合而成较大颗粒,从水中沉淀下来的过程。这些溶解盐类称为混凝剂。

胶体物质在水中能保持悬浮或分散不易沉降的原因是因为同一种胶体颗粒带有相同电性的电荷,彼此间存在着电性斥力,使颗粒之间相互排斥,而不能互相接近并结合成大的团粒,因而也就不易沉降下来的缘故。添加混凝剂后,胶体颗粒的表面电荷被中和,破坏了胶体的稳定性,促使小颗粒变成大颗粒而下沉,从而得到澄清的水。

1.2.1.1　混凝剂

水处理中大量使用的混凝剂可分为铝盐和铁盐两类。铝盐有明矾、硫酸铝、碱式氯化铝等;铁盐包括硫酸亚铁、硫酸铁及三氯化铁 3 种。它们的作用是自身先溶解形成胶体,再与水中杂质作用,以中和或吸附的形式使杂质凝聚成大颗粒而沉淀。

1. 明矾

明矾是硫酸钾铝 $[KAl(SO_4)_2 \cdot 12H_2O$ 或 $K_2SO_4 \cdot Al_2(SO_4)_3 \cdot 24H_2O]$,是一种复盐。在水中 $Al_2(SO_4)_3$ 发生水解作用生成氢氧化铝胶体:

$$Al_2(SO_4)_3 \longrightarrow 2Al^{3+} + 3SO_4^{2-}$$

$$Al^{3+} + H_2O \longrightarrow Al(OH)^{2+} + H^+$$

$$Al(OH)^{2+} + H_2O \longrightarrow Al(OH)_2^+ + H^+$$

$$Al(OH)_2^+ + H_2O \longrightarrow Al(OH)_3\downarrow + H^+$$

氢氧化铝是溶解度很小的化合物,它经聚合,以胶体状态从水中析出。在近乎中性的天然水中,氢氧化铝胶体带正电荷,而天然水中的胶体杂质,大都带负电荷,它们中间可起电性中和作用。同时氢氧化铝胶体还具有吸附作用,可吸附水中的自然胶体和悬浮物。在这种中和作用和吸附作用下,水中的胶体微粒渐渐凝聚成粗大的絮状物而下沉。在沉降的过程中,又将其他悬浮物裹入夹带在其中一起沉淀,使水质澄清。使用明矾时要注意如下几点。

(1)水的pH 一般要求待处理水的pH为6.5~7.5(中性范围)。$Al_2(SO_4)_3$的水解产物$Al(OH)_3$是两性化合物,水的pH太高或太低都会促使$Al(OH)_3$溶解,致使Al^{3+}残留量上升。

例如:pH<5.5时,$Al(OH)_3 + 3H^+ \longrightarrow Al^{3+} + 3H_2O$

pH>7.5时,$Al(OH)_3 + OH^- \longrightarrow AlO_2^- + 2H_2O$

pH>9.5时,水中不会含有$Al(OH)_3$

另外,水的pH还会影响$Al(OH)_3$胶粒所带的电荷。pH<5时,带负电;pH>5时,带正电;pH在8左右时,以中性氢氧化物的形式存在。

(2)水温 一般要求水温25~35 ℃。在一定的温度范围内,水温上升,混凝剂溶解速度上升,混凝作用加强,生成的絮凝物量增加,有利于水中杂质的沉淀去除;水温下降,则相反。但当水温高于40 ℃时,生成的絮凝物细小,不利于沉淀;水温高于50 ℃时,则根本失去混凝作用。

(3)搅拌 刚加入混凝剂时,应快速搅拌,以利于$Al(OH)_3$胶粒的形成,并扩散到水中各部位及时同水中杂质作用。当絮凝物开始形成后,不宜快速搅拌,否则絮凝物被搅散不利于沉淀。

使用明矾作为混凝剂时,用量一般为0.001%~0.02%。

2. 硫酸铝

硫酸铝[$Al_2(SO_4)_3$]水溶液的pH为4.0~5.0,加入水中的反应原理与明矾相同。

因$Al_2(SO_4)_3$是强酸弱碱盐,它水解时会使水的酸度增加。而水解产物$Al(OH)_3$是两性化合物,水中pH太高或过低都会促使其溶解,结果使水中残留的铝含量增加。

当水的pH为5.5~7.5时生成的$Al(OH)_3$量最大,所以在使用硫酸铝为混凝剂时,往往要用石灰、氢氧化钠或酸调节原水的pH近中性,一般取6.5~7.5。

混凝过程不是单纯的化学反应,所需的混凝剂量不能根据计算来确定,而应以实验数据确定。采用$Al_2(SO_4)_3 \cdot 18H_2O$时的有效剂量为20~100 mg/L。每投1 mg/L $Al_2(SO_4)_3$需加0.5 mg/L石灰(CaO)。

3. 碱式氯化铝

碱式氯化铝(poly aluminium chloride,PAC)又称羟基氯化铝或聚合氯化铝,其分子式为$[Al_2(OH)_nCl_{6-n}]_m$,其中$n=1$~5,$m\leqslant 10$。其精制品为白色或黄色固体,也有无色或黄褐色的透明液体。

碱式氯化铝在水中由于羟基的架桥作用而和铝离子生成多核络合物,并带有大量正电荷,能有效地吸附水中带有负电荷的胶粒,电荷彼此被中和,因而与吸附的污物一起形成大的凝聚体而沉淀被除去。另外它还有较强的架桥吸附性能,不仅能除去水中悬浮物,还能使微生物吸附沉淀。

碱式氯化铝的一般用量为 0.005% ～ 0.01%,pH 范围为 6～8,温度适宜范围为 20～30 ℃。当 pH 为 5.5～6.5 时,Al^{3+} 水解不完全,$Al(OH)_3$ 生成量少;pH 大于 8 时,$Al(OH)_3$ 会溶解。而如果使用时温度小于 15 ℃,Al^{3+} 水解慢;温度大于 40 ℃,则生成的 $Al(OH)_3$ 絮状物细小,凝聚效果不好;温度大于 50 ℃,则会失去凝聚作用。

碱式氯化铝是一种新型的混凝剂,反应迅速,沉淀较快。在相同的效果下,其用量仅为硫酸铝的 1/4～1/2,有代替明矾和硫酸铝的趋势。

4. 铁盐

常用的是硫酸亚铁,俗称绿矾($FeSO_4 \cdot 7H_2O$),也用氯化铁($FeCl_3 \cdot 6H_2O$)和硫酸铁 $[Fe_2(SO_4)_3]$。国内常用于水处理的是前两种,一般把它们的化学反应表示为:

$$FeSO_4 + Ca(HCO_3)_2 \longrightarrow Fe(OH)_2 + CaSO_4 + 2CO_2 \uparrow$$
$$4Fe(OH)_2 + 2H_2O + O_2 \longrightarrow 4Fe(OH)_3$$
$$Fe_2(SO_4)_3 + 3Ca(HCO_3)_2 \longrightarrow 2Fe(OH)_3 + 3CaSO_4 + 6CO_2 \uparrow$$

铁盐在水中发生水解产生了 $Fe(OH)_3$ 胶体,$Fe(OH)_3$ 的混凝作用及过程与铝盐相似。

绿矾作为混凝剂主要有以下特点:由绿矾生成的 $Fe(OH)_3$ 胶体(絮凝物)在碱性水中较稳定,故待处理水的 pH 偏高时,对绿矾的混凝作用影响不大;$Fe(OH)_3$ 比同体积的 $Al(OH)_3$ 胶体(絮凝物)重 1.5 倍,因此沉降速度比 $Al(OH)_3$ 絮凝物快;水温对 $Fe(OH)_3$ 影响不大,而水温在一定范围内则对 $Al(OH)_3$ 有影响。

由于 $Fe(OH)_2$ 氧化产生 $Fe(OH)_3$ 的反应在 pH>8.0 时才能完成,因此在用绿矾处理水时,需要加石灰调节 pH 并去除水中的 CO_2。每投加 1 mg/L $FeSO_4$ 需要加 0.37 mg/L 的 CaO。用 $FeSO_4 \cdot 7H_2O$ 时的有效剂量一般为 0.05～0.25 mmol/L,相当于 14～70 mg/L。

当 pH>6 时,铁离子与水中的腐殖酸能生成不沉淀的有色化合物,所以对于含有机物较多的水质进行处理时,铁盐是不适合的。

1.2.1.2 助凝剂

为了提高混凝的效果,加速沉淀,有时需加入一些辅助药剂,称助凝剂。助凝剂本身不起凝聚作用,仅帮助絮凝的形成。常用的助凝剂有:活性硅酸、海藻酸钠、羧甲基纤维素钠(CMC)及化学合成的高分子助凝剂包括聚丙烯胺、聚丙烯酰胺(PMA)、聚丙烯等。此外,还有用来调节 pH 的碱、酸、石灰等。有时水中浑浊度不足,为了加速完成混凝过程,还可以投入黏土。

混凝剂的添加种类及添加量是根据水质的情况、对水质的要求及添加的混凝剂特性来决定的。

丙烯酸化合物类有机混凝剂,有带正电荷和带负电荷的两种。其中 PMA 是一种较新型的助凝剂,它是线型高分子聚合物,具有吸附架桥及电荷中和作用,主要靠氢键来吸附水中混凝剂与杂质微粒所形成的絮凝团以及单独存在的杂质颗粒,相互缠绕交联,形成复杂的聚合

体,并沉淀下来。

适当的搅拌,可以加速水中胶体物质的凝聚和沉淀过程。使用铝电极在适宜 pH 的水中会产生铝离子,从而促进形成胶体凝聚。

1.2.1.3 混凝条件的确定

在确定混凝沉淀条件时,须考虑以下几方面因素:原水的状况,包括水的温度、pH 及其他物理、化学性质;混凝剂的性状及添加量;助凝剂的性状及添加量;混凝沉淀的装置;混凝沉淀工艺(包括混凝剂、助凝剂等的添加顺序、搅拌强度及时间等)。总之,水处理时,应先进行小试,以确定最佳的混凝沉淀条件。

1.2.2 水的过滤

1.2.2.1 过滤原理

原水通过粒状滤料层时,其中一些悬浮物和胶体物质被截留在孔隙中或介质表面上,这种通过粒状介质层分离不溶性杂质的方法称为过滤。

过滤过程是一系列不同过程的综合,包括阻力截留(筛滤)、重力沉降和接触凝聚。

1. 阻力截留

单层滤料层中粒状滤料的级配特点是上细下粗,也就是上层孔隙小,下层孔隙大,当原水由上而下流过滤料层时,直径较大的悬浮杂质首先被截留在滤料层的孔隙间,从而使表面滤料的孔隙越来越小,从而拦截更多的杂质,在滤层表面逐渐形成一层主要由截留的颗粒组成的膜状滤层,这层滤层同样也起到过滤作用。

2. 重力沉降

当原水通过滤层时,众多的滤料颗粒提供了大量的沉降面积,例如 $1~m^3$ 粒径为 $5 \times 10^{-2}~cm$ 的球形砂粒,可供悬浮物沉淀的有效面积约为 $400~m^2$。当原水经过滤料层时,只要速度适宜,水中的悬浮物就会因重力作用沉降到滤料颗粒的表面上。

3. 接触凝聚

构成滤料的砂粒等物质,具有巨大的表面积,它和悬浮物的微小颗粒之间有着吸附作用。据资料报道,砂粒在水中带有负电荷,能吸附带正电的微粒(如铁、铝的胶体微粒及硅酸),形成带正电荷的薄膜,因而能使带负电荷的胶体(黏土及其他有机物)凝聚在砂粒上。这样,当原水流经滤料层时,水中的带电微粒将被滤料吸附而达到除去水中杂质的目的。

以上 3 种作用在同一过滤系统中是同时发生的。一般来说,阻力截留主要发生在滤料表层,重力沉降和接触凝聚则主要发生在滤料深层。

1.2.2.2 过滤的工艺过程

过滤工艺基本上由两个过程组成,即过滤和冲洗两个循环过程。过滤是生产清水的过程,而冲洗是从滤料表面冲洗掉污物,使之恢复过滤能力的过程。多数情况下,冲洗和过滤的水流方向相反,因而一般把冲洗称为反冲或反洗。

1.2.2.3 过滤的形式

1. 池式过滤

池式过滤主要是指将过滤介质即滤料填于池中的过滤形式。

(1)滤料的选择　　滤料是完成过滤作用的基本介质,其结构和性能决定着去除杂质的效果。良好的滤料应满足下列基本要求:足够的化学稳定性,过滤时不溶于水,不产生有毒有害物质;足够的机械强度;适宜的级配和足够的孔隙率。常用的过滤介质有砂、石英砂、石头、无烟煤、磁铁矿、石榴石等。

所谓级配,就是滤料的粒径范围及在此范围内各种粒径滤料的数量比例。天然滤料的粒径大小很不一致,为了既满足工艺要求,又能充分利用原料,通常选用一定范围内的粒径。由于不同粒径的滤料要互相承托支撑,故相互间要有一定的数量比,通常用 d_{10}、d_{80} 和 K 作为控制指标。

$$K = \frac{d_{80}}{d_{10}}$$

式中:K 为不均匀系数;d_{80} 为通过滤料重量的 80% 的筛孔直径;d_{10} 为通过滤料重量的 10% 的筛孔直径。

K 越大,则粗细颗粒差别越大。K 过大,各种粒径滤料互相掺杂,降低了孔隙率,对过滤不利。另一方面,在反冲时,过大的颗粒可能冲不动,而过小的颗粒可能随水流失。K 小,则表明介质颗粒的粒径比较均匀一致,过滤效果较好。不过,实际生产时,滤料的粒径大小是很难一致的,为了满足工艺要求及充分利用原料,K 不可能太小。一般普通的快滤池 K 为 2～2.2。

所谓滤料层的孔隙率,是指滤料的孔隙体积和整个滤层体积的比例。石英砂滤料的孔隙率为 0.42 左右,无烟煤滤料的孔隙率为 0.5～0.6。

(2)滤料层结构　　良好的滤料层结构应满足:含污能力(以 kg/m³ 表示)大;产水能力[以 m³/(m²·h)或 m³/h 表示]高。适合以上条件的过滤池才能保证处理水的质量。

过滤时水流方向多采用从上到下的下向流,这样可以保持较大的过滤速度及较好的反冲效果。在下向流条件下,有两种截然不同的滤料结构。一种是滤料粒径上细下粗,另一种是上粗下细,前一种结构的特点是孔隙上小下大,悬浮物截留在表面,底层滤料未充分利用,滤层含污能力低,使用周期短。后一种的特点与之相反。由此可见理想的滤料层结构是粒径沿水流方向逐渐减小。但是,就单一滤料而言,要达到使粒径上粗下细的结构,实际上是不可能的。因为在反冲洗时,整个滤层处于悬浮状态,粒径大者质量大,悬浮于下层,粒径小者质量小,悬浮于上层。反冲洗停止后,滤料自然形成上细下粗的分层结构。为了改善滤料的性能,设计了采用两种或多种滤料,造成具有孔隙上大下小特征的滤料层。例如在砂滤层上铺一层相对体积质量轻而粒径大的无烟煤滤层。这种结构称双层滤池。双层滤池中,无烟煤相对密度为 1.4～1.7,粒径选用 0.8～1.8 mm,石英砂的相对密度为 2.55～2.65,粒径选用 0.5～1.2 mm,煤层厚 0.3～0.4 m,砂层厚 0.4～0.5 m。当无烟煤相对密度为 1.5,砂粒的相对密度为 2.65 时,最大的煤粒和最小砂粒直径之比不应大于 3.2。

滤层总厚度一般为 60～70 cm,滤池穿透深度 40 cm,相应的保护层厚度为 20～30 cm。滤池的容积视处理水量而定,一般维持砂层上水深 1 m,以防止水质、水量的过度波动。

此外,还有一种混合滤料滤池,即在双层滤池下再加一层粒径更小、密度更大的其他滤料,如石榴石、磁铁矿等,这样可以允许悬浮物穿透得更深,增加滤层的吸附表面积,进一步发挥整个滤层的吸附能力。

(3)垫层　　为了防止过滤时滤料进入配水系统,以及冲洗时能均匀布水,在滤料层和配水系统之间还要设置垫层(承托层)。对垫层的一般要求是:在高速水流反冲的情况下,应保持不被冲动;能形成均匀的孔隙,以保证冲洗水的均匀分布;材料坚固,不溶于水。

垫层一般采用天然卵石或碎石,作垫层的最小粒径应在 2 mm 以上。根据反冲洗可能产生的最大冲击力确定,垫层的最大粒径为 32 mm。垫层由上而下分为 4 层,其具体规格见表 1-7。

表 1-7 垫层的规格 mm

层次(自上而下)	粒径	厚度
1	2～4	100
2	4～8	100
3	8～16	100
4	16～32	150

(4)冲洗 滤池经过一定时间的水处理后,滤料及其滤层吸附、聚集了大量悬浮物等杂质使滤池过滤能力下降,水压损失增大,达不到水处理的目的,鉴此应对滤池经常进行清洗,使滤料吸附的悬浮物等杂质剥离下来以净化滤料和恢复产水能力。冲洗方法多采用逆流水力冲洗,有时兼用压缩空气反冲、高压清水表面冲洗、机械或超声波扰动等措施。

冲洗效果取决于冲洗的强度,冲洗强度过小,不能达到从滤料表面剥离杂质所需要的力量,洗不干净;强度过大,滤料层膨胀过度,减少了在反冲过程中单位体积内滤料间互相碰撞的机会,对冲洗也不利,而且还会造成细小粒料的流失和冲洗水的浪费等。

对于双层快滤池多采用 13 L/(m² · s)(0.6 mm 的砂粒)至 16 L/(m² · s)(0.7 mm 的砂粒)的冲洗强度。有时截留的聚凝物和表面滤料在反冲洗时形成"泥球",而且有越滚越大的趋势。在这种情况下,必须进行有效的辅助冲洗,如表面冲洗、空气冲洗和机械冲洗等。

池式过滤以水过滤速度的快慢可分为快速过滤和慢速过滤两种。一般快速过滤是先在原水中加入混凝剂预处理,絮凝沉淀掉大部分悬浮物和胶体,然后使上层的澄清水通过砂滤层过滤,过滤速度一般为 5 m/h。快速过滤主要除去悬浮物,对于离子、胶体及微生物不能完全除去,还需进一步处理。慢速过滤则是将原水混凝沉淀处理之后,让上层的澄清水以较慢速度通过砂滤层,过滤速度为 2.5～5 m/d。此法可除去水中悬浮物、胶体及大部分微生物,而且能改善水的味道。但滤过性病原体不能去除,如作为饮料用水仍需作消毒或进一步过滤,例如用砂滤棒进行精滤等。

2. 砂滤棒过滤

当用水量较少,原水中只含少量有机物、细菌及其他杂质时,可采用砂滤棒过滤器。砂滤棒有棒状和板状等形式,我国主要用棒状,日本和其他一些国家多用板状。进入滤器的自来水的压力多控制在 1～2 kg。

(1)基本原理 砂滤棒又名砂芯,系采用细微颗粒的硅藻土和骨灰等可燃性物质,成型后在高温下焙烧而成。在烧结过程中可燃性物质变为气体而逸散,形成直径为 0.002～0.004 mm 的小孔。水处理时,待处理水在外压作用下,通过砂滤棒的微小孔隙,水中存在的少量有机物及微生物被微孔吸附截留在砂滤棒表面。滤出的水,可达到基本无菌,符合国家饮用水标准。

(2)砂滤棒过滤器结构 砂滤棒过滤器外壳是用铝合金铸成锅形的密封容器,分上下两层,中间以隔板隔开,隔板上(或下)为待滤水。隔板下(或上)为砂滤水,容器内安装一根至数十根砂滤棒。常用国产砂滤棒过滤器的规格如表 1-8 所示。

表 1-8　国产砂滤棒过滤器规格

型　号	规格/mm (高×直径×厚)	流量/ (t/h)	操作压强/ MPa	砂芯(滤棒)数/ (根/台)
101 型铝合金滤水器	800×500×20	1.5	0.294	19
106 型铝合金滤水器	450×320×10	0.8	0.196	12
112 型铝合金滤水器	400×300×10	0.5	0.196	6
108 型铝合金滤水器	320×260×10	0.25	0.196	7
单支压力滤水器	280×70×50	0.03	0.196	1

(3)使用中应注意的问题　砂滤棒使用一段时间后,砂芯外壁逐渐挂垢而降低滤水量。此时则必须停机,卸出砂芯进行处理。方法是堵住滤芯出水口,浸泡在水中,用水砂纸轻轻擦去砂芯表面被污染层,至砂芯恢复原色,即可安装重新使用。若使用洗涤剂,也可以进行封闭冲洗,不用卸出砂芯。

砂滤棒在使用前需消毒处理,一般用 75% 酒精或 0.25% 新洁尔灭,或 10% 漂白粉,注入砂滤棒内,堵住出水口,使消毒液和内壁完全接触,浸泡 30 min 后倒出。要避免消毒液浓度过高,防止腐蚀滤水器的金属部分。安装时,凡与净水接触的部分都要进行消毒。

因为是加压过滤,使用时不能超过正常操作压力。压力太小则水滤出量小,过滤速度慢;超压则可能损坏砂滤棒。

3. 活性炭过滤

活性炭具有多孔性,可以吸附异味,去除各种杂质。在用氯破坏水中的有机物、杀灭微生物时,以活性炭作为余氯的吸附剂是最适宜的。其原理并不是简单地吸附余氯,而是活性炭的"活性位"起催化反应,从而消除过多的氯。反应式如下:

$$Cl_2 + H_2O \longrightarrow HCl + [O]$$
$$C^* + [O] \longrightarrow CO_2 \text{ 或氧化有机物}$$

另:

$$Cl_2 + H_2O + C^* \longrightarrow HOCl + H^+ + Cl^-$$
$$C^* + m\,HOCl \longrightarrow CO_m + m\,H^+ + m\,Cl^-$$

式中:C^* 为活性炭;$m = 1 \sim 2$。

活性炭使用一段时间后就需要进行清洗再生。实际生产中常把活性炭过滤与砂滤器串联使用。另外,使用活性炭时需注意的是:活性炭具有腐蚀性,用铁制容器装活性炭时要涂上防腐蚀涂料。

4. 超滤膜过滤

超滤(ultra filtration,UF)是以压力为推动力,利用超滤膜不同孔径对液体中物质进行分离的物理筛分过程,其切割分子质量(molecular weight cutoff,MWCO)1~500 ku,孔径<100 nm。与常规工艺的比较,超滤工艺具有以下优点。

（1）去浊率高，出水水质稳定可靠　在浊度、颗粒物的去除方面，UF 比常规工艺的去除率更高，UF 工艺的出水浊度稳定在 0.1 NTU 以下，对颗粒物质的去除率可达 99.9％以上。

（2）能有效去除病原微生物　UF 工艺能有效去除水中贾第虫、隐孢子虫、细菌等病原微生物和病原病毒，超滤出水无须消毒，不存在氯化消毒的副产物以及残留于水中的消毒剂本身对人体健康的影响。

（3）水厂占地面积小　UF 工艺的占地面积只需要传统工艺的 1/5 左右。每平方米占地面积生产能力达 190 m³/d。

（4）节约成本　相对常规的深度处理工艺，超滤工艺节省制水成本。

当前世界很多国家都建立了大规模的微滤/超滤饮用水厂。运行表明，这种处理工艺具有稳定的出水通量和极好的出水水质，而且对溶解性有机物有很好的去除效果。该系统最显著的特点是不用出水泵，通过位差虹吸出水。

在粉末活性炭（PAC）-超滤（UF）混合系统中，用空气和水联合反洗可以有效冲刷积累在膜表面的 PAC，降低 PAC 层的阻力。当通量降为初始通量的 41％时进行化学清洗，仅用水反洗只能提高通量 5％；如果用空气和水联合反洗能恢复通量 9％，恢复为初始通量的 50％。酸洗在清洗中是很有效的，经过物理清洗和酸洗、碱洗后通量可以恢复到初始通量的 86％，仍然有一些污染物和残留的 PAC 造成不可逆的污染。

5. 微滤膜过滤

微滤（micro filtration，MF）是一种精密过滤技术，所用微滤膜的孔径范围一般为 0.1～10 μm，介于常规过程和超滤之间。微滤可以有效去除小颗粒有机物和悬浮固体，但天然和人工合成的有机物仅用微滤的方法是不能去除的，需要与其他方法相结合，微滤结合混凝、吸附预处理处理饮用水越来越引起人们的关注，最普通的方法就是投加金属盐混凝剂和粉末活性炭（PAC），混凝和吸附作为微滤的预处理不仅可以提高膜通量，降低天然有机物（natural organicmatter，NOM）以获得高质量的出水，还可以减缓膜污染，延长清洗周期。混凝预处理所需的反应时间很短，投加混凝剂后，絮体尺寸很快大于膜孔径，不需要长时间混凝，经混凝处理后的水即可进入膜分离单元。由于微滤技术可以去除水中浊度和微生物，日本在 20 世纪 90 年代中期就开始了大规模应用。

赵鹏等用两个 PAC 结合微滤技术处理河水，在两个反应器中维持很高的出水通量，达到 167 L/(m²·h)，试验证明不同粒径的 PAC，在高通量下都对有机物有很好的去除率，在反应器中 PAC 浓度高达 20 g/L，有机物去除率为 60％～80％。通过分析膜表面的 PAC 污染层，发现吸附的金属离子起的作用比吸附的有机物的作用大，原水中的小颗粒物质和金属离子对 PAC 层的形成起了重要作用，因为带正电的胶体和金属离子进入 PAC 颗粒间的缝隙并且中和表面带负电的 PAC。由于大粒径 PAC 具有大的缝隙和较小的比表面积，在相同通量下，投加大粒径 PAC 的反应器比投加小粒径 PAC 污染要严重得多。

当用 PAC 作为吸附剂时，如果接触时间太短，就不能使 PAC 充分发挥吸附作用，因此，应保证有效的接触时间以提高吸附效率。还可以改进 PAC 性质，即通过粉碎普通的 PAC 来制造亚微粒 PAC（直径为 0.8～0.6 μm），将其用作微滤前的吸附剂处理饮用水。试验表明亚微粒 PAC 吸附 NOM 非常快，而且比普通 PAC 有更强的吸附能力。不同的接触时间对去除 NOM 效果不同，随接触时间的延长去除率增大，但是在大于 1 min 后，去除率增大很缓慢。用亚微粒 PAC 不仅可以缩短接触时间，而且可以节约 75％的混凝剂。

对于合格的饮用水地表水源,简单的"微絮凝-微滤"工艺就可生产出优于传统工艺的自来水;对于遭受轻微污染的水源,微滤也为高级处理工艺创造更为有利的条件,从而保证最终生产出优质、安全的饮用水。

对于合格水源的处理工艺如下。

传统工艺流程如图 1-1 所示。

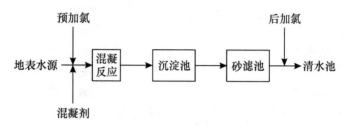

图 1-1　合格水源的传统工艺流程

微滤工艺流程如图 1-2 所示。

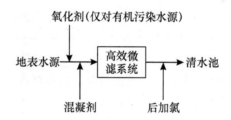

图 1-2　合格水源的微滤工艺流程

对于遭受微生物污染的水源,可以采用的工艺流程如图 1-3 所示。

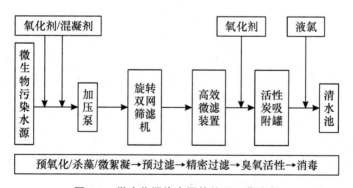

图 1-3　微生物污染水源的处理工艺流程

微滤工艺的突出优点是:工艺流程简单可靠,出水水质优于传统工艺,浊度不超过 0.3 NTU,占地面积只有传统工艺的 10%,节省絮凝剂和消毒剂的用量,降低处理成本,建设周期短。

6. 纳滤膜过滤

纳滤(nanofiltration,NF)膜又称为超低压反渗透膜,是 20 世纪 80 年代后期研制开发的一种新型分离膜,其孔径范围介于反渗透膜和超滤膜之间,约 1 nm,故称为纳滤膜。它具有两个显著特征:其一是截留分子质量介于反渗透膜和超滤膜之间,为 200～1 000 u;其二是纳滤膜的表面分离层由聚电解质所构成,对无机盐有一定的截留率。根据上述特征,纳滤膜分离技术在饮用水生产方面正在发挥其独特的作用,比如,去除三氯甲烷中间体、低分子有机物、农药、环境荷尔蒙类物质、砷和重金属等有害物质等,并且对 Ca^{2+}、Mg^{2+}、CO_3^{2-} 和 F^- 等也具有良好的去除效果。另外,与反渗透技术相比,纳滤膜分离过程还具有操作压力低,出水效率高,浓缩水排放较少等优点。从膜的结构上来看,纳滤膜大多数是复合型膜,即膜的表层分离层和它的支撑层化学组成不同。纳滤膜属于压力驱动型膜,操作压力通常为 0.5~1.0 MPa,一般在 0.7 MPa 左右,最低时为 0.3 MPa。由于这种特性,有时将纳滤称为"低压反渗透"或"疏松反渗透"。

纳滤膜分为两类:传统软化纳滤膜和高产水量荷电纳滤膜。前者最初是为了软化,而非去除有机物,其对碱度和钙的去除率大于 90%,且截留分子质量在 200~300 u 及以上(反渗透膜在 200 u 以下),这使它们能去除 90% 以上的总有机碳(total organic carbon,TOC)。后者是一种专门去除有机物而非软化,对无机物去除率只有 5%~50% 的纳滤膜,这种膜是由能阻抗有机污染的材料(如磺化聚醚砜)制成的,且膜表面带负电荷,同时比传统膜的产水量高,这种纳滤膜对有机物的去除依赖于有机物的电荷性,一般带电的有机物的去除率高于中性有机物,因而截留分子质量就不是一个很好的有机物表征量。同时由于它对无机物去除率低,将会减轻膜的污染,减少产水的后处理工艺。

(1)分离机理　纳滤膜对溶质分子的截留去除是一个复杂的现象,主要受膜电荷性质和孔径大小这两个基本的膜特性影响。这两个特性决定了纳滤膜对溶质分离的两个主要机制,即电荷作用和筛分作用。电荷作用主要是由荷电膜与渗滤液中带电离子之间发生静电作用形成的,这一分离现象又被称作道南效应。膜表面所带电荷越多对离子的去除效果越好,尤其是对多价离子的去除。筛分作用是由膜孔径大小与截留粒子大小之间的关系决定的,粒径小于膜孔径的分子可以通过膜表面,大于膜孔径的分子则被截留下来。一般来说,膜孔径越小对不带电的溶质分子截留效果越好。

(2)纳滤膜的应用

①去除硝酸和亚硝酸盐:在一些以农业为主的地区,污染的原水中硝酸盐和亚硝酸盐含量很高,严重影响人民身体健康,不符合饮用水标准。可将原水先用纳滤膜技术处理除去有机物、二价和多价离子及部分单价离子,纳滤膜透过水再经过离子交换树脂处理除去剩余的硝酸盐和亚硝酸盐,可使离子交换树脂的再生周期延长 2~3 倍。将经离子交换处理后的水再与纳滤膜透过水按一定比例混合,可得到硝酸盐和亚硝酸盐含量符合饮用标准的饮用水。

②降低水质硬度:由于纳滤膜对二价离子有较高的截留率,国外有许多国家成功地将纳滤膜分离技术用于降低水质硬度。如比利时采用日本东丽公司的 UTC20 纳滤膜,对沿海地区地下饮用水进行了降低硬度的试验,结果显示纳滤膜对钙离子的截留率达到 94%,对单价离子的截留率也高达 60%~70%,经纳滤膜处理后的水质硬度降低 10~20 倍。日本采用纳滤膜处理地表河流水制备饮用水的试验结果定量显示,纳滤膜对 Ca^{2+}、Mg^{2+}、SO_4^{2-} 等高价离子的截留率大于对 Na^+、K^+、Cl^- 等单价离子的截留率。

③去除氟化物:饮用水中氟化物量如果高于 2 mg/L 会导致牙齿和骨骼氟中毒,采用纳滤膜(NF70)去除饮用水中氟化物的研究结果表明,纳滤膜对氟离子有很好的截留率,对卤素离子的截留顺序是 $F^- > Cl^- > I^-$。这是由于这些离子的水合作用活化能不同所致,F^- 比 Cl^- 和 I^- 更容易发生水合作用。

④去除其他无机质:饮用水水质标准中的其他无机污染物主要包括镉、铬(六价)、铜、铅、锰、汞、镍等,它们大多来源于工业废弃物泄漏和工业废水排放等。常规水处理过程采用微滤

和超滤膜不能去除水中重金属污染物,但在饮用水制备过程中,采用纳滤膜在去除无机盐和有机物的同时也可去除重金属污染物。

⑤去除农药残留物:除草剂和杀虫剂等农药的广泛使用,严重污染了地表水和地下水资源。在饮用水生产中通常采用活性炭吸附和臭氧或过氧化氢氧化的方法去除这些有机污染物。但是活性炭吸附法由于水中 NOM 的竞争吸附导致对农药吸附效率下降,而氧化法将农药大分子氧化成小分子后则会促进水中细菌的再繁衍。纳滤膜因其对低分子量中性溶质分子的筛分作用,对水中的农药残留物具有良好的截留效果。

⑥去除三氯甲烷及其中间体:常规给水处理工艺一般采用加氯的方法进行水的消毒,但是过量的氯与水中存在的 NOM 反应会生成三氯甲烷及其中间体(trihalomethanes,THMs),而水中同时存在 NOM 和溴离子时,与过量氯反应会生成多种卤代乙酸前驱体(HAA),这些化合物都是消毒副产物,对人体有"三致"作用。诸多研究表明,纳滤膜可以有效去除水中三氯甲烷及其中间体等消毒副产物。

⑦去除总有机碳(TOC):总有机碳含量是饮用水水质的重要指标之一,水中 TOC 含量可以反映水中有机污染物含量的多少。肖贤明等研究发现,当饮用水 TOC<110 mg/L 时,Ames 致突变试验呈阴性。因此采用地表水制备饮用水时有必要对 TOC 含量进行控制,使水中 TOC 小于 110 mg/L,而纳滤膜对水中 TOC 有很好的去除效果。PEriksson 的研究发现,纳滤膜对分子质量<150 u 的非电离有机物的去除率低,而对分子质量>300 u 的有机物去除率高,多数商品纳滤膜对 TOC 的去除率均在 90% 以上,出水 TOC 均小于 110 mg/L。

7. 其他过滤装置

(1)钛棒过滤器　钛棒过滤器的过滤原理与砂滤棒类似,不同之处在于用来烧结的原材料不同。钛棒的优点是处理量大,不易破裂,可以作反冲清洗处理。

(2)化学纤维蜂房式过滤器　化学纤维蜂房式过滤器又称线绕式蜂房芯过滤器,过滤层是用各种化学纤维线缠绕而成的中空管状过滤器,这种过滤器对去除胶体物质及除铁有很好的效果。

(3)大孔离子吸附树脂过滤器　大孔离子吸附树脂是近年来新发展起来的,它是一种不溶于水的球状大孔聚合物,能利用吸附-解吸作用达到物理分离净化的目的。其外观为小于 1 mm 的白色球状颗粒,孔隙大于 5 nm(50 Å),比表面积大于 5 m²/g,不仅可以吸附有机大分子,而且具有良好的机械强度和化学稳定性,易于再生,可反复使用。大孔离子吸附树脂的再生一般用甲醇、乙醇或其他有机溶剂;当树脂用于吸附弱酸性物质后,用 NaOH 再生;吸附弱碱性物质后,用 HCl 再生;用于吸附一般离子溶液后,用 H_2O 再生;用于吸附挥发性物质后,用热水或通蒸汽进行再生。

1.2.3　硬水软化

含有 Ca^{2+}、Mg^{2+} 的水称为具有硬度的水,当 Ca^{2+}、Mg^{2+} 的含量较高时,就称为硬水。把 Ca^{2+}、Mg^{2+} 的含量降低或去除叫软化。饮料用水(包括洗瓶用水、锅炉用水、配制饮料用水、清洗用水、卫生用水等)对水质量的要求很高。特别是配制饮料用水、锅炉用水和洗瓶用水,都要求用软水。因为过硬的水配制饮料时会影响成品饮料的外观质量。洗瓶用水硬度过高会与洗瓶所用的苛性碱溶液起反应,导致洗瓶机内的冲洗喷嘴形成水垢发生堵塞而影响洗瓶效率,使

瓶子得不到有效的洗涤和冲洗,甚至还会使瓶子蒙上一层水垢而使玻璃瓶发暗,影响洗瓶效果和瓶子外观。锅炉用水对水的硬度要求更高。在锅炉中如果水的硬度过高而产生的水垢会形成隔热体,阻止热量的传递,甚至引起锅炉爆炸。因此,饮料用水在使用前必须进行软化处理,使原水的硬度降低。

硬水软化的方法主要有石灰软化法、离子交换法、电渗析法、反渗透法和电法去离子法。

1.2.3.1 石灰软化法

日常生活中软化水的方法通常是加热,当水被加热时,随水温、压力的升高,水中 Ca^{2+}、Mg^{2+} 的碳酸氢盐溶解度下降,水温达到沸点时,它们将以 $CaCO_3$、$Mg(OH)_2$ 的形式沉淀下来而被除去。但大量的饮料工业用水不可能利用加热的方法使其软化,而且也不可能解决非碳酸盐的硬度问题。所以要用其他方法软化水,石灰软化法就是其中之一。

在水中加入石灰等化学药剂,在不加热的条件下除去 Ca^{2+}、Mg^{2+},降低水的硬度,达到软化水质的目的,这种方法称之为石灰软化法。石灰软化法是一种既传统又简单、经济的软化水的方法,此法不仅可以去除水中的 CO_2 和大部分的碳酸盐硬度,而且可以降低水的碱度和含盐量。石灰软化法又包括石灰乳软化法、石灰-纯碱软化法和石灰-纯碱-磷酸三钠软化法。

1. 石灰乳软化法

先将生石灰配成石灰乳:

$$CaO + H_2O \longrightarrow Ca(OH)_2$$

再将石灰乳加入待处理水中以去除水中的重碳酸钙 $[Ca(HCO_3)_2]$ 和二氧化碳。在这个过程中,水中的 CO_2 首先形成 $CaCO_3$ 沉淀。

$$Ca(OH)_2 + CO_2 \longrightarrow CaCO_3 \downarrow + H_2O$$

只有将水中的 CO_2 去除,才能完成软化过程,否则水中的 CO_2 会和 $CaCO_3$、$Mg(OH)_2$ 重新化合,再次产生碳酸盐硬度。石灰乳去除了水中的 CO_2 后反应顺利地向右进行,产生大量的碳酸钙和氢氧化镁沉淀,其反应如下:

$$Ca(OH)_2 + Ca(HCO_3)_2 \longrightarrow 2CaCO_3 \downarrow + 2H_2O \qquad ①$$
$$2Ca(OH)_2 + Mg(HCO_3)_2 \longrightarrow Mg(OH)_2 + 2CaCO_3 \downarrow + 2H_2O \qquad ②$$
$$Ca(OH)_2 + MgCO_3 \longrightarrow CaCO_3 \downarrow + Mg(OH)_2 \downarrow \qquad ③$$
$$Ca(OH)_2 + 2NaHCO_3 \longrightarrow CaCO_3 \downarrow + Na_2CO_3 + 2H_2O \qquad ④$$

反应式④只有当水中的碱度大于硬度时才会出现。如果化合物 $NaHCO_3$ 中的 HCO_3^- 没有被除去,这部分 HCO_3^- 仍然会和 Ca^{2+}、Mg^{2+} 生成碳酸氢盐硬度,反应式①~③就不能顺利完成。在以上反应的同时还进行如下反应:

$$4Fe(HCO_3)_2 + 8Ca(OH)_2 + O_2 \longrightarrow 4Fe(OH)_3 \downarrow + 8CaCO_3 \downarrow + 6H_2O$$
$$Fe_2(SO_4)_3 + 3Ca(OH)_2 \longrightarrow 2Fe(OH)_3 \downarrow + 3CaSO_4$$
$$H_2SiO_3 + Ca(OH)_2 \longrightarrow CaSiO_3 \downarrow + 2H_2O$$
$$m\,H_2SiO_3 + n\,Mg(OH)_2 \longrightarrow n\,Mg(OH)_2 \cdot m\,H_2SiO_3 \downarrow$$

因此,石灰乳软化法不仅能除去水中的碳酸盐硬度,而且还可除去水中部分铁和硅的化合物。

石灰乳软化法处理水时投加的石灰量要准确,少了达不到软化的效果,多了会增加永久性钙的硬度。石灰添加量可按下式计算:

$$G = \frac{56D \times (H_{Ca} + H_{Mg} + CO_2 + 0.175)}{K \times 10^3}$$

式中:G 为需投加的石灰量,kg/h;D 为处理水量,t/h;H_{Ca} 为原水的钙硬度,mol/L;H_{Mg} 为原水的镁硬度,mol/L;CO_2 为原水中游离的 CO_2 量,mol/L;0.175 为石灰的过剩量;K 为工业用石灰纯度(一般为 60%～85%);56 为 CaO 的摩尔质量。

根据经验,每降低 1 m^3 水中暂时硬度 1 度,需添加纯 CaO 10 g;每降低 1 m^3 水中 CO_2 的浓度 1 mg/L,需加纯 CaO 1.27 g。

软化方法主要有间歇法、涡流反应法和连续法 3 种。

间歇法一般是采用圆柱形锥底容器,根据水质和水量加入所需的石灰乳澄清液,同时用压缩空气充分搅拌 10～20 min,然后让其静置 4～5 h,经沉淀后从容器上部引出处理过的水,杂质则从容器底部排出。

涡流反应器是外形类似锥体的涡流反应池,原水和石灰乳都从锥底部沿切线方向进入反应器,2 个进口方向形成最大的力偶,使水和石灰乳混合后,水流以螺旋式上升,通过一层悬浮粉砂或大理石粉粒填料吸附软化反应后产生的 $CaCO_3$,使水得到软化。当填料颗粒由于吸附逐渐长大到不能悬浮而下沉后,再补充新颗粒,同时排除沉淀颗粒。但反应产生的 $Mg(OH)_2$ 不能被吸附在砂粒上,因为会使水变浑。故当原水中 Mg^{2+} 含量超过 0.4 mol/L 时不宜采用。

连续法则是石灰乳按原水流量连续添加,经搅拌、澄清、过滤等一系列处理而连续出水。此法处理效果好,沉淀排除完全,水质澄清,但要求原水的水量及水质均较稳定。

石灰乳软化法适用于碳酸盐硬度较高、非碳酸盐硬度较低的水或不要求高度软化的水,作为离子交换法的前处理。但石灰不能使永久性的硬度彻底软化,要使总硬度降低单独使用石灰法软化水不理想。经石灰软化后,一般可把碳酸盐降至 0.2～0.4 mmol/L,碱度可降至 0.4～0.6 mmol/L,有机物除去 25%,硅酸化合物可降低 30%～35%,原水中铁残留量小于 0.1 mg/L。

2. 石灰-纯碱软化法

国内有的厂家用此法作为水的前处理方法。该方法多在原水的总硬度大于总碱度,并且对钠盐残留量要求不高的情况下使用。

石灰-纯碱软化法的原理可用以下反应式表示:

$$CaSO_4 + Na_2CO_3 \longrightarrow CaCO_3 \downarrow + Na_2SO_4$$
$$CaCl_2 + Na_2CO_3 \longrightarrow CaCO_3 \downarrow + 2NaCl$$
$$MgSO_4 + Na_2CO_3 \longrightarrow MgCO_3 \downarrow + Na_2SO_4$$
$$MgCl_2 + Na_2CO_3 \longrightarrow MgCO_3 \downarrow + 2NaCl$$
$$MgCO_3 + Ca(OH)_2 \longrightarrow Mg(OH)_2 \downarrow + CaCO_3 \downarrow$$
$$Ca(HCO_3)_2 + Ca(OH)_2 \longrightarrow 2CaCO_3 \downarrow + 2H_2O$$
$$Mg(HCO_3)_2 + Ca(OH)_2 \longrightarrow Mg(OH)_2 \downarrow + CaCO_3 \downarrow + CO_2 \uparrow + H_2O$$

纯碱消耗量计算的经验公式如下:

$$G = \frac{106 \times D(H_{永} + a)}{E}$$

式中：G 为纯碱消耗量，g/h；D 为软化水量，t/h；106 为 Na_2CO_3 的摩尔质量，g/mol；$H_{永}$ 为原水的永久硬度，mol/L；a 为纯碱的过剩量，mol/L；E 为工业用纯碱的纯度，%。

以上反应虽然使原水中的暂时硬度和永久硬度大大降低，但水中的可溶性物质如 Na_2SO_4、NaCl 等含量大大增加，特别当原水中非碳酸盐硬度较高时，纯碱就不能降低原水中的可溶性物质含量。因此，目前饮料水处理中常以电渗析法取代此法，特别是对含盐量较高的海水或苦咸水，电渗析法效果更佳。

3. 石灰-纯碱-磷酸三钠软化法

此法以石灰-纯碱作为基本软化剂，以少量的磷酸三钠作为辅助软化剂，同时通入蒸汽加热，并加入混凝剂。其反应原理为：用石灰-纯碱除去大部分 Ca^{2+}、Mg^{2+}，残存的 Ca^{2+}、Mg^{2+} 则通过与 Na_3PO_4 反应生成磷酸盐沉淀去除，从而使原水得以软化。

1.2.3.2 离子交换法

离子交换(ion exchange)法是使用带交换基团的树脂，利用树脂离子交换的性能，去除水中的金属离子。树脂中的交换基团按水处理的要求，将原水中所不需要的离子通过交换而暂时占有，然后再释放到再生液中，使水得到软化的水处理方法。

1. 离子交换树脂的分类

一般根据离子交换树脂所带的化学功能团的性质进行分类，所带的化学功能团能与水中阳离子进行交换的树脂称为阳离子交换树脂，能与阴离子进行交换的树脂称为阴离子交换树脂。由于树脂上化学功能团酸、碱性强弱程度不同，又可把阳离子交换树脂分为强酸性($R—SO_3^- H^+$)和弱酸性($R—COO^- H^+$)树脂；把阴离子交换树脂分为强碱性和弱碱性树脂，其中带伯、仲、叔胺基的树脂为弱碱性的，带季胺基的树脂为强碱性的。由于胺基上所结合的甲基数目不同，强碱性树脂又可分为Ⅰ型和Ⅱ型(图1-4)。

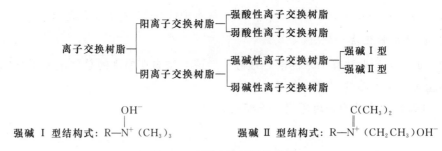

图1-4 离子交换树脂的分类

强酸性阳离子交换树脂：一般以磺酸基($—SO_3H$)作为活性基团，由于是酸性基团，其电离程度不随溶液的 pH 变化而变化，使用时一般没有 pH 的限制。

弱酸性阳离子交换树脂：功能团为羧基($—COOH$)或磷酸基($—PO_4H_2$)等。这种树脂的电离程度小，其交换性能和溶液的 pH 有很大关系。这类树脂的交换能力随溶液的 pH 增加而提高。

强碱性阴离子交换树脂：主要有2种，一种是含三甲胺基(或季胺基)的强碱Ⅰ型，另一种是含二甲基-β-羟基-乙基胺基团的强碱Ⅱ型。Ⅰ型的碱性比Ⅱ型强,但再生较困难;Ⅱ型树脂的稳定性较差。和强酸性树脂一样,强碱性树脂使用的 pH 范围没有限制。

弱碱性阴离子交换树脂:弱碱性阴离子交换树脂的功能团主要是伯胺基(—NH_2)、仲胺基(—NHR)、叔胺基(—NR_2)等,和弱酸性树脂一样,其交换能力随 pH 变化而变化,pH 越低,交换能力越强。

2. 离子交换树脂软化水的原理

离子交换就是离子交换树脂上的离子和水中的离子进行等电荷反应的过程。离子交换树脂是一种由有机分子单体聚合而成的,具有三维网络结构的多孔海绵状高分子化合物。在构成网络的主链上有许多活动的化学功能团,这些功能团由带电荷的固定离子和以离子键与固定离子相结合的反离子所组成。树脂吸水膨胀后,化学功能团上结合的反离子与水中的离子进行交换。阳离子交换树脂可吸附 Ca^{2+}、Mg^{2+} 等阳离子,阴离子交换树脂可吸附 Cl^-、HCO_3^-、SO_4^{2-}、CO_3^{2-} 等阴离子,从而使原水得以净化。

树脂软化通常使用 Na^+ 做交换剂。钠离子软化在工业应用上多使用磺化煤或阳离子交换树脂。经过几组树脂的反复交换,水的硬度和碱度都能得到较好控制。处理过的水含盐量可降至 $5\sim10$ mg/L,硬度接近 0,pH 接近中性。

3. 离子交换树脂的交换性能

(1)交换容量　离子交换树脂的交换容量代表树脂的交换能力。交换容量指一定数量的树脂可交换离子的数量,分为全交换容量和工作交换容量。

全交换容量($E_全$)是指树脂交换基团所有可交换离子全部被交换时的交换容量。数值上等于交换基团中阴(阳)离子总数,单位为 mg/mL(湿树脂)或 mg/g(干树脂)。

工作交换容量($E_工$)是指树脂在动态工作状态下的交换容量,单位为 mg/mL(湿树脂)或 mg/g(干树脂)。

(2)交换性能　离子交换树脂对于水中不同离子的交换能力是不相同的,易于吸附某些离子而难以吸附另一些离子,这种对水中不同离子的亲和力的大小就是离子交换的选择性。

一般来说,在常温、低浓度下,离子所带的电荷越多,越容易被吸附交换,如三价离子比二价离子易被吸附;同价离子原子质量越大,则越容易被吸附;但在高浓度下,树脂的选择吸附性消失。

离子交换反应过程与很多化学反应过程一样,是可逆反应。由于离子交换树脂的溶胀性,树脂在交换过程的前后体积会有所变化,因此与一般的化学反应平衡又有所不同。

强酸性阳离子交换树脂 RH 与 Na^+ 的交换过程如下:

$$RH + Na^+ = RNa + H^+$$

当正反应和逆反应速度相等时,反应式达到平衡。

4. 离子交换树脂的选择原则

离子交换树脂的种类很多,如何根据原水的离子组成和对处理水的水质要求,正确选择离子交换树脂,使树脂在生产中发挥最大效益,是离子交换水处理工作的关键。

首先应根据原水中需要除去的离子的种类来选择树脂。如果只需要去除水中吸附性较强的离子(如 Ca^{2+}、Mg^{2+} 等),则选用弱酸性或弱碱性树脂进行软化处理较经济。如果需要除去原水中吸附较弱的阳离子(如 K^+、Na^+)或阴离子(如 HCO_3^-、$HSiO_3^-$),则用弱酸性或弱碱性

饮料工艺学

树脂就较困难,甚至不能进行交换,此时就必须选用强酸性或强碱性树脂。

此外,在选择离子交换树脂时,还应注意以下几方面。

(1)外观　工业经常使用凝胶型离子交换树脂,外观为透明或半透明状态。水处理一般选用白色树脂,便于从颜色变化了解树脂的交换程度。树脂的形状有球状或无定形等,以球状较理想。品质好的树脂颗粒圆球状率比较高,因为球状具有可使液体阻力减小,流量均匀,耐磨性能好等优点。

(2)膨胀度　指干树脂吸水后体积膨胀的程度。由于树脂有网状结构,其网络间的空隙易被水充满而使树脂膨胀,树脂吸水膨胀后的内部水分可以移动,与树脂颗粒外部的溶液进行自由交换,膨胀后的树脂与高浓度的电解质接触时,由于高浓度的电解质能夺走树脂内部的水分,就会使树脂收缩,体积缩小。树脂在转型时,体积也会发生变化。因此在确定树脂的装置时应考虑树脂的膨胀性能。

(3)交联度　指离子交换树脂中交联剂的含量。交联度越低,树脂越易膨胀。交联度主要影响树脂的机械强度、孔度大小、交换容量等。交联度与树脂的机械强度呈正相关,与树脂的孔度和交换容量呈负相关关系。交联度大,大分子的物质就不易被交换。

(4)颗粒度　指树脂颗粒在溶胀状态下的直径大小,商品树脂的颗粒度为16～70目(直径相当于1.19～0.2 mm)。颗粒小有利于液体扩散速度和交换速度的提高。颗粒小其交换速度虽快,但会使流体阻力增加。

(5)交换容量　一般希望树脂有较大的交换容量。交换容量越大,同体积的树脂所能交换吸附的离子就越多,处理的水量就越大。

(6)机械强度　树脂要有一定的机械强度,以避免或减少在使用过程中的破损。一般来说,同类型树脂中弱型比强型交换容量大,但机械强度较差。树脂的膨胀度越大、交联度越小,机械强度也就越差。

5. 离子交换水处理装置的常见类型

离子交换水处理的装置主要有固定床和连续床两大类。固定床中又有单床、多床、复床、混合床、双层床和双流床等类型。连续床中又分为移动床和流动床2种类型。

固定床是离子交换处理中最简单的软化水的方法。该方法在水处理运行中的几个基本过程(交换、反洗、再生、清洗)间歇反复地在同一装置中进行,而离子交换树脂本身不移动和流动,具有操作简单,所需设备少,水质稳定等优点。

单床是固定床中最简单的一种方式。常用的钠型阳离子交换器即属这一方式。

多床是用同一种离子交换剂,2个或2个以上的单床串联使用的方式。当单床处理水质达不到要求时可采用多床。

复床是将2种不同的离子交换剂的交换器串联使用,用于水的除盐。

混合床是将阴阳离子交换树脂置于同一柱内,相当于多级阴阳离子柱串联起来,处理水质量较高。

双层床是在一个交换柱中装有2种树脂(弱酸与强酸、弱碱与强碱型),上下分层不混合。

双流床主要用于处理凝结水,可提高水质。

固定床离子交换的缺点是树脂用量多而利用率低,运行不连续。为提高树脂利用率及管理自动化,20世纪60年代出现了连续式离子交换装置。

所谓移动床是指将交换剂装于交换塔中,原水从下部进入塔内,软水从塔上部流出。这样自下而上的流动,交换一定时间(一般为 45～60 min)后停止交换,而将交换塔中一定容量的失效交换剂送至再生塔中还原。同时从清洗塔向交换塔上部补充相同容积的已还原清洗的交换剂,约 10 min 后交换塔又开始工作。因交换塔上部始终有刚加入的新交换层,故出水水质稳定。交换剂及还原液的利用率都比固定床高。其缺点是交换剂磨损较大,耗电量较多。

所谓流动床是完全连续工作的,它在进行交换的同时不断地从交换塔内向外输送失效的离子交换剂,也不断地向交换塔内输送再生后的交换剂。流动床的优点是出水质量高,并且比较稳定;设备简单,操作方便;需交换剂量少。只是在新设备投入运行时,需要一定时间进行调整。

根据饮料用水除盐的要求,一般可采用复床或联合床系统。复床系统能使原水的含盐量从 500 mg/L 降至 5～10 mg/L,出水的 pH 为 7±2。若用联合床(即阳床-阴床-混合床),则效果更佳。经联合床处理的水大部分离子被阴阳床替换,混合床只需交换漏泄的离子,使混合床再生减少,比较经济。

6. 离子交换树脂的处理、转型及再生

(1)离子交换树脂的处理与转型　新树脂往往混有可溶性低聚物和夹杂在树脂网络中的某些悬浮物,影响其交换性能。因此,在使用前必须进行处理。此外,市售的阳离子树脂多为 Na^+ 型,阴离子树脂多为 Cl^- 型,使用前需分别用酸、碱处理,将阳离子树脂转为 H^+ 型,阴离子树脂转为 OH^- 型。

新的阳离子树脂在正式使用前,先用自来水浸泡 1～2 d,待树脂充分膨胀后,反复用自来水冲洗,直至洗出水无色为止。沥干水,用与树脂等量的 7%～8%盐酸溶液浸泡 1 h 左右,并搅拌,去除酸液。用自来水洗至洗出水 pH 达 3～4 为止。去除余水,加入等量的 8% NaOH 溶液浸泡 1 h 左右,去除碱液,再用水洗至洗出水 pH 为 8.5 左右,去除余水。最后加入 3～5 倍量 7%盐酸溶液浸泡 1.5～2.5 h,使阳离子转为 H^+ 型,去除酸液,用去离子水洗至 pH 达 3.5 左右即可使用。

对于新的阴离子树脂,首先用自来水反复洗涤至无色、无味。沥干水,加入与树脂等量的 7%～8% NaOH 溶液浸泡 1 h,并不断搅拌去除碱液。再用 H^+ 型阳离子树脂处理过的水洗至 pH 为 8.5 左右,去除余水。加入等量的 7% HCl 溶液浸泡 1 h 左右,再用自来水洗涤至 pH 为 3.5 左右。最后加入 4 倍量的 8% NaOH 溶液浸泡 2 h,不断搅拌,使阴离子树脂转型为 OH^- 型。去除碱液,用去离子水洗出水 pH 为 8.5 左右即可使用。

(2)离子交换树脂的再生　离子交换柱使用一段时间后,会出现从上到下黑圈的现象,即柱子"失效"或"老化",树脂的交换能力下降,此时处理水的电导率逐渐升高,当黑圈充满整个交换柱子时,水质已达不到要求,必须对离子交换柱进行再生。

再生是对离子交换柱的还原,其原理是水处理的逆反应。一般用树脂质量 2～3 倍的 5%～7% HCl 溶液浸泡阳离子树脂 8～10 h;用 2～3 倍的 5%～8% NaOH 溶液浸泡阴离子树脂 8～10 h。然后用去离子水洗至 pH 分别为 3.0～4.0 和 8.0～9.0,使树脂重新转变为 H^+ 型和 OH^- 型。对于高交换量、易再生的弱碱性阴离子树脂也可用纯碱、氨水进行再生。

树脂再生的方法有顺流式再生和逆流式再生 2 种。所谓顺流式,即交换液由离子交换柱上端进入,下部流出,再生液的流向与运行时水的流向相同。顺流式再生的优点是装置简单,操作方便,缺点是再生效果不理想。逆流式是再生液由离子交换柱下端进入,上部流出,再生液的流向与运行时水的流向相反。该种再生方法工艺稍复杂,但再生效果好,生产中多采用此法。

树脂再生前应先进行反洗,去除停留在树脂上的杂质,除去树脂中的气泡,以利于再生。一般生产中洗至柱中无结块为止。

离子交换法脱盐率高,也比较经济。但当原水中含盐量过高时,须经常再生,要消耗大量的酸、碱,且排出的酸、碱废液会对环境造成一定的污染。这种情况下,应在离子交换处理之前作相应的预处理,如混凝、沉淀、吸附等。

1.2.3.3 反渗透法

反渗透(reverse osmosis,RO),是从 20 世纪 60 年代以来随着膜工艺技术的进步而发展起来的一项新型膜分离技术。为了从海水中获得廉价的淡水,美国佛罗里达大学的雷德(Reid)在 1953 年首次提出了反渗透法的方案,并在其后的研究中发现,醋酸纤维膜是分离盐分最好的一种膜,它对盐分的分离率可达 90% 以上,但透水率却非常低,每平方米的膜 24 h 只能得到 25 L 淡水,不能投入工业化生产。20 世纪 60 年代加利福尼亚大学的洛布(Loeb)和加拿大的索里拉金(Sourirajan)等,制成了具有历史意义的世界上第一张高脱盐率(98.6%)、高通量[10.1 MPa 下透过速度为 0.3×10^{-3} cm/s,合 259 L/(d·m²)]、膜厚约 100 μm 的非对称醋酸纤维反渗透膜。从此,反渗透法作为经济实用的海水和苦咸水的淡化技术进入了实用和装置研制阶段。图 1-5 为反渗透水处理工艺流程。

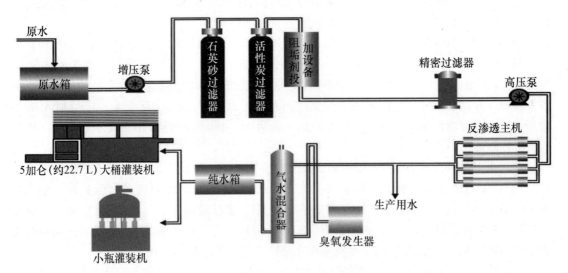

图 1-5 反渗透水处理工艺流程

早期工业应用的反渗透膜主要是醋酸纤维素和芳香聚酰胺非对称膜,它们是按照海水或苦咸水脱盐淡化的要求开发的,操作压力高,水透过速率低。非纤维素薄层复合膜的工业化开发,使反渗透过程在较低压力下具有较高的透过率。特别是 1985 年后开发的超低压反渗透膜,可在低于 1 MPa 的压力下进行部分脱盐,适用于水的软化和选择性分离。随着这些新型反渗透膜的开发,其应用范围已从早期的海水淡化发展到化工、制药领域维生素、抗生素、激素等的浓缩和细菌、病毒的分离,食品领域果汁、牛乳、咖啡的浓缩和饮料用水的净化,造纸工业中某些有机及无机物的分离等。

我国对反渗透技术的研究始于 1965 年,20 世纪 70 年代进行了中空纤维和卷式反渗透元件的研究,并于 20 世纪 80 年代实现了初步的工业化。20 世纪 70 年代开始对复合膜进行研究,经"七五""八五"攻关,中试放大成功,我国的反渗透技术已开始从实验室研究走向工业规模应用。

1. 反渗透的基本原理

半透膜是一种只能让溶液中的溶剂单独通过而不让溶质通过的选择透性膜,它的孔径大多≤10×10^{-10} m。当用半透膜隔开 2 种不同浓度的溶液时,稀溶液中的溶剂就会透过半透膜进入浓溶液一侧,这种现象叫渗透。由于渗透作用,溶液的两侧在平衡后会形成液面的高度差,由这种高度差所产生的压力叫渗透压。如果在浓溶液一侧施加一个大于渗透压的压力时,溶剂就会由浓溶液一侧通过半透膜进入稀溶液中,这种现象称为反渗透。反渗透除盐示意图见图 1-6。

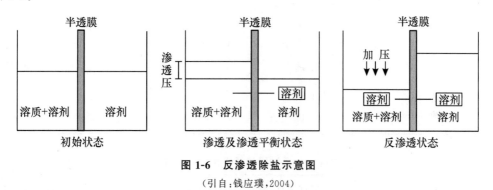

图 1-6　反渗透除盐示意图

(引自:钱应璞,2004)

反渗透作用的结果,使浓溶液变得更浓,稀溶液变得更稀,最终达到脱盐的目的。

反渗透主要是利用溶剂或溶质对膜的选择性原理,在反渗透过程中虽然与膜的微孔孔径大小有一定关系,但主要取决于膜的选择性。当膜表面孔的直径小于溶剂分子或溶质分子直径时,溶质依然可以分离,这说明筛分过滤原理对反渗透是不适用的。

反渗透膜的选择透过性与组分在膜中的溶解、吸附和扩散有关,除与膜孔的大小、结构有关外,还与膜的化学、物理性质有密切关系,即与组分和膜之间的相互作用密切相关。由此可见,反渗透分离过程中化学因素(膜及其表面特性)起主导作用。

对反渗透膜脱盐机理解释很多,到目前为止,较公认的机理主要有以下几种。

(1)氢键理论　氢键理论最早是由雷德(Reid)等提出的,也叫孔穴式与有序式扩散(hole type-alignment type diffusion)理论,是针对乙酸纤维素膜提出的模型。此模型认为当水进入乙酸纤维素膜的非结晶部分后,和羧基的氧原子发生氢键作用而构成结合水。这种结合水的结合强度取决于膜内的孔径,孔径越小结合越牢。由于牢固的结合水把孔占满,故不与乙酸纤维素膜以氢键结合的溶质就不能扩散透过,但与膜能进行氢键结合的离子和分子(如水、酸等)却能穿过结合水层而有序扩散通过。

(2)优先吸附-毛细孔流理论　该理论是索里拉金(Sourirajan)在 Gibbs 吸附方程的基础上提出的,他认为在盐水溶液和聚合物多孔膜接触的情况下,膜界面上有优先吸附水而排斥盐的性质,因而形成一负吸附层,它是一层已被脱盐的纯水层,纯水的输送可通过膜中的小孔来进行。纯水层厚度既与溶液的性质(如溶质的种类、溶液的浓度等)有关,也与膜的表面化学性质有关。索里拉金认为孔径必须等于或小于纯水层厚度的 2 倍,才能达到完全脱盐而连续地获得纯水,但在膜孔径等于纯水层厚度 2 倍时工作效率最高。根据膜的吸附作用有选择性,可

以推知膜对溶质的脱除应有选择性。

2. 反渗透膜的主要性能

反渗透膜对水中离子和其他杂质的去除能力见表 1-9,几种膜的透水量和脱盐性能见表 1-10。

表 1-9　反渗透膜对水中离子和其他杂质的去除能力　　　　　　　　　　%

离子	去除率	离子	去除率	离子(或杂质)	去除率
Mn^{2+}	95～99	SO_4^{2-}	90～99	NO_2^-	50～75
Al^{3+}	95～99	CO_3^{2-}	80～95	BO_2^-	30～50
Ca^{2+}	92～99	PO_4^{3-}	90～99	微粒	99
Mg^{2+}	92～99	F^-	85～95	细菌	99
Na^+	75～95	HCO_3^-	80～95	有机物(相对分	99
K^+	75～93	Cl^-	80～95	子质量>300)	
NH_4^+	70～90	SiO_2^-	75～90	—	—

表 1-10　几种膜的透水量与脱盐性能

膜种类	测试条件/MPa	透水量/[$m^3/(m^2 \cdot d)$]	脱盐率/%
2.5 醋酸纤维素膜	1%NaCl(15.2)	0.30	99
3 醋酸纤维素超薄膜	海水(10.13)	1.0	99.8
3 醋酸纤维素中空纤维膜	海水(6.08)	0.04	99.8
醋酸丁酸纤维素膜	海水(10.13)	0.48	99.4
2 醋酸和 3 醋酸纤维混合膜	3.5%NaCl(10.13)	0.44	99.7
醋酸甲基丙烯酸纤维素膜	3.5%NaCl(10.13)	0.33	99.7
醋酸丙酸纤维素膜	3.5%NaCl(10.13)	0.48	99.5
芳香聚酰胺膜	3.5%NaCl(10.13)	0.64	99.5
芳香聚酰胺中空纤维膜	1%NaCl(15.2)	0.02	99
聚苯并咪唑膜	0.5%NaCl(14.19)	0.65	95
多孔玻璃膜	3.5%NaCl(12.16)	1.0	88
磺化聚苯醚膜	苦咸水(7.60)	1.15	98
氧化石墨膜	0.5%NaCl(14.19)	0.04	91

3. 反渗透器的特点及对水质的要求

反渗透器按其膜的形状分为平板式、管式、卷式和中空纤维式 4 种。其构造特点见表 1-11。

表 1-11 几种反渗透器的构造特点

性能参数	构造形式			
	平板式	管式	卷式	中空纤维式
单位体积膜面积/(m^2/m^3)	160~500	33~80	650~1 000	1 000
透过水量/[m^3/(m^2·d·MPa)]	0.02	0.02	0.02	0.003
膜面流速/(cm/s)	—	60~200	10~20	0.1~0.5
膜面浓度上升比	—	1.1~1.3	1.1~1.5	1.2~2.0
残渣和水污形成的可能性	中	小	中	
物理洗涤方式	冲洗、拆卸洗涤	冲洗、海绵球洗涤	冲洗	冲洗
化学洗涤效果	中	大	中	小
主要用途	食品	食品废水	海水淡化、超纯水、废水	海水淡化、超纯水、废水

渗透的工艺通常采用一级或二级反渗透。一级是通过一次渗透就能达到水质的要求；二级则要通过二次反渗透才能达到水质的要求。反渗透器进口水的水质要求见表 1-12。

表 1-12 反渗透器进口水的水质要求

项目	取样点	中空聚酰胺膜	卷式醋酸纤维素膜
水温/℃	反渗透进口	20~35	20~30
pH	反渗透进口	4~10	4~6
浊度	反渗透进口	<0.5	<1
污染指数(FI)	反渗透进口	<4.0	<5
余氯/(mg/L)	反渗透进口	<0.1	0.2~0.5
化学耗氧量(COD$_{Mn}$)/(mg/L)	反渗透进口	<2	<2
Fe/(mg/L)	反渗透进口	<0.1	<0.1
Ca^{2+}、SO$_4^{2-}$/(mol/L)	浓缩水	<10^{-4}	<10^{-4}

4. 反渗透器的污染及清洗

反渗透器在使用了一段时间后,由于膜污染和膜老化将导致脱盐率降低,压力损失增大,产水量降低,这时需要进行清洗。清洗有物理和化学 2 种方法。

(1)物理清洗　最简单是用水清洗膜表面,即用低压高速水冲洗膜面 30 min,这样可使膜的透水性能得到改善,但经短期运转后其性能会再次下降。若采用空气与水的混合流体冲洗膜面 20 min,对初期受到有机物污染的膜效果较好,但对受严重污染的膜,效果则不够理想。

(2)化学清洗　可根据污染物质的不同而采用不同的化学药品进行清洗。对于无机物(特别是金属氢氧化物)的污染,可采用柠檬酸清洗。在高压或低压下用 1%~2%柠檬酸水溶液对膜进行连续循环冲洗,对除去 Fe(OH)$_3$ 污染效果很好。也可在柠檬酸溶液中加入适量的氨水或配成不同 pH 的溶液加以使用;或者在柠檬酸溶液中加入盐酸调整 pH 至 2~4.5 后在膜系统内循环清洗 6 h,能获得很好的效果。若将溶液加热至 35~40 ℃,清洗效果更佳,特别是对去除无机盐的污染效果更好。此法的缺点是清洗时间长,为防止在低 pH 时醋酸纤维素膜的水解,溶液的 pH 最好控制在 4~4.5。

对于胶体污染可以采用过硼酸钠或尿素、硼酸、醇、酚等溶液清洗,效果较好。用浓盐酸或浓盐水清洗也同样有效,这是由于高浓度的电解质可以减弱胶体粒子间的作用力,促使其形成胶团。

对于有机物,特别是蛋白质、多糖类和油脂类的污染可用中性洗涤剂清洗。将清洗液加热至 50～60 ℃时效果更好。但由于膜的耐热性能限制,通常在 30.5～35 ℃下进行清洗。还可用双氧水进行清洗,例如可将浓度为 30% 的双氧水 0.5 L,用 10 L 去离子水稀释后,用于冲洗膜面。若在双氧水中加入适量的氨水,对清除膜的有机污染效果较好。

对于细菌污染,要视不同情况采取不同措施。对醋酸纤维素膜可用 5～10 mg/L 的次氯酸钠溶液,用硫酸调整 pH 至 5～6 后进行清洗。对芳香族聚酰胺膜,可用 1% 甲醛溶液清洗。此外,在反渗透水中应经常保持 0.2～0.5 mg/L 余氯,以防止细菌繁殖。

反渗透装置有各种不同的组合方式,不同的组合方式有着不同的适用范围。反渗透装置在苦盐水、海水淡化、废水处理、纯化水制备以及贵重药品的浓缩等方面有着广泛的应用。可根据具体处理采用不同等级的处理。

5. 一级反渗透

对一些水质较好、含盐量不高的原水通常采用一级反渗透,与传统的离子交换方式相比具有无酸污染、不需要单独的具有防腐蚀和高排污标准的设施。典型的一级反渗透系统设计见图 1-7。

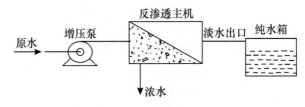

图 1-7　一级反渗透系统设计

(引自:钱应璞,2004)

6. 二级反渗透

二级反渗透系统通常可以作为大多数工艺用水的除盐。这种系统通常使用在原水含盐量较高,同时对反渗透装置出水水质要求比较高的情况下。二级反渗透装置采用串联方式,将一级反渗透处理的水作为二级反渗透的进水。这样第二级排出水的质量就远远高于一级反渗透排出水的质量,更易达到水质的要求。

1.2.3.4　电渗析法

电渗析(electro dialysis,ED)是利用离子交换膜和直流电场的作用,从水溶液和其他不带电组分中分离带电离子组分的一种电化学分离过程。

电渗析的研究始于 20 世纪初的德国,直至 20 世纪 50 年代离子交换膜的制造进入工业化生产后,电渗析法才进入实用阶段。其中经历了三大革新:一是具有选择性离子交换膜的应用;二是设计出多层电渗析组件;三是采用倒换电极的操作模式。

不过从 2010 年至今,随着我国电渗析技术的不断突破和高性能离子交换膜逐渐实现自主生产,电渗析技术凭借浓缩无机盐及物料脱盐的高效、节能、占地少等优点,以及双极膜电渗析等新型电渗析技术的发展,打破了西方的技术壁垒,形成了我们国家自己的竞争优势。目前电渗析技术已发展成一个大规模的化工单元过程,在膜分离领域占有重要地位,广泛用于苦咸水脱盐,在某些地区已成为饮用水的主要生产方法。随着具有更好的选择性、低电阻、热稳定性、化学稳定性和机械性能的新型离子交换膜的出现,电渗析在食品、医药和化工领域将具有更加广阔的应用前景。

1. 电渗析脱盐的基本原理

电渗析与反渗透都属于膜分离范畴,反渗透是通过反渗透膜把溶液中的溶剂(水)分离出来,而电渗析则是通过离子交换膜把溶液中的溶质(盐分)分离出来。它是以电位差为推动力,利用电解质离子的选择性传递,使膜透过电解质离子,而把非电解质大分子物质截留下来。电渗析脱盐法就是将离子交换树脂制成薄膜的形式得到离子交换膜,它的性质基本与离子交换树脂一样,按活性基团不同分为阳离子交换膜和阴离子交换膜。阳离子交换膜渗透和交换阳离子,阴离子交换膜渗透和交换阴离子。

如图 1-8 所示,在两电极间交替放置着阴膜和阳膜,如果在两膜所形成的隔室中充入含离子的水溶液(如 NaCl 水溶液),接上直流电源后,Na^+ 将向阴极移动,易通过阳膜却受到阴膜的阻挡而被截留在隔室 2、4。同理,Cl^- 易通过阴膜而受到阳膜的阻挡也在隔室 2、4 被截留下来。其结果使隔室 2、4 水中的离子浓度增加(一般称为浓水室),与其相间的第 3 隔室离子浓度下降(一般称为淡水室)。分别汇集并引出各浓水室与淡水室的水,即得到浓水和所需要的淡水。

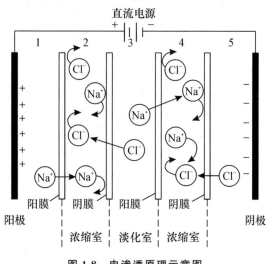

图 1-8　电渗透原理示意图

电渗析器通电后,两端的电极表面会发生电化学反应,与普通电极反应相同。以 NaCl 水溶液为例,反应如下:

在阳极:
$$H_2O \Longleftrightarrow H^+ + OH^-$$
$$2OH^- - 2e^- \longrightarrow [O] + H_2O \qquad Cl^- - e^- \longrightarrow [Cl]$$
$$\downarrow \qquad\qquad\qquad\qquad\qquad \downarrow$$
$$1/2\,O_2 \uparrow \qquad\qquad\qquad\quad 1/2\,Cl_2 \uparrow$$

在阴极:
$$H^+ + Cl^- \Longleftrightarrow HCl \qquad H_2O \Longleftrightarrow H^+ + OH^-$$
$$2H^+ + 2e^- \longrightarrow H_2 \uparrow \qquad Na^+ + OH^- \Longleftrightarrow NaOH$$

在阳极室,由于 OH⁻ 减少,极水呈酸性,并产生性质非常活泼的初生态氧和氯,这些都会对电极造成强烈的腐蚀。所以一定要考虑电极材料的耐腐蚀性。

在阴极室,由于 H^+ 减少,极水呈碱性,当极水中有 Ca^{2+}、Mg^{2+} 和 HCO_3^- 等时,则与 OH^- 生成 $CaCO_3$ 和 $Mg(OH)_2$ 等水垢,结集在阴极上,同时阴极室还有氢气排出。

2. 电渗析器的结构与组装方式

(1)电渗析器的结构　电渗析器(图 1-9)主要由膜堆、极区及夹紧装置 3 个部分组成。

①膜堆　位于电渗析器的中间,由浓、淡水隔板和阴、阳离子交换膜交替排列构成浓水室和淡水室。

常见的浓、淡水隔板分回流式(tortuous-path)和直流式(sheet-flow)2 种。常用材料有聚氯乙烯硬板、聚丙烯板、改性聚丙烯板或合成橡胶板等。一般厚度为 0.5～2 mm。为使阴、阳膜保持一定距离,并使水流湍动,一般在隔板框内加入隔网,网的形式有鱼鳞网、编织网和挤压网等。在隔板框上设有进出水孔,通常为圆形或矩形,用它构成浓、淡水室水流内流道。在隔网与水孔之间有布水道,其截面积以小为宜,应注意不积留固体颗粒,水流线速度取 2～3 m/s。

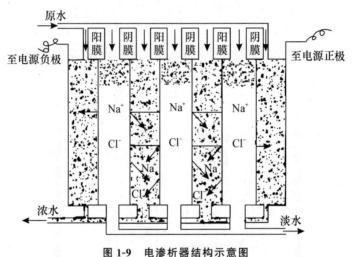

图 1-9　电渗析器结构示意图

(引自:钱应璞,2004)

②极区　阴、阳极区分别位于膜堆两侧,包括电极和极水隔板,电极与直流电源相连,为电渗析器供电。极水隔板比浓、淡水隔板厚,内通极水,供传导电流和排除废气、废液之用。

电极的形式有板状、网状及金属细棒状多种。电极材料应耐腐蚀,导电性能好,超电位低,机械强度高,价格便宜且易得。常用的有二氧化钌电极、石墨电极、不锈钢电极等。

③其他部件　根据需要,在电极室和膜堆之间可设保护室隔板和隔膜。另外,膜堆两侧还应具备导水板,多采用电极框兼作。

将上述有关部件按图 1-9 顺序组装后,用螺杆压紧板或油压机锁紧即构成电渗析器。电渗析器的安装方式有立式(隔板和膜竖立)和卧式(隔板和膜平放)2 种,有回路隔板的电渗析器都是卧式的,而无回路隔板的电渗析器大多数是立式的。

立式电渗析器具有水流流动和压力都比较均匀、容易排除隔板中气体等优点,卧式电渗析器优点是组装方便、占地面积小,而且处理高含盐量水时电流密度比立式安装要低一些。处理高矿化度的水时则应当采用立式安装,水流方向自下而上,以便于排气。为防止电渗析器停止运行时内部出现负压,应当在适当位置安装真空破坏装置。

其他辅助设备包括整流器、防蚀水泵、流量计、压力表、管道等。

(2)电渗析器的组装方式   电渗析器的组装方式有串联、并联及串-并联相结合几种方式,常用术语"级"和"段"来表示。所谓"级"是指电极对的数目,设置一对电极称为一级。"段"是指水流方向,水流通过一个膜堆后,改变方向进入后一个膜堆即增加一段。所谓"一级一段",是指在一对电极之间装置一个水流同向的膜堆,"二级一段"是指在 2 个电极之间装置 2 个膜堆,前一级水流和后一级水流并联,其他类推。

3. 电渗析器对原水的水质要求

电渗析器的工作特点,决定其对水质有以下要求:浑浊度宜小于 2 mg/L,以免杂质影响膜的寿命;化学耗氧量不得超过 3 mg/L,以避免水中有机物对膜的污染;游离性余氯不得大于 0.3 mg/L,以避免余氯对膜的氧化作用;铁含量不得大于 0.3 mg/L,锰含量不得大于 0.1 mg/L;非电解杂质少;水温应在 4~40 ℃范围内。如果水质污染较严重,不符合上述要求,就不能直接用电渗析法处理,应配合适当的预处理,如混凝、过滤、杀菌等,预先除去过量杂质后再用电渗析法,才能收到良好效果。

此外,电渗析过程是靠水中离子传递电流的,因此被迁移分离的杂质只能是电解质,对 HCO_3^-、$HSiO_3^-$ 等弱电解质的去除率很低,对非电解质和不溶性杂质无去除作用。电渗析也不能去除水中呈硅酸盐及以二氧化硅形式存在的硅。此外,电渗析不可能制备高纯水,因为水越纯,电阻越大,要继续提高水质不仅电耗剧增,而且极化现象随之加重。要制备高纯水一般需与离子交换法结合使用。

4. 电渗析器使用的注意事项

电渗析器使用时必须注意以下几个方面。

(1)使用前的预处理   新膜使用前应在纯水中浸泡 24 h,再用 1% NaOH 溶液浸泡 24 h,用水冲净后再裁膜。电渗析系统使用前应先用水冲洗管道和阀门,测定电渗析器的极限电流、工作电流。一般取极限电流的 70%~90%,工作电流随水质变化进行调整,当含盐量升高时,应降低电流或工作电压;反之,则应提高电流或工作电压。电渗析器启动时应先通水后再通电,停止使用时应先断电后再停水。

(2)倒换电极   电渗析器在运行中浓水室一侧的阴膜和阳膜面上会出现结垢现象,称为沉淀结垢。它们的存在将减少离子交换膜的有效使用面积,增加膜的电阻,加大电能消耗及减少膜的使用寿命。为防止结垢,可在电极运行一段时间后,定期倒换电极的极性,将阳极改为阴极,阴极改为阳极。由于电场方向的改变,可使原浓水室膜表面上已形成的沉淀溶解或脱落,随水冲走。

(3)定期酸碱清洗   定期用 1%~2%盐酸溶液清洗,清洗操作时间一般为 2~3 h,使极水的 pH 达 3~4 为止。清洗周期视结垢情况而定。当原水中含有机杂质时,由于天然水中的有机物一般是阴离子(胶体粒子和细菌大多数带负电荷),此时离子交换膜的污染主要发生在阴膜上。膜受污染将对膜电阻产生很大影响,从而影响极限电流。除控制进水水质外,膜受污染时可使用碱性食盐水、碱液、盐水或酸液定期清洗,严重污染时应拆卸清洗。

(4)停运保护   电渗析器停止运行时间较短时,应充满水,使膜保持湿润,以免膜干燥收缩,并要经常更换新鲜水,防止膜发霉或冻结。停止运行时间较长时,应将电渗析器拆散,将各

种部件分类保存,特别应保管好膜。

通过电渗析法处理的淡水,脱盐率可达到80%以上。该法具有耗电少、操作简单、检修较方便、可连续处理、脱盐率较高和设备占地面积小等优点,目前已在国内饮料行业广泛应用。电渗析法的主要缺点是水的利用率较低(一般为50%左右),在处理过程中要排放大量的浓盐水和极水,会对环境造成一定的污染。

1.2.3.5 电法去离子法

电法去离子法是使用一个电法去离子系统。该系统装有混合树脂床、选择性渗透膜以及电极。

每个电法去离子器的模块正负极上接有直流电源,促使树脂颗粒的表面吸附离子,通过膜进入浓水域。

在电法去离子器中,带负电荷的离子被正极吸引,再通过阴离子选择性膜而进入浓水域,被阳离子选择性膜所捕捉;带正电荷的阳离子被负极所吸附,通过阳离子选择性膜而进入浓水域,被带负电荷的阴离子膜所捕捉。

电法去离子法的特点是脱盐率高,树脂无须再生;处理水可连续生产,产生的水质好且稳定;治水成本低,无废水、无化学污染,有利于环保,节省了污水处理设备,投资少;设备体积小,结构紧凑,占地面积小,运行操作简单易行。

1.2.4 水的消毒

原水经混凝、沉淀、过滤、软化处理后,水中大部分微生物随同悬浮物质、胶体物质和溶解杂质等已被除去,但由于原水中的细菌太多,经过混凝沉淀、过滤等处理,仍有部分微生物存留在水中,为了保证产品质量和消费者的健康,对水要进行严格的消毒处理。人类把水烧开是最早采用的一个科学的对水进行消毒的方法,但对大规模的用水是远远不能满足的。

目前国内外常用的工业用水的消毒方法有氯消毒、紫外线消毒和臭氧消毒。

1.2.4.1 氯消毒

水的加氯消毒是当前世界各国使用最普遍的饮用水消毒法。由于此法操作简单,费用低,杀菌能力强,处理水量大,因此广泛用于日常生活水处理及没有采用自来水为水源的饮料厂的水处理。

1. 氯消毒的原理

氯的消毒原理是通过氯气产生的次氯酸杀死细菌的作用。

氯在水中的反应如下:

$$Cl_2 + H_2O \longrightarrow HOCl + H^+ + Cl^-$$
$$HOCl \longrightarrow H^+ + OCl^-$$

HOCl为次氯酸,OCl^-为次氯酸根。HOCl是一个中性分子,可以扩散到带负电的细菌表面,并穿过细菌的细胞膜进入细胞内部。HOCl进入细菌内部后,由于氯原子的氧化作用,破坏了细菌的某些酶系统,最后导致细菌的死亡。次氯酸根虽然也包括一个氯原子,但它带负电,不能靠近带负电的细菌,所以不能穿过细菌的细胞膜进入细菌内部,因此其杀菌作用远远比不上次氯酸。

HOCl和OCl^-在水中存在平衡关系,两者存在的状态随pH而变化。当pH小于7时,水中HOCl大部分保持分子状态,有较好的杀毒效果。当pH大于7时,OCl^-的比例随pH的增大而增加,消毒效果也相应减少。利用氯消毒,水的 pH 应控制在 7 以下才能获得较好的消毒效果。

如果生产饮料所用的水是地下水,由于地下水在渗透的过程中受地层的过滤和截留,一般卫生条件比较好,所含的微生物比较少。如果这种水的硬度、碱度、矿质元素含量等均符合饮料用水的要求,可不必消毒直接使用。如果水的卫生条件较差,则必须进行消毒处理。

2. 加氯方法和加氯量

(1)加氯方法   有滤前加氯和滤后加氯 2 种。

滤前加氯:如果原水水质较差,有机物含量较多,可在原水过滤前加氯,以防止沉淀池中微生物繁殖,但加氯量要大一些。

滤后加氯:当原水水质较好,有机物含量较少时,可在原水经沉淀和过滤后再加氯。加氯量比滤前添加得少,且消毒效果好。

(2)加氯量   加入水中的氯分为两部分,即作用氯和余氯。作用氯是和水中微生物、有机物及有还原作用的盐类(如亚铁盐、亚硝酸盐等)起作用的部分。余氯是为了保持水在加氯后有持久的杀菌能力,防止水中微生物残存和外界侵入的微生物生长繁殖的部分。

我国生活饮用水水质标准规定,在自来水的管网末端自由性余氯应保持在 $0.1 \sim 0.3 \ mg/L$。小于 $0.1 \ mg/L$ 时不安全,大于 $0.3 \ mg/L$ 时,水含有明显的氯臭味。为了使管网最远点保持 $0.1 \ mg/L$ 的余氯量,一般总投氯量为 $0.5 \sim 2.0 \ mg/L$。

3. 几种常用的氯消毒剂

(1)漂白粉   通常将漂白粉的澄清液加入水中进行消毒。漂白粉的消毒作用仍然是由于漂白粉在水中产生次氯酸的结果。

$$Ca(ClO)_2 + 2H_2O \longrightarrow Ca(OH)_2 + 2HOCl$$

漂白粉由氯气与熟石灰反应而得,其成分比较复杂,主要成分为氧氯化钙[$Ca(ClO)_2$]、氢氧化钙[$Ca(OH)_2$]和 $CaCl_2$、$CaCO_3$、$CaSO_4$ 等钙盐以及其他杂质,这些组分中,起消毒作用的只有氧氯化钙[$Ca(ClO)_2$]一种,一般商品漂白粉的有效氯含量为 $25\% \sim 35\%$。

商品氯消毒剂的另一种是漂粉精。漂粉精是将氯气通入石灰浆中制得的,主要成分为次氯酸钙[$Ca(OCl)_2$],其纯度比漂白粉高,稳定性比漂白粉好,有效氯含量为 65% 左右。

(2)次氯酸钠   次氯酸钠在水溶液中可分解成次氯酸,因此具有消毒作用。该消毒方法采用电解氯化钠溶液而制得,反应式如下:

$$2NaCl + 2H_2O \xrightarrow{\text{电解}} 2NaOH + Cl_2 \uparrow + H_2 \uparrow$$
$$Cl_2 + 2NaOH \longrightarrow NaOCl + NaCl + H_2O$$
$$OCl^- + H_2O \Longleftrightarrow OH^- + HOCl$$

次氯酸钠在水中解离成次氯酸,其杀菌能力较强,用于消毒后水质的净化,不增加水的硬度。但制备次氯酸钠耗电多,费用高。

(3)氯胺   氯胺是氨分子中的氢原子被氯原子取代后的产物。有一氯胺(NH_2Cl)、二氯胺($NHCl_2$)、三氯胺(NCl_3)3 种,溶于水后会生成次氯酸。实际生产中采用按比例加入氯剂和氨或铵盐而生成氯胺。氯胺在水中分解缓慢,能逐步释放出次氯酸,容易保证管网末端的余氯量,并且避免了自由余氯产生的较重的氯臭味。很多大城市自来水厂采用氯胺消毒。一般氨

与氯的投入比例以 1∶4 或略小于 1∶4 为宜。

1.2.4.2 紫外线消毒

紫外线是指波长为 140～490 nm 的不可见光线。这种光线具有很强的杀菌能力,其中以 250～260 nm 波长的杀菌效果最好。

1. 紫外线杀菌的原理

紫外线位于 X 射线和可见光之间,在物理学上一般将紫外线分为真空紫外线区(<190 nm)、远紫外线区(190～300 nm)和近紫外线区(300～400 nm);按其生物学作用的差异,紫外线可分为 UV-A(320～400 nm)、UV-B(275～320 nm)、UV-C(200～275 nm)和真空紫外线部分。水处理中实际上是使用紫外线的 UV-C 部分,在该波段中 260 nm 附近已被证实是杀菌效率最高的紫外线。紫外线灭菌的原理是基于核酸对紫外线的吸收,其本质上是一个光化学过程,每一粒波长 253.7 nm 的紫外线光子具有 4.9 eV 的能量,紫外光子必须被吸收才具有活性。

紫外线消毒的原理是微生物经紫外线照射后,微生物的蛋白质和核酸吸收紫外线光谱能量,使微生物细胞内核酸的结构发生裂变,如 DNA 断裂、DNA 分子交联、胞嘧啶和尿嘧啶发生水合作用、出现腺嘧啶二聚体等,影响嘌呤与嘧啶的正常配对,改变 DNA 的生物活性,从而破坏核酸的正常生理功能,使蛋白质变性并最终导致微生物的死亡。紫外线对清洁透明的水有一定的穿透能力,故可用于水的杀菌消毒。

2. 影响紫外线杀菌效果的因素

(1)水质 紫外线的穿透能力较弱,杀菌效果受水的色度、浊度、深度等因素的影响。因此对原水的水质要求必须色度低于 15 度、浊度低于 5 度、铁含量低于 0.3 mg/L、细菌总数低于 900 个/L,杀菌效果才较好。

(2)水流量 相同的水质,在同一杀菌器内,水流量越大,流速越快,则受紫外线照射的时间越短,杀菌的效果就越差。

(3)灯管周围介质的温度 当介质温度较低时,会使辐射的能量降低,影响杀菌效果。一般灯管周围的温度应保持在 25～35 ℃,使其处于最佳工作状态。

3. 紫外线杀菌的装置

目前多采用的装置是由可发射出波长为 250～260 nm 紫外线的高压汞灯和对紫外线透过率 90% 以上、污染系数小、耐高温的石英套管及外筒、电气设施等组成的紫外线消毒器。这种杀菌器的外筒一般由铝、镁合金和不锈钢等材料制成。筒内壁要求有很高的光洁度,对紫外线反射率达 85% 左右。这种紫外线消毒器可直接与砂滤棒过滤器的出水管道相连通,经过砂滤棒过滤的水流经紫外线灯管即可达到消毒的目的。值得注意的是,紫外线消毒器处理水的能力必须大于实际生产的用水量,一般以超出实际用水量的 2～3 倍为宜。如果紫外线消毒器的处理水量满足不了实际生产用水量时,可增加紫外线消毒器的台数来满足生产用水的需要。

使用紫外线消毒器时还必须注意以下几点。

开机时应先打开进水阀,让夹层注满水,开启紫外线灯预热 10～30 min 后,再打开出水阀进行连续消毒处理;停机时,则应先关闭进水阀,然后再关闭紫外线灯管。

在紫外线消毒器的运转过程中,要求保持电压稳定,波动范围不得超过额定电压的 5%,以保证获得所需的紫外线能量。应尽量减少高压汞灯的启闭次数,因为每开关一次将减少高压汞灯 3 h 的寿命。此外,随着灯照射时间的增加,灯的辐射能量也随之降低,杀菌效果下降。

1 000 W 的紫外线高压汞灯照射时间达 1 000 h 时,其辐射能量将降低 40% 左右,则不能保证杀菌效果,需及时更换新灯管。

紫外线灯管使用一段时间后,石英套管上会沉积污垢,影响透光性,从而影响杀菌效果。应定时抽样检查水的消毒情况,如发现消毒效果不好,应及时分析产生原因并加以解决。

4. 紫外线消毒的优势

(1)具有较高的杀菌效率,运行安全可靠 紫外线消毒对细菌和病毒等具有较高的灭活效率;由于不投加任何化学药剂,因此它不会对水体和周围环境产生二次污染。

(2)对隐孢子虫和贾第虫有特别的消毒效果 常规的氯消毒工艺对隐孢子虫和贾第虫的灭活效果很差,并且在较高的氯投量下会产生大量的消毒副产物,而紫外线消毒在较低的紫外线剂量下对隐孢子虫和贾第虫就可以达到较高的灭活效果。

(3)不产生有毒有害副产物,不增加饮用水的 AOC 含量 紫外线消毒不改变有机物的特性,并且由于不投加化学药剂,不会产生对人体有害的副产物,也不会增加 AOC 和 BDOC 等损害管网水生物稳定性的副产物。

(4)能降低水臭和降解微量有机物 紫外线对水中多种微量有机物具有一定的降解能力,并且能够减少水臭。

(5)占地面积小,运行维护简单、费用低 对每天 5 万 t 污水用氯消毒来说,需建一个长 130 m、宽 3 m 的接触渠。而采用紫外线消毒只需长 20 m、宽 3 m 的面积;紫外线消毒运行维护简单,运行成本低,每吨水仅 0.000 4 元甚至更低,其性能价格比具有很大优势。

(6)消毒效果受水温、pH 影响小。

5. 紫外线消毒技术的应用前景

紫外线消毒具有广谱性,对多种病原微生物都有较好的作用效果。欧洲许多国家以及北美的加拿大和美国已在 20 世纪 90 年代分别修改了环境立法,在废水处理后的消毒以及饮用水的消毒上,都推荐采用紫外线消毒技术。目前紫外线在饮用水消毒、再生回用水消毒、生活污水、工业废水等的消毒处理中得到了一定的应用。尽管紫外线消毒技术存在无持久杀菌能力、细菌光修复及灯管的使用寿命短等问题,但是相信随着人们对紫外线消毒技术研究的不断深入,杀菌效率更高的中压灯、脉冲灯的出现,灯管使用寿命的延长,以及对紫外线消毒系统设计研究的深入,紫外线消毒装置产品的商业化、国产化,绿色环保高效的紫外线消毒技术在我国饮用水消毒中将具有良好的应用前景。总之,各种消毒剂均有其自身的优、缺点,应根据原水、水厂特点有针对性地加以应用。

1. 2. 4. 3 臭氧消毒

臭氧(O_3)是氧的一种变体,在常温下是略带蓝色的气体,通常看上去无色。液态臭氧呈暗蓝色,其分子由 3 个氧原子组成,性质很不稳定,虽比氧易溶于水,但溶解度仍较小,在水中易分解成 O_2 和[O]。[O]是一个活泼的氧原子,具有很强的氧化能力,能使水中的细菌及其他微生物的酶、有机物等发生氧化反应。臭氧在水中的氧化还原电位达 2.07 V,仅次于氟(2.87 V),但高于氯气(1.97 V)和二氧化氯(1.5 V),因此,臭氧是很强的杀菌剂。臭氧的杀菌作用比氯快 15~30 倍,几分钟内就可杀死细菌,属于广谱杀菌剂,且所需浓度低。臭氧还可以氧化、分解水中的污染物和杂质。在欧洲,臭氧已广泛用于饮用水的消毒,我国现也已广泛用于饮用纯净水、矿泉水的消毒杀菌。

由于臭氧的不稳定性,因此通常随时制取并即时使用。在大多数情况下,均利用干燥的空气或氧气进行高压放电来制备臭氧。

$$3O_2 \xrightarrow{\text{高压放电或紫外线}} 2O_3 - 148.1 \text{ kJ/mol}$$

每平方米放电面积,每小时可产生 50 g 臭氧。在臭氧的加注装置中,一般采用喷射法以增加臭氧和水的接触时间,使臭氧得到充分利用。

臭氧消毒水的缺点是:经过一段时间后,水中臭氧会全部衰变为氧气。正常情况下,臭氧在水中的半衰期为 20 min,pH 7.6 时为 1 min,pH 10.4 时为 0.5 min,使水中含氧量升高变成富氧水,最高含氧量可达 10～20 mg/L。富氧水比不经过臭氧处理的水更适于细菌的繁殖。因此,经过臭氧处理的水要防止二次污染。

❓ 思考题

1. 简述水在饮料生产中的重要性。

2. 简述饮料用水对水质的一般要求。

3. 什么是水的硬度、碱度?说明水的硬度、碱度对饮料生产的影响。

4. 硬水软化的常用方法有哪些?分别说明石灰软化法、离子交换法、反渗透法、电渗析法的软化原理、适用范围和注意事项。

5. 饮料生产上水消毒的方法有哪些?分别说明其杀菌原理。

6. 以某饮料企业为例,分析水源及其中的杂质类型,设计出水处理方案。

■ 推荐学生参考书

[1] 曹喆,钟琼,王金菊. 饮用水净化技术. 北京:化学工业出版社,2018.

[2] 陈中,芮汉明. 软饮料生产工艺学. 广州:华南理工大出版社,1998.

[3] 邵长富,赵晋府. 软饮料工艺学. 北京:中国轻工业出版社,1987.

■ 参考文献

[1] 曹喆,钟琼,王金菊. 饮用水净化技术. 北京:化学工业出版社,2018.

[2] 陈翠仙,郭红霞,秦培勇,等. 膜分离. 北京:化学工业出版社,2017.

[3] 陈中,芮汉明. 软饮料生产工艺学. 广州:华南理工大学出版社,1998.

[4] 蒋和体. 软饮料工艺学. 重庆:西南大学出版社,2008.

[5] 孟卿君,刘汉斌,李态健,等. 水处理剂——配方、工艺及设备. 北京:化学工业出版社,2018.

[6] 钱应璞. 食品工业工艺用水系统. 北京:化学工业出版社,2004.

[7] 邵长富,赵晋府. 软饮料工艺学. 北京:中国轻工业出版社,1987.

[8] 田海娟. 软饮料加工技术,3 版. 北京:化学工业出版社,2018.

[9] 杨辉,袁雅姝. 微污染水源水净化技术与工艺. 北京:化学工业出版社,2021.

[10] 张金松,刘丽君. 饮用水深度处理技术. 北京:中国建筑工业出版社,2017.

第 2 章
饮料生产常用的辅料

本章学习目的与要求

1. 了解饮料生产常用辅料的主要性质。
2. 掌握饮料中常用辅料的使用方法。

主题词:食品添加剂　甜味剂　酸度调节剂　香料　着色剂　防腐剂　抗氧化剂　增稠剂　酶制剂　二氧化碳　乳化剂

本章提及的辅料,都是食品添加剂。考虑到既要避免内容上与《食品添加剂》重复,又要兼顾到本教材的系统性和完整性,本章仅主要介绍饮料生产中常用添加剂的使用方法及其相关性质,其依据的标准为 GB 2760—2014《食品安全国家标准　食品添加剂使用标准》。要特别注意,GB 2760—2014 规定,同一功能的食品添加剂(相同色泽着色剂、防腐剂、抗氧化剂)在混合使用时,各自用量占其最大使用量的比例之和不应超过 1。

2.1　甜味剂

甜味剂(sweeteners)是指能赋予食品甜味的食品添加剂。在使用甜味剂时,应当注意:第一,本章所介绍的甜味剂中,如糖精钠、甜叶菊糖苷、甜蜜素、甘草等,为非营养型甜味剂,其热值在蔗糖热值的 2% 以下,适于肥胖症、高血压及糖尿病人食用。另外,热值在蔗糖热值 2% 以上的甜味剂称为营养型甜味剂,营养型甜味剂中的麦芽糖醇、D-山梨糖醇、异麦芽酮糖等,在体内的代谢与胰岛素无关,因此也适于糖尿病人食用;但营养型甜味剂中的蔗糖、果糖、葡萄糖等,在体内的代谢与胰岛素有关,因此不适于糖尿病人食用。生产饮料时,要针对消费人群的不同选择合适的甜味剂。鉴于蔗糖、果糖、葡萄糖等属于食糖,故不在此讨论。第二,各种甜味剂的甜度与其本身的性质、所处介质、使用方法关系密切,在选择和使用甜味剂时,应当充分考虑各方面因素,使其发挥最佳的效果。

1. 赤藓糖醇

赤藓糖醇(erythritol)为白色结晶,微甜,有清凉感;热值低,约为蔗糖的 1/10,可作为低热量甜味剂;溶于水(37%,25 ℃),但与蔗糖相比溶解度较低;适用于需蔗糖口感的食品,如巧克力;不能被酶降解,只能透过肾(易被小肠吸收)从血液中排至尿中而排出,不参与糖代谢,故适于糖尿病患者食用;在结肠中不致发酵,可避免肠胃不适;沸点 329～331 ℃。

GB 2760—2014 规定,可在各类食品中按生产需要适量使用。

2. 甘草酸氨,甘草酸一钾及三钾

甘草酸氨(monoammonium gycyrrhizinate),甘草酸一钾及三钾(monopotassium and tripotassium glycyrrhizinat)为粉末状;甜味强,甜度为蔗糖的 150～200 倍;溶于水。

GB 2760—2014 规定,本品在饮料类(包装饮用水类除外)中可按生产需要适量使用。

3. 环己基氨基磺酸钠(甜蜜素),环己基氨基磺酸钙

环己基氨基磺酸钠(sodium cyclamate),环己基氨基磺酸钙(calcium cyclamate)为白色结晶或结晶性粉末;味甜,甜度为蔗糖的 30～50 倍;易溶于水(20 g/100 mL);加热后略有苦味。使用时应当注意,如水质较差(含亚硝酸盐、亚硫酸盐浓度较高),则会产生石油或橡胶样气味。

GB 2760—2014 规定,本品可在饮料类中(包装饮用水类除外)使用,允许使用的最大浓度为 0.65 g/kg(以环己基氨基磺酸计)。

4. 罗汉果甜苷

罗汉果甜苷(mogrosides)为白色结晶状粉末;甜度约为蔗糖的 300 倍;味感好,余味长;温度低于 180 ℃稳定,甜度在 pH 为 4.5 时最强。

GB 2760—2014 规定,本品可在各类食品中按生产需要适量使用。

5. 麦芽糖醇和麦芽糖醇液

麦芽糖醇和麦芽糖醇液(maltitol and maltitol syrup)为无色透明黏稠液；易溶于水、醋酸；吸湿性强；甜度为蔗糖的 75%～95%；有保香作用；不能被人体吸收，不能被微生物利用，不增高胆固醇；在 pH 3～9 时耐热性强；本品与蛋白质或氨基酸一同加热时，不发生美拉德褐变反应；可用于制作乳酸饮料和防龋齿食品；适于糖尿病患者食用。

GB 2760—2014 规定，在冷冻饮品(食用冰除外)中和饮料类(包装饮用水除外)中可按生产需要适量使用。

6. 木糖醇

木糖醇(xylitol)为白色结晶或结晶性粉末；有清凉甜味，甜度为蔗糖的 1～1.4 倍；极易溶于水；微溶于乙醇；对热稳定，在 pH 为 3～8 时稳定性好；不发生美拉德反应；在体内的代谢与胰岛素无关，适于糖尿病患者食用。

GB 2760—2014 规定，本品可在各类食品中按生产需要适量使用。

7. 三氯蔗糖(蔗糖素)

三氯蔗糖(sucralose)为白色结晶性粉末，易溶于水；热稳定性和化学稳定性好，不易分解；其甜度约为蔗糖的 600 倍，甜味纯正，甜味特性与甜味质量和蔗糖十分相似。

GB 2760—2014 规定，可在调制乳、风味发酵乳中使用，其最大允许使用量为 0.30 g/kg；另外，还可在饮料类(包装饮用水类除外)中使用，最大使用量为 0.25 g/kg。

8. 山梨糖醇和山梨糖醇液

山梨糖醇(sorbitol)为白色针状结晶或结晶性粉末，也可为片状或颗粒状，山梨糖醇液(sorbitol syrup)为糖浆；无臭；有清凉爽口的甜味；甜度约为蔗糖的 60%；极易溶于水(1 g/0.45 mL)；有吸湿性。

GB 2760—2014 规定，本品可在冷冻饮品(食用冰除外)和饮料类(包装饮用水类除外)中按生产需要适量使用。

9. 索马甜

索马甜(thaumatin)为白色至奶油色无定形无臭粉末；甜味爽口，无异味，持续时间长，甜味极强，其甜度平均为蔗糖的 1 600 倍。其水溶液在 pH 为 1.8～10 时稳定，等电点 pH 约为 11；因属蛋白质，加热可发生变性而失去甜味，遇单宁结合后也会失去甜味；在高浓度的食盐溶液中甜度会降低；极易溶于水；与糖类共用有协同效应和改善风味作用。

GB 2760—2014 规定，本品可在冷冻饮品(食用冰除外)和饮料类(包装饮用水类除外)中使用，其最大使用量为 0.025 g/kg。

10. 糖精钠

糖精钠(sodium saccharin)为无色至白色斜方晶系片状结晶或无色结晶性风化粉末；甜度为蔗糖的 200～700 倍；易溶于水；无热量，适于在糖尿病、肥胖症等患者的低热食品中使用；糖精钠的耐热及耐酸碱性弱，溶液煮沸时可分解而使甜味减弱，酸性条件下加热也会使甜味损失。使用时应注意，糖精钠浓度较低时味甜，但浓度大于 0.026% 时则味苦。

GB 2760—2014 规定，糖精钠可以在冷冻饮品(食用冰除外)中使用，其最大使用量为 0.15 g/kg(以糖精计)。糖精钠不能在婴幼儿配方食品中使用。

11. L-α-天冬氨酰-N-(2,2,4,4-四甲基-3-硫化三亚甲基)-D-丙氨酰胺(阿力甜)

阿力甜(alitame)为白色结晶性粉末;味甜,甜度约为蔗糖的 2 000 倍,风味接近蔗糖,甜感快,留甜弱;易溶于水和乙醇;耐酸、耐热、耐碱性好。

GB 2760—2014 规定,本品可在冷冻饮品(食用冰除外)和饮料类(包装饮用水类除外)中使用,其最大使用量为 0.1 g/kg。在固体饮料中可按冲调倍数增加使用量。

12. 甜菊糖苷

甜菊糖苷(steviol glycosides)为白色至微黄色结晶性粉末;低浓度时味甜,高浓度时味苦;微溶于水和乙醇;pH 为 3 时稳定,热稳定性好;不发酵;不变色;吸湿性强;甜度为蔗糖的 200～300 倍;适于在糖尿病、肥胖症等患者的低热食品中使用。在使用时,应注意本品在碱性条件下不稳定。

GB 2760—2014 规定,本品可在饮料类(包装饮用水类除外)中使用,其最大使用量(以甜菊醇当量计)为 0.2 g/kg。

13. 天门冬酰苯丙氨酸甲酯(阿斯巴甜)

阿斯巴甜(aspartame)为白色结晶性粉末;无臭;微溶于水,0.8% 的水溶液的 pH 为 4～6.5,在水溶液中不稳定,易分解而失去甜味;在低温和 pH 为 3～5 时较稳定;甜度相当于蔗糖的 100～200 倍,甜味与蔗糖相似,并有清凉感,无苦味和金属味;热值低,属非营养型甜味剂,适于生产糖尿病、肥胖症及防龋齿食品。

GB 2760—2014 规定,本品可在风味发酵乳中使用,其最大使用量为 1.0 g/kg;还可在果蔬汁类饮料、蛋白饮料、碳酸饮料、茶、咖啡、植物(类)饮料、特殊用途饮料和风味饮料中使用,其最大使用量为 0.6 g/kg。但添加了本品的食品应当标明"阿斯巴甜(含苯丙氨酸)"。

14. N-[N-(3,3-二甲基丁基)]-L-α-天门冬氨-L-苯丙氨酸-1-甲酯(纽甜)

纽甜(neotame)的甜味与阿斯巴甜相近,无苦味及其他后味,甜度为蔗糖的 8 000～10 000 倍,即在 5% 时甜度为蔗糖的 8 000 倍,在 2% 时甜度可达蔗糖的 10 000 倍。

GB 2760—2014 规定,本品的使用范围和最大使用量如表 2-1 所示。

表 2-1　GB 2760—2014 中纽甜的使用范围与最大使用量

使用范围(食品名称)	最大使用量/(g/kg)
风味发酵乳	0.1
果蔬汁、植物蛋白饮料、复合蛋白饮料、碳酸饮料、特殊用途饮料、风味饮料	0.033
含乳饮料、植物饮料	0.02
茶、咖啡、植物(类)饮料	0.05

15. 天门冬酰苯丙氨酸甲酯乙酰磺胺酸

天门冬酰苯丙氨酸甲酯乙酰磺胺酸(aspartame-acesulfame salt)的甜度约为蔗糖的 340 倍;没有吸湿性;在 70～80 ℃ 或较高的温度下具有比阿斯巴甜更好的热稳定性;易溶于水;无热量,无龋齿性。

GB 2760—2014 规定,本品可在风味发酵乳中使用,其最大使用量为 0.79 g/kg;还可在饮料类(包装饮用水除外)中使用,其最大使用量为 0.68 g/kg。在固体饮料中可按稀释倍数增加使用量。

16. 异麦芽酮糖

异麦芽酮糖(isomaltulose)为无色无臭结晶;溶于水,不溶于乙醇;甜度为蔗糖的 45%～65%;吸湿性弱。

GB 2760—2014 规定,可在风味发酵乳、饮料类中(包装饮用水类除外)和冷冻饮品(食用冰除外)中按生产需要适量使用。

17. 乙酰磺胺酸钾(安赛蜜)

安赛蜜(acesulfame potassium)为白色结晶粉末,属非营养型甜味剂;易溶于水;甜度为蔗糖的 200～250 倍;对光、热(能耐 225 ℃高温)稳定;pH 适用范围较广(pH 为 3～7);在空气中不吸湿。

GB 2760—2014 规定,本品可在风味发酵乳中使用,其最大使用量为 0.35 g/kg;还可在饮料类(包装饮用水除外)中使用,其最大使用量为 0.3 g/kg。在固体饮料中可按冲调倍数增加使用量。

2.2　酸度调节剂

酸度调节剂(acidity regulators)又称 pH 调节剂,是指能调节食品酸度的食品添加剂。在使用酸度调节剂时应当注意:①要考虑该酸度调节剂在某种饮料中的稳定性和溶解性。②不同酸度调节剂有不同的副味,要充分利用副味对饮料风味的协同作用。

1. 富马酸

富马酸(fumaric acid)为白色颗粒或结晶性粉末;溶于乙醇,微溶于水(0.63 g/100 mL,25 ℃);有较弱的抗氧化作用。

GB 2760—2014 规定,本品可用于碳酸饮料和果蔬汁(肉)饮料,其最大使用量分别是 0.3 g/kg 和 0.6 g/kg;固体饮料可按稀释倍数增加使用量。

2. 富马酸一钠

富马酸一钠(monosodium fumarate)为白色结晶性粉末,无臭,有特殊酸味(带碱性味);可溶于水(6.89 g/100 mL,25 ℃)。

GB 2760—2014 规定,本品可在饮料类(包装饮用水除外)中按生产需要适量使用。

3. 己二酸

己二酸(adipic acid)为白色结晶或结晶性粉末;易溶于乙醇;微溶于水;能升华,不吸湿,可燃烧。

GB 2760—2014 规定,本品可用于固体饮料,其最大使用量是 0.01 g/kg;也可用于果冻和果冻粉,用于果冻的最大使用量为 0.1 g/kg,用于果冻粉时,可按冲调倍数增加使用量。

4. L(+)-酒石酸,dl-酒石酸

酒石酸[L(+)-tartaric acid, dl-tartaric acid]为无色透明结晶或白色结晶性粉末;易溶于水,微溶于乙醇;对金属离子有螯合作用。

GB 2760—2014 规定，可在果蔬汁(浆)类饮料、植物蛋白饮料、复合蛋白饮料、碳酸饮料、茶、咖啡、植物(类)饮料、特殊用途饮料和风味饮料中使用，其最大使用量(以酒石酸计)为 5.0 g/kg。在饮料生产中，常与柠檬酸、苹果酸等合用，参考用量为 1～2 g/kg。

5. 磷酸

磷酸(phosphoric acid)为无色透明浆状液体；无臭，味酸；易溶于水、乙醇；易吸潮；接触有机物时易变色。

GB 2760—2014 规定，本品可在饮料类(包装饮用水类除外)中使用，其最大使用量为 5.0 g/kg。

6. 柠檬酸

柠檬酸(citric acid)为无色透明晶体或白色结晶性粉末；易溶于水。使用时应注意，其水合物在干燥空气中易失去结晶水而风化，在潮湿空气中可徐徐吸水潮解。

GB 2760—2014 规定，柠檬酸可在各类食品中按生产需要适量使用。

7. 柠檬酸三钾

柠檬酸三钾(tripotassium citrate)为白色粗粉或透明晶体，无臭；味咸；有清凉感；易潮解；易溶于水。

GB 2760—2014 规定，可用于各类食品，按生产需要适量使用。

8. 柠檬酸三钠

柠檬酸三钠(trisodium citrate)为无色晶体或白色结晶性粉末；不溶于乙醇；溶于水；在常温及空气中较稳定。

GB 2760—2014 规定，可用于各类食品，按生产需要适量使用。

9. 柠檬酸一钠

柠檬酸一钠(sodium dihydrogen citrate)为白色颗粒状晶体或结晶性粉末；易溶于水，在潮湿空气中会轻微潮解；几乎不溶于乙醇。

GB 2760—2014 规定，可用于各类食品，按生产需要适量使用。

10. 苹果酸

苹果酸包括 *dl*-苹果酸，*dl*-苹果酸钠，L-苹果酸(*dl*-malic acid, *dl*-disodium malate, L-malic acid)，为无色至白色结晶性粉末；易溶于水及乙醇；酸味比柠檬酸强 20%。

GB 2760—2014 规定，可在各类食品中按生产需要适量使用。在饮料中的参考用量为 2.5～5.5 g/kg。

11. 乳酸

乳酸(lactic acid)为无色至浅黄色糖浆状液体；有吸湿性；味酸；可与水、甘油、乙醇等任意混溶；不溶于二氧化碳。

GB 2760—2014 规定，乳酸可在各类食品中按生产需要适量使用。

12. 乳酸钙

乳酸钙(calcium lactate)为白色至乳白色结晶或粉末，基本无臭无味；易溶于热水成透明或微浑浊的溶液，冷水溶解度较低。水溶液的 pH 为 6.0～7.0；在空气中易风化；加热至

120 ℃会失去结晶水。

GB 2760—2014 规定，乳酸钙可在固体饮料中使用，其最大使用量为 21.6 g/kg。

13. 碳酸氢钾

碳酸氢钾（potassium bicarbonate）为无色透明单斜晶系结构；在空气中稳定；可溶于水，因水解而呈弱碱性；100 ℃时开始分解，200 ℃时完全分解，失去二氧化碳和水而成碳酸钾。

GB 2760—2014 规定，本品可在各类食品中按生产需要适量使用。

2.3　食品用香料

食品用香料（food flavoring agents）是指能用于调配食品用香精的香料。它不但能够增进食欲，促进消化吸收，而且对增加食品的花色品种和提高食品质量具有重要作用。

GB 2760—2014 中，允许使用的食品用天然香料有 393 种，食品用合成香料有 1 477 种。使用时，既可使用单一的香料，也可使用由香料等成分配制而成的专用香精。需要注意的是，GB 2760—2014 明确了不得添加食品用香料、香精的食品名单，但并未对允许使用的食品用香料的限量作出具体规定，而在实际应用中，有时也必须考虑限量的问题。例如，苯甲酸除了可作为香料使用外，还可作为防腐剂使用，富马酸和己二酸除了可作为香料使用外，还可作为酸度调节剂使用，而它们在作为防腐剂或酸度调节剂使用时都是有限量规定的。因此，还必须符合限量规定。

2.4　着色剂

食品着色剂（colorant），又称为食用色素，它是指能使食品着色和改善食品色泽的食品添加剂。在使用着色剂时应注意：第一，在色素种类、使用范围和最大使用量方面，应遵守 GB 2760—2014 的规定。第二，在为某一产品选择着色剂时，要考虑该着色剂在这一产品中的溶解性、稳定性和着色力。第三，相同色泽着色剂在同一饮料产品中混合使用时，其各自用量占其最大使用量的比例之和不应超过 1。第四，特殊颜色可以通过拼色来实现。拼色的方法如下。

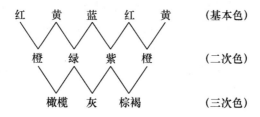

1. β-阿朴-8′-胡萝卜素醛

β-阿朴-8′-胡萝卜素醛（β-apo-8′-carotenal）为带金属光泽的深紫色晶体或结晶性粉末；不溶于水，能分散于热水中，难溶于乙醇，微溶于植物油、丙酮；溶于油脂或有机溶剂中的制品，性能稳定。或为可分散于水中的橙至红色粉末或颗粒；其晶体对氧和光不稳定，需保存于充有惰性气体的遮光容器内。

GB 2760—2014 规定,本品可在饮料类(包装饮用水除外)中使用,其最大使用量为 0.010 g/kg。

2. 赤藓红及其铝色淀

赤藓红(erythrosine)为红色至红褐色粉末;可溶于水,不溶于油脂;耐热、耐还原性好,碱性条件下稳定;吸湿性强;不耐光;遇酸会产生沉淀。

GB 2760—2014 规定,本品可用于果蔬汁(浆)类饮料、碳酸饮料和风味饮料(仅限果味饮料)中,其最大使用量均为 0.05 g/kg。

3. 靛蓝及其铝色淀

靛蓝(indigotine)为深紫蓝色至紫褐色粉末;溶于水,难溶于油脂;染色力强;对光、热、酸、碱、氧化等均敏感;耐盐性及耐细菌性较差;遇次硫酸钠、葡萄糖、氢氧化钠易被还原成靛白。

GB 2760—2014 规定,本品可用于果蔬汁(浆)类饮料、碳酸饮料、风味饮料(仅限果味饮料)和配制酒中,其最大使用量均为 0.1 g/kg。

4. 二氧化钛

二氧化钛(titanium dioxide)俗称白色素,为白色粉末,有时为了方便分散,也制成液体状;常作为食品增白剂使用;无毒、无味;化学性质稳定。

GB 2760—2014 规定,本品可在固体饮料中按生产需要适量使用;还可作为饮料浑浊剂使用,其最大使用量为 10.0 g/L。

5. 柑橘黄

柑橘黄(orange yellow)为深红色黏稠状液体;部分溶于乙醇,不溶于水,但经乙醇稀释后也可溶于水;加乳化剂混匀后形成色调均匀的黄色乳浊液。

GB 2760—2014 规定,本品可在各类食品中按生产需要适量使用。

6. 高粱红

高粱红(sorghum red)为棕色液体、糊状、块状或粉末;可溶于水(在 pH 为 4~12 时易溶解)、乙醇,不溶于油脂;对光、热稳定;染着力强,色调为红棕色,在碱性条件下色浓,在酸性条件下色淡。

7. 黑豆红

黑豆红(black bean red)为紫红色粉末;易溶于水、稀乙醇;耐热、耐光;其色调随 pH 而变化,在碱性条件下呈深红棕色,中性条件下为红棕色,酸性条件下为红色;水溶液透明无沉淀,色泽艳丽。

GB 2760—2014 规定,本品可用于果蔬汁(浆)饮料、风味饮料(仅限果味饮料)和配制酒等,其最大使用量为 0.8 g/kg。

8. 黑加仑红

黑加仑红(black currant red)为紫红色粉末;易溶于水,溶于乙醇,微溶于无水乙醇;有吸湿性。

GB 2760—2014 规定,本品可在碳酸饮料中使用,其最大使用量为 0.3 g/kg。

9. 红花黄

红花黄(carthamines yellow)为黄色至棕黄色粉末;易溶于水、稀乙醇;耐光性好;在 pH

为 5～7 时稳定,在碱性条件下带红色,但热稳定性差,遇铁离子变为黑色。

GB 2760—2014 规定,本品可用于冷冻饮品(食用冰除外)、果蔬汁(浆)饮料、碳酸饮料、风味饮料(仅限果味饮料)、配制酒和果冻中,其最大使用量均为 0.2 g/kg。

10. 红米红

红米红(red rice red)为紫红色液体;溶于水、乙醇;稳定性好,耐热、耐光、耐贮存,但对氧化剂敏感;颜色随 pH 变化而变化。pH 为 1～6 时为红色,pH 为 7～12 时可变成青褐色至黄色,长时间加热时也可变黄。

GB 2760—2014 规定,本品可在调制乳、冷冻饮品(食用冰除外)、含乳饮料和配制酒中按生产需要适量使用。

11. 红曲黄色素

红曲黄色素(monascus yellow pigment)为黄至黄褐色粉末、块状、糊状或液体;略有特征性气味;溶于水。

GB 2760—2014 规定,本品可在果蔬汁(浆)类饮料、蛋白饮料、碳酸饮料、固体饮料、风味饮料和配制酒中按生产需要适量使用。

12. 红曲米,红曲红

红曲米(red kojic rice)为棕红色至紫红色的米粒;对酸碱稳定,耐热、耐光性强,对氧化、还原剂稳定,对蛋白质染着力强;不受金属离子影响。

红曲红(monascus red)为深紫红色粉末;略带异臭;易溶于中性及碱性水溶液,在 pH 为 4.0 以下介质中,溶解度降低;几乎不受金属离子、氧化剂、还原剂的影响;对蛋白质着色性能极好。

GB 2760—2014 规定,本品可用于发酵乳,其最大使用量为 0.8 g/kg;还可在调制炼乳、冷冻饮品(食用冰除外)、果蔬汁(浆)饮料、蛋白饮料、碳酸饮料、固体饮料、风味饮料(仅限果味饮料)、配制酒和果冻中按生产需要适量使用。

13. β-胡萝卜素

β-胡萝卜素(β-carotene)为深红色至暗红色有光泽斜方六面体或结晶性粉末;不溶于水、甘油、酸、碱,溶于二氧化碳、植物油,不溶于乙醇;稀溶液呈橙黄色至黄色,浓度增大时呈橙色,可因溶剂的极性而稍带红色;在弱碱性条件下稳定,但对光、热、氧均不稳定,遇金属离子会褪色。

GB 2760—2014 规定,β-胡萝卜素可在果蔬汁(浆)饮料、蛋白饮料、碳酸饮料、茶(类)饮料、咖啡饮料、特殊用途饮料、风味饮料中使用,其最大使用量为 2.0 g/kg;还可在植物饮料中使用,其最大使用量为 1.0 g/kg。

14. 花生衣红

花生衣红(peanut skin red)为橙红色、紫红色、巧克力色粉末;易溶于热水。
GB 2760—2014 规定,可用于碳酸饮料中,其最大使用量为 0.1 g/kg。

15. 姜黄

姜黄(turmeric)为黄棕至深黄棕色粉末;不溶于水,溶于乙醇;在碱性条件下呈红褐色,在酸性条件下呈黄色且颜色稳定;耐光性一般,直接暴露在阳光下 10 h 可褪色 50%;耐热性较好;着色力较强。

GB 2760—2014 规定,本品可在冷冻饮品(食用冰除外)、饮料类(包装饮用水除外)中按生产需要适量使用。

16. 姜黄素

姜黄素(curcumin)为橙黄色结晶性粉末;耐热性较好,但耐光性差;不溶于冷水,溶于乙醇和冰醋酸。

GB 2760—2014 规定,本品可用于冷冻饮品(食用冰除外),其最大使用量为 0.15 g/kg;还可用于碳酸饮料中,最大使用量为 0.01 g/kg。

17. 焦糖色

焦糖色(caramel color)是由蔗糖、饴糖、淀粉等各种糖在高温下经过不完全分解、脱水、聚合成的混合物。为深褐色至黑色液体、糊状物、块状或粉末;有焦糖香味和苦味;溶于水、稀乙醇。可由 4 种不同方法生产而来,一是普通法(不加氨生产法,plain);二是苛性硫酸铵法(caustic sulfite);三是加氨法(ammonia process);四是亚硫酸铵法(ammonia sulphite process)。其色素的英文名称分别为 caramel color class Ⅰ,caramel color class Ⅱ,caramel color class Ⅲ 和 caramel color class Ⅳ。

GB 2760—2014 允许在饮料使用的只有 Ⅰ、Ⅲ、Ⅳ法生产的焦糖色,而且,不同焦糖色的使用范围和最大使用量不同(表 2-2)。

表 2-2　不同焦糖色在饮料中的使用范围和最大使用量

焦糖色生产方法	使用范围(食品名称)	最大使用量/(g/kg)
普通法	果蔬汁(浆)类饮料、冷冻饮品(食用冰除外)	按生产需要适量使用
	含乳饮料、风味饮料(仅限果味饮料)	
加氨生产法	果蔬汁(浆)饮料	按生产需要适量使用
	含乳饮料	2.0
	风味饮料	5.0
亚硫酸铵法	冷冻饮品(食用冰除外)、含乳饮料	2.0
	果蔬汁(浆)类饮料、碳酸饮料、风味饮料、固体饮料	按生产需要适量使用
	茶(类)饮料	10.0
	咖啡(类)饮料、植物饮料	0.1

18. 金樱子棕

金樱子棕(rosa laevigata michx brown)为棕红色浸膏状;可溶于水、稀乙醇,极易溶于热水;耐热、耐光、耐氧化;在 pH 为 3.5～7 条件下稳定,但对金属敏感。

GB 2760—2014 规定,本品可用于碳酸饮料和固体饮料,在碳酸饮料中的最大使用量为 1.0 g/kg,在固体饮料中可按稀释倍数增加使用量。

19. 菊花黄浸膏

菊花黄浸膏(coreopsis yellow)为棕褐色黏稠液体;有菊花清香味;易溶于水、乙醇;pH<7 时呈黄色,pH>7 时为橙黄色;耐光、耐高温;着色力强。

GB 2760—2014 规定,本品可在果蔬汁(浆)饮料和风味饮料(仅限果味饮料)中使用,其最大使用量为 0.3 g/kg。

20. 可可壳色

可可壳色(cocao husk pigment)为巧克力色粉末;易溶于水及稀乙醇;耐热、耐光性好;在 pH 为 5.5 以上时红色色度较强,在 5.5 以下时黄橙色度较强,但巧克力本色不变,pH 为 8 以上时可沉淀,遇还原剂时易褪色。

GB 2760—2014 规定,其在冷冻饮品(食用冰除外)中的最大使用量为 0.04 g/kg;在植物蛋白饮料中的最大使用量为 0.25 g/kg;在碳酸饮料中的最大使用量为 2.0 g/kg。

21. 辣椒红

辣椒红(paprike red)是以辣椒为原料,经提取、分离、精制而成的天然色素,其主要成分为辣椒红素和辣椒玉红素,为深红色油溶性液体,色泽鲜艳,着色力强,耐光、热、酸、碱,且不受金属离子影响;溶于油脂和乙醇,也可经特殊加工制成水溶性或水分散性色素。

GB 2760—2014 规定,本品可在果蔬汁(浆)类饮料、蛋白饮料、固体饮料中按生产需要适量使用。

22. 蓝锭果红

蓝锭果红(uguisukagura red)为浸膏状,易溶于水和乙醇;呈淡红色,pH 为 3 时呈红色,随 pH 的增加向紫色方向转化。

GB 2760—2014 规定,本品可在冷冻饮品(食用冰除外)、果蔬汁(浆)饮料、风味饮料中使用,其最大使用量为 1.0 g/kg。

23. 亮蓝及其铝色淀

亮蓝(brilliant blue)为红紫色颗粒或粉末;易溶于水;耐光、耐热性强,对柠檬酸、酒石酸、碱均稳定;水溶液呈清澈蓝色。

GB 2760—2014 规定,本品可用于风味发酵乳、调制炼乳、冷冻饮品(食用冰除外)、果蔬汁(浆)饮料、含乳饮料、碳酸饮料、风味饮料、配制酒和果冻中,其最大使用量(以亮蓝计)为 0.025 g/kg;还可用于固体饮料中,其最大使用量为 0.2 g/kg。

24. 萝卜红

萝卜红(radish red)为紫红色粉末;可溶于水;易吸潮而结块;在酸性条件下稳定;耐热性强,长时间煮沸不变色;在较弱碱性条件下呈紫蓝色,而在碱性条件下则呈深黄色。

GB 2760—2014 规定,本品可在冷冻饮品(食用冰除外)、果蔬汁(浆)饮料、风味饮料(仅限果味饮料)、配制酒和果冻类食品中按生产需要适量使用。

25. 落葵红

落葵红(basella rubra red)为暗紫色粉末;易溶于水;在 pH 为 3~7 时稳定,pH>8.78 时由紫蓝色变成黄色;着色力受温度和紫外线影响,当温度升高或受热时间延长时,着色力下降;当紫外线照射时间延长时,着色力也下降。

GB 2760—2014 规定,本品可用于碳酸饮料和果冻中,其最大使用量分别为 0.13 g/kg 和 0.25 g/kg。

26. 玫瑰茄红

玫瑰茄红(roselle red)为深红色浓缩液或粉末;呈强酸性;易溶于水、乙醇;在酸性条件下呈鲜红色,中性至碱性条件下呈红色至紫色;耐光、耐碱性差。

GB 2760—2014 规定,本品可在果蔬汁(浆)饮料、风味饮料(仅限果味饮料)和配制酒中按生产需要适量使用。

27. 密蒙黄

密蒙黄(buddleia yellow)为黄棕色粉末;耐热、耐光、耐盐、耐金属;色泽鲜艳;易溶于水。

GB 2760—2014 规定,本品可在果蔬汁(浆)饮料、风味饮料和配制酒中按生产需要适量使用。

28. 柠檬黄及其铝色淀

柠檬黄(tartrazine)为橙黄色粉末或颗粒;易溶于水;水溶液为黄色;遇碱稍变红色,还原时褪色;耐光、耐热性强,在柠檬酸、酒石酸中稳定。

GB 2760—2014 规定,本品可用于风味发酵乳、调制炼乳、冷冻饮品(食用冰除外)、果冻,其最大使用量为 0.05 g/kg;还可用于饮料类(包装饮用水除外)、配制酒,其最大使用量为 0.1 g/kg。

29. 葡萄皮红

葡萄皮红(grape-skin red)为红色粉末状,浓缩物为黑红色;溶于水;酸性时呈红色至紫红色,碱性时呈暗蓝色,耐还原性不太强。

GB 2760—2014 规定,本品可在饮料类(包装饮用水除外)中使用,其最大使用量为 2.5 g/kg;还可在冷冻饮品(食用冰除外)、配制酒中使用,其最大使用量为 1.0 g/kg。

30. 日落黄及其铝色淀

日落黄(sunset yellow)为橙红色粉末或颗粒;易溶于水;耐光、耐热性强;水溶液为橙色,在柠檬酸、酒石酸中稳定;吸湿性强;遇碱易变色,还原时褪色。

GB 2760—2014 规定,本品可用于调制乳、风味发酵乳、调制炼乳和含乳饮料,其最大使用量为 0.05 g/kg;可用于果冻,其最大使用量为 0.025 g/kg;可用于冷冻饮品(食用冰除外),其最大使用量为 0.09 g/kg;还可用于果蔬汁(浆)类饮料、乳酸菌饮料、碳酸饮料、植物蛋白饮料、特殊用途饮料、风味饮料和配制酒中,其最大使用量为 0.1 g/kg;在固体饮料中的最大使用量为 0.6 g/kg。

31. 桑葚红

桑葚红(mulberry red)为深红色浸膏状;在 pH 2.8 时最稳定;溶于水。

GB 2760—2014 规定,本品可在果蔬汁(浆)饮料、风味饮料和果酒中使用,其最大使用量为 1.5 g/kg;还可在果冻中使用,其最大使用量为 5.0 g/kg。

32. 酸枣色

酸枣色(jujube pigment)为棕黑色结晶或棕褐色无定型粉末;易溶于热水,缓慢溶于冷水,pH 为 2～12 时,溶液为鲜枣红色。

GB 2760—2014 规定,本品可用于果蔬汁(浆)类饮料和风味饮料,其最大使用量为 1.0 g/kg。

33. 甜菜红

甜菜红(beet red)为红紫色至深紫色液体、块状、粉状或糊状物;易溶于水、牛奶,难溶于醋酸;染着性好,不因氧化而变色,受金属离子影响小,在中性及酸性条件下为稳定的红紫色,但在碱性条件下变为黄色;耐热性差,在 60 ℃下加热 30 min 严重褪色,遇光略褪色。

GB 2760—2014 规定,甜菜红可在各类食品中按生产需要适量使用。

34. 天然苋菜红

天然苋菜红(natural amaranthus red)为紫红色无定型粉末;溶于水,不溶于乙醇;对光、热、金属离子比较敏感;水溶液在 pH 小于 7 时呈紫红色,在碱性条件下变黄;色泽艳丽,着色均匀。

GB 2760—2014 规定,本品可用于果蔬汁(浆)类饮料、碳酸饮料、风味饮料(仅限果味饮料)、配制酒和果冻中,其最大使用量为 0.25 g/kg。

35. 苋菜红及其铝色淀

苋菜红(amaranth)为红棕色至暗红棕色粉末或颗粒;易溶于水;耐光、耐热性强,耐氧化、还原性差;对柠檬酸、酒石酸稳定,遇铜、铁易褪色;易被细菌分解。

GB 2760—2014 规定,可用于冷冻饮品(食用冰除外),其最大使用量为 0.025 g/kg(以苋菜红计);还可用于果蔬汁(浆)类饮料、碳酸饮料、风味饮料(仅限果味饮料),其最大使用量为 0.05 g/kg。

36. 橡子壳棕

橡子壳棕(acorn shell brown)为棕黑色粉末,易溶于水及乙醇水溶液;浓度 0.03% 时呈亮红色,0.01% 时呈红黄色,0.1% 时呈咖啡色,水溶液 pH 为 3～7 范围内为红黄色,pH 为 7 时颜色加深;对热稳定。

GB 2760—2014 规定,本品可用于可乐型饮料,其最大使用量为 1.0 g/kg;还可用于配制酒中,其最大使用量为 0.3 g/kg。

37. 新红及其铝色淀

新红(new red)为红色粉末;易溶于水;宜采用玻璃、搪瓷、不锈钢等耐腐蚀的清洁容器包装;使用时,可先将粉状着色剂加少量冷水搅成糊状,再在搅拌下缓慢加入沸水;所用的水必须是蒸馏水或去离子水,以避免因钙离子的存在引起着色剂的沉淀;采用自来水时,必须去钙、镁,并煮沸赶气、冷却后使用;此外,过度暴晒会导致褪色,应贮存于暗处或不透光容器中。

GB 2760—2014 规定,本品可用于果蔬汁(浆)类饮料、碳酸饮料、风味饮料(仅限果味饮料)和配制酒中,其最大使用量为 0.05 g/kg。

38. 胭脂虫红

胭脂虫红(carmine cochineal)为红色菱形晶体或红棕色粉末或深红色黏稠液体;粉末不溶于冷水,稍溶于热水或乙醇,能溶于碱,不溶于稀酸。

GB 2760—2014 规定,本品可用于风味发酵乳、冷冻饮品(食用冰除外)和饮料类(包装饮用水除外),其最大使用量(以胭脂红酸计)分别为 0.05 g/kg、0.15 g/kg 和 0.6 g/kg。

39. 胭脂红及其铝色淀

胭脂红(carmine)为红色至深红色的颗粒或粉末,无臭;易溶于水;耐光、耐热性强;对柠檬酸、酒石酸稳定,但耐细菌性差,耐还原性差;吸湿性强;遇碱变褐色。

GB 2760—2014 规定,本品可用于调制乳、风味发酵乳、调制炼乳、冷冻饮品(食用冰除外)、果蔬汁(浆)类饮料、含乳饮料、碳酸饮料、风味饮料(仅限果味饮料)、配制酒、果冻等,其最大使用量为 0.05 g/kg(以胭脂红计);还可用于植物蛋白饮料,其最大使用量为 0.025 g/kg。

40. 胭脂树橙(红木素、降红木素)

胭脂树橙(annatto extract)有水溶性和油溶性两种。水溶性胭脂树橙为红至褐色液体、块状物、粉末或糊状物,略有异臭;主要色素成分为红木素水解产物降红木素(norbixin)的钠或钾盐,染色性非常好,耐日光性差,溶于水,水溶液为黄橙色,呈碱性,微溶于乙醇,酸性下不溶,使用本品时 pH 应在 8.0 左右。油溶性胭脂树橙系红至褐色溶液或悬浮液;主要色素成分为红木素(bixin,分子式为 $C_{25}H_{30}O_4$);红木素为橙紫色晶体,溶于碱性溶液,酸性下不溶并可形成沉淀,不溶于水,溶于油脂、丙二醇、丙酮,不易氧化。

GB 2760—2014 规定,本品可用于冷冻饮品(食用冰除外)、饮料类(包装饮用水除外)和果冻中,其最大使用量为 0.6 g/kg。

41. 叶黄素

叶黄素(lutein)为橙黄色粉末,也有浆状或液体产品,纯品为棱格状黄色晶体,有金属光泽;不溶于水,易溶于油脂和脂肪性溶剂;对光和氧不稳定,需贮存于阴凉干燥处,避光密封。

GB 2760—2014 规定,本品可用于冷冻饮品(食用冰除外),其最大使用量为 0.1 g/kg;还可用于饮料类(包装饮用水除外)和果冻中,其最大使用量为 0.05 g/kg。

42. 叶绿素铜钠盐,叶绿素铜钾盐

叶绿素铜钠(chlorophyllin copper sodium)、叶绿素铜钾(chlorophyllin copper potassium)为墨绿色粉末;易溶于水,略溶于乙醇;水溶液为清澈透明的蓝绿色;耐光性比叶绿素强;当 pH 在 6.5 以下时,遇钙会产生沉淀,加热到 110 ℃以上时则分解。

GB 2760—2014 规定,可用于饮料类(包装饮用水除外)、配制酒和果冻,其最大使用量为 0.5 g/kg;还可在果蔬汁(浆)类饮料中按生产需要适量使用。

43. 诱惑红及其铝色淀

诱惑红(allura red)为暗红色粉末,无臭;溶于水、甘油和丙二醇,微溶于乙醇;在中性和酸性水溶液中呈红色,碱性条件下则呈暗红色;耐光、耐热性好,耐碱、耐氧化,还原性差。诱惑红铝色淀为橙红色细微粉末,无臭;不溶于水和有机溶剂,在酸性或碱性介质中会缓缓溶出诱惑红。

GB 2760—2014 规定,本品可用于冷冻饮品(食用冰除外)、饮料类(包装饮用水除外)、配制酒和果冻中,其最大使用量分别为 0.07 g/kg、0.1 g/kg、0.05 g/kg 和 0.025 g/kg。

44. 越橘红

越橘红(cowberry red)为深红色膏状物,溶于水和酸性乙醇,不溶于无水乙醇;耐高温,不易氧化;在酸性条件下为透明红色,在碱性条件下为紫青色;对金属离子和光较敏感。

GB 2760—2014 规定,越橘红可在冷冻饮品(食用冰除外)、果蔬汁(浆)类饮料和风味饮料(仅限果味饮料)中按生产需要适量使用。

45. 藻蓝(淡、海水)

藻蓝(淡、海水)(spirulina blue,algae blue,lina blue)为蓝绿色粉末;不溶于乙醇,溶于冷水,在等电点 pH 3.4 时出现沉淀。

GB 2760—2014 规定,本品可在冷冻饮品(食用冰除外)、果蔬汁(浆)类饮料、风味饮料和果冻中使用,其最大使用量为 0.8 g/kg。

46. 栀子黄

栀子黄(gardenia yellow)为黄色至橙黄色粉末;易溶于水;耐还原性、耐微生物性好;在 pH 为 4~12 时稳定;对金属离子铝、钙、铅、铜、锡、锌稳定,但遇铁离子变黑;在酸性水溶液中易发生褐变。

GB 2760—2014 规定,本品可用于冷冻饮品(食用冰除外)、果蔬汁(浆)类饮料、风味饮料(仅限果味饮料)、配制酒和果冻中,其最大使用量均为 0.3 g/kg;还可在固体饮料中使用,其最大使用量为 1.5 g/kg。

47. 栀子蓝

栀子蓝(gardenia blue)为蓝色粉末;易溶于水、含水乙醇;在 pH 3~8 范围内颜色稳定;耐热性好,在 120 ℃下 60 min 不褪色;吸湿性强,耐光性差,应避光保存,产品包装应当选择避光容器。

GB 2760—2014 规定,本品可用于冷冻饮品(食用冰除外),其最大使用量为 1.0 g/kg;还可用于果蔬汁(浆)饮料、蛋白饮料、固体饮料,其最大使用量为 0.5 g/kg;另外,可用于风味饮料(仅限果味饮料)和配制酒中,其最大使用量均为 0.2 g/kg。

48. 紫草红

紫草红(gromwell red)为紫红色粉末;易溶于水、油脂;色泽稳定不易褪色,但随 pH 变化。

GB 2760—2014 规定,本品可在冷冻饮品(食用冰除外)、果蔬汁(浆)类饮料、风味饮料(仅限果味饮料)和果酒中使用,其最大使用量为 0.1 g/kg。

49. 紫甘薯色素

紫甘薯色素(purple sweet potato color)是从紫甘薯的块根和茎叶中浸提出来的一种天然红色素,属于花色苷类物质,纯品为紫红色固体粉末,是一种水溶性色素。

GB 2760—2014 规定,本品可在冷冻饮品(食用冰除外)、果蔬汁(浆)类饮料中使用,其最大使用量分别为 0.2 g/kg、0.1 g/kg。

50. 紫胶红(虫胶红)

紫胶红(lac dye red,lac red)为紫红色至鲜红色粉末或液体;微溶于水,溶于乙醇,不溶于棉籽油;在酸性时为稳定的橙色,遇碱(pH>12)时易褐变,受铁等金属离子影响时变黑色;最适用于不含蛋白质、淀粉的果味水、汽水等。

GB 2760—2014 规定,紫胶红可用于果蔬汁(浆)类饮料、碳酸饮料、风味饮料(仅限果味饮料)和配制酒中使用,其最大使用量均为 0.5 g/kg。

2.5　防腐剂

防腐剂(preservatives)是指对微生物具有杀灭、抑制或阻止生长作用的食品添加剂。在使用防腐剂时,应特别注意:第一,防腐剂的种类、使用范围、最大使用量应以 GB 2760—2014 及其增补为依据,不能随意增加其种类、扩大其使用范围、增大其使用浓度。第二,两种或两种以上防腐剂混合使用时,其各自用量占其最大使用量的比例之和不应超过 1。第三,不同防腐

剂有其发挥最佳效果的最适 pH,使用任何一种防腐剂时,都应了解该防腐剂发挥作用的最佳 pH 与食品本身的 pH 是否相符。第四,不同防腐剂对不同微生物的作用不同,使用时应当了解该食品中可能引起败坏的主要微生物种类是什么,并据此选用合适的防腐剂。第五,防腐剂的作用是有限的,应当保持原料辅料、加工场所、加工器具、加工人员的清洁、卫生。第六,部分酸性防腐剂(如苯甲酸、山梨酸)在加热时会随水蒸气而蒸发,降低其防腐效果。因此,应当在加热后或接近包装前添加。第七,任何一种防腐剂,都有其合适的溶剂,只有充分溶解时,才能充分发挥作用。因此,要考虑防腐剂的溶解性及溶解方法。

1. 苯甲酸

苯甲酸(benzoic acid)为白色有光泽的片状或针状结晶;性质稳定;有吸湿性。使用时应当注意,本品在 100 ℃开始升华,在酸性条件下易随水蒸气挥发,配料时应先加热,再添加苯甲酸,最后加入酸度调节剂。苯甲酸难溶解于常温水,故常常使用苯甲酸钠。苯甲酸杀菌效果最好的 pH 是 2.5~4.0,在此范围内完全抑菌的最小浓度为 0.05%~0.1%。

GB 2760—2014 规定,苯甲酸可在风味冰、冰棍类、果蔬汁(浆)类饮料、蛋白饮料、茶、咖啡、植物(类)饮料、风味饮料中使用,其最大使用量为 1.0 g/kg;苯甲酸还可在浓缩果蔬汁(仅限食品工业用)中使用,其最大使用量(以苯甲酸计)为 2.0 g/kg;苯甲酸也可在果酒和配制酒中使用,其最大使用量分别为 0.4 g/kg 和 0.8 g/kg;此外,苯甲酸还可在特殊用途饮料和碳酸饮料中使用,最大使用量为 0.2 g/kg。

2. 苯甲酸钠

苯甲酸钠(sodium benzoate)为白色颗粒或结晶性粉末;易溶于水,溶于乙醇;pH 为 3.5 时,0.05%的浓度便可完全阻止酵母生长。1 g 苯甲酸钠相当于 0.847 g 苯甲酸。

GB 2760—2014 规定,苯甲酸钠的使用范围和使用量(以苯甲酸计)与苯甲酸相同。

3. 对羟基苯甲酸甲酯钠

对羟基苯甲酸甲酯钠(sodium methyl p-hydroxy benzoate)为白色吸湿性粉末。易溶于水,呈碱性。

GB 2760—2014 规定,本品可用于果蔬汁(浆)类饮料、碳酸饮料和风味饮料(仅限果味饮料),其最大使用量(以对羟基苯甲酸计)分别为 0.25 g/kg、0.2 g/kg 和 0.25 g/kg。

4. 对羟基苯甲酸乙酯及其钠盐

对羟基苯甲酸乙酯(ethyl p-hydroxy benzoate)为无色细小结晶或白色结晶粉末;微溶于水,易溶于乙醇、花生油;防腐力强;在 pH 为 4~8 时有良好的抗菌效果。其最大优点在于其发挥作用的 pH 范围较广。

GB 2760—2014 规定,其使用范围和最大使用量与对羟基苯甲酸甲酯钠相同。

5. 二甲基二碳酸盐(维果灵)

二甲基二碳酸盐(dimethyl dicarbonate)为无色透明液体,易溶于水。

GB 2760—2014 规定,本品可用于果蔬汁(浆)类饮料、碳酸饮料、茶(类)饮料、风味饮料(仅限果味饮料)、其他饮料类(仅限麦芽汁发酵的非酒精饮料)中,其最大使用量为 0.25 g/kg。

6. 二氧化碳

二氧化碳(carbon dioxide)为无色、无臭、无味、无毒气体;微溶于水;溶液呈酸性;在 20 ℃

时将二氧化碳加压到 5 978.175 kPa,即可液化;液体二氧化碳冷却至－23.1 ℃、压力 415 kPa,就形成固体。

GB 2760—2014 规定,二氧化碳可在饮料类和配制酒中按生产需要适量使用。

7. ε-聚赖氨酸

ε-聚赖氨酸(ε-polylysine,ε-PL)是白色链霉菌的代谢产物。它由 25～30 个赖氨酸残基聚合而成,是目前天然防腐剂中具有优良防腐性能的微生物类食品防腐剂。ε-聚赖氨酸的抑菌谱非常广,在酸性和微酸性环境中对各种 G⁺、G⁻、酵母菌、霉菌均有很好的抑菌效果;水溶性极好;热稳定性好,高温下(120 ℃,20 min)不分解,在产品热处理前后都可以使用。

GB 2760—2014 规定,ε-聚赖氨酸可在果蔬汁类及其饮料中使用,其最大使用量为 0.2 g/L。在固体饮料中可按稀释倍数增加使用量。

8. 乳酸链球菌素

乳酸链球菌素(nisin)是乳酸链球菌分泌的多肽抗生素,由 34 个氨基酸组成。在水中溶解度依赖于 pH,pH 为 2.5 时溶解度为 12%,pH 为 5.0 时下降到 4%,在中性和碱性条件下不溶于水。pH 为 2 时耐热性好,pH 大于 5 时耐热性下降。

GB 2760—2014 规定,本品可在饮料类(包装饮用水除外)使用,其最大使用量为 0.2 g/kg;在固体饮料中,可按冲调倍数增加使用量。

9. 山梨酸

山梨酸(sorbic acid)为无色单斜晶体或白色结晶性粉末;耐光、耐热;但长期置于空气中则会氧化变色;其水溶液加热时,本品可随水蒸气挥发;难溶于水,溶于乙醇;本品为酸性防腐剂,在 pH 为 8 以下时防腐作用稳定,pH 越低,抗菌作用越强;对霉菌、酵母和其他耗氧菌有明显的抑制作用。

GB 2760—2014 规定,山梨酸可在风味冰、冰棍类、饮料类(包装饮用水类除外)和果冻中使用,其最大使用量为 0.5 g/kg;也可在浓缩果蔬汁(浆)(仅限食品工业用)中使用,其最大使用量为 2.0 g/kg;还可在葡萄酒、果酒和配制酒中使用,其最大使用量分别为 0.2 g/kg、0.6 g/kg 和 0.4 g/kg;另外可在乳酸菌饮料中使用,其最大使用量为 1.0 g/kg。

10. 山梨酸钾

山梨酸钾(potassium sorbate)为无色至浅黄色鳞片状结晶或结晶性粉末;与山梨酸相比,其最大优点在于它易溶于水,因此被广泛应用。

GB 2760—2014 规定,山梨酸钾的使用范围和使用量与山梨酸相同。

11. 脱氢乙酸及其钠盐

脱氢乙酸(dehydroacetic acid)为固态呈白色或淡黄色结晶粉末;无臭、略带酸味;是一种低毒高效防腐、防霉剂;在酸、碱条件下均有一定的抗菌作用,尤其对霉菌的抑制作用最强;难溶于水。

脱氢乙酸钠为脱氢乙酸的钠盐,白色或近白色结晶性粉末,无毒、无臭;易溶于水;耐光、耐热性好。

GB 2760—2014 规定,脱氢乙酸及其钠盐可在果蔬汁(浆)中使用,其最大使用量(以脱氢乙酸计)为 0.3 g/kg。

12. 液体二氧化碳（煤气化法）

液体二氧化碳（carbon dioxide）由气体二氧化碳液化而成。

GB 2760—2014 规定，本品可在碳酸饮料和固体饮料中按生产需要适量使用。

2.6 抗氧化剂

抗氧化剂（antioxidants）是指能够防止或延缓食品氧化，提高食品稳定性，延长食品贮藏期的食品添加剂。

在使用抗氧化剂时应注意：第一，抗氧化剂的用量小，应当根据其溶解性充分溶解、分散。第二，抗氧化剂对紫外线敏感，应当避光保存。第三，柠檬酸、磷酸、抗坏血酸和其他有机酸对抗氧化剂有增效作用，可以考虑与抗氧化剂复配使用。第四，两种或两种以上抗氧化剂混合使用时，其各自用量占其最大使用量的比例之和不应超过 1。

1. 茶多酚（维多酚）

茶多酚（tea polyphenol，TP）为淡黄色至茶褐色、带茶香的水溶液、粉末或结晶；具有涩味；易溶于水；耐热性、耐酸性好，在碱性条件下易氧化褐变。

GB 2760—2014 规定，本品可在植物蛋白饮料和蛋白固体饮料中使用，其最大使用量分别为 0.1 g/kg 和 0.8 g/kg。

2. 抗坏血酸（维生素 C）

抗坏血酸（ascorbic acid）为白色结晶或结晶性粉末，无臭，味酸；易溶于水；久置颜色变黄；受光照则逐渐变褐，干燥状态下在空气中相当稳定，但在空气和水分同时存在下易迅速氧化变质；在 pH 为 3.4～4.5 时较稳定。

GB 2760—2014 规定，本品可在各类食品中按生产需要适量使用。

3. 抗坏血酸钙

抗坏血酸钙（calcium ascorbate）为白色或微黄色结晶粉末；溶于水；无臭、无味；耐酸、耐碱、耐高温；不易氧化，不受铁等金属离子影响，易贮存。

GB 2760—2014 规定，本品可在各类食品中按生产需要适量使用。

4. 抗坏血酸钠

抗坏血酸钠（sodium ascorbate）为抗坏血酸的钠盐，为白色至微黄白色结晶性粉末或颗粒，无臭，味稍咸；干燥状态下较稳定，吸潮后缓慢氧化分解，遇光则颜色加深；易溶于水。

GB 2760—2014 规定，本品可在各类食品中按生产需要适量使用。

5. 维生素 E

维生素 E（vitamine E，dl-α-tocopherol，d-α-tocopherol，mixed tocopherol concentrate）又称 dl-α-生育酚，d-α-生育酚，混合生育酚浓缩物，为微胶囊粉末或油状液体；耐热性、耐酸性好；不溶于水，易溶于油；在空气中或光照下易氧化发黑。

GB 2760—2014 规定，本品可在果蔬汁（浆）类饮料、蛋白饮料、其他型碳酸饮料、茶、咖啡、植物（类）饮料、蛋白固体饮料、特殊用途饮料和风味饮料中使用，其最大使用量为 0.2 g/kg。

6. D-异抗坏血酸及其钠盐

D-异抗坏血酸(D-isoascorbic acid，erythorbic acid）为白色至黄白色结晶性粉末或颗粒；易溶于水；其干燥品在空气中稳定，但其水溶液对空气、金属离子、热和光均不稳定。

GB 2760—2014 规定，本品可在浓缩果蔬汁（浆）中按生产需要适量使用；还可在葡萄酒中使用，其最大使用量（以抗坏血酸计）为 0.15 g/kg。

7. 植酸（又名肌醇六磷酸），植酸钠

植酸（phytic acid，inositol hexaphosphoric acid）为淡黄色黏稠状液体；易溶于水；加热时易分解。

GB 2760—2014 规定，可以在果蔬汁（浆）类饮料中使用，其最大使用量为 0.2 g/kg。

2.7　增稠剂

增稠剂（thickening agents）是指通过提高食品黏度，以提高食品体态稳定性的食品添加剂。在使用增稠剂时应注意：第一，不同种类或同一种类不同来源、不同批次的增稠剂，使用效果差别较大，在生产中应通过试验予以确定。第二，饮料 pH 对增稠剂的黏度和稳定性影响很大，应根据饮料的 pH 选择合适的增稠剂。第三，胶凝速度对产品质量的影响较大。胶凝速度过缓时，导致果肉上浮；胶凝速度过快时，气泡不易逸出。因此应通过控制冷却速度来控制胶凝速度。

1. 阿拉伯胶

阿拉伯胶（Arabic gum）为无色至浅褐色半透明块状、粒状或粉末；易溶于水，不溶于乙醇；在 pH 为 6～7 时黏度最高；柠檬酸钠可增加其黏度，但酒精、电解质可降低其黏度。

GB 2760—2014 规定，本品可在各类食品中按生产需要适量使用。

2. 醋酸酯淀粉

醋酸酯淀粉（starch acetate）为白色粉末；其糊的凝沉性低，透明度高，冻溶稳定性好，对酸、碱、热稳定。

GB 2760—2014 规定，本品可在各类食品中按生产需要适量使用。

3. 淀粉磷酸酯钠

淀粉磷酸酯钠（sodium starch phosphate）为白色或类白色淀粉状粉末，稍有吸湿性，易分散于水中，性质稳定。

GB 2760—2014 规定，本品可用于冷冻饮品（食用冰除外）和饮料类中（包装饮用水除外），按生产需要适量使用。

4. 瓜尔胶

瓜尔胶（guar gum）为白色至浅黄褐色粉末；几乎无臭；能分散在冷水或热水中形成黏稠液。

GB 2760—2014 规定，本品可在各类食品中按生产需要适量使用。

5. 果胶

果胶（pectin）为白色至黄色的粉末，溶于 20 倍水中成为乳白色黏稠状胶体液，呈弱酸性，耐热性强，不溶于乙醇等有机溶剂。在酸性条件下比在碱性条件下稳定。使用时不宜用水直接冲稀，常用 8 倍以上的砂糖与之充分拌匀后，再在搅拌条件下缓慢撒入 90 ℃热水中分散，直

饮料工艺学

至充分溶解,然后再混入到配料中。宜现配现用。高甲氧基果胶在可溶性糖的含量大于60%、pH 为 2.6~3.4 时可形成不可逆性凝胶,凝胶强度随甲氧基含量的增大而增大,胶凝速度随浓度、含糖量、酸度的增大而增大,胶凝温度随冷却速度和 pH 的降低而降低。低甲氧基果胶在低钙浓度下软而黏,几乎透明,随着钙浓度的增加,逐渐变硬、变脆、变浊,对糖酸含量及比例要求不严格;凝胶强度在 pH 为 3 和 5 时最大、pH 为 4 时最小;温度越低,胶凝强度越大,胶凝临界温度为 30 ℃,故果冻等产品应当贮存在 25 ℃以下。

GB 2760—2014 规定,本品可用于各类食品中,按生产需要适量使用。

6. 海藻酸丙二醇酯

海藻酸丙二醇酯(propylene glycol alginate)为白色至浅黄色纤维状粉末或粗粉;溶于水;在 pH 为 2~3 时最稳定,pH>6.5 时则分解;能与明胶反应制成具有渗透性的不溶于水的膜。

GB 2760—2014 规定,本品可用于乳及乳制品,其最大使用量为 3.0 g/kg;也可用于淡炼乳和植物蛋白饮料中,其最大使用量为 5.0 g/kg;还可用于饮料类(包装饮用水除外)、啤酒和麦芽饮料、果蔬汁(浆)类饮料、含乳饮料、咖啡(类)饮料中,其最大使用量分别为 0.3 g/kg、0.3 g/kg、3.0 g/kg 和 4.0 g/kg。

7. 海藻酸钾(褐藻酸钾)

海藻酸钾(potassium alginate)为无色至黄色纤维状粉末,缓慢溶于水而成黏稠状胶体溶液,不溶于乙醇。使用时不宜用水直接冲稀,应当在搅拌下缓慢撒入凉水中,待静置到颗粒湿透时再边加热、边搅拌至全溶。配制溶液要求用软化水,宜现配现用。

GB 2760—2014 规定,本品可用于各类食品,按生产需要适量使用。

8. 海藻酸钠(褐藻酸钠)

海藻酸钠(sodium alginate)为白色至黄色纤维状粉末,溶于水而成黏稠状胶体液;黏度在 pH 为 6~9 时最稳定,80 ℃以上时黏度降低。使用时不宜用水直接冲稀,应当在搅拌下缓慢撒入凉水中,待静置到颗粒湿透时再边加热、边搅拌至全溶。配制溶液要求用软化水,宜现配现用。

GB 2760—2014 规定,本品可用于各类食品,按生产需要适量使用。

9. 槐豆胶

槐豆胶(carob bean gum)为白色至黄色粉末、颗粒或扁平状片;无臭无味;在冷水中能分散,部分溶解;pH 为 3.5~9.0 时,黏度几乎不受 pH 的影响,pH 小于 3.5 或是大于 9.0,黏度降低。

GB 2760—2014 规定,本品可用于各类食品,按生产需要适量使用。

10. β-环状糊精

β-环状糊精(β-cyclodextrin)为一种白色结晶状的粉末,无臭、微甜,溶于水;在碱性水溶液中稳定,遇酸则缓慢水解,应当根据饮料的酸度适当使用。

GB 2760—2014 规定,本品可用于果蔬汁(浆)类饮料、植物蛋白饮料、复合蛋白饮料、其他蛋白饮料、碳酸饮料、茶、咖啡、植物(类)饮料、特殊用途饮料和风味饮料。其最大使用量为 0.5 g/kg。

11. 黄原胶(汉生胶)

黄原胶(xanthan gum)为浅黄至淡棕色粉末;易溶于水;耐酸碱;其溶液对大多数盐类具有极佳的配伍性和稳定性,添加氯化钠和氯化钾等电解质,可提高其黏度和稳定性,钙、镁等二

68

价盐类也具有相似效应。本品可赋予饮料爽口感,使不溶解的成分良好地悬浮,防止浑浊果汁的沉淀与分层。

GB 2760—2014 规定,本品可在各类食品中按生产需要适量使用。

12. 甲基纤维素

甲基纤维素(methyl cellulose,MC)为白色或类白色纤维状或颗粒状粉末;无臭,无味;在水中溶胀成澄清或微浑浊的胶体溶液;一般可采用粉末混合法溶解,先将 MC 粉末与相等或更大量的其他粉状的配料(如糖粉)通过干料混合来充分分散,之后加冷水调匀,再在搅拌的状态下加热溶解。

GB 2760—2014 规定,本品可在各类食品中按生产需要适量使用。

13. 甲壳素(几丁质)

甲壳素(chitin)为白色无定形粉末;不溶于水;溶于强酸,但在酸溶液中加水可使之分解成壳聚糖和醋酸。

GB 2760—2014 规定,可用于冷冻饮品(食用冰除外)、乳酸菌饮料、啤酒及麦芽饮料中,其最大使用量分别为 2.0 g/kg、2.5 g/kg 和 0.4 g/kg。

14. 结冷胶

结冷胶(gellan gum)干粉呈米黄色,无特殊的滋味和气味;耐热、耐酸性能良好,对酶的稳定性高;不溶于冷水,但略加搅拌即分散于冷水中,加热即溶解成透明的溶液,冷却后,形成透明且坚实的凝胶。

GB 2760—2014 规定,本品可在各类食品中按生产需要适量使用。

15. 聚丙烯酸钠

聚丙烯酸钠(sodium polyacrylate)固态产品为白色或浅黄色块状或粉末,液态产品为无色或淡黄色黏稠液体;溶解于冷水。

GB 2760—2014 规定,本品可在各类食品中按生产需要适量使用。

16. 聚葡萄糖

聚葡萄糖(polydextrose)为淡棕黄色粉末,有酸味;易溶于水;有吸湿性;热量低,仅为蔗糖的 1/4。

GB 2760—2014 规定,本品可用于风味发酵乳、冷冻饮品(食用冰除外)、饮料类和果冻中,按生产需要适量使用。

17. 卡拉胶

卡拉胶(carrageenan)为白色或浅褐色颗粒或粉末;溶于 80 ℃ 热水。
GB 2760—2014 规定,本品可用于各类食品,按生产需要适量使用。

18. 可溶性大豆多糖

可溶性大豆多糖(soluble soybean polysaccharide)是从豆渣中分离出来的多糖;为白色至淡黄色粉末;水溶液黏度低,口感好,无不良气味;能乳化蛋白和脂肪,形成稳定的乳化溶液,且不受酸、碱、盐和温度等影响。

GB 2760—2014 规定,可在饮料类(包装饮用水除外)中使用,其最大使用量为 10 g/kg,在固体饮料中可按稀释倍数增加使用量。

19. 磷酸化二淀粉磷酸酯

磷酸化二淀粉磷酸酯(phosphated distarch phosphate)为白色或近白色的粉末或颗粒;溶于水,不溶于乙醇,溶解度和膨润力均大于淀粉。

GB 2760—2014 规定,本品可用于固体饮料中,其最大使用量为 0.5 g/kg。

20. 明胶

明胶(gelatin)为白色至浅黄色半透明微带光泽的薄片状或颗粒;不溶解于冷水,但在冷水中可吸水 5～10 倍及以上而膨胀软化;溶解于热水;长时间加热,会引起分解加快,凝固力下降甚至消失,因此使用时加热温度不宜超过 82 ℃。

GB 2760—2014 规定,本品可在各类食品中按生产需要适量使用。

21. 羟丙基二淀粉磷酸酯

羟丙基二淀粉磷酸酯(hydroxypropyl distarch phosphate)为白色粉末,无臭,无味,易溶于水,不溶于有机溶剂;糊液对温度、酸度和剪切力的稳定性高。

GB 2760—2014 规定,本品可在各类食品中按生产需要适量使用。

22. 羟丙基甲基纤维素

羟丙基甲基纤维素(hydroxypropyl methyl cellulose,HPMC)为白色或类白色纤维状或颗粒状粉末,无臭,在 80～90 ℃的热水中迅速分散、溶胀,降温后迅速溶解,水溶液在常温下相当稳定,高温时能胶凝。

GB 2760—2014 规定,本品可在各类食品中按生产需要适量使用。

23. 琼脂

琼脂(agar)为白色至浅黄色薄膜带状或碎片、颗粒及粉末;不溶解于冷水,但在冷水中可吸水 20 倍以上而膨润软化;溶解于沸水;使用前应当预先用冷水浸泡 10 h 以上,再稀释、加热、搅拌、溶解;pH 为 4～10 时,其凝胶强度变化不大,但 pH 小于 4 或大于 10 时,其凝胶强度下降;本品耐热性较强,但长时间加热或酸度过高,也会导致凝胶力消失。

GB 2760—2014 规定,本品可在各类食品中按生产需要适量使用。

24. 酸处理淀粉

酸处理淀粉(acid treated starch)为白色或类白色粉末;无臭、无味;较易溶于冷水,约 75 ℃开始糊化。

GB 2760—2014 规定,本品可在各类食品中按生产需要适量使用。

25. 羧甲基纤维素钠

羧甲基纤维素钠(sodium carboxymethyl cellulose)为白色或浅黄色纤维性粉末;易分散于水中成为胶体溶液;耐热性较好;本品在 pH 为 7 左右时增稠效果最佳。

GB 2760—2014 规定,本品可在各类食品中按生产需要适量使用。

26. 田菁胶

田菁胶(sesbania gum)为乳白色松散粉末;溶于水。

GB 2760—2014 规定,本品可用于冰激凌及雪糕类、植物蛋白饮料中,其最大使用量分别为 5.0 g/kg 和 1.0 g/kg。

27. 亚麻籽胶(富兰克胶)

亚麻籽胶(linseed gum)为黄色颗粒状晶体,或白色至米黄色粉末,干粉有淡淡甜香味;具有较好的溶解性能,能够缓慢吸水形成一种具有较低黏度的分散体系,当体积质量低于 $1 \sim 2$ g/L 时,能够完全溶解,其溶解度与浓度和温度有密切的关系,0.5% 的胶溶液在 15 ℃ 时溶解度即达到 70%,当温度达 95 ℃ 时溶解度可达到 90%。

GB 2760—2014 规定,本品可用于饮料类(包装饮用水除外),其最大使用量为 5.0 g/kg。

2.8　酶制剂

食品用酶制剂(enzyme preparations)属于食品工业用加工助剂。GB 2760—2014 规定可在食品中使用的酶制剂有 54 种,而常用于饮料加工的只有果胶酶(pectinase)、纤维素酶(cellulase)等少数几种。

果胶酶为灰白色粉末或棕黄色液体;作用温度为 $40 \sim 50$ ℃;最适 pH 为 $3.5 \sim 4.0$;铁、铜、锌离子对本品活性有明显抑制作用,多酚类物质也有抑制作用,但钙、镁、钠等离子无明显影响。果胶酶可用于果汁饮料的澄清、发酵,可将果胶物质分解而降低果汁黏度,破坏胶体保护作用,从而提高果实的出汁率,加速和加强澄清作用。本品可按生产需要适量使用。

使用果胶酶时应注意:第一,由于酶是具有生物活性的蛋白质,热、紫外线、X 射线、强酸、强碱、重金属离子等均可破坏其结构,使之变性失活。因此,使用过程中应选择合适的温度、pH、底物浓度,并根据生产条件进行试验,确定合适的用量。第二,使用酶制剂前,应当细心除去抑制剂,避免使用铜、铁等金属器具。在反应后期,为控制反应速度,可使用抑制剂。第三,要防止因酶制剂的污染而导致产品中微生物超标。

2.9　二氧化碳

在 GB 2760—2014 中,二氧化碳(carbon dioxide)被当作防腐剂使用,但它却是碳酸饮料与汽酒的主要原料之一,主要用于饮料的碳酸化,在碳酸饮料中起着其他物质无法替代的作用。

1. 二氧化碳在饮料中的主要作用

(1)防腐作用　二氧化碳之所以被当作防腐剂使用,一是因为它可以提高饮料的酸度,从而提高杀菌效果;二是因为在饮料中充入二氧化碳后,饮料容器中具有一定的压力,对微生物生长有一定的抑制作用;三是因为充入二氧化碳后,饮料中的氧气得以驱除,部分好氧微生物难以生存。一般认为,$3.5 \sim 4$ 倍以上含气量可完全抑制微生物生长,并使其死亡。

(2)清凉解暑　二氧化碳被充入饮料后就生成碳酸,当人们喝入碳酸饮料后,碳酸受热分解,重新释放出二氧化碳,当二氧化碳从体内排出时,就会带走热量,使人感到清凉。

(3)增强风味　二氧化碳与饮料中其他成分配合产生特殊的风味,当二氧化碳从饮料中逸出时,能带出香味,增强饮料的风味特征。

(4)赋予爽口感　碳酸饮料中逸出的碳酸气,具有特殊的杀口感,能增加对口腔的刺激,给人以爽口的感觉,并能够增进人的食欲。

2. 二氧化碳的来源与净化

(1)二氧化碳的来源　国内饮料工业中使用的二氧化碳,一是酿造工业的副产物,如在酿酒时,将微生物发酵作用所产生的二氧化碳气进行回收、净化,可制得液态二氧化碳。二是煅烧石灰的副产品,煅烧石灰是利用碳酸钙在高温下生成氧化钙,同时排出二氧化碳的过程。可将所排出的二氧化碳进行回收、净化、利用。三是从天然气气井中喷出的气体,其纯度可达到99.5%,气体经过脱硫净化后,就可装入钢瓶、出售、使用。四是化工厂的废二氧化碳气,将焦炭或石油燃烧产生二氧化碳,再将二氧化碳采用碳酸钠或乙醇胺(18%)及其他吸收剂吸收,分离制得纯净的二氧化碳。五是中和法生产二氧化碳气,用硫酸与小苏打反应,再收集其产物二氧化碳。

(2)二氧化碳的净化　采用什么方法净化二氧化碳,应当根据二氧化碳的来源和杂质的情况而定。市场上供应的二氧化碳气,一般是在酒厂酿酒时收集的气体或者是在煅烧石灰时收集的气体,这两种气体均含有杂质,应当加以净化,否则会使饮料出现异味。通常在饮料加工前对二氧化碳气进行净化处理。一般采用的方法是:先用1%~3%的高锰酸钾溶液进行氧化水洗,然后将二氧化碳气通过活性炭过滤柱进行过滤。天然二氧化碳气是来自天然二氧化碳气井的产品,其纯度一般较高,可达99.5%以上。这种气体经过脱硫净化处理以后装入钢瓶就可出售,直接用于饮料生产。来源于中和法生产的二氧化碳气,可先通过5%~10%的碳酸钠溶液,以中和气体带来的酸雾,再通过5%~10%的硫酸亚铁溶液,最后通过1%~3%的高锰酸钾溶液,去掉还原性杂质。来源于化工厂的废二氧化碳气,大多是收集了生产合成氨、尿素的过程中所产生的废气。这种二氧化碳气通常带有显著的硫化氢味和其他异味,必须经过碱洗、水洗、干燥和活性炭脱臭处理。净化后的二氧化碳气若需液化,则需要先经过分子筛干燥,再加压、冷却液化。

3. 二氧化碳的物理特性与质量要求

(1)二氧化碳的物理特性　二氧化碳的物理特性见表 2-3。

表 2-3　二氧化碳的物理特性

性质	指标
相对分子质量/u	44.01
标准状态下的摩尔体积/(L/mol)	22.261
气体密度/(g/L)	1.977(0 ℃/0.1 MPa)
相对密度(空气为 1)	1.528(0 ℃/0.1 MPa)
临界温度/℃	31.1
临界压力/(MPa)	7.38
临界密度/(kg/L)	0.464
溶解度(对水)(体积分数)	1.71(0 ℃);0.88(20 ℃);0.36(60 ℃)
饱和水溶液的 pH	4.5(25 ℃)
压缩液体的相对密度	0.914(34.75 MPa)

(2)二氧化碳的理化指标　根据 GB 1886.228—2016《食品安全国家标准　食品添加剂　二氧化碳》的规定,在饮料中使用的液体二氧化碳应符合表 2-4 的要求。

表 2-4　GB 1886.228—2016 中二氧化碳的理化指标

项　目		指　标		
		气态二氧化碳	液态二氧化碳	固态二氧化碳
二氧化碳(CO_2)含量, ϕ/%	$\geqslant$	99.9	99.9	—
水分/(μL/L)	$\leqslant$	20	20	—
氧(O_2)/(μL/L)	$\leqslant$	30	30	—
一氧化碳[a](CO)/(μL/L)	$\leqslant$	10	10	—
油脂/(mg/kg)	$\leqslant$	—	5	13
蒸发残渣/(mg/kg)	$\leqslant$	—	10	25
一氧化氮[b](NO)/(μL/L)	$\leqslant$	2.5		
二氧化氮[c](NO_2)/(μL/L)	$\leqslant$	2.5		
二氧化硫(SO_2)/(μL/L)	$\leqslant$	1.0		
总硫[d](除 SO_2 外,以 S 计)/(μL/L)	$\leqslant$	0.1		
总挥发烃[e](以 CH_4 计)/(μL/L)	$\leqslant$	50(其中非甲烷烃$\leqslant$20)		
苯(C_6H_6)/(μL/L)	$\leqslant$	0.02		
甲醇(CH_3OH)/(μL/L)	$\leqslant$	10		
乙醇(C_2H_5OH)/(μL/L)	$\leqslant$	10		
乙醛(CH_3CHO)/(μL/L)	$\leqslant$	0.2		
环氧乙烷[f](CH_2CH_2O)/(μL/L)	$\leqslant$	1		
氯乙烯(CH_2CHCl)/(μL/L)	$\leqslant$	0.3		
氨(NH_3)/(μL/L)	$\leqslant$	2.5		
氰化氢[g](HCN)/(μL/L)	$\leqslant$	0.5		

[a] 以乙烯催化氧化、酒精发酵工艺副产的原料气生产的二氧化碳不检测该指标。

[b] 以乙烯催化氧化工艺副产的原料气生产的二氧化碳不检测该指标。

[c] 以乙烯催化氧化工艺副产的原料气生产的二氧化碳不检测该指标。

[d] 当总硫测定结果不超过 0.1 μL/L 时,不进行总硫(除 SO_2 外,以 S 计)及二氧化硫(SO_2)项目的测定。

[e] 当总挥发性烃(以 CH_4 计)测定结果不超过 20 μL/L 时,不进行非甲烷烃项目的测定。

[f] 仅乙烯催化氧化工艺副产的原料气生产的二氧化碳检测该指标。

[g] 仅煤气化工艺副产的原料气生产的二氧化碳检测该指标。

4. 使用二氧化碳时应注意的问题

在二氧化碳的使用过程中,应特别注意安全使用和合理使用的原则。二氧化碳本身是无毒的,但当空气中的二氧化碳浓度过高时,就会使环境变成缺氧或无氧状态,使人觉得烦闷,严重时还会影响人的代谢,引起窒息甚至死亡。当空气中二氧化碳浓度大于 3%~4% 时,就会引起头痛甚至脑缺血;当空气中二氧化碳浓度大于 15% 时,就会引起致命性假死;当空气中的二氧化碳浓度大于 30% 时,就会使人致死。因此,在使用二氧化碳时,要设法防止二氧化碳钢瓶及系统的漏气和爆炸。导致钢瓶爆炸的原因主要是由于钢瓶内压力急剧升高。在运输、贮存和使用二氧化碳时,必须严格遵守国家关于《气瓶安全监察规程》中的有关规定,使用经检验合格的钢瓶,钢瓶的外壁应为黑色,并有黄色的"二氧化碳"字样。钢瓶属于高压容器,首次使用时应当试压,并按照要求定期试压检查。严格防止暴晒,严禁敲打、碰撞、烘烤,不得靠近电源。气体从钢瓶中放出时,由于压力骤降,二氧化碳吸收周围的热量,导致减压阀阀芯冻结,阻止二氧化碳的挥发。此时,可利用流水在钢瓶外加温,以避免气流不畅。当钢瓶、阀门、管道需要加温时,要用温湿布或 40 ℃ 以下的温水加热,不能直接用火烤或者用过高温度的热水加温,以免发生爆炸。所有装载和输送二氧化碳的设备,都应当合理清洗。每次转换气瓶时,应当放气、检查,并经常清洗容器,用肥皂液涂在怀疑可能漏气的地方,如发现有气泡冒出,则说明漏气。钢瓶内的气体,一般不要全部用尽,以防止瓶底的杂质随二氧化碳气体流出。钢瓶应当立放,放稳,置于通风良好、干燥、温度在 40 ℃ 以下的地方,不能被阳光直射。空瓶与充有气体的钢瓶应当分开放置。

大型饮料厂多采用二氧化碳气站集中供气技术。它是利用二氧化碳槽车将液态二氧化碳运到厂内,再输送到二氧化碳大罐中。使用时接通蒸汽,将二氧化碳气化、减压至使用压力和温度即可使用。总之,在使用二氧化碳时,要按照产品说明书的要求正确使用。

2.10 乳化剂

乳化剂(emulsifier)是指能够改善乳化体系中各种构成相之间的表面张力,从而提高其稳定性的食品添加剂。乳化剂的亲水油平衡(hydrophilic-lipophilic balance,HLB)值不同,其作用也不同。HLB 值为 1.5~3 之间的乳化剂具有消泡作用,HLB 值为 3.5~6 的乳化剂为油溶性乳化剂,HLB 值为 7~9 的乳化剂具有湿润作用,HLB 值为 8~18 的为水溶性乳化剂,HLB 值为 13~15 的具有清洗作用,HLB 值为 15~18 的具有助溶作用。在实际应用中,应当注意选择合适的乳化剂,并与增稠剂等配合使用,以提高稳定作用。

1. 单、双甘油脂肪酸酯

单、双甘油脂肪酸酯(mono-and diglycerides of fatty acids)包括多种乳化剂,如油酸、亚油酸、棕榈酸、山嵛酸、硬脂酸、月桂酸、亚麻酸,可根据不同乳化剂的 HLB 值大小,分别用于消泡、润湿、清洗、助溶或乳化。

GB 2760—2014 规定,它们可按生产需要在各类食品中适量使用。

2. 改性大豆磷脂

改性大豆磷脂(modified soybean phospholipid)为黄色至黄棕色粉末或颗粒;易吸潮,易溶于动植物油;能分散于水;部分溶于乙醇。

GB 2760—2014 规定,本品可用于各类食品,按生产需要适量使用。

3. 琥珀酸单甘油酯

琥珀酸单甘油酯(succinylated monoglycerides)为乳白色粉末,不溶于冷水,能分散于热水或热油脂中。

GB 2760—2014 规定,本品可用于果蔬汁(浆)类饮料、蛋白饮料、含乳饮料、茶、咖啡、植物(类)饮料,其最大使用量为 2.0 g/kg。

4. 聚甘油脂肪酸酯

聚甘油脂肪酸酯(polyglycerol esters of fatty acids,polyglycerol fatty acid esters)外观从淡黄色油状液体至蜡状固体;兼有亲水、亲油双重特性,具有良好乳化、分散、湿润、稳定、起泡等多重性能。

GB 2760—2014 规定,本品可用于饮料类(包装饮用水除外)食品中,其最大使用量为 10.0 g/kg。

5. 聚氧乙烯山梨醇酐单月桂酸酯(吐温-20)

吐温-20[polyoxyethlene(20) sorbitan monolaurate,Tween-20]为棕色至琥珀色液体;溶于乙醇、水、醋酸乙酯;不溶于矿物油及溶剂油;HLB 值为 16.9。

GB 2760—2014 规定,本品可用于调制乳、冷冻饮品(食用冰除外),其最大使用量为 1.5 g/kg;也可用于果蔬汁(浆)饮料,其最大使用量为 0.75 g/kg;还可用于饮料类(包装饮用水除外)、含乳饮料和植物蛋白饮料,其最大使用量分别为 0.5 g/kg 和 2.0 g/kg。

6. 聚氧乙烯山梨醇酐单硬脂酸酯(吐温-60)

吐温-60[polyoxyethylene(60) sorbitan monostearate,Tween-60]为柠檬色至橙色液体,无特殊臭味,略有苦味。溶于水、苯胺、乙酸乙酯和甲苯,不溶于矿物油和植物油。HLB 值为 14.9。

GB 2760—2014 规定,本品使用范围和最大使用量与吐温-20 相同。

7. 聚氧乙烯山梨醇酐单油酸酯(吐温-80)

吐温-80[polyoxyethylene(80) sorbitan monooleate,Tween-80]为浅黄色至橙色油状液体;极易溶于水;溶于乙醇、非挥发油、醋酸乙酯,不溶于矿物油;凝固温度低于 80 ℃;HLB 值为 15.0;常温下耐酸、碱、盐,为 O/W 型(油/水型)乳化剂;还可作稳定剂和分散剂。

GB 2760—2014 规定,本品使用范围和最大使用量与吐温-20 相同。

8. 聚氧乙烯山梨醇酐单棕榈酸酯(吐温-40)

吐温-40[polyoxyethylene(40) sorbitan monopalmitate,Tween-40]为柠檬色至橘红色油状液体或半凝胶态物质;溶于乙醇、水、醋酸乙酯,不溶于矿物油。HLB 值为 15.6。

GB 2760—2014 规定,本品使用范围和最大使用量与吐温-20 相同。

9. 酪蛋白酸钠(酪元酸钠)

酪蛋白酸钠(sodium caseinate)为白色至蛋黄色粉末、颗粒或片状物,无色、无味或稍有特异香味;易溶于水;水溶液加酸时,会产生白色沉淀,影响产品质量;pH 中性;为水溶性乳化剂,可稳定、强化蛋白质,具有很强的乳化增稠作用;若本品中有残存的乳糖或水溶性蛋白并发生蛋白质变性时,其颜色就会变黄,并具有臭味和碱味,添加到食品中后会影响产品质量。

GB 2760—2014 规定,本品可在各类食品中按生产需要量适量使用。

10. 氢化松香甘油酯

氢化松香甘油酯(glycerol ester of hydrogenated rosin)为浅黄色或淡黄色至琥珀色的透明玻璃状;无臭、无味;不溶于水和低分子醇,可溶于芳香化合物、烃、酯、酮、萜烯、橘子油和大多数精油;为 W/O 型(水/油型)乳化剂。

GB 2760—2014 规定,本品可用于果蔬汁(浆)类饮料和风味饮料(仅限果味饮料),其最大使用量为 0.1 g/kg。

11. 山梨醇酐单月桂酸酯(斯潘-20)

斯潘-20(sorbitan monolaurate,Span-20)为琥珀色的黏性液体,或浅黄色至棕黄色珠状、片状硬质蜡状固体;温度高于熔点时,溶于乙醇;不溶于冷水,但能分散于热水;HLB 值为 8.6。

GB 2760—2014 规定,本品可用于调制乳、冰激凌和雪糕类、果蔬汁(浆)类饮料和固体饮料类,其最大使用量为 3.0 g/kg;还可用于植物蛋白饮料、风味饮料(仅限果味饮料)和饮料浑浊剂,其最大使用量分别为 6.0 g/kg、0.5 g/kg 和 0.05 g/kg。

12. 山梨醇酐单硬脂酸酯(斯潘-60)

斯潘-60(sorbitan monostearate,Span-60)为 1,4-山梨醇酐酯、1,5-山梨醇酐酯、异山梨醇酐酯的混合物。颜色为浅乳白色至浅黄色的蜡状固体;有特殊臭味;溶于油、乙醇,不溶于冷水,但可分散于热水中;凝固点为 50~52 ℃;对酸碱稳定;本品的 HLB 值为 4.7。

GB 2760—2014 规定,本品使用范围和使用量与斯潘-20 相同。

13. 山梨醇酐单油酸酯(斯潘-80)

斯潘-80(sorbitan monooleate,Span-80)为琥珀色黏稠油状液体;有特殊气味,味柔和;熔点为 10~12 ℃,高于熔点温度时溶于乙醇;不溶于水,但可分散于热水中;HLB 值为 4.3。

GB 2760—2014 规定,本品使用范围和使用量与斯潘-20 相同。

14. 山梨醇酐单棕榈酸酯(斯潘-40)

斯潘-40(sorbitan monopalmitate,Span-40)为奶油色至棕黄色的蜡状固体;有异味;味温和;凝固点为 45~47 ℃,熔点温度为 49 ℃,高于熔点温度时溶于乙醇、醋酸乙酯,不溶于冷水,但能分散于热水中;其 HLB 值为 6.7。

GB 2760—2014 规定,本品使用范围和使用量与斯潘-20 相同。

15. 山梨醇酐三硬脂酸酯(斯潘-65)

斯潘-65(sorbitan tristearate,Span-65)为浅黄色或棕黄色蜡状固体;不溶于水、乙醇,微分散于水中;凝固点为 47~50 ℃;HLB 值为 2.1。

GB 2760—2014 规定,本品使用范围和使用量与斯潘-20 相同。

16. 辛,癸酸甘油酯

辛,癸酸甘油酯(octyl and decyl glycerate)为无色透明油状液体;不易氧化;耐高温;长时间煮炸后黏度几乎不变;溶于油脂和各种有机溶剂;乳化性好;HLB 值为 12.5。

GB 2760—2014 规定,本品可用于冰激凌、雪糕类和饮料类(包装饮用水除外)食品中,按生产需要适量使用。

17. 蔗糖脂肪酸酯

蔗糖脂肪酸酯(sucrose esters of fatty acids)为蔗糖与食用脂肪酸所生成的酯类,通常为单酯和多酯的混合物。由于其脂肪酸的种类和酯化度不同,其形态和颜色也不同;溶于乙醇;单酯溶于温水,双酯难溶于水。使用时,一般先用少量水或油混合搅拌,使其溶胀,再加入所需的水或油,升温到 60~80 ℃搅拌溶解;也可先用少量乙醇湿润,再加水溶解。实际使用中,应当根据饮料的性质,选择适宜的 HLB 值,使其以最小的用量起到最佳的效果。单酯含量高的,亲水性强,多酯含量高的,亲油性强。产品中单酯与多酯的比例不同,其 HLB 值也不同(表 2-5)。

表 2-5 不同比例蔗糖脂肪酸酯的 HLB 值

单酯率/%	多酯率/%	HLB 值	单酯率/%	多酯率/%	HLB 值
20	80	3	55	45	11
30	70	5	60	40	13
40	60	7	70	30	15
50	50	9	75	25	16

GB 2760—2014 规定,本品可用于调制乳、冷冻饮品(食用冰除外)和饮料类(包装饮用水除外)食品,其最大使用量分别为 3.0 g/kg、1.5 g/kg 和 1.5 g/kg。

2.11 其他

1. 磷酸三钙

磷酸三钙(tricalcium phosphate)为白色无定形粉末;无臭无味;难溶于水;在空气中稳定。GB 2760—2014 规定,本品可用于饮料类(包装饮用水除外),其最大使用量为 5.0 g/kg。

2. 硫酸锌

硫酸锌(zinc sulfate)为无色透明的棱柱状或细针状结晶或颗粒状的结晶性粉末;无臭,味涩;在水中极易溶解,在甘油中易溶,在乙醇中不溶。

GB 2760—2014 规定,本品可用于其他类饮用水(自然来源饮用水除外),其最大使用量为 0.006 g/L(以 Zn 计为 2.4 mg/L)。

3. 氯化钙

氯化钙(calcium chloride)为无色立方结晶;一般商品为白色或白色多孔状或粒状、蜂窝状;无臭、味微苦;吸湿性极强,暴露于空气中极易潮解;易溶于水,同时放出大量的热,其水溶液呈微酸性;溶于醇、丙酮、醋酸。

GB 2760—2014 规定,本品可用于其他类饮用水(自然来源饮用水除外),其最大使用量为 0.1 g/L(以钙计为 36 mg/L)。

4. 氯化钾

氯化钾(potassium chloride)为无色细长菱形或立方晶体或白色粗粉;无臭,有咸味;在空气中稳定。相对密度为 1.987,熔点为 773 ℃,pH 约为 7.0,易溶于水(1 g/2.8 mL),溶于甘油(1 g/14 mL),微溶于乙醇(1 g/250 mL)。

GB 2760—2014 规定,本品可在其他类饮用水中(自然来源饮用水除外)按生产需要适量使用。

思考题

1. 糖精钠可否在婴幼儿配方食品中使用？

2. 阿斯巴甜为什么适于生产糖尿病、肥胖症及防龋齿食品？

3. 柠檬酸在什么状态、什么条件下容易风化？

4. 在使用各种色素时，应当分别注意哪些问题？

5. 在使用防腐剂时，应当注意哪些问题？

6. 二氧化碳在碳酸饮料中有哪些作用？

7. 在生产碳酸饮料时，如何合理、安全使用二氧化碳？

8. 混合使用同一功能的食品添加剂（相同色泽着色剂、防腐剂、抗氧化剂）时，在限量方面应注意遵守什么原则？

推荐学生参考书

[1] 吉鹤立. GB 2760—2014 食品安全国家标准　食品添加剂使用标准实施指南. 北京：中国标准出版社，2015.

[2] 中华人民共和国国家卫生和计划生育委员会. 食品安全国家标准　食品添加剂使用卫生标准：GB 2760—2014. 北京：中国标准出版社，2014.

参考文献

[1] 吉鹤立. GB 2760—2014　食品安全国家标准　食品添加剂使用标准实施指南. 北京：中国标准出版社，2015.

[2] 卢晓黎，李洲. 食品添加剂手册（饮料类）. 北京：化学工业出版社，2015.

[3] 孙宝国. 食品添加剂. 3 版. 北京：化学工业出版社，2021.

[4] 孙平. 食品添加剂. 2 版. 北京：中国轻工业出版社，2020.

[5] 中华人民共和国国家卫生和计划生育委员会. 食品安全国家标准　食品添加剂使用卫生标准：GB 2760—2014. 北京：中国标准出版社，2014.

第 3 章

包装饮用水

本章学习目的与要求

1. 掌握包装饮用水、饮用天然矿泉水和饮用纯净水的概念与分类。
2. 了解包装饮用水、饮用天然矿泉水和饮用纯净水的发展现状。
3. 掌握饮用天然矿泉水和饮用纯净水的生产工艺。

主题词:包装饮用水　饮用天然矿泉水　饮用纯净水　水处理　反渗透

包装饮用水(packaged drinking water)是指以直接来源于地表、地下或公共供水系统的水为水源,经加工制成的密封于容器中可以直接饮用的水(GB/T 10789—2015《饮料通则》)。包装是泛指用于装水的包装容器,包括塑料瓶、塑料桶、玻璃瓶、易拉罐、纸包装等。在包装饮用水生产过程中,首先是用玻璃瓶包装,然后才出现塑料瓶、塑料桶包装。目前市场销售的包装饮用水以塑料容器为主。

包装饮用水的发展是全球性的,市场前景非常好。

2013 年全球包装饮用水消费总量近 704 亿加仑,2008—2013 年的年复合增长率超过 6%。中国和美国包装饮用水销售量分居世界第一位、第二位,2013 年均已突破 100 亿加仑大关;欧洲是当今世界包装饮用水工业最发达的地区,其开发利用矿泉水的历史较长,矿泉水深受欧洲人的青睐,主要生产国有法国、意大利。但亚洲国家近年来迅速崛起,在销售量前 10 中占据了 4 席——中国、印度尼西亚、泰国、印度。我国包装饮用水工业起步较晚,但发展较快,包装饮用水已成为饮料工业中生产量最大的一类。2022 年全球包装饮用水消费总量达到 969 亿加仑,2008 到 2013 年年复合增长率为 3.3%,可见相比于 2008—2013 年包装饮用水整体发展趋势变缓。中国和美国包装饮用水销售量依然分居世界第一位、第二位,2022 年分别突破 137 亿加仑、125 亿加仑(见表 3-1);亚洲国家中印度退出前十;非洲国家发展迅猛,在销售量前十中占据了 2 席,分别为尼日利亚、加纳。

表 3-1　世界包装饮用水主要国家消费量及复合年增长率

2013 年排名	国家	亿加仑		CAGR*	2022 年排名	国家	亿加仑		CAGR*
		2008 年	2013 年	2008 年/ 2013 年			2017 年	2022 年	2017 年/ 2022 年
1	中国	51.60	104.18	15.1%	1	中国	111.43	137.644	4.3%
2	美国	86.66	101.30	3.2%	2	美国	107.74	125.45	3.1%
3	墨西哥	65.02	82.34	4.8%	3	尼日利亚	85.52	117.75	6.6%
4	印度尼西亚	29.00	48.25	10.7%	4	印度	32.10	43.55	6.3%
5	巴西	37.76	47.97	4.9%	5	意大利	31.10	31.86	0.5%
6	泰国	17.06	39.85	18.5%	6	印度尼西亚	33.45	30.41	−1.9%
7	意大利	30.97	31.75	0.5%	7	德国	31.98	28.38	−2.4%
8	德国	28.41	31.09	1.8%	8	法国	24.35	25.27	0.7%
9	法国	22.19	24.09	1.7%	9	加纳	17.06	23.04	6.2%
10	印度	10.35	19.86	13.9%	10	巴西	21.77	22.09	0.3%
	前位十国家总和	379.02	530.69	7.0%		前位十国家总和	496.50	585.44	3.4%
	其他国家总和	142.51	173.03	3.6%		其他国家总和	328.43	383.67	3.2%
	全球总和	521.53	703.72	6.2%		全球总和	824.93	969.11	3.3%

* CARG(复合年增长率):表示产业在特定时期内的年度增长率(表 3-2 同)。公式为 $\left(\dfrac{现有价值}{基础价值}\right)^{\frac{1}{年数}}-1$。

本表加仑为美制,1 加仑≈3.785 L。

引自:Beverage Marketing Corporation,欧睿数据库。

从全球包装饮用水人均消费量来看,从 2008—2013 年这 5 年间从 7.8 加仑增加到 9.9 加仑,增幅超过 2 加仑,但各国/地区人均消费量呈现很大差异。2013 年,位于第一位的墨西哥达到了 67.3 加仑,西欧几个国家都超过 25 加仑,而很多发展中国家也是世界人口最集中的地域,其人均消费量还依旧处于个位数水平。2017—2022 年,5 年间包装饮用水人均消费量从 10.9 加仑增加到 12.2 加仑,增幅 1.3 加仑。国家排位变化较大,2022 年,卡塔尔、突尼斯分列第一位、第二位,人均消费量均超过 70 加仑;加纳、阿拉伯联合酋长国、沙特阿拉伯排名第三位到第五位,人均消费量均超过 60 加仑;西欧国家中排位最高的是意大利,仅排名第七位,但其人均消费量达 54 加仑。2022 年我国包装饮用水人均年消费量上升到 9.7 加仑,但与世界平均水平(12.2 加仑)差距进一步拉大,仅为全球最高水平的 13.27%(表 3-2)。由此可见,我国的包装饮用水依然具有广阔的上升空间。

表 3-2　世界包装饮用水人均消费量情况

2022 排名	国家	加仑/人		CAGR*
		2017 年	2022 年	2017 年/2022 年
1	卡塔尔	58.8	73.1	2.2%
2	突尼斯	36.4	70.6	6.8%
3	加纳	56.5	68.6	2.0%
4	阿拉伯联合酋长国	72.7	67.0	−0.8%
5	沙特阿拉伯	57.1	65.0	1.4%
6	约旦	40.3	55.5	3.2%
7	意大利	51.8	54.0	0.4%
8	尼日利亚	44.2	53.9	2.0%
9	西班牙	42.5	45.5	0.7%
10	黎巴嫩	35.0	41.3	1.7%
11	匈牙利	40.9	41.1	0
12	法国	37.7	38.5	0.2%
13	美国	33.0	37.6	1.3%
14	科威特	33.0	36.3	1.0%
15	比利时	36.2	34.8	−0.4%
16	德国	38.8	34.1	−1.3%
17	罗马尼亚	25.0	33.6	3.0%
18	葡萄牙	30.9	33.5	0.8%
19	波兰	28.5	32.9	1.4%
20	伊拉克	30.9	32.4	0.5%
	全球平均值	10.9	12.2	1.1%

* CAGR 为年均复合增长率。

近几十年来包装饮用水在全世界得到了迅速发展,其主要原因有以下几个。

(1)水资源污染严重　由于工业迅速发展和人口急剧增长,产生大量的工业"三废"和生活污水,其中含有大量的有机物,甚至有毒、有害的物质,未经处理直接向水体排放,以及农业生产过程大量使用农药、化肥等,造成农田径流非点源污染。同时,生活饮用水通常采用氯消毒处理,处理过程中产生不同种类的氯化烃化合物,如三卤甲烷(tri-halo methanes,THMs),这类化合物能致癌或致突变,导致水的二次污染。

（2）膜过滤技术应用于水处理　膜技术的迅速发展为水的净化处理提供了技术保障。目前微滤、超滤、反渗透和纳滤都已广泛用于水的过滤，尤其是反渗透技术为纯净水的生产带来飞跃。

（3）塑料容器的出现促进了包装饮用水工业的发展　塑料容器具有透明、重量轻、不易碎、运输方便等特点，广泛用作包装饮用水工业的包装容器，促进了包装饮用水工业的发展。

（4）人们更加注意矿物质营养　矿物质的营养重要性已为大量的研究所证明，并为越来越多的人所接受。而矿泉水含有丰富的矿物质，能提供人体需要的各种矿物质，并且它本身不含有任何热量，是一种理想的矿物质补充源。另外，绝大多数矿泉水属微碱性，适于人体内环境的生理特点，有利于维持正常的渗透压和酸碱平衡，促进新陈代谢。

总之，在未来很长的一段时间内，包装饮用水在饮料领域的地位将更加重要，包装饮用水工业具有很大发展潜力和无法比拟的市场空间。

国际上有关包装饮用水的组织或协会主要有瓶装水协会国际理事会（International Council of Bottled Water Association，ICBWA）和国际瓶装水协会（International Bottled Water Association，IBWA）。2008 年 IBWA 制定的《Bottled Water Code of Practice》中对瓶装水的定义为：密封于瓶中或其他容器中，除可选择性的添加适量抗菌剂外，不含任何其他添加成分的可供人饮用的水。国际食品法典委员会中 CODEX STAN 227 General Standard For Bottled/Packaged Drinking Waters（《瓶装/包装饮用水通用标准》）对包装饮用水的定义为：包装饮用水，不同于天然矿泉水，可能天然包含或人为添加矿物质、二氧化碳等，但不含糖、甜味剂、香料或其他食品组分。世界各国对包装饮用水的分类不太一致，我国最新的 GB/T 10789—2015《饮料通则》中则将包装饮用水分类从原来的 6 类变更为 3 大类，分别是饮用天然矿泉水、饮用纯净水和其他包装饮用水，从而避免各种概念水的炒作，使包装饮用水回归饮用水的本质。我国 GB 19298—2014《食品安全国家标准　包装饮用水》中则将包装饮用水分为饮用纯净水和其他包装饮用水 2 大类，而将饮用天然矿泉水排除在外。此章中以 GB/T 10789—2015 的分类为准，将包装饮用水的种类仍分为 3 大类来进行讲述。

饮用天然矿泉水是采用从地下深处自然涌出的或经钻井采集的，含有一定量的矿物盐、微量元素或其他成分，在一定区域未受污染并采取预防措施避免污染的水；在通常情况下，其化学成分、流量、水温等动态指标在天然周期波动范围内相对稳定。

饮用纯净水是以直接来源于地表、地下或公共供水系统的水为水源，采用蒸馏法、电渗析法、离子交换法、反渗透法或其他适当的水净化工艺，加工制成的包装饮用水。

其他包装饮用水是以来自非公共供水系统的地表水或地下水，但符合 GB 5749—2022《生活饮用水卫生标准》的水为水源，仅允许通过脱气、曝气、过滤、臭氧化作用或紫外线消毒杀菌过程等有限的处理方法，不改变水的基本物理化学特征的自然来源饮用水；或以来自公共供水系统的，水质符合国家标准规定的水为生产用源水，经适当的加工处理，可适量添加食品添加剂，但不得添加糖、甜味剂、香精香料或者其他食品配料加工制成的包装饮用水。其他包装饮用水具体又可分为饮用天然泉水、饮用天然水和其他饮用水。其中，饮用天然泉水是指以地下自然涌出的泉水或经钻井采集的地下泉水，未经公共供水系统的自然来源的水为水源，制成的制品。饮用天然水是以水井、山泉、水库、湖泊或高山冰川等，且未经过公共供水系统的自然来源的水为水源，制成的制品。其他饮用水则是饮用天然泉水和饮用天然水之外的饮用水，如以直接来自于地表、地下或公共供水系统的水为水源，经适当的加工处理，经调整口味加入一定量的矿物质,但不得添加糖或其他食品配料制成的制品。

下文将着重介绍饮用天然矿泉水及饮用纯净水的特点及生产工艺。

3.1　饮用天然矿泉水

3.1.1　天然矿泉水的发展历史

天然矿泉水是在特定的地质条件下形成的一种宝贵的地下液态矿产资源,以水中所含的适于医疗或饮用的气体成分、微量元素和其他盐类而区别于普通地下水资源,主要包括饮用矿泉水和医疗矿泉水。远在古代,人类就已经开始利用矿泉水进行浴疗和饮疗了,洗浴和饮用矿泉水有缓解或预防疾病的作用。"饮用水工业的兴起,起源于矿泉水",19 世纪后半叶,由于生产的发展,饮用矿泉水成为一个新兴的行业。欧洲是世界上开发利用矿泉水最早和最发达的地区,在欧洲许多国家非常盛行饮用矿泉水,法国和意大利生产饮用矿泉水都有 100 多年的历史。

1932 年我国建立了第一家饮用矿泉水厂——青岛崂山矿泉水厂,也是 1980 年以前我国唯一的一家矿泉水厂,其规模很小。随着改革开放,1980 年后我国饮用矿泉水的生产得到了迅速的发展,尤其是 1990 年后我国饮用矿泉水工业发展进入鼎盛时期。

我国矿泉水资源十分丰富,主要分布在我国东部,而西部较少,水源数量以山东、河北、吉林、黑龙江、辽宁、福建、广东为最多,而宁夏、青海、西藏等最少。据悉,2005 年我国已勘查评价、鉴定过的矿泉水源地共计 4 100 多处,有矿泉水企业 1 200 多家,矿泉水年开采量达 1 000 万 t。我国天然饮用矿泉水种类齐全,包括偏硅酸型、锶型、锌型、溴型、碘型、硒型、矿物盐型和碳酸型等,其中,每个省(自治区、直辖市)都有 3 种以上类型的矿泉水,并以锶水和偏硅酸水含量最多。

3.1.2　天然矿泉水的定义与分类

3.1.2.1　天然矿泉水的定义

矿泉水是以泉水中所含盐类成分、矿化度、气体成分、少数活性离子以及放射性成分的多寡来定义的,与泉水、一般地下水是不同的。一般从地下深部自然涌出的地下水称为泉水。在科学未昌明的古代,人们所认识的矿泉水,绝大多数是泉水,习惯上也把泉水称为矿泉水,事实上矿泉水与泉水是不同的。饮用矿泉水与医疗矿泉水也是不同的,饮用矿泉水是不以医疗疾病为目的,含有一定量的矿物质和体现特征化的微量元素或其他组分,符合饮用水标准的一种安全、卫生的水,作为饮料,不需经医嘱,对质量要求严格,尤其细菌学指标和有害化学成分应符合世界卫生组织饮用水的国际标准和我国饮用水卫生标准。而医疗矿泉水需遵守一定的原则,饮用后起医疗作用。

关于矿泉水,不同国家有不同定义。

1. 我国饮用天然矿泉水的定义

我国国家标准 GB/T 10789—2015《饮料通则》和 GB 8537—2018《食品安全国家标准　饮用天然矿泉水》规定,饮用天然矿泉水是从地下深处自然涌出的或经钻井采集的,含有一定量的矿物盐、微量元素或其他成分,在一定区域未受污染并采取预防措施避免污染的水;在通常情况下,其化学成分、流量、水温等动态指标在天然周期波动范围内相对稳定。国标还确定了达到矿泉水标准的界限指标(表 3-3),如锂、锶、锌、碘化物、偏硅酸、硒、游离二氧化碳以及溶解性固体,其中必须有一项(或一项以上)成分符合规定指标,即可称为天然矿泉水。国标中还规定了一些元素、化学化合物和放射性物质的限量指标以及污染物指标(表 3-4,表 3-5),以保证饮用者的安全。

表 3-3　我国饮用矿泉水的界限指标　　　　　　　　　　　　　　　　　　　　　mg/L

项目	指标
锂	≥0.20
锶	≥0.20(含量在 0.20～0.40 mg/L 范围时,水源水水温必须在 25 ℃以上)
锌	≥0.20
偏硅酸	≥25.0(含量在 25.0～30.0 mg/L 范围时,水源水水温必须在 25 ℃以上)
硒	≥0.01
游离二氧化碳	≥250
溶解性固体	≥1 000

表 3-4　我国饮用矿泉水的限量指标　　　　　　　　　　　　　　　　　　　　　mg/L

项目	指标	项目	指标
硒	<0.05	银	<0.05
锑	<0.005	溴酸盐	<0.01
铜	<1.0	硼酸盐(以 B 计)	<5
钡	<0.7	氟化物(以 F 计)	<1.5
总铬	<0.05	耗氧量(以 O_2 计)	<3.0
锰	<0.4	^{226}镭放射性/(Bq/L)	<1.1
镍	<0.02		

表 3-5　我国饮用矿泉水的污染物指标

项目	指标
挥发酚(以苯酚计)/(mg/L)	<0.002
氰化物(以 CN^- 计)/(mg/L)	<0.01
阴离子合成洗涤剂/(mg/L)	<0.3
矿物油/(mg/L)	<0.05
^{226}Ra 放射性/(Bq/L)	<1.1
总 β 放射性/(Bq/L)	<1.50
挥发酚(以苯酚计)/(mg/L)	<0.002

2. 德国饮用天然矿泉水的定义

德国关于矿泉水的定义为矿泉水是天然的,由天然或人工开出的地下水,1 kg 这种水含有不少于 1 000 mg 溶解的盐类或 250 mg 游离的二氧化碳。它是在矿泉所在地,用消费者使用的限定容器装瓶的饮用水。

3. 法国饮用天然矿泉水的定义

法国对矿泉水的定义(1922 年 1 月 12 日公布,1957 年 5 月 24 日修订)如下:"矿泉水、天然矿泉水是指它具有医疗特性,并由有关管理部门批准开发,而开发单位又具备有效的管理条件"。法国对矿泉水的矿物质含量不作规定。但严格规定,凡是矿泉水都必须由医疗机构通过临床证实,确有疗效,然后经过法定手续,报政府批准才能称为矿泉水。否则,只能称为泉水。后者只要在化学上和细菌学上安全就可以了。法国的矿泉水,一定要经过政府批准才能出售。新产品要在商标上注明批准的政府级别和批准日期。

4. 欧洲供水协会的定义

天然矿泉水可以理解为一种细菌学上健全的水,它是从地下水源矿脉的若干露头开发出来的。这种水应该满足以下条件:首先具有独特的质量,有利于健康的性质;然后每千克水在装瓶前后,都含有不少于 1 000 mg 溶解的盐类或 250 mg 二氧化碳气体,这种水具有对生理上有益的性质。

5. FAO/WHO 的定义

1981 年 FAO/WHO 联合食品法规委员会,确立了瓶装天然矿泉水的定义(CODEX STAN 108—1981,在 1997 年和 2008 年进行过修订,2001 年和 2011 年进行过修正):

(1)以含有一定比例的某些矿物盐和微量元素,或其他组分为特征;

(2)它是直接取自天然的或钻孔而获得的地下含水层的水;

(3)由于天然矿泉水成分组成的恒定性,流量和温度的稳定性,要适当考虑其自然波动周期;

(4)天然矿泉水是在保证原水细菌学纯度的条件下采集的;

(5)它是在靠近水源露头处,并具备特定的卫生措施下装瓶的;

(6)除许可的规定外,不得进行任何处理;

(7)必须与相应的标准规定的所有条款相符。

6. 欧洲经济共同体理事会定义

1980 年 7 月 15 日欧洲经济共同体理事会颁布有关开发和营销天然矿泉水指令 80/777/EEC,随后在 1996 年和 2003 年进行了修订,最新修订版为 2009 年 6 月 18 日制订的 2009/54/EEC 指令。在 2009/54/EEC 指令中对天然矿泉水的定义如下。

(1)天然矿泉水是指在微生物学方面符合"微生物标准"第 5 条款卫生含义,来源于地下水面或贮水区、由一处或多处天然或钻孔涌出的水。

天然矿泉水与普通饮用水可根据以下情形加以清晰区分:①根据性质、矿物含量、微量元素或其他组分特点,并根据适当的效用。②其原始状态有两个特征,一是受到保护未受影响,二是受到防止各种污染风险的保护。

(2)这些可能会给出有利于健康的天然矿泉水的特性,但必须经过评估:

①物理、化学和物理化学方面的;

②微生物学方面的;

③如果需要,还有药物学、生理学和临床实例。

(3)天然矿泉水的成分、温度和其他特殊特征,必须保持在稳定的天然波动范围内,严格地说,它们必须不受其水流量变化的影响。

其中临床的和药物学分析的要求如下。

①分析必须指出,按照科学的检验方法,应适合天然矿泉水基本的特征和它对人体的影响,如在利尿、对胃肠机能的促进作用、对矿物缺乏的补充等方面。

②可以通过一致性的制订和大体上协调的临床观察的数目。如果是适当的,可采用涉及①中分析的方面。临床分析可以用适当的病例,采用涉及①中方面使之能够获得相同结果的大致上的观察数目,证明其一致性和协调性。

7. 美国食品法令:瓶装饮用水

美国 CFR(美国联邦法规)第 165.110 部分对矿泉水规定如下。

(1)水中总可溶性固形物(total dissolved solid,TDS)含量不得低于 250 mg/L;

(2)从一个或多个钻孔或水泉出来,源于地质上和物理上受保护地下水源的水;

(3)出水处水中矿物质和微量元素恒定水平及相对比例,误差在自然波动范围以内;

(4)标签必须标注以下内容:如果水的 TDS<500 mg/L 则为低矿物质含量,如果 TDS>1 500 mg/L,则为高矿物含量。这类水不得添加矿物质。矿泉水也不得超过允许的颜色、气味、TDS、氯、铁、锰、硫酸和锌指标水平。

8. 加拿大食品和药品条例

B.12.001[S]以矿泉水或泉水为代表。

(1)必须是从地下水源得到的可饮用的水,但不是公共供水源。

(2)用官方的 WEO—9 方法,即矿泉水的微生物检验法检验时,不得含有任何大肠菌群。

(3)不得用任何化学品改变其组分。

(4)可以加入 CO_2,如总氟化物含量不超过 1 mg/kg,则可以添加氟或臭氧。

9. 英国天然矿泉水定义

天然矿泉水是指来源于地下水并通过泉口、井、钻孔或其他出口抽取出来供人饮用的水。其中应附有下列细目:水文地质学描述;水的物理和化学特性(流量、温度、pH 等);微生物的分析(证明无寄生虫和病原微生物;粪便污染指标的定量测定;总活菌菌落数的测定);毒性物质有充足的证据表明有毒物质含量不超过规定的最大限制浓度;无污染,有充足的证据表明该水未遭到污染并满足有关要求;稳定性,有充足的证据表明该水的成分、温度和其他基本特性稳定在自然波动的范围内。

3.1.2.2 天然矿泉水的分类

天然矿泉水的分类方法很多,可以按矿泉水的温度、渗透压、pH、紧张度、所含化学成分、矿泉水涌出的方式以及水文地质学等来分类。即使同一国家(或地区)也有多种不同的分类方法。以下介绍中国、俄罗斯、日本、德国分类体系以及国际矿泉分类法。

1. 中国的分类体系

GB 8537—2018《食品安全国家标准　饮用天然矿泉水》根据产品中二氧化碳含量分为以

下4种。

(1)含气天然矿泉水 包装后,在正常温度和压力下有可见同源二氧化碳自然释放起泡的天然矿泉水;

(2)充气天然矿泉水 按国家标准规定处理,充入二氧化碳而起泡的天然矿泉水;

(3)无气天然矿泉水 按国家标准规定处理,包装后,其游离二氧化碳含量不超过为保持溶解在水中的碳酸氢盐所必需的二氧化碳含量的一种天然矿泉水;

(4)脱气天然矿泉水 按国家标准规定处理,包装后,在正常的温度和压力下无可见的二氧化碳自然释放的一种天然矿泉水。

2. 俄罗斯的分类体系

分为下列6大类。

(1)碳酸氢盐型矿泉水 HCO_3^- 的浓度>25 mmol/dL。这一类又包括钠质泉,Na^+>25 mmol/dL;钙质泉,Ca^{2+}>25 mmol/dL;镁质泉,Mg^{2+}>25 mmol/dL。

(2)氯化物型矿泉水 Cl^- 的浓度>25 mmol/dL。这一类也分为钠质泉、钙质泉和镁质泉。

(3)硫酸盐型矿泉水 SO_4^{2-} 的浓度>25 mmol/dL。这一类也分为钠质泉、钙质泉和镁质泉。

(4)成分复杂的矿泉水 含量超过25 mmol/dL的阴离子有2~3种。主要包括氯化物碳酸盐氢泉,SO_4^{2-}<25 mmol/dL;硫酸盐碳酸氢盐泉,Cl^- 的毫克当量百分数<25 mmol/dL;氯化物硫酸盐泉,HCO_3^- 的毫克当量百分数<25 mmol/dL。

(5)含有生物活性离子的矿泉水 其指标 Fe>10 mg/L,As为1 mg/L,Br为25 mg/L,1为10 mg/L,Li为5 mg/L。

(6)含气体的矿泉水 分为碳酸水(含游离 CO_2)、硫化氢水(含游离 H_2S)、放射性水(含氡)3种。

除此之外,还可以按照矿化度的大小分为天然矿泉餐桌饮水、矿物医疗餐桌饮用水、矿物医疗用水。

天然矿泉餐桌饮水:矿化作用低于1 g/L;必须适合日常使用。矿物医疗餐桌饮用水:高度矿化,矿化处理超过1~10 g/L(如果某些浓度适当的矿物质具有治疗效果,虽然矿化度低于1 g/L,也可作为矿物医疗餐桌饮用水对待)(按 SanPin 2.3.2.1078—01 标准认定);必须有确认的疗效;适合于中期使用(几个月)。矿物医疗用水:非常高矿化,矿化度超过10~15 g/L以上;必须有确认的很有价值的疗效;只适合于短期使用(数周)。

3. 日本、德国等国分类体系

(1)单纯温泉 泉水温度保持在25 ℃以上,泉水中含游离碳酸和可溶性固体都小于1 000 mg/L,或可溶性固体稍高于1 000 mg/L;主要含重碳酸离子、钙离子、镁离子。

(2)碳酸泉 泉水中含游离碳酸1 000 mg/L以上,但可溶性固体在1 000 mg/L以下。

(3)重碳酸土类泉(土类泉) 可溶性固体在1 000 mg/L以上,以阴离子的重碳酸离子和阳离子的钙离子、镁离子为主要成分,结合时生成重碳酸钙和重碳酸镁。泉水含游离碳酸在1 000 mg/L以上时,称为含碳酸的土类泉。这类泉兼含多量的钠离子和氯离子,或钠离子和硫酸根离子时,分别称为含食盐的重碳酸土类泉和含硫酸钠的重碳酸土类泉。

(4)重碳酸钠泉(碱泉) 泉水中含可溶性固体1 000 mg/L以上,以阴离子的重碳酸离子和阳离子的钠离子为主要成分。这类泉兼含 CO_2 在1 000 mg/L以上者称含 CO_2 碱泉;含有

显著量的 Cl^- 称含食盐碱泉;含有显著量的 SO_4^{2-} 称含芒硝碱泉;含有显著量的 Cl^- 及 SO_4^{2-} 称含食盐、芒硝碱泉;含有显著量的 Ca^{2+} 及 Mg^{2+} 称含土类碱泉。

(5)食盐泉　含可溶性固体在 1 000 mg/L 以上,主要成分为氯离子和钠离子。如含游离碳酸 1 g/L 以上时,称含碳酸的食盐泉。如含钠离子及氯离子各 260 mmol/L(含食盐 15 000 mg)以上时,称强食盐泉。两种离子含量均不满 87 mmol/L(含食盐 5 000 mg)时,称弱食盐泉,含有显著量的 Ca^{2+} 及 Mg^{2+} 时称含土类食盐泉。

(6)硫酸盐泉(苦味泉)　含可溶性固体在 1 g/L 以上,阴离子以 SO_4^{2-} 为主要成分,如矿泉不呈碱性,虽 Cl^- 比 SO_4^{2-} 高,也属此类型。

(7)铁泉　含 Fe^{2+} 或 Fe^{3+} 在 10 mg/L 以上。铁泉有以下 2 种。

①碳酸铁泉　泉水中含铁离子及多量重碳酸离子。本泉如含游离碳酸在 1 000 mg/L 以上,称含碳酸铁泉;如含可溶性固体成分不足 1 000 mg/L 时,称单纯碳酸铁泉。

②硫酸铁泉(绿矾泉)　泉水中主要含低铁离子或高铁离子及硫酸根离子,阴离子以 SO_4^{2-}、阳离子以 Fe^{2+} 为主要成分,含有或不含有 HCO_3^-。本泉水中如含硫酸根离子不足 1 000 mg/L,称单纯硫酸铁泉;如含氢离子 1 mg/L 以上时,称酸性硫酸铁泉。

(8)明矾泉　泉水中含有可溶性固体 1 000 mg/L 以上,Al^{3+} 在 100 mg/L 以上,阴离子以 SO_4^{2-} 为主要成分。本泉水中如含氢离子 1 mg/L 以上时,称酸性明矾泉。

(9)硫黄泉　泉水温度在 25 ℃ 以上,1 L 泉水中含氢硫离子(HS^-),或氢硫离子和硫代硫酸离子(次亚硫酸离子 $S_2O_3^{2-}$),或游离硫化氢(H_2S);硫黄总量达 1 mg/L 以上(碘法定量)。本泉水中如不含游离硫化氢,固体成分不足 1 000 mg/L 者,称单纯硫黄泉。

(10)硫化氢泉　含游离硫化氢(H_2S),且常与游离碳酸(CO_2)共存。本泉水中可溶性固体成分不足 1 000 mg/L,称单纯硫化氢泉;如含氯离子(H^+)1 mg/L 以上,并能构成游离矿酸时,称为酸性硫化氢泉。

(11)酸性泉　泉水中氢离子浓度在 1 mg/L 以上,能形成游离矿酸。其中含可溶性固体在 1 000 mg/L 以下为单纯酸性泉。

(12)碘泉　泉水中含碘 100 mg/L 以上。

(13)砷泉　泉水中含砷 100 mg/L 以上。

(14)放射能泉　含氡(Rn)111 Bq/L(8.25 ME*)或含镭(Ra)10^{-8} mg/L 以上。

①镭泉　泉水中含镭量 10^{-8} mg/L 以上。

②氡泉　泉水中含氡量 111 Bq/L(8.25 ME)。

4. 国际矿泉分类法

根据温度可将矿泉水分为 4 类:

(1)冷泉　20 ℃ 以下。

(2)微温泉　20～37 ℃。

(3)温泉　38～42 ℃。

(4)高温泉　42 ℃ 以上。

---

* 1 马海(ME)=13.47 Bq/L=3.64 Eman。

3.1.3　矿泉水的理化特征

3.1.3.1　矿泉水的理化特征

淡水与矿泉水的差别主要是由水动力条件与迁移速度决定的,应该把淡水看成是积极交替带的水,而把矿泉水看成是缓慢循环带的水。

从水文地质的角度来看,淡水来自积极交替带(即地下径流与地表水积极进行交换),存在于地质构造的易冲刷部分和河流网的排水影响带,属于现代气象来源的运动的水,动力资源大于永久贮量,主要类型为淡(或低矿化度的)重碳酸盐水;在干旱地区以及低地也有硫酸盐水与硫酸盐氯化物水。饮用水大部分属于这类水。

矿泉水来自地下迟缓循环带(地下径流变缓,水的交换变慢),存在于流动的深部地台区达 $500\sim600$ m 深处,在褶皱区,有大构造断裂带时可达 $1\,000\sim2\,000$ m(热水),混有较古老的缓慢交替水,永久贮量大于动力资源。岩石中的盐分以很慢的速度被冲刷下来,水的成分能长期保持恒定,这类水有重碳酸盐型、硫酸盐氯化物型矿泉、碱性矿泉和温泉。

矿泉水有"贮藏"特征,即水的经历很复杂,包括淤泥沉积到岩石成岩作用所有各阶段的残余水,或包括渗透到岩石裂隙和孔隙中去的后生"封存水"。

在矿泉水形成过程中主要通过 3 个基本作用:首先是混合作用,各种成分水的混合;然后是变质作用,包括脱氧、脱硫酸和岩石吸附复合体中的离子交换作用;最后是微量元素和重金属的富集,从而形成各种类型的矿泉水。一般可以将组成天然矿泉水成分的元素分为 4 组:主要元素,如钾、钠、钙、镁、铁、铝、氯、硫、氮、氧、氢、碳、硅;较少的元素,如锂、锶、钡、铅、镍、锌、锰、铜、碘、氟、硼、磷、砷;稀有元素,如铬、钴、铀、镓、锗、锆、钛、钒、汞、铋、镉、钨、硒、钼、银、金、铂、锡、锑;放射性元素,如镭、钍、氡。

矿泉水与一般淡水相比,具有以下 3 个主要显著特征。

第一,一般矿泉水温度比较高,因此也叫温泉、汤泉、暖泉等。天然矿泉水(地下水)的温度受其贮存和循环处所的地温控制,而地温的热能主要来自太阳的辐射和地球内部的地热。如果知道矿泉水的地下形成深度,可以根据下列公式计算矿泉水的温度:

$$T=t+(H-h)r$$

式中:T 为矿泉水的温度,℃;t 为年平均温度,℃;H 为矿泉水形成深度,m;h 为年常温带深度,m;r 为地温梯度,℃/100 m,通常在 $1.5\sim4$ 之间变化。

矿泉水中也有少数温度不高的,称为冷泉,如含有较多碳酸的碳酸泉或含有放射性的氡泉。

第二,含有较高浓度的离子成分,如重碳酸根离子、氯离子、硫酸根离子、钠离子、钾离子、钙离子、镁离子以及有效离子如锂、锶、锌、偏硅酸、硫、碘、氟、铁、硼等。

第三,含有较多的气体成分,主要有氧气、氮气、二氧化碳、甲烷、硫化氢等。天然矿泉水中的气体主要来自大气、生物化学作用、化学作用和放射性物质的衰变。

大气来源的气体分为氮气、氧气和惰性气体,这些气体渗入岩石深处溶解于水,成为矿泉水中的气体成分。若矿泉水中氮气和惰性气体的比例与空气一样,就说明这类气体来自空气。空气中氩(主要惰性气体)氮比为 0.118,故而有一个重要的比值:

$$\alpha=\frac{\mathrm{Ar}(气体含量)\times100}{\mathrm{N_2}(气体含量)\times1.18}$$

根据这一比值可以判断气体中的氮气是否全部为大气起源的($\alpha=1$),或者有无氩氮(表明有部分生物化学起源的氮气混入)($\alpha<1$)。

生物化学作用起源的气体有甲烷、二氧化碳、碳氢化合物、氮气、硫化氢、氢气、氧气等,均与微生物活动有关,如甲烷由细菌分解有机质形成,含硫气体由硫细菌作用于硫化物形成,氮气由脱硝酸细菌分解硝酸盐而来。

化学起源的气体有二氧化碳、硫化氢、甲烷、一氧化碳、氮气、氯化氢、氟化氢、氨气、硼酸蒸汽、二氧化硫等,是岩石在高温、高压影响下发生变质作用,或在正常温度与压力下进行的天然化学反应所产生的气体。

放射性作用产生的气体有氦、镭、钍等。

3.1.3.2 矿泉水理化特征表示方法

矿泉水的主要理化特征可以采用库尔洛夫数学分式表示,按含量递减的顺序将主要的阴离子排列于横线上,以毫克当量的百分比表示离子含量,列于该离子符号的右下角,如 Cl^- 含量为 84.76%,写为 $Cl_{84.76}$,SO_4^{2-} 含量 14.34%,写为 $SO_4^{14.34}$,主要的阳离子排于横线下。一般含量少于 10 mmol/L 的离子都不在式中表示(也有以 25 mmol/L 或 5 mmol/L 为标准的),其形式如下:

$$SP \cdot M \cdot \frac{阴离子(按含量多少从左向右排)}{阳离子(与阴离子相同)} \cdot pH \cdot T \cdot Q$$

式中:SP 为所含气体或微量元素,g/L;M 为溶解性固体总含量,即总矿化度,g/L;pH 为酸碱度;T 为泉温,℃;Q 为泉水涌出量,L/s 或 t/24 h。

例如,经对某矿泉水成分分析,测得该矿泉水成分为:溶解性固体总含量 3.27 g/L,偏硅酸含量为 0.7 g/L,硫化氢含量为 0.021 g/L,二氧化碳含量为 0.031 g/L;各主要阴离子成分的毫摩尔百分数为:Cl^- 占 84.76%,SO_4^{2-} 占 14.34%,HCO_3^- 占 0.78%,Na^+ 71.63%,Ca^{2+} 27.38%,Mg^{2+} 占 0.59%;pH 为 6.2,泉温为 52 ℃,涌出量为每昼夜 100 t。其库尔洛夫式为:

$$H^2SiO^3_{0.7} \cdot H^2S_{0.021} \cdot CO^2_{0.031} \cdot M_{3.27} \cdot \frac{Cl_{84.76} SO^4_{14.34}}{Na_{71.63} Ca_{27.78}} \cdot pH(6.2) \cdot T(52 \text{℃}) \cdot Q(100 \text{ t}/24 \text{ h})$$

3.1.4 饮用天然矿泉水评价

对于矿泉,需要进行地质勘探工作,开展矿泉形成和贮存条件的研究,矿泉水资源及动态研究,矿泉水物理-化学特征及运动条件研究,矿泉水资源动态的研究和医疗特性的研究,在此基础上着手饮用矿泉水的开发。这里着重介绍饮用天然矿泉水的化学评价。

初步工作是测定矿泉水样电导度、pH、气体(着重测二氧化碳)及蒸发残渣,以确定水样是否有价值进一步评价。如果这些指标与矿泉水要求相距甚远,则无必要继续进行更详细的分析。进一步的工作是测定水中 7 种主要成分,即钾、钠、镁、钙、碳酸氢根、硫酸根和氯离子。按照上述成分测定或根据水温已能初步确定水样是否属于矿泉水。

在初测的基础上,进行详细的分析评价。通常,作为饮用天然矿泉水,必须具备下列一些基本条件:口味良好,风格典型;含有对人体有益的成分;有害成分(包括放射性物质)不得超过有关标准;在装瓶后的保存期(一般一年)内,水的外观与口味无变化;微生物学指标符合饮用水卫生要求。

为此,应从化学分析、微生物学检查和品尝等方面综合了解矿泉的品质,并且还要观察矿泉水的装瓶稳定性。关于矿泉水的有害成分应分为毒理指标和非毒理指标,毒理指标如汞、铅、镉等务必达到卫生指标,而非毒理指标如铁等允许略超过卫生指标。由于矿泉水饮用量少于日常生活饮用水,某些成分(如氟)的指标可略放宽。

3.1.4.1　元素普查

最常用的方法是对石英皿或铂皿中蒸发干涸的干渣进行发射光谱分析。由于矿泉水蒸发浓缩了数百到 1 000 倍,往往可以检出 $10^{-10} \sim 10^{-9}$ 级的元素。光谱分析对汞、砷、硒等元素灵敏度很低,但对一般元素灵敏度都很高。此外还可采用中子活化分析,这时应注意有些元素有极高的灵敏度,有些元素灵敏度较低。近年已开始采用等离子谱法,水样可直接送入仪器,元素的定性定量分析结果能够快速打印在记录纸上。

3.1.4.2　水中成分的分析

采用国内权威单位颁布的水分析方法或国际标准方法,如 GB/T 8538—2016《食品安全国家标准　饮用天然矿泉水检验方法》、《世界卫生组织颁布的《饮水分析法》、美国水工协会编撰的《水和废水标准分析法》等。应该说明,这些方法都是足够准确的,可以根据具体情况运用。硬度、钙、镁等可采用乙二胺四乙酸二钠滴定法或火焰原子吸收分光光度法;碳酸氢根采用酸碱滴定法;氯离子用沉淀滴定法或比浊法;碳酸根采用重量法、沉淀滴定法、络合滴定法或比浊法;钾、钠采用火焰光度法;氟离子采用比色法或离子选择电极法;硝酸根采用变色酸比色法,这个方法可以排除高浓度氯离子的干扰,亚硝酸根采用比色法;磷酸根采用钼蓝比色法;铵离子采用奈氏试剂比色法;等等。对于痕量元素,采用有机试剂螯合-萃取,再用原子吸收分光光度计测定的方法比较灵敏、快速和准确。对于汞、砷、镉、硒等元素,要注意选用灵敏度和准确度足够高的方法,如汞用火焰原子吸收法,镉用萃取-原子吸收法或滴汞电极富集-微分电位溶出极谱法,砷用铜试剂银盐比色法等。这些方法可以测量 0.1×10^{-9} 级的浓度或更低的浓度。

应注意严格遵守取样、制样、分析等方面的规定,最大限度地防止出现因人为污染或痕量元素被容器吸附造成的误差。

3.1.4.3　放射性分析——测定总 α、β、γ 放射性

必要时测定镭、钍、氡的容量。取样方法和测定时间均应严格遵照规定进行。

3.1.4.4　微生物学检查

用专门的无菌采样瓶取样,用经典方法检查总细菌数和大肠杆菌数。只有当地卫生防疫站进行的微生物学检查结果才具有法律效力。

那些含有害物质超过卫生标准的水或业已证明属于被污染的水(如检查出氰化物、六价铬可证明水被工业污染;同时检查出铵离子、磷酸根、亚硝酸根可证明水被粪便污染),就谈不上对它们进行评价了。根据水文地质资料、化学分析、放射性检查、微生物学检查和品尝结果,可以将水进行恰当分类,对那些符合矿泉水定义的水样供进一步评价。最后选出分类上典型的、口味上良好的、从有害成分或从细菌学上考虑都是无疑问的、装瓶后稳定的矿泉水。

在许多情况下还要对矿泉水的疗效进行长期观察。

评价矿泉水时,水文地质和化学分析方面的工作都是耗费人力、物力的,所以不要轻易对一个水源进行评价,更不要凭主观愿望认定任何一种水源为"矿泉水"。一般如果水文队对当地水源进行过水文地质调查和水质分析,根据这些材料就能初步判明水源是否属于矿泉。绝大多数泉水都属于淡水,不属于矿泉水,对于这一点应有清楚的认识。好矿泉水的评价应以科学为依据,不以传说为依据。

3.1.5 饮用天然矿泉水的生产工艺

饮用天然矿泉水的基本工艺包括引水、曝气、过滤、杀菌、充气、灌装等主要组成工序。其中曝气和充气工序是根据矿泉水中的化学成分和产品的类型来决定的。在采集天然饮用矿泉水的过程中,泉井的建设、引水工程等由水文地质部门决定。采水量应低于最大采取量,过度采取会对矿泉的流量和组成产生不可逆的影响。

3.1.5.1 饮用矿泉水的生产工艺流程

1. 不含碳酸气的天然矿泉水的工艺流程

这类天然矿泉水是最稳定的矿泉水,装瓶时不会发生氧化,化学成分也不会发生改变,生产工艺较为简单。如生产的矿泉水产品中需要含二氧化碳,其工艺流程如图 3-1 所示;如不需要含二氧化碳,工艺更简单,没有充气工序。

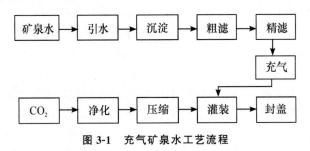

图 3-1　充气矿泉水工艺流程

2. 含碳酸气的天然矿泉水的工艺流程

对二氧化碳含量高,硫化氢、铁、锰含量低的原水生产含二氧化碳的矿泉水,则不需曝气工序,需要进行气水分离和气水混合工序,如图 3-2 所示。

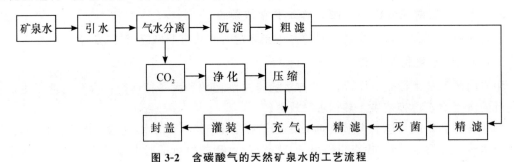

图 3-2　含碳酸气的天然矿泉水的工艺流程

对原水中二氧化碳、硫化氢、铁、锰含量较高的矿泉水需要进行曝气,去除气体和铁、锰离子,曝气后其生产工艺和不含碳酸气的天然矿泉水的生产工艺相同,可以再充气生产含二氧化碳的矿泉水或生产不含二氧化碳的矿泉水。

而对于生产含铁、碳酸气矿泉水,一般含有 5～70 mg/L 铁,铁以二价铁形式存在。为了防止装瓶后瓶中出现沉淀,这类矿泉水应在不使铁氧化和不脱气的条件下装瓶。为此,在矿泉水中加入有稳定作用的酸溶液——抗坏血酸和柠檬酸,抗坏血酸为 80 mg/L,柠檬酸为 100 mg/L,在矿泉水中加稳定剂保留铁的目的是防止沉淀并使水中具有补血功能的二价铁能为消费者所利用,这种水属于医疗矿泉水,具有明显的铁腥味。含铁矿泉水来自不很深的循环水,这些水在很大程度上已被细菌污染。水在输送、贮存、加工和装瓶时，又可能受到二次污染。有机酸可能充当水中无毒微生物的营养源，特别是那些硫化细菌的营养源，因此含铁矿泉水应充分杀菌。成品中二氧化碳含量不应低于 0.4%（质量分数）。

3.1.5.2　饮用天然矿泉水生产工艺要点

按照国家标准规定，在不改变饮用天然矿泉水水源水基本特性和主要成分含量的前提下，允许通过曝气、倾析、过滤等方法去除不稳定组分；允许回收和填充同源二氧化碳；允许加入食品添加剂二氧化碳，或者除去水中的二氧化碳。

1. 引水

矿泉水引水工程一般分为地上引水和地下引水两部分。对于天然露出的矿泉水和人工揭露的矿泉水，其工程设施和设备条件等均有所不同。

对于天然露出的矿泉水，如采用地上取水方法，主要是引取天然出口的矿泉水，采取的工程措施是对矿泉水天然露出口的周围进行加固，对出水口进行清淤，切断地表水的来源，防止地表水的混入；建筑水源保护体，把取水系统和泉口周围与外界隔离开来，建立泵房。采用地下引水，主要是通过挖掘的方法，剥离泉口表面的岩石或矿泉水流出裂隙表面的岩石，挖至基岩，把矿泉水露头周围稍加扩宽扩深，用钢筋混凝土使它相对封闭起来，让矿泉水经一定的自然孔隙或沿人工安装的管道流入水池，然后抽取。也有在矿泉水露出口附近打井取水的方法。这些取水工程的目的，就是把矿泉水从一定的深度引取到地表的适当处。

对于人工钻井或孔的矿泉水，成井时一定要采用不易腐蚀、不污染水体的不锈钢井管，抽取时最好使用水泵与井管密封连接，并采取措施，防止地表水、浅层水对矿泉水的影响。在开采碳酸泉时应该注意碳酸水不同于一般地下水，它含有大量的气体成分，气体随压力的降低而逸出，容易导致矿物质的沉淀，不仅造成水质变化，还可堵塞通道。所以在开采时一定要掌握矿泉水的水化学特征和水文地质条件，有水文工程的地质专家参与或指导。另外碳酸矿泉水生产中为了防止矿泉水中二氧化碳的逸失，以自然流动采水较好，但不宜用明渠式采水，这样气体成分既容易逸散，又不利于卫生管理。必须用泵抽取碳酸水时，水泵最好用齿轮泵或活塞泵，离心泵容易引起游离二氧化碳的损失。

抽水泵、管道及贮罐必须由清洁的、与矿泉水不起化学反应的材料制成。因为矿泉水对金属的腐蚀性远远超过一般饮用水。例如，富含二价铁的矿泉水与镀锌铁件接触时，能很快使锌溶解下来。由于矿泉水含盐类多，电导度高，电化学腐蚀现象特别严重。另外碳酸本身同样有不可忽视的腐蚀性。

总之，引水工作的主要目的就是在自然条件允许情况下，得到最大可能的流量，防止水与气体的任何损失；防止地表水和潜水的渗入与混入，完全排除有害物质污染和生物污染的可能性；防止水由露出口到利用处物理化学性质发生变化；另外，水露出口设备对水的涌出和使用应方便。

2. 曝气

曝气是使矿泉水原水与经过净化了的空气充分接触，使它脱去其中的二氧化碳和硫化氢等气体，并发生氧化作用，通常包括脱气和氧化两个同时进行的过程。曝气工序主要是针对二氧化碳、硫化氢以及低价态的铁、锰离子的含量较高的原水进行的，可用于生产不含二氧化碳的矿泉水，或者曝气后可以重新通入二氧化碳气体生产含气矿泉水；而对含气很少，铁、锰离子含量又少的就不需曝气。一些深层的矿泉水中往往含有较高的二氧化碳、硫化氢和低价态的

铁、锰离子,呈酸性,氧的含量较低,处于相对的还原体系。矿泉水出露时如果直接装瓶,由于压力降低,释放出大量二氧化碳,矿泉水由酸性溶液变为碱性溶液,同时由于氧化作用,原水中低价的铁和锰离子就会被氧化成高价离子,形成氢氧化物絮状沉淀,矿泉水发生浑浊,从而影响产品的感官质量;同时原水中硫化氢气体的存在也会给产品带来臭味;而且铁、锰离子含量过高不仅会影响产品的口感,也不符合饮用水水质标准的要求。因此,为了提高矿泉水的质量,需要先进行曝气,脱除其中的气体,加速氧化过程,使铁、锰等氧化沉淀,过滤除去。曝气方法主要有自然曝气法、喷雾法、梯栅法、焦炭盘法、强制通风法等。

3. 过滤

矿泉水过滤的目的是除去水中的不溶性悬浮杂质和微生物,主要为泥沙、细菌、霉菌及藻类等,防止矿泉水装瓶后在贮藏过程中出现浑浊和变质,过滤后矿泉水水质变得澄清透明、清洁卫生。生产中矿泉水的过滤一般需经过粗滤和精滤。但在生产上使用的过滤方法很多,不同的生产厂家有不同的过滤工序。

粗滤一般是矿泉水经过多介质过滤,能截留水中较大的悬浮颗粒物质,起到初步过滤的作用,过滤时加入一些锰砂,能够降低水中的锰、铁含量。有时为了提高过滤效果还在矿泉水的粗滤过程中加入一些助滤剂如硅藻土或活性炭,或进行一道活性炭过滤。

精滤可以采用砂滤棒过滤(见第 1 章饮料用水及水处理),但近年来企业更多采用微滤和超滤作为精滤。使用微滤经常采用三级过滤,目前国内推广的三级过滤为 $5\ \mu m$、$1\ \mu m$ 和 $0.2\ \mu m$,大大提高了矿泉水的质量和产品的稳定性,但微滤不能滤掉病毒,有关微滤和超滤的情况将在饮用纯净水部分进行介绍。许多企业在生产矿泉水时,为了保证产品的质量,将经过灭菌后的矿泉水再经过一道 $0.2\ \mu m$ 微滤以去除残存在矿泉水中的菌体。

4. 杀菌

天然矿泉水并非无菌,取自矿源处的矿泉水细菌总数一般在 $1\sim100$ 个/mL 范围内,绝大多数低于 20 个/mL,这些细菌显示天然的和原产地的微生物群的状况。此外,在矿泉水的输送和生产等过程中有可能污染微生物,因此,为保障饮用安全性,通常需要进行杀菌处理。

除此之外,在地下、喷泉中采取的原水,一般先贮于水槽内,原水中含有的固形物或浑浊物质会自然沉淀除去,放置时间过长,有害微生物就会繁殖,也会污染环境,因此贮水时间不宜过长。如要长时间贮存,可立即用氯杀菌。

生产上矿泉水的杀菌一般采用臭氧杀菌和紫外线杀菌,有关具体内容见第 1 章 1.2.4 节水的消毒。瓶和盖采用消毒剂如双氧水、次氯酸钠、过氧乙酸、高锰酸钾等进行消毒,消毒后用无菌矿泉水冲洗,也可以用臭氧或紫外线进行消毒。

5. 充气

充气是指向矿泉水中充入二氧化碳气体,原水经过引水、曝气或气水分离、过滤和杀菌后,再充入二氧化碳气体,充气所用的二氧化碳气体可以是原水中所分离出的二氧化碳气体,也可以是市售的饮料用钢瓶装二氧化碳。充气工序主要是针对含碳酸气天然矿泉水或成品中含二氧化碳的生产,不含气矿泉水的生产不需要这道工序。因此矿泉水是否充气主要取决产品的类型。

碳酸泉中往往拥有质量高、数量多的二氧化碳气体,矿泉水生产企业可以回收利用这些气体。由于这种天然碳酸气纯净,可直接被采用生产含气矿泉水。

如果使用的二氧化碳不够纯净,就必须对其进行净化处理。其净化处理过程一般都需经过高锰酸钾的氧化、水洗、干燥和活性炭吸附脱臭,以去除二氧化碳中所含的挥发性成分,否则会给矿泉水带来异味和有机杂质,并给微生物的生长提供机会。净化处理具体过程详见第 6 章碳酸饮料。

充气一般是在气水混合机中完成的,其具体过程和碳酸饮料是一致的,为了提高矿泉水中二氧化碳的溶解量,充气过程中需要尽量降低水温,增加二氧化碳的气体压力,并使气、水充分混合。

6. 灌装

灌装工序是指将杀菌后的矿泉水装入已灭菌的包装容器的过程。目前在生产中均采用自动灌装机在无菌车间进行。灌装方式取决于矿泉水产品的类型,含气与不含气的矿泉水的灌装方式略有不同。矿泉水的灌装工艺和设备都比较简单,但卫生方面的要求却非常严格,对瓶要进行彻底的杀菌,装瓶各个环节都要防止污染。

不含气矿泉水的灌装采用负压灌装,灌装前将矿泉水瓶抽真空,形成负压,矿泉水在贮水槽中以常压进入瓶中,瓶子的液面达到预期高度后,水管中剩余的矿泉水流回缓冲室,再回到贮水槽,装好矿泉水的瓶子压盖后,灌装就结束了。含气矿泉水一般采用等压灌装。在矿泉水厂,自动洗瓶机(自动完成洗瓶、杀菌和冲洗过程)与灌装工序相配合。

3.1.5.3 矿泉水生产中存在的质量问题

矿泉水生产过程中,如果处理不当,经过一定时间的贮藏,矿泉水会出现一些质量问题。

1. 变色

瓶装矿泉水贮藏一段时间后,水体出现发绿和发黄的现象。发绿主要是矿泉水中藻类植物(如绿藻等)和一些光合细菌(如绿硫细菌)引起的,由于这些生物中含有叶绿素,矿泉水在较高的温度和有光的条件下贮藏,这些生物利用光合作用进行生长繁殖,从而使水体呈现绿色,通过有效的过滤和灭菌处理能够避免这种现象的产生。而水体变黄主要是管道和生产设备材质不好,在生产过程中产生铁锈引起的,只要采用优质的不锈钢材料或高压聚乙烯材料就可以解决。

2. 沉淀

矿泉水贮藏过程中经常会出现红、黄、褐和白等各色沉淀,沉淀引起的原因很多。矿泉水在低温长时间贮藏有时出现轻微白色絮状沉淀,这是正常现象,是由矿物盐在低温下溶解度降低引起的,返回高温贮藏容易消失。而对于高矿化度和重碳酸型矿泉水,由于生产或贮藏过程中,密封不严,瓶中二氧化碳逸出,pH 升高,形成较多钙、镁的碳酸盐白色沉淀,可以通过充分曝气后过滤去除部分钙、镁的碳酸盐或充入二氧化碳降低矿泉水 pH,同时密封,减少二氧化碳逸失,使矿泉水中的钙、镁以重碳酸盐形式存在。红、黄和褐色沉淀,主要是铁、锰离子含量高引起的,可以通过防止地表水对矿泉的污染和对水进行充分的曝气来预防。

3. 微生物

矿泉水生产中经常出现的问题是微生物指标难以控制。这需要对整个生产过程加以控制,除了对矿泉水进行灭菌处理外,还要做好防止矿泉水源的污染,生产设备的消毒,灌装车间的净化,瓶和盖的消毒以及生产人员的个人卫生。总之应严格按饮料厂生产卫生规范进行生产。

3.1.5.4 矿泉水生产实例

图 3-3 为燕京矿泉水生产工艺,在该生产工艺中,精滤工序采用了四级微滤,充分保障了矿泉水中的质量。

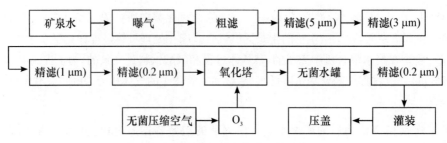

图 3-3　燕京矿泉水生产工艺流程

3.2　饮用纯净水

3.2.1　饮用纯净水的定义

饮用纯净水是以符合生活饮用水卫生标准的水为原料,通过电渗析法、离子交换法、反渗透法、蒸馏法及其他适当的加工方法制得的,密封于容器中且不含任何添加物可直接饮用的水。纯净水在加工过程中去除了水中的矿物质、有机物及微生物。我国规定饮用纯净水质量指标见表 3-6。

表 3-6　饮用纯净水质量指标

项目	指标	项目	指标
一、感官指标		挥发性酚[a](以苯酚计)/(mg/L)	≤0.002
色度(度)	≤5(无异色)	氰化物(以 CN^- 计)/(mg/L)	≤0.05
浊度(NTU)	≤1	阴离子合成洗涤剂/(mg/L)	≤0.3
滋味、气味	无异味、无异嗅	总 α[b] 放射性/(Bq/L)	≤0.5
状态	无正常视力可见外来异物	总 β[c] 放射性/(Bq/L)	≤0.5
二、理化指标		铅(以 Pb 计)/(mg/L)	≤0.01
pH	5.0~7.0	总砷(以 As 计)/(mg/L)	≤0.01
电导率[(25±1)℃]	≤10	铜(以 Cu 计)/(mg/L)	≤1
高锰酸钾消耗量(以 O_2 计)/(mg/L)	≤1.0	镉(以 Cd 计)/(mg/L)	≤0.005
氯化物(以 Cl^- 计)/(mg/L)	≤6.0	亚硝酸盐(以 NO_2^- 计)/(mg/L)	≤0.005
余氯(游离氯)/(mg/L)	≤0.05	**三、微生物指标**	
四氯化碳/(mg/L)	≤0.002	大肠菌群/(CFU/mL)	与采样方案有关,限量为 5 或 0
三氯甲烷/(mg/L)	≤0.02	铜绿假单胞菌/(CFU/250 mL)	与采样方案有关,限量为 5 或 0
溴酸盐/(mg/L)	≤1.0		

[a] 仅限于蒸馏法加工的饮用纯净水、其他饮用水。

[b] 仅限于蒸馏法加工的饮用纯净水。

[c] 仅限于以地表水或地下水为生产用源水加工的包装饮用水。

饮用纯净水起源于美国,经香港传入深圳、广州,然后才在全国各地兴起。1991 年我国的第一条饮用纯净水生产线建于深圳。20 世纪 90 年代中期以后,一些大型的饮料企业如正广和、乐百氏、娃哈哈、康师傅、椰风等陆续开始生产纯净水。目前我国饮用纯净水的生产已超过了饮用矿泉水,主要是因为纯净水的生产成本低、工艺简单,而且饮用纯净水厂的建设与矿泉水不同,它不需要经过国家有关部门对水源进行考核、评价、鉴定等程序。现今市场销售的饮用纯净水大体可分为通过高温蒸馏而成的蒸馏水和以过滤制造的纯净水等。

3.2.2 饮用纯净水的生产工艺

具体的生产工艺应该根据水源的情况来确定,我国各地的水质差异较大,因此在考虑饮用纯净水的生产工艺和生产设备时,必须对其水质进行全面分析,才能匹配较为理想的生产工艺和生产设备。尽管纯净水的生产可以通过电渗析、离子交换、反渗透和蒸馏等多种工艺来进行,但利用不同生产方法生产的纯净水在质量上有较大的差距,见表 3-7。

表 3-7   不同水净化处理方法效果比较

方法	物质																		
	铁	锰	钠	硫	钾	磷	镁	钙	氯	碱	三氯甲烷	细菌	病毒	农药	除草剂	放射粒子	异臭味	沉淀物	有机物	氯化物
沉淀式滤水法	●	●	●	●	●	●	●	●	●	●	●	●	●	●	●	●	●	○	●	●
活性炭滤水法	●	●	●	●	●	●	●	●	●	○	●	▲	●	○	●	●	●	●	▲	○
煮沸法	●	●	●	●	●	●	●	●	●	●	●	▲	▲	●	●	●	●	●	●	●
蒸馏法	○	○	○	○	○	○	○	○	●	▲	○	▲	○	●	▲	○	●	○	▲	●
电渗析法	△	△	△	△	△	△	△	△	△	△	●	●	●	●	●	●	●	△	●	●
反渗透法	△	△	△	△	△	△	△	△	△	△	●	○	○	○	○	○	●	△	●	●
离子交换法	△	△	△	△	△	△	△	△	△	△	●	●	●	●	●	●	●	△	●	○
紫外线杀菌法	●	●	●	●	●	●	●	●	●	●	●	○	●	●	●	●	●	●	●	●
臭氧杀菌法	●	●	●	●	●	●	●	●	●	●	●	●	●	●	●	●	●	●	●	●

注:○全部去除;△90%～99%去除;▲部分去除;●不能去除。

近几年来纯净水工业得到了迅速发展,这是与膜分离技术的应用密不可分的,特别是反渗透技术的应用推动了纯净水生产工艺的变革。目前纯净水的生产主要采用反渗透法和蒸馏法,其中蒸馏水的生产过程是自来水经过过滤、消毒、水软化等预处理,然后通过高温加热成蒸汽,再冷凝成水;而一般的纯净水是采用反渗透法生产的,原水经过多层过滤如活性炭过滤及反渗透过滤,在反渗透法中有时也结合使用电渗析或离子交换,而单独使用电渗析或离子交换法比较少。

3.2.2.1   纯净水生产中膜分离技术及其特性

电渗析和离子交换树脂已经在原料水的处理过程中详细介绍了。本节主要介绍纯净水生产过程中膜分离(电渗析也是一种膜分离技术)的有关内容。用天然或人工合成的高分子膜,以外加压力或化学位差为推动力,对双组分或多组分的溶液进行分离、分级、提纯和富集的方法,统称为膜分离法。纯净水生产过程中常使用的膜分为 4 类,即微滤(microfiltration,MF)膜、超滤(ultrafiltration,UF)膜、反渗透(reverse osmosis,RO)膜和纳滤(nanofiltration,NF)

膜。在膜分离发展史上,首先出现的是超滤和微滤,然后出现了反渗透和纳滤。这 4 种膜在分离过程中的动力是外加压力,在压力作用下溶剂和定量的溶质能够透过膜,而其余组分被截留,四者组成了一个可分离从离子到微粒的膜分离过程。MF 能有效地去除细菌,UF 能去除全部病毒和部分高分子有机物,RO 用于脱除盐分,近年来开发的纳滤膜其分离孔径比 UF 更小,主要用于去除低分子有机物和盐类。

微滤(MF)膜的孔径为 0.1~10 μm,主要去除微粒和细粒物质,所用的膜一般为对称膜,操作压力为 0.01~0.2 MPa。所用材料有无机(陶瓷、玻璃、各类金属)和有机类,其中有机高分子聚合物是最主要的材料。

超滤(UF)膜的孔径为 0.001~0.1 μm,截留分子质量大于 500 u 的大分子和胶体,操作压力为 0.1~0.5 MPa,所用的膜常为非对称膜。制膜材料主要为有机高分子类,如纤维素酯类、聚砜类、聚烯烃类、含氟类、聚氯乙烯等。

反渗透(RO)膜所分离的组分直径为 0.1~1 nm,主要脱去水中的盐分,对氯化钠去除率达 95% 以上,操作压力为 1~10 MPa。

纳滤(NF)膜可以认为是由反渗透膜发展而来的一种超低压膜,分离范围介于反渗透膜和超滤膜之间,孔径一般为 1~10 nm,截留分子质量在 200~1 000 u,操作压力一般为 0.5~2.0 MPa,能耗较少,运行费用较低,对氯化钠的去除率为 50%~70%,对有机物的去除率在 90% 以上。所用材料可采用多种材质,如醋酸纤维素、醋酸-三醋酸纤维素、磺化聚砜、芳香聚酰胺复合材料和无机材料等。反渗透、超滤、微滤 3 种膜的比较见表 3-8。

表 3-8 反渗透、超滤、微滤 3 种膜的比较

项目		RO 膜	UF 膜	MF 膜
膜的孔径/μm		<0.001 (<10Å)	0.001~0.1	0.1~10
膜材料		醋酸纤维素膜、聚酰胺复合膜	醋酸纤维素膜、聚砜膜、聚酰胺膜、聚丙烯腈膜	醋酸纤维素膜、复合膜、醋酸-硝酸纤维素混合膜、聚碳酸酯膜、聚酰胺膜
膜组件常用形式		卷式膜、中空纤维素膜	卷式膜、中空纤维素膜	板式、折叠筒式
去除杂质能力	无机盐	√	√	×
	有机物相对分子质量>500	√	去除能力极小	×
	细菌	√	√	√
	病毒、热源	√	√	×
	悬浊物粒径>0.1 μm	√	√	√
	胶体微粒粒径>0.1 μm	√	√	×
工作压力/MPa		1.96~5.88	0.29~0.69	0.05~0.29
处理水流量/[t/(d·m²)]		50~75	90~95	100
pH		醋酸纤维素膜 4~6;复合膜 3~11	2~9	4~10
水温/℃		20~30	5~40	5~40
出水电阻率变化		适用于除盐部分,出水口电阻率升高约 10 倍	应用精滤,出水电阻率降低 0.1~1 MΩ·cm (25 ℃)	应用精滤,出水电阻率降低 0.1~0.6 MΩ·cm (25 ℃)

续表3-8

项目	RO 膜	UF 膜	MF 膜
性能	不易堵塞,可用水或药液清洗	不易堵塞,可用水或药液清洗	易堵塞,可用水或药液清洗,但效果较差
寿命/年	3～5	1～3	<1

1. 微滤膜

微过滤是一种精密过滤技术,介于常规过滤和超过滤之间。过滤一般分深层过滤和筛网状过滤。常规过滤多属深层过滤,它所用的介质如纸、石棉、玻璃纤维、陶瓷、布、毡等,都是一些孔形极不整齐的多孔体,孔径分布范围较广,无法标明它的孔径大小,过滤时粒子靠陷入介质内部曲折的通道而被截留。截留率则随压力的增加而下降,因介质厚,对颗粒的容纳量大,相应截留率也高,主要用于一般澄清过滤。而微滤所用的过滤介质具有类似筛网状的结构,由天然或合成的高分子材料制成,具有形态较整齐的多孔结构,孔径分布较均匀。过滤时使所有直径大的粒子全部被拦截在滤膜表面上,压力的波动不会影响它的过滤效果。与一般深层过滤介质相比具有以下特性。

(1)孔径均匀,过滤精度高　微孔滤膜能制成比较均匀的孔径,这是它最重要的特点之一,比如平均为 $0.45\ \mu m$ 的滤膜其孔变化仅在$(0.45\pm0.02)\ \mu m$ 范围。在过滤时,它能使比孔径大的颗粒和细菌全部被拦截在滤膜表面,所以经常被作为起保证作用的手段,有"绝对过滤"之称。

(2)孔隙率高,流速快　微孔滤膜的表面有 $10^7\sim10^{11}$ 个/cm^2 的微孔,孔隙率一般在 80% 左右。由于孔隙率高,膜又薄,因而阻力甚小,对液体和气体的过滤速度可比同等截面积的其他常用介质快几十倍。

(3)微孔滤膜薄,吸附少　微孔滤膜的厚度一般为 $0.1\sim0.15$ mm(或 $100\sim150\ \mu m$)。滤膜对溶质的吸附量极小,因而适用于微量溶液及贵重物粒的过滤。

(4)无介质脱落　微滤膜是均匀和连续的整体结构,没有碎屑脱落,而一般深层过滤介质有可能脱落碎屑或纤维而使滤液再次污染。

(5)颗粒容纳量小,易堵塞　微孔滤膜质地薄、孔径均匀,阻留只限于表面,所以极易被滤液中与孔径大小相仿的微粒或凝胶物质堵塞。因此,微孔滤膜主要用来进行精密过滤,对于含杂质较多的液体,必须结合深层过滤或其他预处理方法才能得到好的过滤效果,延长膜的使用寿命。

目前在纯净水的生产中微滤是必需的,用作精滤,作为反渗透膜和灌装前的保安过滤。

2. 超滤膜

超滤膜过程曾被看作是一种单纯的物理筛分过程。但在膜分离中,反渗透(RO)、超滤(UF)和微滤(MF)之间,并不存在明显的界限,超滤膜的大孔径一端与微孔滤膜相重叠,其小孔径一端与反渗透膜相重叠,因此超滤过程不可能是单纯的物理筛分过程。特别是当超滤处理的是大分子有机物、胶体、蛋白质等时,对于这些溶质与膜材料之间的相互作用所产生的物化影响更不能忽视。在这种情况下,超滤过程实际上同时存在着如下 3 种情形:①溶质在膜表面及微孔孔壁上产生吸附;②溶质的粒径大小与膜孔径相仿,溶质在孔中停留,引起阻塞;③溶

质的粒径大于膜孔径,溶质在膜表面被机械截留,实现筛分。

理想的超滤筛分,应尽力避免溶质在膜表面和膜孔壁上的吸附与阻塞现象的发生。所以用超滤技术分离大分子有机物质溶液时,除了选择适当的膜孔径外,必须选用与被分离溶质之间相互作用弱的超滤膜。

超滤膜与微滤膜同是多孔膜,但在膜的结构、孔径大小上和微孔膜不一样。微孔滤膜通常为均质膜,孔径较大,而超滤膜是不对称膜,孔径较小。此外,它们的过滤方式也不同。微孔过滤为静态过滤,过滤时随着时间的延伸,溶液中的不溶物被微孔滤膜截留沉积在膜表面上和微孔中,引起水流阻力不断增大,透水速率不断下降,直到微孔全被阻塞,水通量变零为止。一般为了消除过滤过程中产生的浓度极化层,采取搅拌溶液的办法。超滤过程是动态过滤,在超滤进行时,由泵给予溶液的推动力在超滤膜的表面产生 2 个分力:一个是垂直于膜面的法向力,在它的作用下,水分子透过膜面与被截留物质分离;另一个是与膜面平行的切向力,在它的作用下,被截留在膜表面的物质被冲开,并随着液流被排出。这样在超滤膜的表面就不易产生浓度极化现象,不易形成吸附沉积层。因此超滤过程可以较长时间地运行,超滤膜的使用寿命要比微孔滤膜高出许多倍,这便是超滤技术的优越性所在。但是超滤到了一定的运行时间之后,由于截留污物的积累或浓差极化层扩展变厚,透水速率还是出现明显下降的趋势。这时,一般只要减小膜面的法向压力,增加溶液的切向流速,进行短时间的冲洗(3～5 min),即可使透水速率得到较好的恢复。如此周而复始地进行下去,直到这种冲洗方法失效再把超滤膜取下来进行化学清洗。上述这种冲洗方法称为等压冲洗,即在膜的两侧无压力差的情况下进行冲洗。若在超滤系统中能采取反冲洗(即冲洗液的流向与超滤操作相反,使膜表面的冲洗处在有压力差的情况下进行),效果会更好。但装置结构较复杂,投资较大。在纯净水的生产中,超滤也是作为精滤。

3. 反渗透膜

有关反渗透的基本原理和反渗透膜的性能请参见第 1 章饮料用水及水处理相关内容。

4. 纳滤膜

纳滤膜是在以超纯水制造为目的的研究中,为降低反渗透操作的能耗,开发的一种在低压下具有高截留率的反渗透膜,其分离性能介于超滤和反渗透之间。通过控制制膜条件使膜的表面荷电,具有荷电膜的性质。纳滤膜通常被认为带负电荷。荷电膜的脱盐机理一般都用道南平衡理论来解释,因为膜带电后会产生道南(Donnan)效应。当荷电膜放入一种盐溶液时,就会出现动态平衡。靠近膜面处的反离子(和膜所带电荷相反的离子)浓度要比溶液中高,而同离子(和膜所带电荷相同的离子)浓度又比溶液中低一些,这就产生了道南电位。这个电位阻止了反离子从膜面扩散到溶液中以及同离子从溶液中扩散到膜面。道南电位将同离子排斥于膜面外,由于要保持电中性,反离子也被排斥。在压力梯度作用下,水通过膜时也会发生这种情况。阴、阳离子的去除率决定于它们的电荷密度和离子浓度及膜上电行对它们排斥和屏蔽作用的大小。离子的去除率随低价态反离子增多而减小(因膜对其电荷屏蔽弱一些),随高价态同离子增多而增大(因其能更有效地被膜排斥)。高浓度电解质溶液中,膜上电荷能被反离子更有效地中和(或屏蔽),从而降低膜的选择性。表 3-9 为日本生产的各种纳滤膜的分离性能。

表 3-9 日本生产的各种纳滤膜的分离性能(截留率)　　　　　　　　　%

项目	相对分子质量	日东电工						东丽			Film-Tex			
		NTR-						700	600	200S	BW-30	NF-		
		759HR	739HF	729HF	7250	7450	7410					70	50	40HF
NaCl	58	99.5	98	92	60	15	15	99.5	80	65	98	70	50	40
Na$_2$SO$_4$	142	99.9	99	99	99	55	55	99.9	—	99.7	—	—	—	—
MgCl$_2$	94	99.8	97	90	90	4	4	99.8	—	99.4	98	—	—	20
MgSO$_4$	120	99.9	99	99	99	9	9	99.9	99	99.7	99	98	90	95
乙醇	46	53	40	25	26	—	—	55	10	—	70			
异丙醇	60	96	85	70	43	—	—	96	35	17	90			
葡萄糖	180	99.8	98	97	94	—	—	—	—	—	98	98	90	90
蔗糖	342	>99.9	99	99	98	5	5	99.8	99	99	99	99	98	98
测试条件 测试液浓度		0.15	0.15	0.15	0.20	0.20	0.20	0.15	0.10	0.10	0.20	0.20	0.20	0.20
测试条件 压力 MPa		1.5	1.5	1.0	1.0	1.0	1.0	1.5	0.75	0.75	1.6	0.6	0.4	0.9
测试条件 压力 9.8×10^{4}Pa		15	15	10	10	10	10	15	7.5	7.5	15	6	4	9
测试条件 温度/℃		25	25	25	25	25	25	25	25	25	25	25	25	25

　　纳滤膜是近年来才开发的一种膜,已有用于纯净水的生产的报道。

3.2.2.2 饮用纯净水生产工艺流程

　　目前很多生产企业都采用二级反渗透系统生产饮用纯净水,具体的生产工艺大同小异。图 3-4 为典型的二级反渗透系统工艺流程图,工艺过程主要包括水的预处理、反渗透、灭菌、终端过滤、灌装等工序。采用反渗透法生产纯净水,具有脱盐率高、产量大、劳动强度低、水质稳定、终端过滤器寿命较长的特点;缺点是需要高压设备,原水利用率只有 75%～80%,膜需要定期清洗。

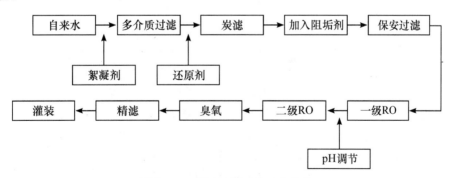

图 3-4 二级反渗透系统工艺流程

　　除反渗透法外,还可采用蒸馏法,其纯水电导率比反渗透法制取的纯净水要低一些,但蒸馏法制纯净水能耗高,水的口感没有反渗透的好,不能有效降低水中低分子有机物。蒸馏水生产工艺如图 3-5 所示。

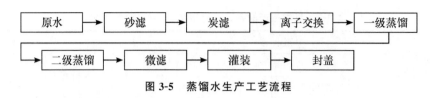

图 3-5　蒸馏水生产工艺流程

3.2.2.3　反渗透工艺要点

1. 预处理

由于反渗透处理装置对进水水质有严格要求,因此水的预处理过程非常重要。一般纯净水的预处理过程包括 3 道过滤工序:先通过多介质过滤器截留水中的较大的悬浮物和一些胶体物质等,此过滤器需定期进行反冲洗,然后通过活性炭过滤器进行吸附脱臭和进一步截留水中的一些微粒物、重金属离子、小分子有机物等,此过滤器需定期进行反冲洗,最后通过保安过滤,是一道精密过滤,为反渗透膜进水前的保安配置,生产中经常选用 5 μm 精度的微滤,进一步去除水中的细小胶体及其他污染物,确保水质达到反渗透膜的进水指标。另外,还必须根据需要添加絮凝剂如碱式氯化铝(PAC)或聚丙烯酰胺(PAM)等加速絮凝,添加还原剂亚硫酸氢钠($NaHSO_3$)还原水中多余的氯,添加六偏磷酸钠螯合一些铁、铝、钙、镁等离子等,以提高预处理效果,减少或消除对反渗透膜的污染影响。另外水在进入反渗透系统之前,为了保证反渗透过程中使水温恒定在 25 ℃,往往需要将水先通过热交换器。

2. 反渗透

脱盐主要通过反渗透系统完成,经预处理后的水进入反渗透脱盐系统进行脱盐,主要去除水体中的无机离子及小分子有机物,反渗透处理可以根据水的情况采用一级或二级反渗透系统。在反渗透之前要检测水的 pH,使其在 5.0～7.0,否则需要调整 pH。

3. 杀菌

和矿泉水一样,杀菌可以通过紫外线、臭氧来完成,也有一些企业通过加热进行杀菌。灌装前的精滤工序一般采用 0.2 μm 的微滤,可以滤除水中残存的菌体等。

其灌装工艺、瓶与盖的消毒、生产设备消毒与灌装车间的净化与矿泉水基本相同。

3.2.2.4　饮用纯净水生产实例

下面为我国某企业饮用纯净水二级反渗透生产系统的生产过程。

原水首先进入板式热交换器,使原水温度恒定在 25 ℃左右。然后添加 NaClO 于原水中,使原水残氯含量达到 1.5 mg/L 以上,对水消毒,同时添加 ST 絮凝剂(一种阳离子型高分子絮凝剂,其主要成分为聚二甲基二烯丙基氯化铵,即 PDMDAAC),使水中胶体形成大颗粒,通过多介质过滤器将其除去。加入 $NaHSO_3$,还原水中的氯化剂。再经过活性炭吸附器,进行脱色、除臭和除去残氯。向水中添加 HCl 和六偏磷酸钠(SHMP)防止碳酸盐和硫酸盐在膜表面沉淀。经过上述处理后原水经过 5 μm 微孔过滤,通过高压泵打入第一组 RO 系统,自动添加 NaOH,调整 pH,第一组处理的 RO 水经高压泵打入第二组 RO 系统处理,过滤后纯净水进入贮水罐,然后进行超高温杀菌(121 ℃,30 s),热充填(充填温度:63～65 ℃)密封。其中瓶盖经 UV 杀菌,塑料容器采用二次次氯酸钠清洗,第一次 NaClO 浓度为 10～20 mg/L,第二次 NaClO 浓度为 1～2 mg/L。

❓ 思 考 题

1. 在我国将包装饮用水分为哪几类？各有何特点？

2. 各国对饮用天然矿泉水的定义和分类有何区别？我国对饮用天然矿泉水的界限指标有哪几项？

3. 试比较饮用天然矿泉水和饮用纯净水生产工艺的异同。

4. 简述微滤、超滤、反渗透和纳滤四种膜分离技术的基本原理。

推荐学生参考书

[1] 高福成. 现代食品工程技术. 北京:中国轻工业出版社,1997.

[2] 李正明,吴寒. 矿泉水和纯净水工业手册. 北京:中国轻工业出版社,2000.

[3] Nicholas Dege. 瓶装水技术. 3 版. 许学勤,译. 北京:中国轻工业出版社,2013.

[4] 王琳,王宝贞. 优质饮用水净化技术. 北京:科学出版社,2000.

参考文献

[1] 崔玉川,李福勤. 纯净水与矿泉水处理工艺及设施设计计算. 北京:化学工业出版社,2003.

[2] 高福成. 现代食品工程技术. 北京:中国轻工业出版社,1997.

[3] 郭明若,李建华,孔保华. 瓶装水生产技术. 北京:中国轻工业出版社,2006.

[4] 李艳霞. 包装饮用水生产许可审查细则新旧版本内容对照及应对建议. 饮料工业. 2018,21(2):70-72.

[5] 李泽民. 现代矿泉水、纯净水开发评价、生产加工实用技术工艺及国内外最新技术标准实用手册. 北京:当代中国音像出版社,2005.

[6] 李正明,吴寒. 矿泉水和纯净水工业手册. 北京:中国轻工业出版社,2000.

[7] Nicholas Dege. 瓶装水技术. 3 版. 许学勤,译. 北京:中国轻工业出版社,2013.

[8] 邵长富,赵晋府. 软饮料工艺学. 北京:中国轻工业出版社,1987.

[9] 王大纯,张人权. 水文地质学基础. 北京:地质出版社,1995.

[10] 王琳,王宝贞. 优质饮用水净化技术. 北京:科学出版社,2000.

[11] 张谨,刘凌. 纳滤膜及其应用展望. 食品与发酵工业,1998,24(6):49-54.

[12] 中华人民共和国国家卫生和计划生育委员会. 食品安全国家标准　包装饮用水:GB 19298—2014. 北京:中国标准出版社,2014.

[13] 中华人民共和国国家卫生健康委员会,国家市场监督管理总局. 食品安全国家标准　包装饮用水生产卫生规范:GB 19304—2018. 北京:中国标准出版社,2018.

第 4 章

果蔬汁类及其饮料

本章学习目的与要求

1. 了解果蔬汁的分类、生产现状以及果蔬汁的主要产品种类。

2. 掌握果蔬汁加工工艺相关知识：果蔬汁加工工艺类型与工艺流程；各类果蔬汁加工工艺的区别；果蔬汁加工操作要点；现代加工技术在果蔬汁加工中的应用。

3. 掌握果蔬汁生产过程中存在的常见质量问题与解决办法。

主题词：果蔬汁　澄清汁　浑浊汁　带肉饮料　浓缩汁　加工工艺　质量问题

　　果蔬汁饮料的加工始于 19 世纪末小包装非发酵性纯果汁的商品生产,以瑞士的巴氏杀菌苹果汁为最早,1920 年以后才有工业化生产。果蔬汁的加工生产以果汁生产为主,蔬菜汁的生产量不大,但是随着消费者的意识转变,蔬菜汁的销量逐年增长,其中最有代表性的蔬菜汁是美国的 V8 蔬菜汁。近年来在日本蔬菜汁的生产和销售得到迅速的发展。我国在 20 世纪80 年代初期就已研制成功"维乐"复合蔬菜汁。近年来 10％果汁饮料、100％纯果汁、果蔬复合汁、果粒果肉饮料等有了较大的发展,2006 年全球市场销售量达 370 亿 L,比 2000 年销售量增加 70 亿 L,全球年人均消费的果汁和果汁饮料近 6 L。2009 年世界人均果蔬汁消费量为 10 L左右,三大主要消费市场分别是北美、澳大利亚和西欧,其中美国、德国及加拿大年人均消费量超过了 40 L,而我国仅几升。2010—2022 年全球果汁市场销售量在 662 亿 L 到 732 亿 L 间波动,全球果汁饮料人均消费量于 2015 年开始下降,2022 年已降至 8.6 L。

　　我国的果蔬汁加工业是在新中国成立后发展起来的,经过几十年的发展已具备了一定的生产规模,大致经历了 3 个发展阶段:①1949—1979 年,中国果蔬汁工业的空白阶段,果蔬汁饮料的生产量很少,几乎接近于零;②1980—1989 年,是中国果蔬汁工业的缓慢发展阶段,果蔬汁年产量 20 世纪 80 年代后期在 10 万 t 左右;③1990 年以后,是中国果蔬汁工业的加速发展期,果蔬汁饮料产量逐年上升,到 2001 年中国果蔬汁饮料总产量达到 146 万 t,2007 年突破1 000 万 t 大关,达到 1 186.1 万 t,占饮料总量的 23.2％,2010 年产量为 1 762 万 t,占总量的17.65％;2011 年产量为 1 920 万 t,占总量的 16.33％。2012 年产量为 2 229 万 t,产量比上年同期增加 16.09％,占总量的 17.12％。

　　2018 年,受国家调整果蔬汁饮料行业统计口径改变的影响,其产量骤降 28.7％;2019 年果蔬汁饮料类产量有所回升,为 1 643.8 万 t,同比增长 3.44％;2020 年由于新型冠状病毒感染疫情的影响,其产量减少到 1520 万 t;2021 年中国果蔬汁饮料类较 2020 年上升 11.16％,其产量为 1 693.5 万 t(表 4-1)。目前果蔬汁饮料与碳酸饮料、包装饮用水,为我国饮料的三大类。我国的果蔬资源丰富,水果和蔬菜的总产量均为世界第一位,从 2017—2021 年水果、蔬菜产量一直处于稳定增长的态势,2021 年我国水果产量为 3 亿 t,较 2020 年增加了 0.13 亿 t,2021 年蔬菜产量为 7.75 亿 t,较 2020 年上升了 0.26 亿 t。这些都为我国的果蔬汁加工业的发展提供了充足的原料。

表 4-1　中国果蔬汁饮料与饮料产量　　　　　　　　　　万 t

年份	饮料	果蔬汁	果蔬汁/饮料/％	年份	饮料	果蔬汁	果蔬汁/饮料/％
1980	28.8	4.1	14.2	1992	420.8	N/A	N/A
1981	40.0	5.7	14.3	1993	476.4	82.8	17.4
1982	44.0	1.8	4.1	1994	629.1	91.2	14.5
1983	49.2	4.4	8.9	1995	949.0	115.0	12.1
1984	55.4	6.0	10.8	1996	883.8	122.4	13.9
1985	100.0	10.0	10.0	1997	1 068.9	194.5	18.2
1986	183.9	N/A	N/A	1998	1 200.0	N/A	N/A
1987	246.6	N/A	N/A	1999	1 186.0	150.0	12.7
1988	315.4	N/A	N/A	2001	1 669.2	N/A	N/A
1989	300.9	12.4	4.1	2002	2 024.9	213.0	10.6
1990	330.3	15.0	4.5	2003	2 374.4	310.8	11.9
1991	400.5	14.0	3.5	2004	2 620.2	483.7	18.5

续表4-1

年份	饮料	果蔬汁	果蔬汁/饮料/%	年份	饮料	果蔬汁	果蔬汁/饮料/%
2005	3 380.0	634.0	18.7	2015	17 661.0	2 386.5	13.5
2006	4 219.8	859.8	20.4	2016	18 345.2	2 404.9	13.1
2007	5 110.1	1 186.1	23.2	2017	18 051.2	2 228.5	12.3
2008	6 415.1	N/A	N/A	2018	15 679.2	1 589.2	10.1
2009	8 086.2	1 447.6	17.8	2019	17 763.5	1 643.8	9.2
2010	9 953.4	1 762.0	17.6	2020	16 347.3	1 520.0	9.3
2011	11 812.2	1 920.0	16.3	2021	18 333.8	1 693.5	9.2
2012	13 024.0	2 229.0	16.1				

注:1. 数据来源:部分来自《中国食品工业年鉴》,另一部分来自中国食品网、中国轻工业网、国家统计局网站;

2. N/A 表示未得到可靠的数据。

目前,市场上果蔬汁及其饮料的品种很多,最主要的品种包括橙汁、苹果汁、桃汁、草莓汁、酸枣汁、菠萝汁、杞果汁、胡萝卜汁和番茄汁等,其中橙汁占世界果汁消费量的第一位,苹果汁占第二位。随着消费者对食物营养、健康需求的重视,纯天然、高果蔬汁含量果蔬汁饮料将是发展方向,而复合果汁及复合果蔬汁、功能性果蔬汁饮料、果蔬汁乳饮料的发展都将值得期待。

随着果蔬汁加工技术的发展,一些成熟的现代加工技术如酶处理技术、高温短时与超高温杀菌技术、无菌包装技术、冷冻浓缩技术、膜分离技术、芳香物回收技术以及欧姆加热技术等在果蔬汁加工中的推广应用,大大提高了果蔬汁产品的质量。由于果蔬汁的热敏性和消费者对果蔬汁产品原有新鲜度的追求,促使了一些新的杀菌技术的应用研究,它们不使用热源进行杀菌,这些技术统称为非热加工(non-thermal processes),目前研究较多的是超高压杀菌、脉冲电场杀菌、紫外线杀菌、强光脉冲杀菌、振荡磁场杀菌等。这些杀菌技术处理温度低,可以在常温下或结合冷却在更低的温度下进行杀菌;不需要加热,不会污染环境;对产品的色、香、味和营养成分没有破坏,能保持产品的新鲜度,但是还不能完全钝化果蔬汁中酶的活性,因此还需要进一步研究完善。

4.1　果蔬汁及其饮料的概念与分类

4.1.1　果蔬汁及其饮料的定义

果汁和蔬菜汁(fruit/vegetable juices)是指用水果和(或)蔬菜(包括可食的根、茎、叶、花、果实)等为原料,经加工或发酵制成的液体饮料。

4.1.2　果蔬汁及其饮料的营养价值与产品特点

果蔬汁是果蔬的汁液部分,含有果蔬中所含的各种可溶性营养成分,如矿物质、维生素、糖、酸等和果蔬的芳香成分,因此营养丰富、风味良好,无论在营养或风味上,都是十分接近天然果蔬的一种制品。果蔬汁一般以提供维生素、矿物质、膳食纤维(浑浊果汁和果肉饮料)为主,也含有一些有益于健康的植物成分,如生物类黄酮是一种天然抗氧化剂,能维持血管的正常功能,并能保护维生素 A、维生素 C、维生素 E 等不被氧化破坏;又如番茄汁含有大量的柠檬酸和苹果酸,对新陈代谢有好处,可以促进胃液生成,加强对油腻食物的消化,保护血管,防治高血压等。果蔬汁的营养成分易为人体所吸收,除一般饮用外,也是很好的婴幼儿食品和保健食品。但是不同种类的果蔬汁产品的营养成分差距比较大,澄清汁制品澄清透明、比较稳定,为消费者喜爱,但经过各种澄清工艺处理,营养成分损失很大,事实上从一定的角度看澄清果蔬汁是一种嗜好型饮料,而浑浊汁因含有果肉微粒,在营养、风味和色泽上都比澄清汁好,如橙汁中维生素 C 的含量超过 40 mg/100 g。果蔬汁中含有较丰富的矿物质,是一种生理碱性食品,进入人体后呈碱性,有利于保持人体血液的中性,具有重要的生理作用。

4.1.3　果蔬汁及其饮料的分类

根据 GB/T 10789—2015 及 GB/T 31121—2014,果蔬汁及其饮料产品包括果蔬汁(浆)、浓缩果蔬汁(浆)和果蔬汁(浆)饮料,它们各自又包含了不同的小类。

4.1.3.1　果蔬汁(浆)

果蔬汁(浆)〔fruit & vegetable juices(puree)〕是以水果或蔬菜为原料,采用物理方法(机械方法、水浸提等)制成的可发酵但未发酵的汁液、浆液制品;或在浓缩果蔬汁(浆)中加入其加工过程中除去的等量水分复原制成的汁液、浆液制品。

可以使用糖(包括食糖和淀粉糖)或酸味剂或食盐调整果蔬汁(浆)的口感,但不得同时使用食糖(包括食糖和淀粉糖)和酸味剂。

可回添香气物质和挥发性风味成分,但这些物质或成分的获取方式必须采用物理方法,且只能来源于同一种水果或蔬菜。

可添加通过物理方法从同一种水果和(或)蔬菜中获得的纤维、囊胞(来源于柑橘属水果)、果粒、蔬菜粒。

只回添通过物理方法从同一种水果或蔬菜获得的香气物质和挥发性风味成分,和(或)通过物理方法从同一种水果和(或)蔬菜中获得的纤维、囊胞(来源于柑橘属水果)、果粒、蔬菜粒,不添加其他物质的产品可声称 100%。

要求:果汁(浆)或蔬菜汁(浆)含量(质量分数)为 100%,除此之外不同原料还需要达到 GB/T 31121—2014 附录中的要求。

1. 原榨果汁(非复原果汁)

原榨果汁(非复原果汁)(not from concentrated fruit juice)是以水果为原料,采用机械方法直接制成的可发酵但未发酵的,未经浓缩的汁液制品。

采用非热处理方式加工或巴氏杀菌制成的原榨果汁(非复原果汁)可称为鲜榨果汁。

2. 果汁(复原果汁)

果汁(复原果汁)〔fruit juice(fruit juice from concentrated)〕是在浓缩果汁中加入其加工过程中除去的等量水分复原而成的制品。

3. 蔬菜汁

蔬菜汁(vegetable juice)是以蔬菜为原料,采用物理方法制成的可发酵但未发酵的汁液制品,或在浓缩蔬菜汁中加入其加工过程中除去的等量水分复原而成的制品。

4. 果浆/蔬菜浆

果浆/蔬菜浆(fruit puree & vegetable puree)是以水果或蔬菜为原料,采用物理方法制成的可发酵但未发酵的浆液制品,或在浓缩果蔬浆中加入其加工过程中除去的等量水分复原制成的制品。

5. 复合果蔬汁(浆)

复合果蔬汁(浆)[blendid fruit & vegetable juices(puree)]是含有不少于两种果汁(浆)或蔬菜汁(浆)、或果汁(浆)和蔬菜汁(浆)的制品。

4.1.3.2 浓缩果蔬汁(浆)

浓缩果蔬汁(浆)[concentrated fruit & vegetable juices(puree)]是以水果或蔬菜为原料，采用物理方法制取的果汁(浆)或蔬菜汁(浆)除去一定量水分制成的，加入其加工过程中除去的等量水分复原后具有果汁(浆)或蔬菜汁(浆)应有特征制品。

可回添香气物质和挥发性风味成分，但这些物质或成分的获取方式必须采用物理方法，且只能来源于同一种水果或蔬菜。

可添加通过物理方法从同一种水果和(或)蔬菜中获得的纤维、囊胞(来源于柑橘属水果)、果粒、蔬菜粒。

含有不少于两种浓缩果汁(浆)或浓缩蔬菜汁(浆)、或浓缩果汁(浆)和浓缩蔬菜汁(浆)的制品成为复合浓缩汁(浆)。

要求：可溶性固形物的含量和原汁(浆)的可溶性固形物含量之比≥2。

4.1.3.3 果蔬汁(浆)饮料

果蔬汁(浆)饮料[fruit & vegetable juice(puree) beverage]是以果蔬汁(浆)或浓缩果蔬汁(浆)、水为原料，添加或不添加其他食品原辅料和(或)食品添加剂，经加工制成的制品。

可添加通过物理方法从水果和(或)蔬菜中获得的纤维、囊胞(来源于柑橘属水果)、果粒、蔬菜粒。

1. 果蔬汁饮料

果蔬汁饮料(fruit & vegetable juice beverage)是以果汁(浆)、浓缩果汁(浆)或蔬菜汁(浆)、浓缩蔬菜汁(浆)、水为原料，添加或不添加其他食品原辅料和(或)食品添加剂，经加工制成的制品。

要求：果汁(浆)饮料中要求果汁(浆)含量≥10%(质量分数)，蔬菜汁饮料中要求蔬菜汁(浆)含量≥5%(质量分数)。

2. 果肉(浆)饮料

果肉(浆)饮料[fruit(syrup) nectar]是以果浆、浓缩果浆、水为原料，添加或不添加果汁、浓缩果汁、其他食品原辅料和(或)食品添加剂，经加工制成的制品。

要求：果浆含量≥20%(质量分数)。

3. 复合果蔬汁(浆)饮料

复合果蔬汁(浆)饮料(blended fruit & vegetable juice beverage)是以不少于两种果汁(浆)、浓缩果汁(浆)、蔬菜汁(浆)、浓缩蔬菜汁(浆)、水为原料，添加或不添加其他食品原辅料和(或)食品添加剂，经加工制成的制品。

要求：果汁(浆)蔬菜汁(浆)含量≥10%(质量分数)。

4. 果蔬汁饮料浓浆

果蔬汁饮料浓浆(concentrated fruit & vegetable juice beverage)是以果汁(浆)、蔬菜汁(浆)、浓缩果汁(浆)或浓缩蔬菜汁(浆)中的一种或几种、水为原料，添加或不添加其他食品原辅料和(或)食品添加剂，经加工制成的，按一定比例用水稀释后方可饮用的制品。

要求:果汁(浆)含量或蔬菜汁(浆)按标签标示的稀释倍数稀释后≥10％(质量分数)。

5. 发酵果蔬汁饮料

发酵果蔬汁饮料(fermented fruit & vegetable juice beverage)是以水果或蔬菜、或果蔬汁(浆)、或浓缩果蔬汁(浆)经发酵后制成的汁液、水为原料,添加或不添加其他食品原辅料和(或)食品添加剂的制品。如苹果、橙、山楂、枣等经发酵后制成的饮料。

要求:经发酵后的液体的添加量折合成果蔬汁(浆)≥5％(质量分数)。

6. 水果饮料

水果饮料(fruit beverage)是以果汁(浆)、浓缩果汁(浆)、水为原料,添加或不添加其他食品原辅料和(或)食品添加剂,经加工制成的果汁含量较低的制品。

要求:果汁(浆)含量≥5％且<10％(质量分数)。

4.2 果蔬汁及其饮料的生产工艺

目前世界上生产的主要果蔬汁产品根据加工工艺的不同,可以分为 5 大类型:①澄清汁(clear juice),需要澄清和过滤,以干果为原料还需要浸提工序;②浑浊汁(cloudy juice),需要均质和脱气;③果肉饮料(nectar),需要预煮与打浆,其他工序与浑浊汁一样;④浓缩汁(concentrated juice),需要浓缩;⑤果汁粉(juice powder),需要脱水干燥,在我国的饮料分类中这类产品属于固体饮料的范畴,因此在此不作介绍。

工艺流程:各类果蔬汁加工工艺流程如图 4-1 所示。

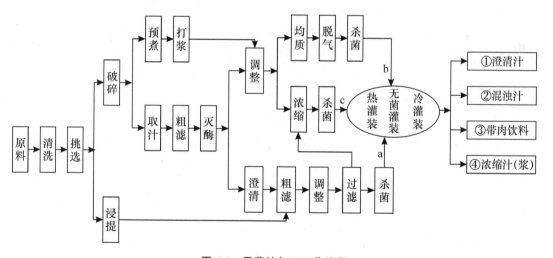

图 4-1　果蔬汁加工工艺流程

a. 澄清汁工艺　b. 浑浊汁与果肉饮料工艺　c. 浓缩汁(浆)工艺

技术要点如下所述。

4.2.1 原料选择

没有优质的原料就没有优质的产品,因此果蔬汁加工必须选择适于制汁的原料。一方面要求加工品种成熟度适宜,具有香味浓郁、色泽好、出汁率高、糖酸比合适、营养丰富等特点;另一方面生

产时原料应新鲜、清洁、健康、成熟,加工过程中要剔除腐烂果、霉变果、病虫果、未成熟果以及枝、叶等,以充分保证最终产品的质量。大部分果品及部分蔬菜均适合于制汁,如柑橘、苹果、葡萄、菠萝、柠檬、葡萄柚、杨梅、桃、山楂、番石榴、番茄、胡萝卜、芹菜以及野生果品沙棘、刺梨、酸枣、猕猴桃等。

4.2.1.1　加工果蔬汁的原料应具有的品质特性

1. 出汁(浆)率高

出汁(浆)率一般是指从果蔬原料中压榨(或打浆)出的汁液(或原浆)的质量与原料质量的比值。果蔬原料出汁(浆)率低不仅会使成本升高,而且会增加加工的困难。

2. 甜酸适口

甜度和酸度对果蔬汁风味有很大影响,但二者相互配比关系对口味的影响更加突出。仁果类水果糖酸比为(10~15):1较为适合制汁;苹果汁加工中苹果糖酸比在13:1左右,榨出的果汁甜酸适口;浆果类水果原料的含酸量往往可以大一些。

3. 香气浓郁

每种水果都具有其典型香气,但不同种类、不同品种的水果香气浓淡差异极大。只有用于加工果汁的原料具有该品种水果典型且浓郁的香气时,才能加工出香气诱人的果汁产品。同时生产者应根据产品销售地区消费者的口味来选择不同香气特征的制汁原料。

4. 色彩绚丽

果蔬在成熟时会表现出特有的色泽,良好的色泽能提高果蔬汁产品的吸引力,所以生产中应选用具有本品种典型色泽,且在加工中色素稳定的原料。

5. 营养丰富且在加工过程中保存率高

人们饮用果蔬汁主要是为了摄取其中的营养素。果蔬汁包含了果实中绝大部分的营养,但不同果蔬品种间、同一品种不同采收期、不同产地间的制汁原料的营养成分是不一样的,特别是该果蔬品种典型的对人体最有益的某种营养成分,因而应根据品种营养特性及其加工特性选择营养丰富的原料加工制汁。

6. 严重影响果蔬汁品质的成分含量要低

使用柑橘类果实中橙皮苷和柠碱含量高的品种制汁时,产品苦味重、品质差,不宜采用。红星苹果中酚类含量高,制汁过程中褐变严重,也不宜采用。

7. 可溶性固形物含量高

当可溶性固形物的含量低时,说明果汁中溶质较少,营养成分含量较低,同时也会给加工带来困难,如加大机械负荷、能量消耗大等。

8. 质地适宜

水果的质地与果肉的薄壁细胞大小、间隙大小、水分含量以及果皮厚薄等有关。随着成熟度增加,肉质果实一般趋于软化,同时果皮保护作用加强。果品质地关系到出汁(浆)率,质地太硬取汁困难,能量损失大;质地太软榨汁框架不易形成,也不利于出汁。

4.2.1.2　果蔬汁加工对原料的质量要求

1. 适时收获

加工果汁一般要求原料达到最佳加工成熟度,其外表介于采摘成熟度与质量成熟度之间,又不能等到果实进入衰老过熟阶段,要求其具有该品种典型的色、香、味及营养成分特征。未成熟的果实或过熟的果实都不能采用。

一般来讲,采收过早,果实色泽浅、风味淡、酸度大、肉质生硬、产量低、品质较差;采收过晚,果实组织变软、酸度降低,且不耐贮藏和热处理,影响产品脆度。未成熟的或发育不良的水果原料质量达不到要求,用这类水果制作的水果原汁,其芳香成分的含量和质量与采用同一品种、生长良好的成熟水果制成的水果原汁相比要差得多。

2. 选用新鲜度高的原料

在采摘后,水果原料内部即开始进行一系列化学的、生物化学的和微生物的反应,水果原料的成分会发生一系列变化,甚至水果原料中的有效成分完全被破坏。因此,水果原料的新鲜度也是衡量其质量的一个特征参数。

3. 选用清洁度高的原料

在加工前,必须通过清洗作业使水果原料处于尽可能清洁、干燥和无损伤的状态。由于原料果的污垢中存在着大量的微生物,所以清洗作业是一道很重要的工序。

决定水果原料贮存性能最重要的因素是采购时的原料初始细菌含量。细菌含量对于能否达到完善的保藏(杀菌)作业从而保证果汁饮料的质量具有决定的意义。另外,要求在水果及其制成品中不含农药残留物。国际上现在已经规定某些特种食品不允许含有农药残留物。在任何情况下,都不允许使用被霉菌侵染的水果原料制造果汁饮料。根据近年来的研究成果发现,某些霉菌,如扩张青霉(*Penicillium expansum*)、荨麻青霉(*Penicillium urtica*)、雪白丝衣霉(*Byssochlamis nivea*)和棒曲霉素(*Patulin*),会产生致癌作用、致畸作用和致突变作用。例如苹果浓缩汁中棒曲霉素就是由榨汁原料带入的霉菌分泌的,含有该种毒素的苹果浓缩汁品质会大幅度下降,甚至会被禁止在市场上销售。世界上许多国家都将棒曲霉素含量作为苹果浓缩汁商业检测指标,严格控制,而有效控制该毒素的唯一方法就是防止原料被霉菌污染。

在判断果蔬原料的质量时,不仅要观察其外观是否完好,而且还要从制造果蔬汁的观点来观察其内在质量。消费者对果蔬汁质量的要求越来越高,必须采用高质量的果蔬原料。

4.2.2　原料洗涤

原料的清洗是十分重要的,通过清洗可以去除果蔬表面的尘土、泥沙、微生物、农药残留以及携带的枝叶等。清洗前,正常的水果原料表面微生物数量在 $10^7 \sim 10^{11}$ 个/kg,一些叶菜类、根茎类蔬菜辐照的微生物数量更多。采用正确的清洗工艺,可使微生物的数量降低到初始值的 2.5%~5%。清洗的方法主要包括物理法和化学法,其中物理法包括浸泡、鼓风、喷洗、摩擦搅动等,化学法主要包括使用洗涤剂、消毒剂和表面活性剂。生产时经常需要对果蔬原料进行多次清洗,而且根据原料的具体情况还可以添加清洗剂如稀酸(如盐酸、柠檬酸,常用浓度 0.5%~1.0%)、稀碱(常用浓度 0.5%~1.0%)和消毒剂如漂白粉(0.06%)、高锰酸钾(0.05%)等。

果蔬原料的清洗包括流水输送、浸泡、刷洗(带喷淋)、高压喷淋等四道工序。第一道流水输送在流水槽中(带有一定的坡度)进行,流水槽可以是明的,也可以是暗的,果蔬倒入槽中通过水流压力向前输送,同时得到初步的冲洗,对于一些地下蔬菜如胡萝卜的加工这道清洗是必需的,将蔬菜表面的泥土去除。然后果蔬原料通过提升机提升至一个水槽,进行短暂的浸泡后,再输送到一个带有多个毛刷滚轮的清洗机上,通过毛刷滚轮一方面向前输送果蔬,同时对果蔬原料进行刷洗、冲洗(毛刷滚轮的正上方装有高压喷淋装置),在浸泡之后与毛刷滚轮的清洗之前,在传送带的两侧,设有挑选台,安排生产人员对果蔬进行挑选,剔除腐烂果、残次果、病虫果、未成熟果以及枝叶等。果蔬经过毛刷之后,最后需要经过一道高压喷淋,以保证果蔬原料的清洁卫生。生产中的清洗用水未经过滤和适当的消毒处理,不可以循环利用。一般来讲,对于浆果类水果的加工不需要清洗这道工序。

近年来果汁加工行业对原料清洗越来越重视,不断地探索新的工艺与技术,如臭氧水清洗、超声波清洗等,具有良好的应用前景。使用臭氧对果蔬类食品进行清洗、杀菌,工艺简单,而且臭氧的浓度可以较低,故使用率高,应用范围广。有报道称清水洗净后的细菌数可减少到 1/10,臭氧水处理后可再减少至 1/10~1/100,可明显延长其货架期。超声波清洗则能通过超声波在液体中的空穴效应,将物体表面的污物层剥离,从而达到清洗的目的,不会损伤果蔬,而且超声波还具有一定的杀菌作用。除此之外,果蔬专用清洗剂的研究也越来越广泛。

4.2.3　取汁

4.2.3.1　取汁前的预处理

1. 破碎

因为果蔬的汁液都存在于果蔬的组织细胞内,只有打破细胞壁,细胞中的汁液和可溶性固形物才能出来,因此果蔬原料破碎后才能获得理想的出汁率。对于一些皮肉致密和需要通过浸提法提汁的水果以及几何尺寸较大的果蔬,破碎尤为必要。应当注意果蔬组织破碎必须适度,如果破碎后的果块太大,则压榨时出汁率降低;过小则压榨时外层的果汁很快地被压榨出来,形成一层厚皮,使内层的果汁难以流出,也会降低出汁率,另外制造澄清果汁时,会造成果汁中果肉含量增加,澄清作业负荷加大。

果蔬的破碎方法很多,有磨碎、打碎、压碎和打浆等。水果一般以挤压、剪切、冲击、劈裂、摩擦等形式破碎。一般来说,机械破碎效率高,自动化生产适应性强,且工艺操作相对容易掌握。目前,果汁加工中常用的普通破碎机主要有辊式破碎机和锯齿式破碎机两种,它们都是采用机械方法对原料进行破碎的。除此之外,还可采用冷冻破碎法、超声波破碎法等。

冷冻破碎法是缓慢地将原料冷冻至 $-5\ ℃$ 以下(冷冻速度低于 0.2 cm/h),使原料中出现大量冰晶,其形成过程对水果细胞壁产生作用力,使细胞壁受到机械损伤。化冻时,由于细胞壁的破损可使原料出汁率提高 5%~10%,效果较显著。

超声波破碎法则是利用高强度(大于 3 W/cm^2)的超声波处理原料,引起果肉共振,形成不可逆的伤害,导致细胞壁破坏。原料含水量越大,声波吸收能力就越高。

不同的原料种类,不同的榨汁方法,要求的破碎粒度是不同的,一般要求果浆的粒度在 3~5 mm,可通过调节破碎工作部件的间隙来控制。苹果、梨、菠萝等用辊式破碎机破碎,粒度以 3~4 mm 为适,草莓和葡萄以 2~3 mm 为好,樱桃以 5 mm 较为合适,葡萄只要压破果皮即可,橘子、番茄则可用打浆机破碎。总之,破碎粒度的大小因原料品种而异。

加工果蔬浆和果肉果汁如草莓汁、杜果汁、桃汁、山楂汁等浑浊果汁,广泛采用打浆机来操作。果蔬原料中果胶含量较高、汁液黏稠、汁液含量低,压榨难以取汁,或者因为通过压榨取得的果汁风味比较淡,需要采用打浆法。生产中一般采用三道打浆,筛网孔径从大逐级变小。经过打浆后果肉颗粒变小有利于均质处理。如果采用单道打浆机,则筛眼孔径不能太小,否则容易堵塞网眼。打浆时应注意果皮和种子不要被磨碎。

破碎时由于果肉细胞中酶的释放,在有氧存在的情况下与底物结合,会发生酶促褐变和其他一系列氧化反应,破坏果蔬汁的色泽,风味和营养成分等,需要采用一些措施防止酶促褐变和其他氧化反应的发生,如破碎时喷雾加入维生素 C 或异维生素 C,在密闭环境中进行充氮破碎或加热钝化酶活性等。

2. 热处理

果蔬经过破碎后,果蔬中的酶被释放,活性大为增加,多数酶,特别是多酚氧化酶会引起果蔬汁色泽的变化,对果蔬汁加工极为不利。通过加热处理可抑制酶的活性,软化果蔬组织,破坏原生质膜,打开细胞的膜孔,使细胞中的可溶性物质容易向外扩散,有利于果蔬中可溶性固形物以及色素和风味物质等的提取。适度加热还可以使胶体物质发生凝聚,降低果蔬汁黏度,便于榨汁,提高出汁率。

榨汁前或浸提时的加热温度应根据果蔬汁的用途决定。采用果浆酶解方法榨汁的水果仅需加热至 25～30 ℃,加工水果浓缩汁特别是澄清型浓缩汁加热温度不宜过高。热处理的加热温度一般为 60～80 ℃,最佳温度为 70～75 ℃,加热时间 10～15 min。也可采用瞬时加热方式,加热温度 85～90 ℃,保温时间 1～2 min,不仅灭酶,也有杀菌作用。带皮橙类榨汁时,为了减少汁液中果皮精油的含量,可预煮 1～2 min。对于宽皮橘类,为了便于去皮,也可在 95～100 ℃热水中烫煮 25～45 min。

值得注意的是,对果胶含量高的果浆加热会加速果胶质水解,变成可溶性果胶进入果汁内,增加汁的黏度,同时堵塞果浆的排汁通道,难于榨汁,使过滤、澄清等工艺操作发生困难。因此,对于果胶含量高的水果应采用常温破碎,由于果蔬中的果胶酯酶和半乳糖醛酸酶等果胶分解酶的活性较强,在短时间内就能分解果胶,使高分子果胶和水溶性果胶都明显减少,以降低果浆黏度,对于澄清型果汁具有明显的优越性。

3. 酶处理

为了提高出汁率,生产中需要加入酶制剂对果蔬浆料进行处理,分解果胶。20 世纪 80 年代和 90 年代丹麦诺和诺德公司(Novo Nordisk Ferment)先后开发了“最佳果浆酶解工艺”(optimal mash enzyme,OME)和“现代水果加工技术”(advanced fruit processing,AFP)。OME 处理时温度要低,最好是 15～25 ℃。如果温度太高微生物容易生长繁殖,同时果蔬中本身存在的酶活跃,致使果蔬汁的风味、色泽及营养成分损失。采用 OME 处理能使出汁率提高 5%～15%。目前世界上 65% 的苹果浆采用 OME 方法,在生产梨浆、杏浆、桃浆时采用 OME 方法也能取得类似效果。

AFP 即最新酶解果浆工艺,是用果胶酶和纤维素酶使果蔬酶解并完全液化,果渣和果汁可以用旋转式真空过滤器分离。这不仅可以省去压榨工艺,减少果渣量,还可以降低酶的费用。AFP 与 OME 的不同之处在于 AFP 的果胶酶解温度稍高(20～25 ℃),酶解时间长(120 min),酶解时需要搅拌。目前世界上 25% 的苹果浆采用 AFP 工艺,并有推广的趋势。此法加工的苹果汁总酸含量有所提高(主要增加半乳糖醛酸),因而 pH 降低 0.20%～0.25%。此外,食物纤维含量等也有增加。苹果浆不同处理工艺的效果参见表 4-2。

表 4-2　苹果浆不同处理工艺的效果

项目	传统工艺	OME	AFP
原料消耗/(kg 苹果/kg 浓缩汁) (12 °Bx/72 °Bx)	8.0～11.0	6.9～7.5	5.8～6.4
100%清汁的质量	提取浓度 较低	符合国际果汁标准 参数值(RSK)	增加总酸含量(半乳糖醛酸)和 K、Ca、Mg 的浓度及食物纤维含量
苹果浓缩汁的稳定性	好	好	好
应用程度			
鲜苹果	50%	50%	
贮藏果	0	100%	
世界总量	35%	65%	25%
工业应用时间		1983	1986

引自:杨桂馥,2002。

　　酶处理已经成为果汁加工中的必备工序,果汁生产中对各种酶的需求量很大。例如,一家年产 2 万 t 苹果浓缩汁的工厂,一年购买果胶酶的费用在 100 万元以上。但这些酶多为一次性使用,生产成本高,而且造成很大的浪费。若能将酶束缚在特殊的固体材料上,让它既能保持酶的特有活性,又能长期稳定反复使用,则既能降低生产成本,又能实现生产工艺的连续化和自动化,因此固定化酶应运而生。目前,固定化酶在果汁加工中的应用尚处于实验室阶段,但其前景十分诱人,是当前的研究热点。

4.2.3.2　取汁

　　果蔬的取汁是果蔬汁加工中一道非常重要的工序,取汁方式是影响出汁率的一个重要因素,也影响果蔬汁产品品质和生产效率。果蔬的出汁率可按下列公式计算:

$$出汁率 = 汁液质量/果蔬质量 \times 100\%（压榨法）$$

$$出汁率 = \frac{汁液质量 \times 汁液可溶性固形物}{果蔬质量 \times 果蔬可溶性固形物} \times 100\%（浸提法）$$

根据原料和产品种类的不同,取汁的方式主要有两种。

1. 压榨法

　　由于 CAC(食品法典委员会)、IFU(国际果汁生产商联合会)等国际权威机构以及各主要果汁消费国都规定水果制汁必须采用机械方法,有些国家甚至明确规定必须用压榨方法来制作水果原汁,因此绝大部分果汁制造企业都采用压榨取汁工艺制造果汁。

　　压榨取汁是生产中广泛应用的一种取汁方式,通过一定的压力取得果蔬中的汁液,榨汁可以采用冷榨、热榨甚至冷冻压榨等方式。如制造浆果类果汁,为了获得更好的色泽可以采用热榨,在 60～70 ℃压榨使更多的色素能溶解于汁液中。按操作方法可分为间歇式榨汁机和连续式榨汁机。主要榨汁机有:①HP/HPX 卧式榨汁机。瑞典布赫-贵尔(Bucher-Guyer)公司产品,为卧式圆筒结构,通过活塞的往复移动进行压榨,自动化、封闭式、卫生,但不能连续化压榨,该机带有 CIP 就地清洗系统,1992 年后我国引进多台用于浓缩苹果汁生产。②气囊式榨汁机。瑞典布赫-贵尔(Bucher-Guyer)产品,卧式圆筒结构,通过压缩空气将气囊膨大对浆料压榨,属间歇式压榨机,一般用于浆果果汁榨取。③柑橘榨汁机。专用性很强,主要有两种,一种是锥形榨汁机提汁,也就是所谓的布朗(Brown)提汁法;另外一种是美国 FMC 公司发明的整果榨汁机。这种榨汁机利用瞬时分离原理,把柑橘汁与橘皮等残渣尽快分开,防止橘皮及籽粒中所含有的苦味成分等混入果汁,否则将会损害柑橘汁的香味,并且在贮藏期间还将引起果汁变质和褐变,影响最终产品的质量。④带式榨汁机。国内外果汁加工中常用的机型之一。国内使用的德国福乐伟(Flottweg)公司的居多,其次是德国贝尔玛(Beller)公司的。国产带式压榨机的数量也在逐渐增加。目前我国北方地区苹果浓缩汁的生产广泛采用这种榨汁机。该机自动化连续工作,生产能力大,但是开放式压榨,卫生程度差,产生大量废水,而且出汁率较低,因此往往需要加水浸提果渣进一步压榨。⑤螺旋榨汁机。使用较广泛的连续式压榨机,具有结构简单,外形小,榨汁效率高,操作方便等特点。在对生产能力要求不大的情况下,可用来压榨葡萄、柑橘、菠萝、番茄等果蔬的汁液。但该机的不足之处是榨出的汁液含果肉较多,不封闭、出汁率低,而且果汁呈浆状,生产能力较小,要求汁液澄清度较高时不宜选用。⑥裹包式榨汁机。一般是果蔬浆用尼龙布包裹起来,浆厚 10 cm 左右,层层垒起。层与层之间有隔板,便于果汁的流出,通过液压增压使果汁流出。为了提高生产效率,常使用 2 个压榨槽,交替工作,当一个装料压榨时,另一个卸渣,出汁率较高,操作方便,但效率低,劳动强度大,目前一些小型工厂还在使用。此外,还有离心压榨机、卧式螺旋式离心分离机、辊式压榨机、安德逊榨汁机等。有关各种榨汁机的工作原理,请参阅本章指定参考书。

2. 浸提法

浸提法也是果蔬原料提汁普遍使用的方法,不仅干制果蔬原料以及如山楂等含水量少,难以用压榨法提汁的果蔬原料需要用浸提法提汁,而且对苹果、梨等通常用压榨法提汁的水果,为了减少果渣中有效物质的含量,提高提取率,有时也采用浸提法提汁工艺。浸提法主要利用果蔬原料的可溶性固形物含量与浸汁之间的浓度差,从而导致果蔬原料中的可溶性固形物扩散到浸汁中。浸提方法有一次浸提法、多次浸提法、灌组式逆流浸提法和连续式逆流浸提法。

应用浸提法提取果蔬汁,影响出汁率的因素主要有以下几个方面。

(1)浓度差、加水量　在其他条件都相同的情况下,浓度差越大,扩散动力就越大,浸出的可溶性固形物也越多。在实际生产中,通常采用多次浸提或罐组式浸提以及连续逆流浸提,可以保持一定的浓度差,浸提效果较好。在浸提过程中加水量越大,扩散浓度差也越大,出汁率就越高,但浸汁中可溶性固形物的含量相应降低。这对于后续的浓缩工艺来说,需要蒸发的水分大,能源消耗大,费时,极不经济,因此浸提时需要控制经济合理的加水量。

(2)浸提温度　浸提温度的选择首先要考虑可溶性固形物浸出的速度,其次要考虑浸汁的用途,如果浸汁用于加工浓缩汁,特别是浓缩清汁,浸提温度不宜太高,否则过多可溶性胶体物质进入浸汁内,会给后续的过滤和澄清造成很大的困难。而用于制造果肉型饮料的浸汁则希望果胶含量高些,因此,浸提温度要高些。在工业生产中浸提温度一般选择 60～80 ℃,最佳温度为 70～75 ℃,能很好地达到上述要求。

(3)浸提时间　浸提时间的选择要考虑原料的品种和所采用的浸提工艺。在一般情况下,单次浸提时间为 1.5～2 h,多次浸提总计时间应控制在 6～8 h。

(4)果实压裂程度　果实压裂后,果肉与水接触的表面积增大,并且扩散距离变小,有利于

可溶性固形物的浸出。因此,果蔬在浸提前,要用破碎机压裂或用破碎机适当破碎。

山楂等水果的简便易行的浸提方法是将其放入 2 倍量的沸水中,混合后的温度为 70 ℃左右。在浸提过程中,浸提温度不可能也没有必要始终保持一致,因此混合后就可直接放置,使其自然冷却,直至浸提过程结束。

在我国,大部分果蔬汁饮料企业在浸提作业时采用的浸提温度较高、浸提时间较长,因而果蔬中各种易于热解和挥发的成分损失较大,果汁质量差。而国外常用低温浸提,温度为40～65 ℃,时间为 60 min 左右,浸提汁色泽明亮,易于澄清处理,氧化程度小,微生物含量低,芳香成分含量高,适于生产各种果汁饮料。

4.2.4　粗滤

除打浆法外,其他方法得到的果蔬汁,含有大量的悬浮颗粒如果肉纤维、果皮、果核等,它们的存在会影响产品的外观质量和风味,需要及时去除。粗滤可在榨汁过程中进行或单机操作。生产中通常使用 50～60 目的筛滤机如水平筛、回转筛、振动筛等进行粗滤。对澄清汁粗滤后还需澄清与过滤,对于浑浊汁和果肉饮料则要均质与脱气。

4.2.5　果汁的澄清与精滤

生产澄清汁时,必须进行澄清与精滤处理以除去汁液中的悬浮物质和胶体物质,因为这些物质在后续的加工过程中会引起果蔬汁的浑浊和沉淀,影响产品口感和感官质量。

4.2.5.1　澄清

按澄清作用的机理,果蔬汁的澄清方法可分为 5 种。

1. 自然澄清法

破碎压榨出的果汁置于密闭容器中,经长时间放置,使悬浮物质依靠重力自然沉降;使果胶物质逐渐水解而沉淀;蛋白质和单宁也逐渐形成不溶性的沉淀。但果汁经长时间静置,易产生发酵变质,因此必须加入适当的防腐剂,此法仅限于在亚硫酸半成品保存的果汁生产上使用。

2. 酶澄清法

果蔬汁中的胶体系统主要是由果胶、淀粉、蛋白质等大分子形成的,添加果胶酶和淀粉酶分解大分子果胶和淀粉,破坏果胶和淀粉在果蔬汁中形成的稳定体系,悬浮物质随着稳定体系的破坏而沉淀,使果蔬汁得以澄清。生产中经常使用复合酶,这种酶具有果胶酶、淀粉酶和蛋白酶等多种活性酶,国际上著名的酶制剂公司有丹麦 Novozymes(诺维信)公司、美国的Genencor(杰能科)公司、荷兰的 Gvista-Brocades(吉比特)公司、芬兰的 Alko 有限公司等。

3. 澄清剂法

澄清剂与果蔬汁的某些成分产生物理或化学反应,使果蔬汁中的浑浊物质形成络合物,生成絮凝和沉淀。果蔬汁中的果胶、单宁、纤维素及多缩戊糖等胶体粒子带负电荷,在酸性介质中,明胶带正电荷,明胶分子与果蔬汁中的胶体粒子发生电性中和,破坏果蔬汁的稳定胶体体系,相互吸引并凝聚沉淀。常用的澄清剂包括明胶、硅胶、单宁、膨润土、PVPP 等。各澄清剂可单独使用,多数情况下,组合使用,如明胶-单宁澄清、明胶-硅胶-膨润土澄清。澄清剂还可与酶组合使用,澄清效果更好。多种澄清剂组合使用的方法见表 4-3。

表 4-3 多种澄清剂组合使用的方法

组合方案	添加顺序	用量及使用方法
单宁-明胶	先单宁后明胶	明胶用量 10～20 g/100 L,单宁量为明胶量的 1/2,先配制成 1%的溶液搅拌后在常温下静置 6～8 h,用于单宁含量低的果蔬汁
酶-明胶	加酶 1～2 h 后加明胶	酶用量 4～50 g/100 L,45～55 ℃,1～2 h。明胶用量 5～10 g/100 L,静置 3～4 h,用于果胶和单宁含量稍高的果蔬汁
硅胶-明胶	先硅胶后明胶	硅胶加量 10～20 g/100 L,一般配制成 15%溶液,澄清温度 20～50 ℃,明胶与硅胶比例为 1∶20,硅胶与明胶协同作用,去除多酚类化合物
膨润土-明胶	先膨润土后明胶	膨润土加量 50～100 g/100 L,2 h 处理后加明胶快速去除果蔬中的蛋白质
明胶-硅胶-膨润土	按明胶、硅胶、膨润土顺序	膨润土用量 50～100 g/100 L,作用温度 35～40 ℃,澄清过程中间歇搅拌 20～30 min。可与酶组合使用,酶反应后各澄清剂可分批加入

引自:杨桂馥,2002。

4. 冷热处理澄清法

通过冷冻或加热处理使果蔬汁中的胶体物质变性,絮凝沉淀。

冷冻澄清:将果汁急速冷冻,使果蔬汁中的胶体浓缩脱水,改变胶体的性质。一部分胶体溶液完全或部分被破坏而变成不定型的沉淀,在解冻后过滤除去;另一部分保持胶体性质的可用其他方法除去。此法特别适用于雾状浑浊的果蔬汁,苹果汁用该法澄清效果较好。

加热澄清:果蔬汁经过冷热交替作用,导致胶体发生凝聚和蛋白质变性沉淀。一般是在1～2 min 内,将果汁加热到 80～82 ℃,然后以同样短的时间迅速冷却至室温,使蛋白质、果胶等变性和凝聚,并静置沉淀。加热法的主要优点是能在果汁进行巴氏杀菌的同时进行加热。

5. 超滤澄清法

超滤实际上是一种机械分离的方法,利用超滤膜的选择性筛分,在压力驱动下把溶液中的微粒、悬浮物质、胶体和大分子与溶剂和小分子分开。该法可分离分子质量为 1 000～50 000 u的溶质分子。其优点是无相变,挥发性芳香成分损失少,在密闭管道中进行,不受氧气的影响,能实现自动化生产。

超滤用于果蔬汁澄清的研究始于 20 世纪 70 年代初期,目前已成功用于苹果、梨、菠萝、柑橘等果汁和番茄、芹菜、冬瓜等蔬菜汁的澄清,但应用最为广泛的是苹果汁的澄清。

目前在果蔬汁的生产中主要是采用酶澄清和超滤结合的复合澄清法,其他澄清方法都是一些辅助性方法,为了提高澄清效果需要结合使用,或一些小企业使用较多。

4. 2. 5. 2 精滤

在制取澄清果汁时,为了得到澄清透明且稳定的果蔬汁,在采用传统澄清法处理后,还须进行精滤。

果蔬汁的精滤方法主要采用压滤法,常用的压滤机有板框式过滤机、硅藻土过滤机和超滤机等 3 种。由于板框式和硅藻土过滤机不能连续化生产,企业往往需要两台或多台交替使用,生产能力较小,因此一些大型果蔬汁加工厂基本都使用超滤机,但是超滤剩下的最后浑浊物很

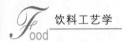

容易堵塞超滤膜,过滤速率很慢,最后需要使用板框式或硅藻土过滤机配合。真空过滤法、离心分离法、反渗透法等也用于果蔬汁的过滤。具体内容请参阅本章指定参考书。

无论采用哪种过滤方式,过滤过程中均应避免果蔬汁被有害金属污染和尽量减少与空气接触。

4.2.6 果汁的均质与脱气

4.2.6.1 均质

浑浊汁与带肉饮料需要均质处理,均质的目的是使果蔬汁中的悬浮果肉颗粒进一步破碎细化,大小更为均匀,同时促进果肉细胞壁上的果胶溶出,果胶均匀分布于果蔬汁中,形成均一稳定的分散体系。如果不均质,由于果蔬汁中的悬浮果肉颗粒较大,产品不稳定,在重力的作用下果肉会慢慢向容器底部下沉,放置一段时间后就会出现分层现象,而且界限分明,容器上部的果蔬汁相对清亮,下部浑浊,影响产品的外观质量。此外,浑浊果汁经过均质处理之后可以减少增稠剂的用量,降低原料成本。

均质设备有胶体磨、高压均质机、超声波均质机等。生产上最常用的是高压均质机,均质压力一般为 20~40 MPa,因果蔬种类而异。有关均质机和胶体磨的工作原理可参阅指定参考书。

4.2.6.2 脱气与脱油

1. 脱气

果蔬组织中溶解一定的空气,加工过程中又经过破碎、取汁、均质以及泵、管道的输送都会带入大量的空气到果蔬汁中,在生产过程中需要将这些溶解的空气脱除,称为脱气或去氧。脱气可以减少或避免果蔬汁的氧化,减少果蔬汁色泽和风味的破坏以及营养成分的损失如维生素 C 的氧化,防止马口铁罐的氧化腐蚀,避免悬浮颗粒吸附气体上浮,以及防止灌装和杀菌时产生泡沫。脱氧的同时也会带来挥发性芳香物的损失,必要时可进行芳香物质的回收,补回到果蔬汁中,或在生产中添加香精来弥补这一部分损失。

脱气的方法有真空脱气、气体置换脱气、加热脱气、化学脱气以及酶法脱气等。生产中基本采用真空脱气,通过真空泵创造一定的真空条件使果蔬汁在脱气机中以雾状形式(扩大表面积)喷出,脱除氧气;对于没有脱气机的生产企业可使用加热脱气,但脱气不彻底;气体置换脱气是通过向果蔬汁中充入一些惰性气体如氮气置换果蔬汁中存在的氧气,该法可减少挥发性风味成分的损失,减少氧化变色;化学脱气是利用一些抗氧化剂如维生素 C 或异维生素 C 消耗果汁中的氧气,常常与其他方法结合使用;酶法脱气利用葡萄糖氧化酶将葡萄糖氧化成葡萄糖酸而耗氧,生产中几乎没有使用。

2. 脱油

脱油主要用于橙汁。甜橙在取汁时难免带入或多或少的香精油。橙汁中香精油含量在 $0.015\%\sim0.025\%$ 时具有愉快的香气和风味,但超过 0.03% 就造成苦麻味,且还会在贮存过程中由于 d-宁烯水解生成 1,4-桉树脑,出现类似松节油的不愉快气味。所以必须适度脱油。生产上一般采用真空脱油器进行。

4.2.7　果汁的浓缩

在生产浓缩果蔬汁时,可从果蔬汁中除去大部分水分,使其中的可溶性固形物含量由5％～20％提高到60％～75％。产品经过浓缩后,体积减小、可溶性固形物提高,可以显著降低产品的包装、运输费用,增加产品的保藏性,延长产品的贮藏期。另外浓缩果蔬汁,除了加水还原成果蔬汁或果蔬汁饮料外,还可以作为其他食品工业的配料,用于果酒发酵、奶制品、甜点等的配料,如浓缩葡萄汁和浓缩苹果汁分别可用作葡萄酒与苹果酒的生产原料。浓缩还可以克服因果蔬采收期和品种不同而产生的成分上的差异,使产品质量达到一定的规格要求。因此在国际贸易中浓缩果蔬汁比较受欢迎,生产量和贸易量也在逐年增加,常见的果蔬浓缩汁产品有浓缩苹果汁(70～72 °Bx)(°Bx 为白利度,见第 6 章 6.3.1.2 节)、浓缩橙汁(65 °Bx)、浓缩菠萝汁(65 °Bx)、浓缩葡萄汁(65～70 °Bx)以及浓缩胡萝卜汁(30 °Bx)、浓缩番茄浆(28～30 °Bx)等。果蔬汁的浓缩比可以按下式计算:

$$浓缩比 = 浓缩前物料的质量/浓缩后物料的质量$$
$$或 = 浓缩后物料的可溶性固形物/浓缩前物料的可溶性固形物$$

果蔬汁浓缩方法主要有真空浓缩法、冷冻浓缩法、反渗透浓缩法和超溶浓缩法等。

4.2.7.1　真空浓缩法

大多数果蔬汁是热敏性食品,在高温下长时间煮制浓缩,会对果蔬汁的色、香、味带来很大的不利影响。为了较好地保持果蔬汁的品质,浓缩应该在较低的温度下进行,因此多采用真空浓缩,即在减压的条件下使果蔬汁中的水分迅速蒸发,浓缩时间很短,能很好地保存果蔬汁的质量。浓缩温度一般为 25～35 ℃,不宜超过 40 ℃,真空度为 0.096 MPa 左右。但这样的温度适合微生物的活动和酶的作用,因此浓缩前应适当杀菌。果蔬汁中以苹果汁比较耐热,浓缩时可以采取较高的温度,但也不宜超过 55 ℃。果蔬汁在真空浓缩过程中,由于芳香物质的损失,一般在浓缩前或浓缩过程中要进行芳香物质的回收,目前,苹果能回收 8％～10％,黑醋栗 10％～15％,葡萄甜橙 26％～30％,回收后的芳香物质可以直接加回到浓缩果蔬汁中或作为果蔬汁饮料用香精。另外还可以添加一些新鲜果汁来弥补浓缩时芳香物质的损失,称之为"cut-back"法,例如橙汁浓缩到 58 °Bx,然后加原橙汁稀释至 42 °Bx。葡萄汁在浓缩时经常会出现酒石沉淀,导致葡萄浓缩汁的浑浊,因此在浓缩前葡萄汁应进行冷冻处理去除酒石。对于生产高浓度的浓缩汁,浓缩之前需要进行脱胶处理,由于果汁中含有果胶,浓缩过程中经常会出现胶凝现象,致使浓缩过程难以继续。

真空浓缩的关键组件是蒸发器,主要由加热器和分离器两部分组成。加热器是利用水蒸气为热源加热被浓缩的物料,为强化加热过程,常采用强制循环代替自然循环;分离器的作用是将产生的二次蒸汽与浓缩液分离。常用的蒸发器主要有搅拌式蒸发器、升膜式蒸发器、降膜式蒸发器、强制循环式蒸发器、螺旋管式蒸发器、板式蒸发器、离心薄膜式蒸发器等,有关工作原理请参阅指定参考书。目前国外最有代表性的设备是美国 FMC 公司的管式多效真空浓缩设备和瑞典的离心薄膜蒸发器。

为了能有效利用热能,生产中常采用多效浓缩器,图 4-2 为一个四效浓缩装置流程示意图。

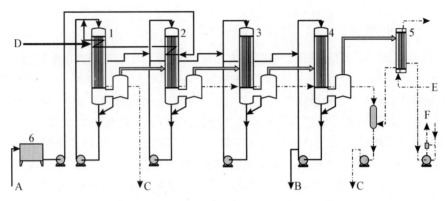

图 4-2　四效浓缩装置流程示意图（GEA 公司提供）

1. 一效蒸发器　2. 二效蒸发器　3. 三效蒸发器　4. 四效蒸发器　5. 冷凝器　6. 原料贮罐

A. 原料　B. 浓缩产品　C. 冷凝液　D. 蒸汽　E. 冷却水　F. 脱气

4.2.7.2　冷冻浓缩法

冷冻浓缩法是利用冰与水溶液之间的固液相平衡原理，将水以固态冰的形式从溶液中分离的一种浓缩方法，有关冷冻浓缩的原理请参阅指定参考书。冷冻浓缩包括冷却过程、冰晶的形成与扩大、固液分离 3 个过程，冷冻方式分为层状冻结（在管式、板式、转鼓式及带式设备中进行）和悬浮冻结。悬浮冻结浓缩方法的特征为无数悬浮于母液中的小冰晶，在带搅拌装置的低温罐中长大并不断排除，使母液浓度增加而浓缩。冷冻浓缩装置主要由结晶系统和分离设备两部分组成，20 世纪 70 年代应用于生产，Grenco 公司的单级冷冻浓缩系统如图 4-3 所示。

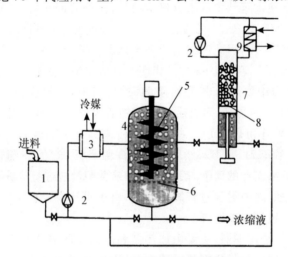

图 4-3　Grenco 公司单级冷冻浓缩系统

1. 原料罐　2. 循环泵　3. 刮板式热交换器　4. 再结晶罐（成熟罐）　5. 搅拌器　6. 过滤器

7. 洗净塔　8. 活塞　9. 冰晶融解用热交换器

（引自：刘凌，2001）

果蔬汁的冷冻浓缩就是将果蔬汁进行冷冻处理，当温度达到果蔬汁的冰点时果蔬汁中的部分水呈冰晶析出，果蔬汁浓度得到提高，果蔬汁的冰点下降，当继续降温达到果蔬汁的新冰点时形成的冰晶扩大，如此反复。由于冰晶数量增加和冰晶的扩大，浓度逐渐增大，及至其共晶点或低于共熔点温度时，被浓缩的溶液全部冻结。果蔬汁的冷冻流程如图 4-4 所示。

图 4-4　果蔬汁的冷冻流程

与真空浓缩法相比,冷冻浓缩法避免了热和真空的作用,没有热变性,不发生加热臭,芳香物质损失极少,产品的质量远远高于真空浓缩的产品;其次热能耗量少,冷冻水所需要的能量为 334.9 kJ/kg(80 kcal/kg),而蒸发水所需要的能量为 2260.8 kJ/kg(540 kcal/kg),因此理论上冷冻浓缩所需的能量为蒸发浓缩需要的能量的 1/7。冷冻浓缩的主要缺点是:浓缩后产品需要冷冻贮藏或加热处理以便保藏;浓缩分离过程中会造成果蔬汁的损失;浓度高、黏度大的果蔬汁不容易分离;冷冻浓缩受到溶液浓度的限制,浓缩浓度一般不超过 55 °Bx。综上所述,冷冻浓缩目前一般只用于热敏性高、芳香物质含量高的果蔬汁(如柑橘、草莓、菠萝等果汁)的浓缩。

4.2.7.3　反渗透浓缩法和超滤浓缩法

反渗透(reverse osmosis,RO)和超滤(ultra filtration,UF)都属于膜分离技术,均是借助压力差将溶质与溶剂分离。反渗透一般用于小溶质分子的处理,用于去除分子质量为 0～10 000 u 的溶质,广泛应用于海水的淡化、纯净水的生产。反渗透的分离原理详见第1章饮料用水及水处理。超滤则一般用于分子质量为 1 000～50 000 u 的溶质分离,如用于从果汁中分离小肽、果胶等高分子物质而使果汁得以澄清。反渗透法在果蔬汁工业上可用于果蔬汁的预浓缩,与蒸发浓缩相比,反渗透和超滤浓缩的优点是:不需加热,在常温下浓缩,不发生相变;挥发性芳香成分损失少;在密闭管道中进行,不受氧气的影响;节能。反渗透需要与超滤和真空浓缩结合起来才能达到较为理想的效果。浓缩工艺流程如图 4-5 所示。

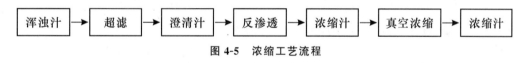

图 4-5　浓缩工艺流程

4.2.8　果蔬汁及其饮料的调整与混合

果蔬汁的调整与混合,俗称调配,根据果蔬汁产品的类型和要求并不完全一致。但是调配的基本原则一方面是要实现产品的标准化,使不同批次产品保持一致性;另一方面是为了提高果蔬汁产品的风味、色泽、口感、营养和稳定性等,力求各方面能达到很好的效果。

100%的果蔬汁在生产过程中不添加其他物质,大多数水果都能生产较为理想的果汁,具有合适的糖酸比、好的风味与色泽,一般大部分果汁的糖酸比为(13～15):1。但是有一些100%的果蔬汁由于太酸或风味太强或色泽太浅,口感不好,外观差,因此不适于直接饮用,需要与其他一些果蔬汁复合;而许多蔬菜汁由于没有水果特有的芳香味,而且经过热处理易产生煮熟味,风味不为消费者接受,更需要调整或复合。可以利用不同种类或不同品种果蔬的各自优势,进行复配。如生产苹果汁时,可以使用一些芳香品种如元帅、金冠、青香蕉等与一些酸味较强或酸味中等的品种复配,弥补产品的香气和调整糖酸比,改善产品的风味;利用玫瑰香品种提高葡萄汁的香气,利用深色品种如增芳德(Zinfandel)、紫北塞(Alicante Bouschet)、北塞魂(Petite Bouschet)来改善产品的色泽;宽皮橘类香味、酸味较淡,可以通过橙类果汁进行调整;许多热带水果,香气浓厚、悦人,是果蔬汁生产中很好的复配原料,如具有"天然香精"之称的西番莲现广泛用来调整果蔬汁的风味。

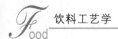

非100％果蔬汁饮料的调整,除了进行不同果蔬和不同品种之间的调整外,由于加工过程中添加了大量的水分,果蔬汁原有的香气变淡、色泽变浅、糖酸都降低,需要通过添加香精、糖、酸甚至色素来进行弥补,使产品的色香味达到理想的效果。果蔬汁调整时需要添加的糖与酸可按下列公式计算,而香精则应根据具体情况而定。

$$W_s = \frac{\dfrac{W_1}{R} \cdot S_3 - W_1 S_1}{S_2}$$

$$W_a = \frac{\dfrac{W_1}{R} \cdot A_3 - W_1 A_1}{A_2}$$

$$W_w = \frac{W_1}{R} - W_s - W_a$$

式中:W_1为原果蔬汁质量,kg;W_s为需要添加的糖液量,kg;W_a为需要添加的酸液量,kg;W_w为需要加水量,kg;R为调整后产品中的果蔬汁含量,％;S_1为原果蔬汁中可溶性固形物含量,％;S_2为添加的糖液浓度,％;S_3为调整后成品中可溶性固形物含量,％;A_1为原果蔬汁中含酸量;A_2为添加的酸液浓度;A_3为调整后成品中含酸量。

近年来在果蔬汁生产中强化一些营养成分已成为一种发展趋势,如强化膳食纤维、维生素和矿物质等,如美国生产的很多橙汁中都添加了钙。

4.2.9　果蔬汁及其饮料的杀菌与包装

4.2.9.1　果蔬汁及其饮料的杀菌

果蔬汁及其饮料的包装与杀菌是产品得以长期保藏的关键。在进行杀菌时,一方面需要杀死果蔬汁中的致病菌和钝化果蔬汁中的酶,同时要考虑产品的质量如风味、色泽和营养成分以及物理性质如黏度、稳定性等不能受到太大的影响。杀菌方式有加热杀菌和非加热杀菌(冷杀菌)两大类。

加热杀菌有可靠、简便和投资小等特点,在现代果汁加工中,加热杀菌仍是应用最普遍的杀菌方法。非加热杀菌主要有超高压杀菌、辐照杀菌、高压脉冲电场杀菌、紫外线杀菌、臭氧杀菌等,这些杀菌技术有很多优点,是目前国内外学者研究的热点,其中超高压杀菌技术已经在果蔬汁加工中获得成功,但由于超高压设备昂贵,生产效率较低,故尚未在生产上广泛推广应用。

巴氏杀菌是应用较早的一种加热杀菌方法。以前对于瓶装和三片罐装的果蔬汁多采用二次巴氏杀菌,即将果蔬汁加热到70～80℃后灌装(实际上主要是为了排气,生产中通常称为第一次杀菌),密封后再进行第二次杀菌,由于加热时间较长,对产品的营养成分、颜色和风味都有不良的影响,目前生产中使用较少。

随着杀菌技术的开发,目前生产中广泛采用高温短时杀菌(high temperature short time,HTST)和超高温杀菌(ultra-high temperature,UHT)。对于pH<3.7高酸性果汁多采用高温短时杀菌方法,一般温度为95℃,时间为15～20 s;而对于pH>3.7的果蔬汁,广泛采用超高温杀菌方法,杀菌温度为120～130℃,时间为3～6 s,尤其是对于蔬菜汁,不仅产品的pH

高,而且土壤中的耐热菌污染的机会较多,如番茄汁有可能出现一些芽孢杆菌如巴士固氮梭状芽孢杆菌(*Clostridium pasterianum*)、酪酸梭装芽孢杆菌(*Clostridium butyricum*)和嗜热酸芽孢杆菌(*Bacillus thermoacidurans*),杀菌要特别注意。

销往热带地区或沙漠地区的蔬菜汁,由于当地气温高,如果杀菌不彻底,在合适的条件下耐热菌容易生长繁殖,经常会出现产品腐败现象,因此在检验时不仅要进行 37 ℃的嗜温菌的培养,还需要进行 55 ℃的嗜热菌的培养。有关果蔬汁的检验与罐头一样,具体内容请参考有关书籍。

果蔬汁的加热杀菌设备有板式、管式、刮板式等多种形式。生产中应该根据饮料的黏度、固形物含量、杀菌温度、压力和保持时间等选择通用型号的加热杀菌设备。此外,还应考虑加热时应无局部过热现象,无死角,加热介质不污染物料,以及容易清洗和拆卸安装方便等因素。

4.2.9.2　果蔬汁及其饮料的灌装和包装

果蔬汁及其饮料的包装容器经历了从玻璃瓶到易拉罐,再到纸包装和塑料瓶的发展过程。目前市场上直饮型(ready to drink,RTD)果蔬汁及其饮料的包装基本上是上述 4 种形式并存。

纸包装:目前提供无菌纸包装的公司有瑞典的利乐公司(Tetra Pak)、德国的 KF 公司(KF Engineer GmbH)以及美国的国际纸业(International Paper)公司等。纸包装的外形有砖形和屋脊包形两种。包装材料由 PE/纸/PE/铝箔/PE 等 5 层组成。利乐包是由纸卷在生产过程中先通过杀菌然后依次完成成形—灌装—密封(form-fill-seal)等过程,而康美包(combiblock)是先预制纸盒,在生产过程中通过杀菌后只完成灌装—密封过程。

塑料瓶:主要有 PET 瓶和 BOPP 瓶。

玻璃瓶:瓶形较以前有很大不一样,设计美观,以三旋盖代替了皇冠盖。

金属罐:以三片罐为主,近年来也有在果蔬汁中充入氮气的二片罐装果蔬汁。

目前在果蔬汁加工的生产过程中,一般采用热灌装、冷灌装和无菌灌装等 3 种方式(表 4-4)。

表 4-4　果汁的 3 种灌装方法及相关参数

灌装方法	杀菌温度/℃	灌装温度/℃	包装容器	流通温度/℃	货架期
热灌装	95	>80	金属罐、塑料瓶、玻璃瓶	常温	1 年
冷灌装	95	<5	塑料瓶、屋脊包	5~10	2 周
无菌灌装	95	<30	纸包装、塑料瓶、玻璃瓶	常温	6 个月以上

热灌装:果汁在经过加热杀菌后,不进行冷却,而是趁热灌装,然后密封、冷却,包装容器一般采用金属罐、玻璃瓶或 PET 塑料瓶等,在灌装前包装容器须经过清洗消毒,在常温下流通销售,产品不会变质败坏,可贮藏 1 年以上。

冷灌装:果汁经过加热杀菌后,立即冷却至 5 ℃以下灌装、密封,包装容器一般采用 PET 塑料瓶,在灌装前包装容器须经过清洗消毒,在低温下(<10 ℃)流通销售,需要冷链,产品可保持 2 周不坏。

无菌灌装:无菌灌装的 3 个基本条件是食品无菌、包装材料无菌和包装环境无菌。果蔬汁的无菌灌装是指果蔬汁经过加热杀菌后,立即冷却至 30 ℃以下,而包装材料经过过氧化氢或热蒸汽杀菌后,在无菌的环境条件下灌装,产品在常温下流通销售,可贮藏 6 个月以上。包装容器主要是纸包装和塑料瓶。目前广泛使用的纸包装是利乐包和康美包。果蔬浓缩汁也可以采用上述 3 种方式灌装,对于一些加热容易产生异味的果蔬浓缩汁或为了很好地保存果蔬浓缩汁的品质,浓缩后采用冷灌装进行冷冻贮藏,如冷冻浓缩橙汁,可以装在塑料桶或内衬聚乙烯袋的铁桶中(bag-in-drum)或冷冻罐车和运输船中。而热灌装主要用 18 L 马口铁灌装,适用于浓缩汁或果蔬汁(浆),如我国出口日本的浑浊苹果浓缩汁和白桃原汁,采用这种方式,可以在常温下贮藏运输。无菌灌装主要采用 220 kg 的无菌大袋,主要有休利袋(Scholle)、爱尔珀袋(Elpo)等,以箱中袋(bag-in-box)或桶中袋(bag-in-drum)的形式运输,我国出口的苹果浓缩汁以及许多果蔬汁(浆)采用这种包装,可以在常温下运输。由于浓缩汁各种成分浓度较高,化学反应速度较快,如还原糖和氨基酸的美拉德反应(millard reaction),容易发生非酶褐变,所以最好是能够冷藏。

在果蔬汁灌装技术中,最近又出现了中温灌装技术。中温灌装技术又称为超洁净灌装技术,是将栅栏技术应用于热灌装工艺中,将充填温度由 83~95 ℃降低至 65~75 ℃。通过合理的生产线硬件配制和品控管理,在不添加防腐剂的前提下,使得采用非耐热 PET 瓶生产的饮料,产品卫生达到耐热 PET 瓶饮料和国家标准的要求。中温灌装技术与热灌装技术相比,优势在于:一方面能大幅度降低包材成本,另一方面可明显降低吹瓶费用。而冷灌装技术在实际生产中,因为没有高度保障果蔬汁无菌的有效途径,果蔬汁(特别在企业刚开始使用生产线时)很容易感染杂菌,中温灌装技术比较有效地避免了这一缺点。目前,伊利、完达山、日本大冢制药、哈药集团制药六厂、北京乐天华邦集团、印尼 Cherrio 集团、泰国 Natt 食品、越南 IMV 公司等众多国际、国内知名乳品、饮料企业已经将中温灌装技术应用于生产中。

4.3　果蔬汁及其饮料生产中常见的质量问题

如果加工工艺控制不好,果蔬汁及其饮料在贮藏、运输和销售过程中,经常会出现一些质量问题。尤其是果蔬汁的安全性如致病菌、毒素、农药残留已日益受到重视,只有建立良好的操作规范(good manufacturing principle,GMP)和实行危害分析和关键控制点管理(hazard analysis and critical control point,HACCP)才能有效防止这些问题。

4.3.1　浑浊沉淀

澄清果蔬汁要求产品澄清透明、不出现后浑浊(after-haze)。澄清果蔬汁出现后浑浊的原因很多,主要是由于澄清处理不当和微生物因素造成的,如果胶、淀粉、明胶、酚类物质、蛋白质、助滤剂、微生物、阿拉伯聚糖、右旋糖酐等都会引起浑浊和沉淀,因此在生产中应针对这些因素进行一系列检验,如后浑浊检验、果胶检验、淀粉检验、硅藻土检验等。有关具体检验方法请参阅指定参考书。

浑浊果蔬汁和果蔬带肉饮料则要求产品均匀浑浊,贮藏、销售过程中产品不应该分层、澄清以及沉淀,尤其是对透明的包装容器如玻璃瓶、塑料瓶更为重要。生产过程中主要通过均质处理细化果蔬汁中悬浮粒子和添加一些增稠剂(一般都是亲水胶体)而提高产品的黏度等措施保证产品的稳定性。必须注意的是柑橘类浑浊果汁在取汁后要及时加热钝化果胶酯酶(pectin methyl esterase,PME),否则果胶酯酶能将果汁中的高甲氧基果胶分解成低甲氧基果胶,后者与果汁中的钙离子结合,易造成浑浊的澄清和浓缩过程中的胶凝化。

4.3.2　变色

果蔬汁出现的变色可分为 3 种类型:本身所含色素的改变,酶促褐变和非酶褐变。

本身所含色素的改变,比较常见是绿色蔬菜汁中的叶绿素在酸性条件下脱色,橙黄色饮料中胡萝卜素等在光敏氧化作用下褪色,以及含花青素饮料的褪色。

酶促褐变主要发生在破碎、取汁、粗滤、泵输送等工序过程中。由于果蔬组织破碎,酶与底物的区域化被打破,在有氧气的条件下果蔬中的氧化酶如多酚氧化酶(polyphenol oxidase, PPO)催化酚类物质氧化变色。主要防止措施有:①加热处理尽快钝化酶的活性;②破碎时添加抗氧化剂如维生素 C 或异维生素 C,消耗环境中的氧气,还原酚类物质的氧化产物;③添加有机酸如柠檬酸抑制酶的活性,因为多酚氧化酶最适 pH 为 6.8 左右,当 pH 降到 2.5～2.7 时就基本失活;④隔绝氧气,破碎时充入惰性气体如氮气创造无氧环境和采用密闭连续化管道生产。

非酶褐变发生在果蔬汁的贮藏过程中,特别是浓缩汁更为严重,这类变色主要是由还原糖和氨基酸之间的美拉德反应引起的,而还原糖和氨基酸都是果蔬汁本身所含的成分,因此较难控制。主要防止措施是:①避免过度的热处理,防止羟甲基糠醛(hydroxy methyl furfural,HMF,根据其值的大小可以判断果蔬汁是否加热过度)的形成;②控制 pH 在 3.2 以下;③低温贮藏或冷冻贮藏。

有些含花青苷的果蔬汁由于色素花青苷不稳定,在贮藏过程也还会变色。

4.3.3　变味

果蔬汁的变味如酸味、酒精味、臭味、霉味等主要是由微生物生长繁殖引起腐败所造成的,在变味产生的同时经常伴随果蔬汁出现澄清、浑浊、黏稠、胀罐、长霉等现象,可以通过控制加工原料和生产环境以及采用合理的杀菌条件来解决。使用三片罐装的果蔬汁有时会有金属味,是由于罐内壁的氧化腐蚀或酸腐蚀,采用脱气工序和选用内涂层良好的金属罐,就能避免这种情况发生。另外高温加热会使果蔬汁带有"焦味"或"煮熟味"。

4.3.3.1　细菌引起的变味

主要是耐酸乳酸菌,分解利用果蔬汁中的糖、有机酸,产生乳酸、二氧化碳、双乙酰、乙酸等,而出现异味;另外乳明串珠菌还可以代谢产生多糖使果蔬汁变得黏稠。近年来在苹果浓缩汁中发现嗜酸耐热菌,在浓缩汁中不繁殖,能在稀释还原后的果汁中能生长,产生不愉快风味的 2,6-二溴苯酚和愈创木酚。蔬菜汁变味主要是耐热菌的生长引起的。

4.3.3.2　酵母引起的变味

酵母菌通过酒精发酵作用产生二氧化碳和酒味,造成胀罐和浑浊。

4.3.3.3　霉菌引起的变味

果蔬汁中的霉菌以青霉属(*Penicillium*)和曲霉属(*Aspergillus*)为主,生长繁殖时产生霉味,并能分解果胶引起浑浊果蔬汁的澄清。特别要注意的是,青霉属中的棒青霉(*P. claviforme*)、扩张青霉(*P. expansum*)、展开青霉(*P. patulum*)和曲霉属中棒曲霉(*A. clavatus*)、土曲霉(*A. Terreus*)以及丝衣霉属(*Byssochlaamys*)中的雪白丝衣霉(*B. nivea*)、纯黄丝衣霉(*B. fulva*)等,能产生棒曲霉素(patulin),是一种能致癌和致畸的霉菌毒素,其结构见图 4-6。在苹果浓缩汁的国际贸易中它是限制非常严格的重要质量指

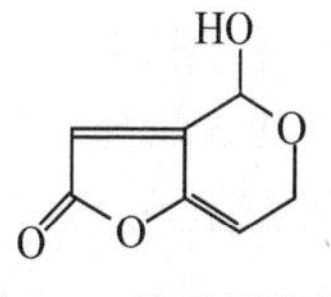

图 4-6　棒曲霉素的结构

标,规定在浓缩汁中的含量必须少于 $50×10^{-6}$ mg/L。

4.3.4 掺假

掺假是指生产企业为了降低生产成本,果蔬汁或果蔬汁饮料产品中的果蔬汁含量没有达到规定的标准,为了弥补其中各种成分的不足而添加一些相应的化学成分使其达到含量,即采取一定措施将低果蔬汁含量的产品装饰成高果蔬汁含量的产品。据统计,国际上有 $50\%\sim80\%$ 的果汁存在掺假问题,常见的有:掺水(低含量标示为高含量)、掺糖(掺加蔗糖、复合糖浆、高果糖浆等)、掺酸(掺加苹果酸、柠檬酸等)、掺加低价水果(苹果汁中添加梨汁、橙汁中添加葡萄柚汁等)、掺加果渣提取液(猕猴桃汁中添加其果渣提取液等)、掺加胶体溶液(掺加阿拉伯胶、瓜尔豆胶、黄原胶等)、果汁产地掺假及以浓缩还原汁冒充鲜榨汁或非浓缩还原汁(标签虚假标注)等。

随着科技的发展,果汁的掺假手段现已经发展到根据各种果汁的组成而进行非常精细的添加,甚至将食品鉴伪专家建立的果汁组成数据库作为掺假的“配方”,令果汁的鉴伪检测变得越来越困难。

目前国际上还没有统一的果汁含量的测定方法,很多发达国家根据各自的国情和水果资源的品种差异等因素制定自己的果汁含量的检测方法。如日本是通过测定总酸、灰分、氨基酸态氮、不溶性固形物和可溶性固形物的含量,来推算果汁含量;德国在经过了大量的样品测试、研究后制定了一个统一的果汁有效组分分析方法,并规定了苹果汁、橙汁、梨汁、葡萄汁、杏汁等 11 种水果原果汁参数标准值及允许误差范围(RSK 值),建立了较系统的监控手段。荷兰、以色列、西班牙等国家或地区参照德国的 RSK 值中公布的有关参数项制定了本国的标准值以测定果汁含量。我国的果汁含量检测与鉴别标准则非常欠缺,目前只有 2 项国家标准用于果汁含量的检测,分别是对山楂汁(GB/T 19416—2003)和橙、柑、橘汁(GB/T 12143—2008)含量进行检测。

为了进行果汁掺假鉴定,国内外学者针对掺假方式作了许多鉴别研究。鉴伪技术经历了从单一性状、常见组分、常规分析到多性状、特异组分、专门分析及数理统计方法运用的过程,同时随着现代生物技术的发展,应用分子生物学方法进行果汁检测给果汁鉴伪研究注入了新的血液。这些技术具有方便、准确、迅速、简洁的特点,其结果能为果汁的真伪鉴定提供更可靠的依据。

1. 常规理化检测法

主要利用果汁中特征成分含量或某一些常规成分之间的比例来进行检测判断,如:二氢查耳酮糖苷是苹果的特征物质,可用于苹果汁的掺伪检测;胡柚汁中含有大量的 β-隐黄质及其酯类,其含量可作为判别依据,分析橙汁中是否添加了胡柚汁;梨汁中脯氨酸含量大约是苹果汁的 10 倍之多,因此通过测定苹果汁中脯氨酸的含量可以判断其中是否添加梨汁;分析还原糖含量和可溶性固形物含量之间的比值,包括果糖与葡萄糖之比及各种单糖或糖醇对总糖与山梨醇之和之比,可检测通过加入蔗糖和浆果来调整可溶性固形物水平的伪劣果汁;测定各种有机酸含量尤其是以微量酸作为掺假指示剂,或根据柠檬酸添加量与果汁溶液 pH 的变化幅度及果汁的缓冲能力与原果汁含量之间的相关信息来进行鉴定。

2. 新型理化检测法

(1)色谱技术 每种果汁都具有自身主要的特征糖类化合物和明显的有机酸组成,利用色谱技术建立糖类指纹图谱、有机酸指纹图谱、氨基酸指纹图谱、低聚寡糖指纹图谱能够用于果汁生产的监控,使检测更简便快速,结果可靠,甚至能区分不同原产地的果汁产品。

(2)质谱技术　同位素变化测定法在果汁真伪鉴别中得到越来越广泛的应用。如$^{18}O/^{16}O$值和$^{2}H/^{1}H$值可以作为鉴别天然果汁含量的依据。但由于同位素测定法所需分析时间长,样品处理繁杂,检测成本高,国内开展这方面的工作较少。此外,利用毛细管区带电泳和基质辅助激光脱附游离飞行时间质谱仪测定橙汁可以判断其中是否添加甜味剂。

(3)光谱技术　基于近红外技术光谱成分分析的广泛性和果汁的光学性质,通过添加不同浓度的果葡糖浆、蔗糖溶液(含果糖、葡萄糖和蔗糖)和两者的混合溶液建立甜味剂添加模型,可快速判断苹果汁是否掺假,该法用于判断加糖苹果汁,准确率可达$91\%\sim100\%$,且检测成本低、样品无须预处理、无须化学试剂、为物质多成分含量的实时无损检测提供了一种新方法。

(4)人工神经网络　利用电子舌不同的味觉传感器组成一传感器阵列采集样本信息,将神经网络作为模式识别工具训练样本识别、分类,现已能够定性地识别出苹果、菠萝、橙子和红葡萄等几种不同的果汁。该法目前存在的问题是电子舌的稳定性及检测的精确度有待进一步提高。

3. 分子生物学检测法

利用不同热处理和贮藏条件下 DNA 的完整性不同导致的 PCR 扩增情况不同,可鉴定鲜榨橙汁和还原橙汁。此外,利用西柚中所含的特异性多肽,也可采用此法将西柚与橙汁区分开来。

❓ 思考题

1. 简述果蔬汁加工对原料的基本要求。
2. 果蔬汁加工取汁的方式有哪些？各有何特点？
3. 果蔬汁有哪些类型？澄清果汁和浑浊果汁在工艺上有何差异？
4. 简述果蔬汁浓缩的主要方式及其浓缩原理。
5. 果汁与蔬菜汁的杀菌有何区别？果蔬汁的灌装方式有哪些？
6. 果蔬汁常见的质量问题有哪些及如何解决？
7. 果蔬汁为什么要进行非热加工？目前主要有哪些非热加工技术？
8. 详细分析橙与苹果加工成果汁的工艺及其操作要点。

📖 推荐学生参考书

[1] 崔波. 饮料工艺学. 北京:科学出版社,2014.

[2] 侯建平. 饮料生产技术. 北京:科学出版社,2008.

[3] 蒋和体,吴永娴. 软饮料工艺学. 北京:中国农业科学技术出版社,2006.

[4] 孟宪军,乔旭光. 果蔬加工工艺学. 北京:中国轻工业出版社,2020.

[5] 蒲彪,胡小松. 饮料工艺学. 北京:中国农业大学出版社,2016.

[6] 仇农学. 现代果汁加工技术与设备. 北京:化学工业出版社,2006.

[7] 阮美娟,徐怀德. 饮料工艺学. 北京:中国轻工业出版社,2013.

[8] 中华人民共和国国家质量监督检验检疫总局,中国国家标准化管理委员会. 果蔬汁类及其饮料:GBT 31121—2014. 北京:中国标准出版社,2014.

［9］朱倍薇．饮料生产工艺与设备选用手册．北京：化学工业出版社，2002.

［10］朱珠．软饮料加工技术．北京：化学工业出版社，2011.

参考文献

［1］崔波．饮料工艺学．北京：科学出版社，2014.

［2］牛灿杰，张慧，陈小珍．果汁掺假鉴别检测技术研究进展．江苏农业科学，2015，43（6）：292-294.

［3］沈夏艳，陈颖，黄文胜，等．果汁鉴伪技术及其研究进展．检验检疫科学，2007，17（4）：63-66.

［4］朱孔岳．苹果葡萄汁饮料中原果汁含量检测方法建立及应用．南京：南京农业大学，2012.

［5］朱珠．软饮料加工技术．北京：化学工业出版社，2011.

［6］Donald K T. Fruit and vegetable juice processing technology. Westport Conn：The AVI Publishing Co. Inc. ，1971.

［7］Sizer C E, Balasubraamaniam V M. New intervention processes for minimally processed juices. Food Technology，1999，53（10）：64-67.

第 5 章

蛋白饮料

本章学习目的与要求

1. 熟悉蛋白饮料的种类和含乳饮料的生产工艺。
2. 掌握影响豆乳质量的因素及其控制措施、豆乳的生产工艺要点。
3. 掌握发酵酸豆乳生产的基本原理、工艺流程及工艺要点。
4. 了解其他植物蛋白饮料生产的工艺要点。

主题词：含乳饮料　配制型含乳饮料　发酵型含乳饮料　植物蛋白饮料　豆乳饮料　豆腥味　发酵酸豆乳　椰子乳饮料　杏仁乳饮料　核桃露饮料

以乳或乳制品,或其他动物来源的可食用蛋白,或含有一定蛋白质的植物果实、种子或种仁等为原料,添加或不添加其他食品原辅料和(或)食品添加剂,经加工或发酵制成的液体饮料叫蛋白饮料。按照 GB/T 10789—2015《饮料通则》的分类,蛋白饮料(protein berevage)可分为含乳饮料(milk beverage)、植物蛋白饮料(plant protein beverage)和复合蛋白饮料(mixed protein beverage)。

5.1 含乳饮料

5.1.1 含乳饮料的定义与分类

我国饮料工业发展非常迅速,含乳饮料的产量增加很快,品种也越来越多。根据发展形势的要求,国家标准对含乳饮料的定义和分类及技术内容作了适当的修改和规定,下面以 GB/T 10789—2015《饮料通则》、GB/T 21732—2008《含乳饮料》为准,对含乳饮料的定义与分类作简单介绍。

1. 含乳饮料的定义

含乳饮料(milk beverage)是指以乳或乳制品为原料,加入水及适量辅料经配制或发酵而成的饮料制品。含乳饮料还可称为乳(奶)饮料、乳(奶)饮品。

2. 含乳饮料的分类

我国标准没有把含乳饮料类包括在乳和乳制品的种类中,而是将其列入了饮料范畴,并把含乳饮料分为 3 类。

(1)配制型含乳饮料(formulated milk beverage) 以乳或乳制品为原料,加入水,以及食糖和(或)调味剂、酸味剂、果汁、茶、咖啡、植物提取液等的一种或几种调制而成的饮料。配制型含乳饮料要求蛋白质含量不低于 1.0 g/100 g。

(2)发酵型含乳饮料(fermented milk beverage) 以乳或乳制品为原料,经乳酸菌等有益菌培养发酵制得的乳液中加入水,以及食糖和(或)甜味剂、酸味剂、果汁、茶、咖啡、植物提取液等的一种或几种调制而成的饮料,如乳酸菌乳饮料,根据其是否经过杀菌处理而区分为杀菌(非活菌)型和未杀菌(活菌)型。发酵型含乳饮料还可称为酸乳(奶)饮料、酸乳(奶)饮品。发酵型含乳饮料要求蛋白质含量不低于 1.0 g/100 g。

(3)乳酸菌饮料(lactic acid bacteria beverage) 以乳或乳制品为原料,经乳酸菌发酵制得的乳液中加入水,以及食糖和(或)甜味剂、酸味剂、果汁、茶、咖啡、植物提取液等的一种或几种调制而成的饮料,根据其是否经过杀菌处理而区分为杀菌(非活菌)型和未杀菌(活菌)型。乳酸菌饮料要求蛋白质含量不低于 0.7 g/100 g。

5.1.2 配制型含乳饮料

配制型含乳饮料有中性与酸性之分,中性产品如咖啡乳饮料、可可(巧克力)乳饮料、奶茶饮料等,生产中不加酸味剂,产品接近中性,生产工艺基本相同;酸性产品有果汁乳饮料、果味乳饮料等,配料中加入酸性果汁或酸味剂,产品呈酸性,这类产品的生产工艺基本相同。下面以咖啡乳饮料、可可乳饮料及果汁乳饮料为例,介绍配制型含乳饮料的生产技术。

5.1.2.1 咖啡乳饮料

咖啡乳饮料是指以乳(包括全脂乳、脱脂乳、全脂或脱脂奶粉的复原乳)、糖和咖啡为主要原料,另加香料和焦糖色素等制作成的饮料。

1. 工艺流程

咖啡乳饮料生产工艺流程如图 5-1 所示。

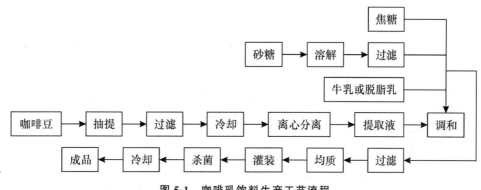

图 5-1　咖啡乳饮料生产工艺流程

2. 原辅料

(1)乳原料　乳原料一般可使用生乳、脱脂乳、炼乳、全脂或脱脂乳粉等,单独或合并使用均可。如果只使用脱脂乳及其制品时,添加一些乳脂肪则会使产品风味更好。

(2)咖啡　咖啡风味主要由香气和滋味组成,咖啡豆经高温焙炒,可以产生其特有的风味。咖啡豆的焙炒温度一般为180～250 ℃,焙炒程度直接影响咖啡的风味。焙炒程度高时酸味减少,苦味增强,风味变差,咖啡浸出液的兴奋性减弱。由于咖啡酸会使牛乳中的酪蛋白不稳定,所以,制作咖啡乳饮料所用的咖啡豆要比通常饮用咖啡的焙炒程度重一些,以减少咖啡酸的量。选择咖啡品种时,一般选择苦味咖啡而非酸味咖啡,并将 2～3 种具有特色风味的咖啡混合使用,混合比例要由加工产品风味类型决定。

咖啡提取液的制备方法:工厂自制咖啡提取液时,将焙炒后的咖啡豆在90～100 ℃热水中进行提取,提取的方法有虹吸式、滴水式、喷射式及蒸煮式,而生产中多使用喷射式和蒸煮式。提取液的用量、提取时间随咖啡豆的多少而定,但提取时间过长会导致咖啡风味下降。咖啡提取液中含有碳水化合物、脂肪、蛋白质等,作为风味成分的大部分是挥发性羰基化合物、挥发性含硫化合物等。因此,抽提后应立即冷却以防止挥发性物质的损失。咖啡提取液中还含有单宁物质,它可使蛋白质凝固,因此在大量加入提取液时,还要加入稳定剂,以提高饮料黏度,防止发生沉淀现象。

由于咖啡液浸提操作比较麻烦,且有咖啡渣的处理等问题,因此生产厂家多是外购咖啡提取液或速溶咖啡来进行咖啡乳饮料的制作。

(3)甜味剂　通常使用白砂糖,也可使用葡萄糖、果糖以及果葡糖浆等,但在使用上尚有一定难度。咖啡乳饮料是由蛋白质粒子、咖啡提取液中的粒子及焦糖色素粒子等分散成为胶体状态的、具有非常微妙组成的体系。加工条件及组成的微小变动,即可导致成分的分离。在各个条件中,以液体 pH 的影响最大。当 pH 降至 6 以下时,饮料成分分离的危险性就很大。

糖在受热时 pH 会降低,几种糖受热时的变化情况如表 5-1 所示。从表中可以看出,白砂糖在加热情况下 pH 变化最小,而果葡糖浆、果糖、饴糖、葡萄糖酸度变化则相对较大。因此,咖啡乳饮料宜采用白砂糖,加工技术易于掌握。

表 5-1　几种糖在加热时 pH 变化的情况

糖的种类	加热前		加热后	
	pH	酸度/%	pH	酸度/%
白砂糖	6.99	0.027	6.63	0.046
果葡糖浆	7.01	0.028	5.83	0.099
果糖	6.88	0.033	5.78	0.109
饴糖	7.02	0.025	6.29	0.062
葡萄糖	7.02	0.028	6.10	0.067
白砂糖＋葡萄糖	6.99	0.028	6.30	0.067
白砂糖＋果葡糖浆	6.95	0.029	6.20	0.074

注:表中加热条件为 120 ℃,15 min。

引自:邵长富,1987。

咖啡乳饮料是中性饮料,而且乳类等原料营养丰富,若原料中含耐热性芽孢菌,则必须采用严格的杀菌工艺将其杀灭,一般为 120 ℃,20 min。而在这样的工艺条件下,伴随以分解反应为主的化学变化也会使饮料变质。日本的田中研究表明,砂糖中污染的专性厌氧菌(*Clthermoaceticum*)是咖啡乳饮料变质败坏的原因之一。防止咖啡乳饮料变质的方法首先要选择优质的原料,检查原料中是否有嗜热性细菌存在,杜绝使用已经污染的原料;其次是对糖液进行杀菌,减少糖液中细菌污染。

(4)香精香料　咖啡乳饮料通常使用 1.8％～5.0％焙炒咖啡豆,咖啡豆的用量比常规饮用的咖啡少,因此乳饮料的咖啡风味不足。为使产品具有足够的风味,就需要用香料、咖啡香精和乳香精来补充。

(5)稳定剂　稳定剂可使产品口感爽滑,具有增稠和提高稳定性的作用。在乳饮料的生产上多使用黄原胶、卡拉胶、海藻酸钠、藻酸丙二醇酯(PGA)、羧甲基纤维素钠、明胶等。由于明胶易溶、方便,故使用较多,其用量为 0.05％～0.20％。其他稳定剂用量为:黄原胶 0.05％～0.1％,藻酸丙二醇酯 0.01％～0.03％,羧甲基纤维素钠 0.05％～0.1％。

(6)其他原料　使用碳酸氢钠、磷酸氢二钠用作调整 pH;焦糖用作着色剂;食盐、植物油用作改善风味;蔗糖酯用来调整和保持饮料的乳化程度;食品用硅酮树脂制剂用来消除乳饮料泡沫等。

3. 咖啡乳饮料配方

咖啡乳饮料可以用蛋白质含量、乳固形物含量反映乳的添加量,咖啡因的含量反映咖啡的添加量。咖啡乳饮料的种类很多,配方不尽相同。如前所述,我国对含乳饮料的蛋白含量也有明确规定。在日本,一般非脂乳固体在 3％以上的定为乳饮料,3％以下的为清凉饮料,而 8％以上才能使用"牛乳"字样,如"咖啡牛乳""果汁牛乳"等。

咖啡添加量高时,风味较好,但价格也高;若使用瓶装,脂肪含量在 0.1％以上的产品则易见油圈生成,造成外观上的问题。脂肪含量高时,可添加蔗糖酯,此时即使发生分离也不会凝集,且稍加振荡即可恢复均匀的分散状态。咖啡浸出液中的单宁会产生凝聚沉淀,因此在咖啡浸出液加入量多时,需要加入稳定剂以提高其黏稠度。

咖啡乳饮料的基础配方见表 5-2。

表 5-2 咖啡乳饮料的基础配方 %

成分	用量	成分	用量
生牛乳(乳粉)	35(4.2)	香精	0.03
糖	3～8	焦糖色素	0.001
焙炒咖啡豆	1.8	食盐	0.03
稳定剂	0.2～0.5	碳酸氢钠	0.05
蔗糖酯	0.1	加水至	100

4. 制作方法

(1)配制顺序 将砂糖和乳原料预先溶解,并将咖啡原料制成咖啡提取液后,按下列顺序进行调和,以防止咖啡提取液和乳液在混合罐直接混合后产生蛋白质凝固现象。

①将砂糖液倒入调和罐;

②必要量的碳酸氢钠和食盐溶于水后加入;

③蔗糖酯溶于水后加入乳中并进行均质处理;

④边搅拌边将均质后的乳加入调和罐内;

⑤必要时加入消泡剂硅酮树脂;

⑥随后加入咖啡抽提液和焦糖色素;

⑦最后加入香料,充分搅拌混合均匀。

(2)均质 均质的目的在于将混合物料中较大的颗粒破碎细化,提高料液的均匀度,防止或延缓物料分层或沉淀。均质后的产品在口感、外观及消化吸收率等方面均有改善。目前企业多采用高压均质机进行均质处理,其均质压力为 18～20 MPa,温度为 60～70 ℃。

(3)灭菌 中性含乳饮料的 pH 一般在 6.5 左右,接近于中性,微生物易于滋生,同时含有耐热性很强的芽孢菌,所以要对物料进行严格的灭菌处理。现多采用超高温瞬时灭菌,灭菌条件为 137 ℃,4 s。

(4)灌装 通常采用无菌灌装,常用的无菌灌装设备有无菌纸盒灌装机、无菌 PET 瓶冷灌装机等。灌装后的产品应迅速冷却至 25 ℃以下,这样可以提高黏度,保证稳定剂,从而使卡拉胶等起到应有的作用。

5.1.2.2 可可乳饮料

可可乳饮料是指以乳(包括鲜牛乳、全脂乳、脱脂乳、全脂或脱脂奶粉的复原乳)、糖和可可为主要原料,另加香料、稳定剂等制作的饮料。

可可乳饮料的生产工艺与咖啡乳饮料基本相同。从可可豆中得到的粉末,不脱脂的是巧克力粉,稍稍脱脂的便是可可粉。可可豆产地不同,其风味也有差异。可可粉不能只用热水溶解,若将其煮沸 4～5 min 则风味更佳。由于可可粉中含有一定量的粗纤维,且水溶性物质极少,大部分为非水溶性的蛋白质、油脂、纤维素,因此,生产中常常出现产品分成三层的现象,即上浮的脂肪层、奶溶液层和可可粉沉淀层。为此,须采用均质、研磨,如对可可糖浆在胶体磨中进行微细化处理等方法,使可可粉的粒度变小。再加入一定量的增稠稳定剂,如卡拉胶、琼脂、海藻酸钠、羧甲基纤维素钠、果胶等,从而使可可粉形成较稳定的溶胶体,使产品中的脂肪在震荡中不会形成游离脂肪球上浮,可可粉粒子不会下沉,并且产品经高温杀菌后能保持产品的原有组织状态和风味。增稠稳定剂的添加量根据各稳定剂的性质、性能不同而有所不同。使用混合稳定剂效果更好一些。

配制可可乳饮料时,先将可可粉及砂糖配成可可糖浆,然后进行杀菌(85 ℃,5～10 min),冷却,并按配方要求加入糖浆、牛乳、稳定剂。混合料应再一次进行均质、杀菌,经冷却、调香后进行分装。如为保质期长的产品,则仍需经120 ℃,20 min 的杀菌或经超高温瞬时灭菌后无菌灌装。可可乳饮料的基础配方见表5-3。

表5-3　可可乳饮料的基础配方　　　　　　　　　　　　　　　　　　　　　%

成分	用量	成分	用量
生牛乳(乳粉)	35(4.2)	香兰素或乙级麦芽酚	适量
糖	3～8	香精	0.03
可可粉	0.1～3	焦糖色素	0.001
稳定剂	0.2～0.5	加水至	100

5.1.2.3　果汁乳饮料

果汁乳饮料是指在牛乳或复原乳中添加果汁、白砂糖、有机酸和稳定剂等,混合调制而成的含乳饮料。一般原果汁含量不少于5％(低成本产品不加果汁,用香精色素代替),pH 调整到酪蛋白的等电点以下(4.2～4.5),非脂乳固体含量不低于3％。果汁乳饮料色泽鲜艳、味道芳香、酸甜适口,是一种深受人们喜爱的饮料。

1. 工艺流程

果汁乳饮料生产工艺流程如图5-2所示。

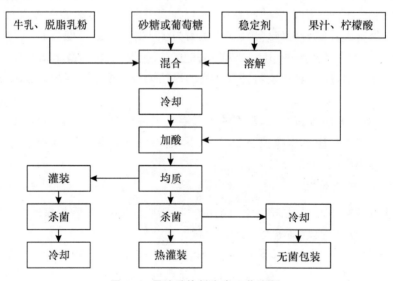

图5-2　果汁乳饮料生产工艺流程

2. 原辅料

(1)乳原料　乳原料与咖啡乳饮料一样,可选用鲜乳、炼乳、全脂或脱脂乳粉等,单独或合并使用均可。一般选用脱脂鲜乳或脱脂乳粉,以防止制成的产品出现脂肪圈。

(2)果汁　果汁乳饮料常使用橙汁、菠萝汁、苹果汁、草莓汁、沙棘汁等,也有使用混合果汁的,一般用量为8％～18％。为防止果肉沉淀,常使用经离心分离及过滤的透明果汁。配制酸性含乳饮料时,应注意制品的 pH 与风味的关系,必须使制品的 pH 与果汁乳饮料的风味相对应。

（3）稳定剂　酪蛋白的等电点在 pH 4.6 左右,在这个范围内乳蛋白会凝集沉淀。而果汁乳饮料酸味和风味的良好 pH 范围是 4.2～4.5。这样就带来了果汁乳饮料加工技术上的问题,通常以均质和添加稳定剂来解决。稳定剂是酸性乳饮料的重要添加剂,它可以使酸性乳饮料长期保持稳定状态,还可以增强乳饮料黏稠、滑润的口感。果汁乳饮料常用的稳定剂有耐酸性羧甲基纤维素(CMC)、果胶、藻酸丙二醇酯(PGA)等。其中果胶是酸性蛋白饮料最适宜的稳定剂。通常果胶对酪蛋白颗粒具有最佳的稳定性,这是因为果胶是一种聚半乳糖醛酸,它的分子链在 pH 为中性和酸性时是带负电荷的。因此,当将果胶加入乳中时,它会附着于酪蛋白颗粒的表面,使酪蛋白颗粒带负电荷。由于同性电荷互相排斥,可避免酪蛋白颗粒间相互聚合成大颗粒而产生沉淀。但考虑到果胶成本较高,现国内厂家通常采用果胶与其他稳定剂混合使用,如耐酸的羧甲基纤维素、黄原胶和藻酸丙二醇酯等。

（4）有机酸　一般使用柠檬酸,也可使用苹果酸、乳酸,以用乳酸生产出的产品质量最佳。但由于乳酸为液体,运输不便,价格较高,因此一般采用柠檬酸与乳酸配合使用,或柠檬酸、乳酸、苹果酸配合使用。根据三者的味质特征,乳酸可使制品酸感柔和并提供与奶香味相协调的酸味,柠檬酸和苹果酸可分别使制品酸味感快速、持久,苹果酸还可使制品的酸味清新爽口。生产中可根据实际产品特点进行调配,以期达到最佳口感。

（5）蔗糖　果汁乳饮料中加入一定量的蔗糖,不仅能改善风味,而且在一定程度上有助于防止沉淀。因为蔗糖能在酪蛋白表面形成一层糖被膜,提高酪蛋白与分散介质的亲和力。蔗糖还有提高饮料密度、增加黏度的作用,使酪蛋白粒子能均匀而稳定地分布在饮料中形成悬浊液而不易沉淀。

（6）水　水质状况对产品稳定性至关重要。饮料用水一定要进行软化处理,否则水硬度过高,会引起蛋白质沉淀、分层,并影响产品的口感。水质要求应符合饮料用水标准。

（7）着色剂　在乳成分中添加果汁时容易形成中间色调,由于色调不鲜明,多数情况下需要添加着色剂。近年来,天然色素发展较快,但多数天然色素的耐热性和保存性较差,选用色素时应加以比较选用。常用的天然色素有黄色的 β-胡萝卜素、红色的栀子红和红紫色的葡萄皮色素等,色泽鲜艳且稳定。添加抗坏血酸也可提高色素的稳定性。

3. 基础配方

果汁乳饮料除添加乳原料、果汁、蔗糖等配料外,还可根据产品需要强化一些营养素,如维生素和矿物质(维生素 A、维生素 D 和钙盐等)。果汁乳饮料的基础配料见表 5-4。

表 5-4　果汁乳饮料的基础配方　　　　　　　　　　　　　　　　%

成分	用量	成分	用量
鲜乳(或乳粉)	35(4.2)	果味香精	0.03
原果汁	6～15	奶香精	0.02
蔗糖	8～10	色素	0.001
稳定剂	0.35～0.6	柠檬酸	0.32
柠檬酸钠	0.2	加水至	100

4. 制造方法

（1）乳粉的还原　将水加热到 45～50 ℃,通过乳粉还原设备进行还原。待乳粉完全溶解后,停止罐内的搅拌,让乳粉在 45～50 ℃的温度下水合 20～30 min,确保乳粉彻底溶解。

（2）稳定剂的溶解　稳定剂的分散性差,在生产中,一般先用不少于稳定剂质量 5 倍的白砂糖和稳定剂粉末干态混合,然后在高速(2 500～3 000 r/min)搅拌下,将稳定剂和糖的混合

物加入 80 ℃左右的热水中打浆溶解,或经胶体磨分散溶解。

(3)混合及冷却 将稳定剂溶液、糖溶液等加入原料乳或还原乳中,混合均匀后,再进行冷却。稳定剂的添加一定要先于酸化剂,这样的添加顺序对产品的稳定性很重要。如果在牛乳中先加酸或果汁,由于没有稳定剂的保护作用,乳蛋白会形成大小不均匀的粒子。即使后面再采取搅拌、均质等措施也难以制成稳定的产品。

(4)酸化 酸化过程是果汁乳饮料加工中最重要的步骤,成品的品质取决于调酸过程。

①为避免高温下蛋白的变性,得到最佳的酸化效果,酸化前应尽量降低牛乳的温度(最好20 ℃以下)。

②为易于控制酸化过程,通常在使用前应先将酸液配制成 10%～15% 的溶液。若酸液浓度过高,就很难保证牛乳与酸液能良好地混合,从而使局部酸度偏大,导致蛋白质沉淀。同时可在酸化前在配料中加入一些缓冲盐如柠檬酸钠、磷酸二氢钠等,来提高溶液体系的稳定性。

③为保证酸溶液与牛乳充分混合均匀,混料罐应配备一只高速搅拌器(2 500～3 000 r/min)。同时,酸液应缓慢地加入配料罐内的湍流区域,以保证酸液能迅速、均匀地分散于牛乳中。加酸过快会使酪蛋白形成粗大颗粒,产品易产生沉淀。若有条件,可将酸液薄薄地喷洒到牛乳的表面,同时进行足够的搅拌,以保证牛乳的界面能不断更新,从而得到较为缓和的酸化效果。

④为提高颗粒的稳定性,物料的酸度应调至 pH 4.6 以下。pH 为 4.6 时酪蛋白的稳定性最差,越过等电点,酪蛋白稳定性就又会提高。

(5)配料 酸化过程结束后,将香精、复合微量元素及维生素等加入酸化的牛乳中,同时对产品进行标准化定容。

(6)均质 均质也是防止蛋白沉淀的一个重要因素,可将调酸过程中可能出现的细小凝块重新打碎,以提高产品的稳定性。均质温度为 65～70 ℃,均质压力为 20 MPa。

(7)杀菌及灌装 由于调配型酸性含乳饮料的 pH 一般在 4.2～4.5,属于高酸性食品,本身就可抑制耐热性芽孢菌的生长繁殖,因此其杀灭的对象为在高酸条件下仍能生长的微生物,主要为霉菌和酵母菌。酵母菌、霉菌的耐热性弱,通常在 60 ℃,5～10 min 加热处理即被杀死,故采用高温短时的巴氏杀菌即可达到商业无菌。理论上说,采用 95 ℃、30 s 的杀菌条件即可实现商业无菌。但考虑到各个工厂的卫生情况及操作情况,通常大多数工厂对无菌包装的产品,均采用105～115 ℃、15～30 s 的杀菌公式。也有一些厂家采用 110 ℃、6 s 或 137 ℃、4 s 的杀菌公式。

对包装于塑料瓶中的产品来说,通常在灌装后,再采用 95～98 ℃、20～30 min 的水浴杀菌,也可达到商业无菌效果。如灌装后不再进行二次杀菌,则产品只能冷藏保存,且保质期较短。

5. 成品稳定性检验方法

由于果汁乳饮料特别容易在调酸时出现蛋白变性凝固现象,所以为了快速检测出产品蛋白的稳定性,可使用以下方法。

(1)观察法 在干净玻璃杯的内壁上倒少量饮料成品,直接用肉眼观察乳饮料在玻璃杯壁上的状态,若形成了像牛乳似的、均匀细腻的薄膜,则证明产品质量是稳定的。此方法简便、直接和快速,但只能定性不能定量,且需要较丰富的实践经验。

(2)显微镜镜检 取少量产品放在载玻片上,放大倍数为 100～400,用显微镜观察。若视野中观察到的颗粒很小而且分布均匀,表明产品是稳定的;若观察到有大的颗粒,表明产品在贮藏过程中是不稳定的。此方法也只能定性不能定量,也需要较丰富的实践经验。

(3)离心沉淀 取 10 mL 成品放入带刻度的离心管内,经 2 800 r/min 转速离心 10 min。离心结束后,观察离心管底部的沉淀量。若沉淀量低于 1%,证明该产品稳定;否则产品不稳定。

5.1.3 发酵型含乳饮料

在 GB/T 21732—2008《含乳饮料》中,含乳饮料的品种有配制型含乳饮料、发酵型含乳饮料与乳酸菌饮料之分。实际上,乳酸菌饮料是发酵型含乳饮料的一种。二者的主要区别是发酵用菌种,发酵型含乳饮料的菌种可以是乳酸菌,也可以是除乳酸菌以外的其他有益菌(如酵母菌等),或者混合菌种;而乳酸菌饮料只用乳酸菌发酵而成。另一个区别是蛋白含量的要求,发酵型含乳饮料蛋白含量要求不低于 1.0 g/100 g,而乳酸菌饮料蛋白含量要求不低于 0.7 g/100 g。两类产品生产工艺基本相同。

含乳饮料产品按照是否经后杀菌处理又可分为杀菌(非活性)型和未杀菌(活性)型。杀菌型产品在配料后再进行一次杀菌处理,产品中不含活的乳酸菌;未杀菌型产品不再进行杀菌而直接灌装,产品中含有活菌。杀菌型与未杀菌型产品各有其优缺点:由于未杀菌型产品中还保留有大量乳酸菌活菌,所以营养价值高;缺点是产品必须置于冷藏条件下贮存及运输,用低温来抑制乳酸菌的继续繁殖,从而使产品的口感、风味、酸度等特征保持所预定的要求,且保质期短。而杀菌型产品中不再含有活的乳酸菌及其他微生物,产品呈商业无菌状态,不需冷藏,常温贮存即可,且保质期大大延长。

这类产品还可以添加果汁或其他的调味料使产品呈现出多种口味,产品品种很多,但生产工艺大同小异。下面以乳酸菌饮料为例进行介绍。

5.1.3.1 工艺流程

活性与非活性乳酸菌饮料的生产工艺流程如图 5-3 所示。

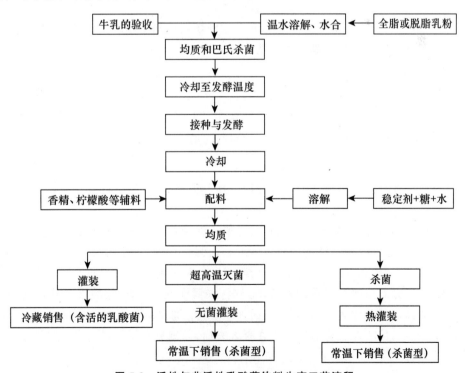

图 5-3 活性与非活性乳酸菌饮料生产工艺流程

5.1.3.2 基础配方

乳酸菌饮料的基础配方如表 5-5 所示。

表 5-5 乳酸菌饮料的基础配方 ％

成分	用量	成分	用量
酸乳基料	30～36	果味香精	0.03
蔗糖	8～10	色素	0.001
果汁	6～15	乳酸与柠檬酸	调至 pH 为 4.2～4.5
稳定剂	0.4～0.6	水	加至 100
柠檬酸钠	0.2		

5.1.3.3 制造方法

1. 原料乳的选择及乳粉还原

原料宜采用脱脂乳或还原脱脂乳。因为发酵后要与糖浆、水、果汁等混合稀释,为了保证饮料中的含乳量,原料乳中无脂乳固体要达到一定的量,一般为 10％～15％。根据需要还可以加入葡萄糖(如果使用酵母菌供其生长)或乳酸菌生长促进因子。

2. 均质

均质的主要目的是防止脂肪上浮,改进酸乳的黏度、稳定性以及防止乳清分离。均质的条件为温度 50～60 ℃,压力 10～25 MPa。

3. 杀菌

温度一般是 90～95 ℃,保持 10～30 min。这种热处理除了杀灭微生物以外,还要满足某些产品所需的褐变要求,同时还要有利于乳酸菌生长。

4. 原料乳发酵

菌种的选择、制备及发酵过程的控制同酸乳生产工艺。发酵过程结束后,厂家可根据自己对最终产品的黏度要求,选用合适的泵来输送酸乳。若厂家欲生产高黏度的酸乳饮料,那么发酵过程以后所有的离心泵应换为螺杆泵,同时混料时应避免搅拌过度。

5. 凝乳破碎和配料

发酵完成后,将凝乳冷却至 20 ℃后,开动搅拌器进行破乳,最终将凝乳搅拌成光滑均匀的半流体。

生产厂家可根据自己的配方进行配料。一般乳酸菌饮料的配料中包括酸乳、糖、果汁、稳定剂、酸味剂、色素等。应先将稳定剂与白砂糖一起混合均匀,用 70～80 ℃的热水充分溶解,然后过滤,95 ℃保持 10 min 进行杀菌,冷却至 30 ℃。酸乳的发酵酸度通常达不到乳酸菌饮料的酸度要求,必须另外添加一定量的柠檬酸,柠檬酸需配制成 10％的酸液。然后将搅拌后的发酵乳、溶解的稳定剂和酸液一起混合,最后加入香精。加酸时凝乳的温度应低于 35 ℃,并在不断搅拌的情况下,用喷雾器将酸液喷洒在凝乳表面,以避免酪蛋白在高温和酸性条件下形成粗大、坚实的颗粒。

6. 均质

混合后的物料还要再进行一次均质处理,以使混合料中的颗粒微细化,提高料液黏度,抑制粒子的沉淀,并增强稳定剂的稳定效果。乳酸菌饮料较适宜的均质压力为 20～25 MPa,温度为 50 ℃左右。活性乳酸菌饮料由于后续不再进行杀菌处理,所以应使用无菌均质机,并且均质温度不宜过高,以免杀死乳酸菌。

7. 后杀菌及灌装

活菌乳酸菌饮料均质后不再进行后杀菌直接灌装,常采用无菌纸盒或 PET 瓶无菌冷灌装。该产品未经杀菌,系活菌型产品,在 2～10 ℃条件下冷藏,保存期自生产日起不少于 21 d。

非活性乳酸菌饮料需再次杀菌后才进行灌装。由于乳酸菌饮料属于高酸食品,故采用高温短时的巴氏杀菌即可得到商业无菌产品,杀菌可以采取 3 种方法:①灌装后,在包装物内杀菌,70～80 ℃,保持 20 min 后,迅速冷却。②使用 HTST 片式换热器处理产品至 70～80 ℃,保持 30 s,进行热灌装,冷却至 20 ℃。③HTST 杀菌,70～90 ℃,保持 30 s,或者 UHT 杀菌,140 ℃,保持 4 s,冷却至 15～20 ℃,进行无菌包装。

5.1.3.4　发酵型含乳饮料的质量控制

1. 饮料中活菌数的控制

活性乳酸菌饮料要求每毫升产品中含活性乳酸菌 100 万个以上。故欲保持较高的活菌数,发酵剂应选用耐酸性强的菌种(如嗜酸乳杆菌、干酪乳杆菌等)。

用脱脂乳粉强化总固形物,可以促进乳酸菌的繁殖,当含乳固形物达到 12%～13%,乳酸菌数与固形物浓度将按比例增大,并能缩短达到一定酸度的发酵时间。培养温度要比最适生长温度稍低,才能达到较高的活菌数。乳酸菌的活力根据繁殖期而不同,在稳定生长期,乳酸菌活力最高,所以培养到此即应结束,并迅速冷却。这一点很关键,否则会继续发酵,产生乳酸,抑制乳酸菌的生长。

为了弥补发酵酸度不足,需补充柠檬酸。但是柠檬酸的添加会导致活菌数下降,所以必须控制柠檬酸的使用量。苹果酸对乳酸菌的抑制作用小,与柠檬酸并用可以减少活菌数的下降,同时又可改善柠檬酸的涩味。

2. 饮料中悬浮粒子的稳定性

此类产品与配制型酸性含乳饮料一样呈酸性,因此酪蛋白处于不稳定状态,易于沉淀。为防止蛋白质粒子沉淀,可从以下几个方面采取措施。

(1)均质处理　一般使用高压均质机进行均质。可用镜检法来检查均质效果,方法是放 1 滴产品于载玻片上,加上盖玻片,放大倍数为 100～400,轻压盖玻片获得适当的厚度。均质效果好的产品蛋白质微粒会在浅背景下以深色圆球状显现;不稳定的产品,微粒黏在一起,不会自由流动。

(2)添加稳定剂　根据斯托克斯定理,稳定剂的作用是因为提高了溶液的黏度,具有了悬浮作用,从而防止了因蛋白质粒子重力所致的沉降。而且稳定剂与食品中基本成分具有亲和性及相容性,它们可以和酪蛋白结合,或将蛋白质的电荷包围起来,使之成为稳定的胶体分散体系,从而防止了凝聚。由于稳定剂的分散度很差,配制时要将稳定剂充分溶解,并将稳定剂溶液先与牛乳混合,最后添加酸溶液进行酸化,这对产品的稳定性很重要。稳定剂溶液与牛乳

混合时要充分、均匀。

（3）添加磷酸盐或柠檬酸盐　牛乳中含钙较多，在 pH 为 6.6～6.7 的正常乳弱酸性条件下，乳中的钙等各种盐类呈离子型和结合型，呈平衡状态。乳酸发酵使 pH 下降，钙离子解离呈游离状态，平衡被打破，造成产品不稳定。添加磷酸盐、柠檬酸盐等可与溶液中的钙离子作用，生成螯合化合物。这些盐使用得当，可螯合绝大部分的游离钙，得到蛋白稳定的乳饮料。

（4）有机酸的添加方法　一是加酸时物料的温度要低，以减小蛋白遇酸时的变性程度。二是酸的浓度要尽量低，添加速度要缓慢，搅拌速度要快。所以在加工乳酸菌饮料的搅拌缸上要安装变速搅拌器和自动喷酸装置。

（5）发酵乳凝块破碎时的温度　为了防止沉淀产生，还应特别注意控制好破碎发酵乳凝块时的温度，宜采用边急速冷却边充分搅拌的方法。高温时破碎，凝块将收缩硬化，这时再采取什么补救措施也无法防止蛋白胶粒的沉淀。

3. 脂肪上浮

当采用全脂乳或脱脂不充分的脱脂乳为原料时，由于均质处理不当等原因易引起脂肪上浮。可通过改进均质条件，添加酯化度高的稳定剂或乳化剂如卵磷脂、单硬脂酸甘油酯、脂肪酸蔗糖酯等，采用含脂率较低的脱脂乳或脱脂乳粉作为乳酸菌饮料的原料等措施加以防止。

4. 果蔬物料的质量控制

为了强化饮料的风味与营养，常常加入一些果蔬原料，由于这些物料本身的质量或配制饮料时的处理不当，会使饮料在保存过程中出现变色、褪色、沉淀、污染杂菌等。因此，在选择及加入这些果蔬物料时应注意杀菌处理。另外，在生产中可适当加入一些抗氧化剂，如维生素C、维生素 E、儿茶酚、EDTA 等，以增加果蔬色素的抗氧化能力。

5. 杂菌污染

在乳酸菌饮料的贮藏中，最大问题是酵母菌的污染。由于添加有蔗糖、果汁，当制品混入酵母菌时，在保存过程中，酵母菌迅速繁殖产生二氧化碳气体，并形成酯臭味等不愉快风味。另外，因霉菌耐酸性很强，其繁殖也会损害制品的风味。

酵母菌、霉菌的耐热性弱，通常在物料杀菌时即被杀死。所以，在制品中出现的污染，主要是二次污染所致。使用蔗糖、果汁的乳酸菌饮料其加工车间的卫生条件必须符合国家卫生标准要求，以避免二次污染。

5.2　植物蛋白饮料

我国植物蛋白资源十分丰富，如大豆、花生、杏仁、椰子等。据联合国统计，目前世界的蛋白质供应量中，植物蛋白占 70%。植物蛋白相对容易被人体消化吸收，不含胆固醇，同时和动物蛋白在氨基酸的组成上具有互补性，因此，大力发展植物性蛋白类食品，有利于改善我国人民的食物结构，解决我国食品结构中的蛋白质含量偏低和奶源缺乏的问题。近年来，我国的植物蛋白饮料工业发展迅速。在今后若干年，植物蛋白饮料与碳酸饮料、果蔬汁饮料、瓶装饮用水一样，仍将是我国饮料工业发展的重要方向。

5.2.1　植物蛋白饮料的定义与分类

5.2.1.1　植物蛋白饮料的定义

植物蛋白饮料(plant protein beverage)是以一种或多种含有一定蛋白质的植物果实、种子或果仁等为原料,添加或不添加其他食品原辅料和(或)食品添加剂,经加工或发酵制成的制品,如豆奶(乳)、豆浆、豆奶(乳)饮料、椰子汁(乳)、杏仁露(乳)、核桃露(乳)、花生露(乳)等,其成品蛋白质含量≥0.5 g/100 mL。

5.2.1.2　植物蛋白饮料的分类

按加工原料的不同,植物蛋白饮料可以分为豆乳类饮料、椰子乳(汁)饮料、杏仁乳(露)饮料、核桃露(乳)饮料、其他植物蛋白饮料。

1. 豆乳类饮料

豆乳类饮料(soy milk beverage)是以大豆为主要原料,在经磨碎、提浆、脱腥等工艺制得的浆液中加入水、糖液等调制而成的乳状饮料,如纯豆乳、调制豆乳、豆乳饮料。

2. 椰子乳(汁)饮料

椰子乳(汁)饮料(coconut milk beverage)是以新鲜、成熟适度的椰子果肉为原料,提其果肉加工制得的椰子浆或椰子果粉加入适量水、糖液等调制而成的饮料。

3. 杏仁乳(露)饮料

杏仁乳(露)饮料(almond milk beverage)是以杏仁为原料,经浸泡、磨碎等工艺制得的浆液中加入水、糖液等配料调制而成的饮料。

4. 核桃露(乳)饮料

核桃露(乳)饮料(walnut milk beverage)是以核桃仁为原料,可添加食品辅料、食品添加剂,经加工、调配后制得的植物蛋白饮料。

5. 其他植物蛋白饮料

其他植物蛋白饮料(other vegetable protein beverage)是以花生、南瓜子、葵瓜子等为原料,在经磨碎等工艺制得的浆液中加入水、糖液等配料调制而成的饮料。

5.2.2　豆乳类饮料

我国是大豆的原产地,有近五千年的栽培史。豆乳起源于我国,有两千年的历史。在我国唐朝,豆乳的加工传到日本,以后又传到世界各地。在第二次世界大战期间,我国香港地区由于人们营养不良,开始工业化生产豆乳。随着科学的进步、豆乳加工设备的现代化,豆乳饮料进入了大规模工业化生产阶段。

5.2.2.1　大豆的营养成分

大豆的营养成分主要有蛋白质、脂肪、碳水化合物、维生素、矿物质等多种物质。

1. 蛋白质及氨基酸

大豆含有30%～40%的蛋白质,其中有80%～88%可溶于水,这是豆乳类饮料的主要成分。在水溶性蛋白中,含有94%的球蛋白和6%的白蛋白。水溶

二维码 5-1
关于豆乳的
古今故事

性蛋白质的溶解度随 pH 而变化,到蛋白质等电点(pH 为 4.3)时蛋白质最不稳定,易沉淀析出,因此,酸性条件会影响豆乳饮料的稳定性。

2. 脂肪

大豆中含有 17%～20% 的脂肪。大豆脂肪在常温下为液体,凝固点在 −15 ℃,密度为 0.922～0.934 g/mL(15 ℃),酸价为 0.2～1.9,皂化值为 194～196,碘值为 127～139,属半干性油(在植物油中,在常温下放置会干结的称为干性油,不会干结的称为不干性油,具有中间性质的称为半干性油)。大豆脂肪中含有大量亚油酸(51%)、油酸(23%)和亚麻酸(7%)等不饱和脂肪酸,占脂肪酸总量的 80% 以上。其中亚油酸和亚麻酸是人体的必需脂肪酸,在人体内起着重要的生理作用。如幼儿缺乏亚油酸皮肤会变干燥,生长发育迟缓,老年人缺乏亚油酸容易得白内障。除此之外,大豆脂肪中还含有 0.5%～1.6% 的不皂化物,如甾醇类、类胡萝卜素、植物色素及生育酚类物质等。生育酚具有维生素 E 的效果,还能使维生素 A 或油脂具有抗氧化性。大豆油脂在人体内消化吸收率很高,可达 97.5%。大豆还含有 1.5% 的磷脂,其中大部分是卵磷脂。卵磷脂具有良好的保健作用,还是优良的乳化剂,对豆奶的营养价值、稳定性和口感有重要的作用。

3. 碳水化合物

大豆含有 20%～30% 的碳水化合物,其中粗纤维约占 18%,阿拉伯聚糖约占 18%,半乳聚糖约占 21%,其余为蔗糖、棉子糖、水苏糖等。由于人体的消化系统中不含有水解水苏糖和棉子糖的酶,因而不能为人体所利用,反而会被产气菌所利用,引起人体胀气、腹泻等。在浸泡、脱皮、除渣的豆乳加工工序中可以除去一部分,但加热杀菌等工序对其没有影响,其主要部分仍存在豆乳中。

4. 矿物质

大豆中矿物质含量约 3%(表 5-6),以钾、磷含量最高。

表 5-6　大豆中矿物质的含量　　　　　　　　　　　　　　　　　mg/100 g

钾	钙	镁	磷	钠	锰	铁	铜	锌	硒
1 503	191	199	465	2.2	2.26	8.2	1.35	3.34	6.16

5. 维生素

大豆中含有较丰富的维生素,尤以 B 族维生素较多。不过大豆中的维生素总含量较少,且在加工过程中维生素 C 容易被破坏,故大豆不作为维生素 C 的来源。

6. 大豆异黄酮

大豆中含有 0.12%～0.24% 总异黄酮。异黄酮是大豆在生长过程中形成的一类次生代谢产物,主要分布在种皮、子叶和胚轴中,其中胚轴的含量最多。

大豆异黄酮具有重要的保健功能,可降低胆固醇,提高非特异性免疫功能。同时其对更年期妇女出现的许多与激素减少相关的疾病(如骨质疏松、动脉粥样硬化、血脂升高、更年期综合征等)也有一定的预防和治疗作用。目前大豆异黄酮对于心脏病、糖尿病等的潜在益处也在研究中。它可以加工成非常有前景的保健食品和药品。目前日本和美国已研制开发出了不同浓度的大豆异黄酮片剂和饮料。因为大豆异黄酮化合物具有苦味和收敛性,如果其含量过高,会对大豆产品产生不愉快的味感。

5.2.2.2　大豆的酶类与抗营养因子

大豆中存在的酶类与抗营养因子影响了豆乳饮料的质量、营养和加工工艺。大豆中已发现的酶类有近 30 种,其中脂肪氧化酶、脲酶对产品质量影响最大。大豆 7 种抗营养因子(表 5-7)中胰蛋白酶阻碍因子、凝血素和皂苷对产品质量影响最大。

表 5-7　大豆中抗营养因子

热不稳定的	热稳定的
胰蛋白酶抑制因子(antitrypsin)	雌激素(estrogen)
凝血素(hemoglutinin)	皂苷(saponins)
肌醇六磷酸(phytate)	
致甲状腺肿素(goitrogen)	
抗维生素因子	

1. 脂肪氧化酶

大豆制品常具有豆腥味,主要来自大豆油脂中具有顺,顺-1,4-戊二烯结构的多元不饱和脂肪酸(亚油酸、亚麻酸等)被大豆脂肪氧化酶氧化,氧化后生成具有共轭双键的脂肪酸氢过氧化物中间体,再经脂肪酸氢过氧化物裂解酶分解而生成的短链化合物。其中正己醛、正乙醇是造成豆腥味的主要成分。

2. 脲酶

脲酶是催化分解酰胺和尿素,产生二氧化碳和氨的酶,是大豆各种酶中活性最强的酶,也是大豆的抗营养因子之一,但易受热失活。由于脲酶活性容易检测,因此,国内外均将脲酶作为大豆抗营养因子活力的一种指标酶,脲酶活性转阴性,则标志其他抗营养因子均已失活。

3. 胰蛋白酶抑制因子

胰蛋白酶抑制因子是大豆中的一种主要抗营养因子,其等电点 pH 为 4.5,分子质量为 21 500 u,是多种蛋白质的混合体。它可以抑制胰蛋白酶的活性,影响蛋白质的消化吸收。大豆胰蛋白酶抑制因子的热稳定性是大豆加工中最为关注的问题之一。胰蛋白酶抑制因子耐热性强,加热至 80 ℃时,脂肪氧化酶已基本丧失活性,而胰蛋白酶抑制因子残存活性达 80%;如果要进一步降低胰蛋白酶抑制因子的活性,就必须提高温度。100 ℃,17 min 条件下,酶活性可下降至 20%;100 ℃,30 min 条件下,酶活性可下降至 10%。

4. 凝血素

1951 年人们发现了大豆中存在凝血素。它是一种糖蛋白质,等电点 pH 为 6.1,分子质量 89 000~105 000 u,有凝固动物体的红细胞的作用。该物质在蛋白水解酶的作用下容易失活,在加热条件下也容易受到破坏,甚至活性完全消失,因此大豆食品经生成过程中加热,凝血素就不会对人体造成不良影响。

5. 皂苷

大豆中含有约 0.56% 的皂苷。皂苷溶于水后能生成胶体溶液,搅动时像肥皂一样产生泡沫,因而也称皂角素。日本北川等认为大豆中存在以大豆皂苷原 B(soya sapogeno B)为配基的大豆皂苷Ⅰ、Ⅱ、Ⅲ、Ⅳ、Ⅴ等 5 种类型,以及以大豆皂苷原 A(soyasapogeno A)为配基的大豆皂苷 A1、A2、A3、A4、

A5、A6等6种类型。大豆皂苷有溶血作用,能溶解人体的血栓,可将其提取出来用于治疗心血管病。大豆皂苷有一定毒性,一般认为人的食用量在低于50 mg/kg体重时是安全的。

5.2.2.3 影响豆乳质量的因素及防止措施

影响豆乳质量的因素主要有豆奶的不良风味和稳定性。豆奶的不良风味从异味特性上可以分两类。一类是挥发性的臭味,称为豆腥味,可凭嗅觉感知,主要成分为醛类、醇类、酮类和胺类、有机酸以及氢过氧化物类等。另一类是非挥发味道,为苦涩味,通过味觉才能感知,主要成分为酚酸、异黄酮、呋喃等。

1. 豆腥味的产生与防止

(1)豆腥味的来源　近年来,国内外的科研工作者利用现代仪器分析手段如气相色谱(GC)、气相色谱-质谱联用技术(GC-MS)等对豆腥味进行了深入研究,得出大豆的豆腥味不是起因于某一种特定的物质,而是几种甚至几十种风味成分对人的嗅觉产生的综合效应,主要包括醛类、醇类、酮类、酯类、烃类、酸盐类和呋喃类等。其中己醛和己醇的含量与豆腥味轻重关系最密切。其产生的途径主要有以下2个方面:一是在大豆生长过程中形成。在大豆生长过程中,由于脂肪氧化酶的存在及其作用,大豆本身就含有豆腥味成分,同时在光照的作用下,大豆食品中的核黄素分解也会产生一定的豆腥味。研究发现,有些致腥味的小分子化合物与大豆蛋白中的末端氨基和羧基结合形成的较复杂的化合物也同样具有豆腥味且不易去除。二是在加工过程中产生。脂肪氧化酶多存在靠近大豆表皮的子叶处,在整粒大豆中活性很低,大豆脂肪氧化酶活性的变化见表5-8。但在大豆粉碎过程中,由于其被氧气和水激活,将其中的多价不饱和脂肪酸(主要是亚油酸、亚麻酸等)氧化,生成氢过氧化物,进而再降解成多种低分子醇、醛、酮、酸和胺等挥发性成分,而这些小分子化合物大都具有不同程度的异味,从而形成了大豆腥味。大豆中的多不饱和脂肪酸在加热时发生的非酶促氧化反应,也会产生少量的豆腥味成分。脂肪酸酶促反应的主要途径如下:

$$亚油酸、亚麻酸等 \xrightarrow{\text{脂肪氧化酶}+O_2} 氢过氧化物 \xrightarrow{\text{降解}} 醛酮、醇、呋喃、\alpha\text{-}酮类、环氧化物等异味成分$$

表5-8　大豆脂肪氧化酶活性的变化

大豆的形态	整粒豆	破碎去皮豆	碎豆调成14%溶液
氧化程度(TBA值)/%	0	2	10.5

据美国康乃尔大学的专家分析,脂肪氧化酶的催生氧化反应可以产生80多种挥发性成分,其中31种与豆腥味有关。豆乳中只需含有微量油脂氧化物,就足以使产品产生豆腥味,如正己醇,十亿分之一的浓度就能使产品产生强烈的不愉快感。

(2)豆腥味的防止　为了消除豆乳中的不良风味,国外已有大量的文献报道,其研究主要集中在消除或钝化大豆脂肪氧化酶的活性方面。脂肪氧化酶主要分布在大豆子叶中,一旦细胞破裂就会迅速激发活性,在水和氧气存在的条件下氧化油脂,是导致豆乳不良风味的重要因素(施小迪,2014)。可以通过钝化酶的活性、除氧气、除去反应底物的途径避免豆腥味的产生,并且还可以通过分解豆腥味物质及香料掩盖的方法减轻豆腥味。同时也可以利用基因工程技术培育脂肪氧化酶缺失的大豆品种,或通过发酵去除导致豆腥味的主要成分己醛。目前较好的方法有以下几类。

①基因工程技术　近年来,美国和日本一些育种专家针对性地选育了一些脂肪氧化酶缺失品种。目前,已有几个脂肪氧化酶缺失品种应用于实际生产中,如L-Star、IA2032、Kyushu

No. 111 和 Yumeyutaka,通过对这些品种大豆制得的豆乳中风味化合物含量的检测可知,其中的关键性风味物如己醛、己醇等的浓度明显低于常规豆乳。但基因工程技术让人们担忧的是基因的改变会不会引起大豆其他性状的改变(如风味等)以及质量安全等问题。

②钝化脂肪氧化酶活性　钝化大豆脂肪氧化酶活性也是一种较为有效的手段,主要包括加热法、化学法和生物法。

A. 加热法

加热处理是一种最常用的消除豆腥味的方法。加热可钝化脂肪氧化酶的活性,使一些豆腥味成分挥发并产生豆香味来掩盖部分豆腥味。热处理还可破坏胰蛋白酶抑制因子、血细胞凝聚素和脲酶等抗营养因子。但是加热对蛋白质的稳定性及其溶解性有一定的影响,因此选择合适的加热条件十分重要,目前主要的方法有以下几种。

干热法:干热处理是在大豆脱皮浸泡前,利用高温热空气对其进行烘烤。此方法对脂肪氧化酶的钝化有良好效果。但短时间加热除豆腥味不是很明显,而长时间的加热会导致大豆中蛋白质因为严重失水发生不可逆变性。

湿热法:主要是在大豆脱皮后,利用高湿蒸汽或是沸水煮的方法对大豆进行加热处理。一般大豆在 95 ℃处理 10 min,或在 100 ℃处理 5 min 即可使脂肪氧化酶失活,且成品风味较好。

热磨法:在大豆研磨时用 85 ℃以上的热水代替冷水,不仅能钝化脂肪氧化酶的活性,还可减少氧气混入,从而减少了豆腥味成分的产生。

B. 化学法

调节 pH 法:该法是调节 pH,使其偏离脂肪氧化酶的最适 pH,从而抑制其的活性。研究发现,在 pH 4 以下将大豆浸泡 15～20 min 即可抑制 80% 的酶活性。大豆在 0.1% 的 NaOH 溶液中浸泡 1 h,或在 3% 的 $NaHCO_3$ 溶液中浸泡 2～3 h,或在 0.5% 的 $NaHCO_3$ 溶液中浸泡 8 h,都可使豆腥味、苦涩味大大减轻。生产中一般选用碱液浸泡大豆,有抑制脂肪氧化酶活性和提高蛋白质溶出率的效果。

金属螯合法:脂肪氧化酶是一种含有非血红素铁的蛋白质,它必须在 Fe^{3+} 状态下才能催化反应,脂质过氧化物对它有激活作用。EDTA、磷酸盐、酒石酸、柠檬酸等均可通过螯合 Fe^{3+} 而抑制脂肪氧化酶的活性,因此大豆在打浆之前加入一定量的复合磷酸盐具有抑制脂肪氧化酶活性的作用。

添加抗氧化剂或还原剂法:脂肪氧化酶的分子结构中有两个二硫键和四个巯基,使用抗氧化剂碘酸钾、溴酸钾、半胱氨酸、巯基乙醇、维生素 C、亚硫酸盐等可钝化脂肪氧化酶的活性。此外,添加一定的还原剂还可增加大豆蛋白的溶解性。氧化剂或还原剂与金属螯合剂联合使用具有协同增效作用。如用 2.5 mmol/L 半胱氨酸与 5 mmol/L 柠檬酸混合溶液浸泡大豆,处理 2 h 后,酶活性几乎完全损失。

酶解法:在豆乳中加入一定量的蛋白酶,对蛋白质进行适量水解,不仅能消除部分豆腥味,还可提高蛋白质的溶出率。

C. 生物法

Blagden 等的研究发现,乳杆菌和链球菌可完全去除未发酵豆乳中导致豆腥味的主要成分之一己醛。豆奶发酵之后,产生的乳酸香味还可进一步掩盖豆腥味。同时,豆乳经发酵后既能发挥大豆的营养功能,又能消除豆乳中的抗营养因子,使大豆蛋白质的消化率得到明显提高,还含有一些活性肽等生理活性物质,具有较强的保健作用,是绝好的保健风味食品(代养勇,2007)。

（3）豆腥味的脱除和掩盖

真空脱臭法：真空脱臭法是除去豆乳中豆腥味的一个有效方法。将加热的豆奶喷入真空罐中，蒸发掉部分水分，同时也带出挥发性的豆腥味物质。

掩盖法：在大豆食品中添加牛奶、水果、芝麻、花生、咖啡、可可等呈味物质，将会掩盖豆乳的部分豆腥味。

去皮法：脂肪氧化酶主要分布在大豆的表皮及靠近表皮的子叶中。大豆去皮后再加工，可以改善大豆产品品质。

另外，大豆发芽法或是高压静电场、脉冲电场等技术也能有效抑制大豆脂肪氧化酶的活性。实际生产中要通过单一方法去除豆腥味相当困难，因此，在豆乳加工过程中，钝化脂肪氧化酶的活性是最重要的，再结合脱臭法和掩盖法，可以使产品的豆腥味基本消除。

2. 苦涩味的产生与防止

豆乳中苦涩味的产生是由于多种苦涩味物质的存在。苦涩味物质包括大豆异黄酮、蛋白质水解产生的苦味肽、大豆皂苷等。其中大豆异黄酮是主要的苦涩味物质。豆奶加工过程中，浸泡会导致异黄酮配醣体形式的黄豆苷原和染料木素的增多，使苦涩味加重。对于豆奶产品中苦涩味的控制，目前普遍采用的方法是去除苦味物质或添加苦味掩盖剂，但这与增加人体中的异黄酮、皂苷等生物活性成分的要求相背离。因此，治本的方法还是从调整加工工艺入手，抑制苦涩味物质的增加，从而使其低于人体能够感知的阈值。研究发现，在 β-葡萄苷酶作用下有大量的染料木黄酮和黄豆苷原产生，使产品的苦味增强。在低温下添加葡萄糖酸-δ-内酯，可以明显抑制 β-葡萄苷酶活性，使染料木黄酮和黄豆苷原产生减少。同时，钝化酶的活性，避免长时间高温，防止蛋白质的水解和添加香味物质，掩盖大豆异味等措施，都有利于减轻豆乳中的苦涩味。

3. 抗营养因子的去除

豆乳中存在胰蛋白酶抑制因子、凝血素、大豆皂苷以及棉籽糖、水苏糖等抗营养因子。这些抗营养因子在豆乳加工的去皮、浸泡工序中可去除一部分。由于胰蛋白酶抑制因子和凝血素属于蛋白质类，热处理可以使之失活（图5-4、图5-5）。在生产中，通过热烫、杀菌等加热工序，基本可以达到去除这两类抗营养因子的效果。棉籽糖、水苏糖在浸泡、脱皮、去渣等工序中会出去一部分，大部分仍残存在豆乳中，目前尚无有效办法除去这些低聚糖。

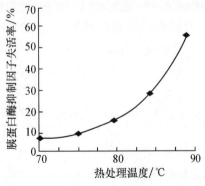

图 5-4　热处理温度与胰蛋白酶抑制因子
　　　　失活率的关系

（引自：陈中，芮汉明，1998）

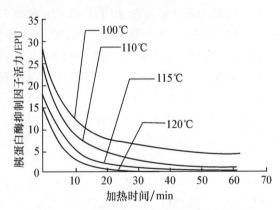

图 5-5　加热对胰蛋白酶抑制因子活力的影响

（引自：陈中，芮汉明，1998）

4. 豆乳沉淀现象的产生及防止

豆乳是由多种成分组成的营养性饮料,是一种宏观不稳定的分散体系,影响其稳定性。造成产品产生沉淀现象的因素包括物理因素、化学因素和微生物因素。

(1)物理因素　豆乳中的粒子直径一般在 $50\sim150~\mu m$ 之间,没有布朗运动。其稳定性符合斯托克斯法则,每一粒子所受向下垂力应等于沉降介质的浮力与摩擦阻力之和,即:

$$\frac{4}{3}\pi r^3\rho_1 g=\frac{4}{3}\pi r^3\rho_2 g+6\pi r\eta u$$

式中:r 为粒子半径;η 为介质黏度;ρ_1 为粒子密度;ρ_2 为介质密度;g 为重力加速度;u 为沉降速度。

由公式可知,沉降速度与粒子半径、粒子密度、介质黏度、介质密度有关。豆乳的粒子密度、介质密度一般变化不大,可以近似视为常量。因此,粒子半径和介质黏度决定粒子的沉降速度。在豆乳加工中,添加适量的增稠剂以增加黏度,改进技术和设备以降低粒子半径,都可以提高豆乳的稳定性。影响其稳定性的主要因素有以下几个方面。

豆乳浓度:胶体稳定性的基本理论认为,胶体粒子间的相互作用力主要是范德华力和静电斥力,其稳定性与胶体颗粒间相互作用的相对距离有关。在某一液体浓度下,当分散介质粒子的斥力位能大于引力位能的绝对值时,胶体溶液是稳定的。当斥力位能小于引力位能的绝对值时,蛋白质粒子彼此接近,发生凝聚,出现絮状物或沉淀。植物蛋白饮料的浓度是决定范德华力和双电层斥力的关键因素。由此可以看出,豆乳的稳定性与蛋白质凝胶有密切关系,通过蛋白质粒子的疏水键、二硫键结合,形成中间有空隙的立体网络结构,从而使蛋白质凝胶,此过程的形成需要有一定的蛋白质浓度;如果浓度太低,蛋白质分子分布松散,碰撞机会少,即交联机会少,形成的网络结构不致密,导致稳定性下降。即豆乳的浓度对其稳定性有显著的影响。

乳化稳定剂:根据沉降定律 $\mu_0=d_p^2(\rho_e-\rho_f)\cdot g/18\mu_f$,沉降速度与溶液的黏度成反比,即乳液黏度越大,溶液沉降速度越小,而稳定剂既可增加其黏度,从而降低乳蛋白粒子因为重力作用而下降,同时因为稳定剂是高亲水化合物,可以在蛋白质外面形成亲水性包膜包裹在蛋白质粒子上,形成保护胶体,防止凝聚作用。同时乳化剂也是一种表面活性剂,其分子向着水——油表面定向吸附,降低表面张力,从而形成保护膜,防止粒子的凝聚。

均质条件:均质温度高易使粒子微粒化,尤其是对脂肪球粒,但高温易于使蛋白质变性,并对均质机的性能有影响。因此均质的温度也不能太高,一般在 $60\sim80~℃$。增加均质次数可以提高产品的稳定性,一般两次均质即可达到较好的效果。

杀菌条件:在相同温度下,杀菌时间越长,产品的稳定性越低。高温杀菌,时间太短,不能杀死耐热的芽孢菌;时间太长,蛋白质易于变性。同时温度升高,液体的黏度降低,易变性蛋白质分子在高温下运动速度加快,相互碰撞的机会增多,易形成较大的颗粒,在重力作用下凝聚沉淀,使产品稳定性降低。一般 $121~℃$ 温度杀菌 $20~min$ 左右的条件下得到的产品稳定性较好。

(2)化学因素　大豆蛋白质分子由若干氨基酸分子以多肽链联结而成,分子表面分布着许多极性基团。其解离基团包括氨基、羟基、胍基、咪唑基和巯基等,是多价电解质。大豆蛋白的等电点 pH 约为 4.5,当溶液 pH 较其等电点 pH 低时,蛋白质呈复杂的离子状态,反之呈复杂的

负离子状态。在蛋白质等电点附近,蛋白质的水化作用减弱,蛋白质的溶解度最小。故在不影响制品口感和风味的前提下,乳液的 pH 稍微远离该植物蛋白的等电点,可以保证豆乳的稳定性。

电解质对豆乳的稳定性也有影响。氯化钠、氯化钾等一价盐能促进蛋白质的溶解,而蛋白质在氯化钙、硫酸镁等二价金属盐类溶液中的溶解度较小。这是因为钙、镁离子使离子态的蛋白质粒子间产生桥联作用而形成较大胶团,加强了凝集沉淀的趋势,降低了蛋白的溶解度。因此,在豆乳生产过程中,须注意二价金属离子和其他变价电解质引起的蛋白质沉淀现象发生。

(3)微生物因素 微生物是影响豆乳稳定性的主要因素之一。豆乳富含蛋白、糖等营养物质,pH 呈中性,十分适于微生物的繁殖。产酸菌的活动和酵母的发酵都会使豆乳的 pH 下降,使大分子物质发生降解,豆乳分层,产生沉淀。为了避免微生物的污染,应加强卫生管理和质量控制,规范杀菌工艺,杜绝由微生物引起的豆乳变质现象。

5.2.2.4 豆乳的生产工艺

1. 基本工艺流程

豆乳生产基本工艺流程见图 5-6。

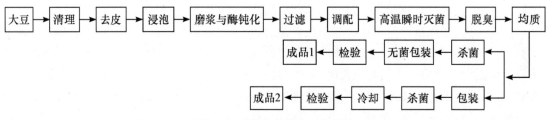

图 5-6 豆乳生产基本工艺流程

2. 工艺要点

(1)原料的选择 制作豆乳的原料有全大豆、去皮大豆、全脂大豆粉、脱脂大豆粉(豆粕)、大豆蛋白等。以新鲜的全大豆为原料制得的豆乳质量最好;去皮大豆和全脂大豆粉不耐贮藏,易发生油脂氧化,需及时加工;脱脂大豆粉(豆粉)极易发生油脂氧化,并且蛋白质部分变性,加工的豆乳质量较差;大豆蛋白(如分离蛋白、浓缩蛋白等)也可以加工豆乳,但原料成本偏高,产品缺乏香味,可能是缺少脂溶性香气的缘故。

(2)浸泡 大豆浸泡的目的是为了软化大豆组织结构、降低磨耗和磨损、提高胶体分散程度和悬浮性,同时有利于蛋白质有效成分的提取。通常将大豆浸泡于 3 倍的水中,浸泡温度和时间是决定大豆浸泡速度的关键因素。温度越高,浸泡时间越短。70 ℃时,浸泡 0.5 h;30 ℃时,浸泡 4~6 h;20 ℃时,浸泡 6~10 h;10 ℃时,浸泡 14~18 h。浸泡好的大豆吸水量为 1.1~1.2 倍,当豆皮平滑而胀紧,种皮易脱离,沿子叶横切面易于断开,中心部分与边缘色泽基本一致时,表明浸泡适度。

为了钝化酶的活性,减轻豆腥味,生产中常在浸泡前将大豆用 95~100 ℃水热烫处理 1~2 min。在浸泡液中加入 0.3% 左右浓度的 $NaHCO_3$,可以减少豆腥味的产生,并有软化大豆组织的效果。

(3)脱皮 脱皮是豆乳加工过程中的关键工序之一。通过脱皮可以起到以下作用:①减少土壤中带来的耐热菌,提高产品的贮藏性;②降低皂苷、异黄酮等苦涩味物质的含量,改善豆乳风味和口感,限制起泡性;③缩短脂肪氧化酶钝化所需的加热时间,降低贮存蛋白的热变性,防止非酶褐变,赋予豆乳良好的色泽。

大豆脱皮通常在浸泡之前进行,称为干法脱皮。也有采用湿法脱皮者,即大豆浸泡后才去皮。干法脱皮时,大豆含水量应在 12% 以下,否则严重影响脱皮效果。当大豆水分偏大时,可以在热风干燥机中干燥处理,热风温度为 105～110 ℃。大豆脱皮常用凿纹磨,间隙调节至可使多数大豆裂成 2～4 瓣,再经重力分选器或吸气机除去豆皮。由于脱皮后大豆原料的脂肪易发生酶促氧化,产生豆腥味,所以脱皮大豆需及时加工。

(4)磨浆与酶钝化　大豆经浸泡去皮后,加入适量的水直接磨成浆体。制浆过程必须与灭酶工序相结合。磨浆方法有粗磨和细磨。粗磨选用磨浆机磨浆,采用的是热水磨浆,磨浆温度应控制在 85～90 ℃,目的是降低酶的活性,以便最大程度地减少豆腥味,提高饮料的口感。大豆在研磨过程中,受到摩擦力、剪切力、特殊振动力的共同作用,可以被破碎成均匀的 1～10 μm 的小颗粒。此过程不仅可以使大豆彻底破碎,有效成分溶出,同时浆体受到一定的均质作用,乳化性和悬浮性提高,改善了豆乳的口感品质。采用料水比为 1:20 左右。细磨用胶体磨进行磨浆,磨浆温度应控制在 75～80 ℃。经过胶体磨磨浆后,应有 90% 以上的固形物可通过 200 目筛。

浆体通常采用离心操作进行浆渣分离。大豆经磨浆破碎后,脂肪氧化酶会在一定温度、含水量和氧气存在条件下起作用,迅速产生豆腥味。因此,在磨浆前应采取抑酶措施。

(5)调配　按照产品配方和标准的要求调配,可以调制成各种风味的豆乳产品,有助于改善豆乳稳定性和质量。

①稳定剂　豆乳是以水为分散介质,蛋白、脂肪等为分散相的宏观体系,呈乳状液,具热力学不稳定性。生产上可通过添加乳化剂使水和油溶性物质乳化,提高稳定性。常用的乳化剂以蔗糖酯和卵磷脂为主。此外还可以使用山梨糖酯、聚乙二醇山梨糖酯。如把两种以上的乳化剂配合使用效果会更好。蔗糖脂肪酸酯添加量一定要控制在 0.003%～0.5%。豆乳的稳定性还与黏度有关,常用增稠剂,如 CMC-Na、海藻酸钠、黄原胶等来提高产品稠度,用量为 0.05%～0.1%。由于不同增稠剂以及不同乳化剂间常具有增效作用,所以通常由多种乳化剂、增稠剂配合使用。

②赋香剂　生产中常用香味物质调制各种风味的豆乳,还有利于掩盖豆乳本身的豆腥味。常用香味物质有甜味剂(宜选用双糖)、奶粉、鲜奶、可可、咖啡、椰浆、香兰素以及奶油香精等。

③营养强化剂　豆乳中虽然含有丰富的营养物质,但也有其不足之处,如含硫氨基酸、维生素 A、维生素 D 等都有必要进行强化。豆乳最常补充的是钙,生产上常使用碳酸钙 ($CaCO_3$),由于碳酸钙溶解度低,宜均质处理前添加,避免碳酸钙沉淀。为了防止因添加钙盐引起的豆乳沉淀,在蛋白质含量低于 1.0% 的情况下,可先在豆乳中添加一种或两种 κ-酪蛋白、富含 κ-酪蛋白的酪蛋白、脱磷酸 β-酪蛋白,然后再添加钙盐就不会再出现沉淀了。

④豆腥味掩盖剂　豆乳生产中虽然采用了各种脱腥脱臭的方法,但腥臭味物质总会有些残存,因此在调配时加一些掩盖性物质也是必要的。日本资料介绍,把植物油和小麦粉混合物经短时间加热处理后按 0.1%～5% 的比例与豆乳混合可起到掩盖豆腥味的作用。在豆乳中加入热凝固的卵白,也可起到掩蔽豆腥味的作用。

(6)高温瞬时灭菌与脱臭　调配好的豆乳应进行高温瞬时灭菌(UHT)。灭菌的条件为 110～120 ℃,10～15 s。其目的主要是破坏抗营养因子,钝化残存酶的活性,杀灭部分微生物,同时可提高豆乳温度,有助于脱臭。灭菌后的豆乳应及时入真空脱臭器进行脱臭处理,以最大限度地除去豆浆中的异味物质。真空度控制在 0.03～0.04 MPa 为佳,不宜过高,以防气泡溢出。

（7）均质　均质处理是提高豆乳口感和稳定性的关键工序。豆乳在高压下从均质阀的狭缝中压出，油滴、蛋白质等粒子在剪切力、冲击力与空穴效应的共同作用下进行微细化，形成稳定性良好的乳状液。

豆乳均质的效果取决于均质的压力、物料温度和均质次数。均质压力越大，均质效果越好，但均质压力受到设备性能的限制，生产中常用 20～25 MPa 的均质压力。均质时物料的温度也影响均质效果，温度越高，往往效果越好，一般控制物料的温度为 80～90 ℃为宜。均质次数越多，均质效果也越好，从经济和生产效率的角度出发，生产中一般选用两次均质。

均质工序可以放在杀菌之前，也可以放在杀菌之后。豆乳在高温杀菌时，会引起部分蛋白质变性，产品杀菌后会有少量沉淀现象存在。均质放在杀菌之后，豆乳的稳定性高，但生产线须采用无菌包装系统，以防杀菌后的二次污染。

（8）杀菌　豆乳由于蛋白质含量高，pH 接近中性，产品如需长期保存，杀菌应以肉毒梭状芽孢杆菌为对象。

高温杀菌是豆乳加工厂最常用的方法，采用高温杀菌的公式为：$\dfrac{15\ min-30\ min-15\ min}{121\ ℃}$。

超高温瞬时灭菌是近年来在豆乳生产中日渐采用的方法。它是将豆乳加热至 130～138 ℃，经过十几至数十秒灭菌，然后迅速冷却和无菌包装。该方法可以显著提高豆乳的稳定性和口感。

（9）包装　豆乳的包装形式多样，有蒸煮袋、玻璃瓶、金属罐等。无菌包装是近年来发展迅速的包装方式。它的优点是豆乳产品贮期长，包装材料轻巧，无须回收，饮用方便；缺点是设备投资大，操作要求较高。

3. 国内外豆乳生产线技术范例

（1）广州市粮油食品机械开发公司的豆乳生产技术

工艺流程：大豆→灭酶→除杂→去皮→浸泡→磨浆→分离→精滤→调制→均质→超高温灭菌→真空脱臭→包装→灭菌→冷却→成品。

工艺要点：与本节 2. 介绍的相似。

（2）日本精研舍株式会社豆乳生产技术

工艺流程：大豆→脱皮→钝化酶→磨碎→分离→调制→杀菌→脱臭→均质→冷却→无菌包装→成品。

工艺要点：

①脱皮　大豆脱除皮和胚芽。脱皮率控制在 90％以上，脱皮损失率控制在 5％以下。

②钝化酶　向灭酶器中通入蒸汽加热，经 40 s 完成灭酶操作。

③制浆　灭酶后的大豆直接进入磨浆机中，同时注入相当于豆重量 8 倍的 85 ℃热水，也可注入少量 $NaHCO_3$ 稀溶液以增进磨碎效果。经粗磨后的豆糊再泵入超微磨中，经微磨后豆糊中 95％的固形物可通过 150 目筛。浆渣分离采用滗析式离心机。

④调制　将调味液中有关配料按一定操作程序加入调味罐中，混合均匀并经均质机处理后，定量泵入调和罐中，调配成不同品种的豆奶。

⑤杀菌与脱臭　将调制后的豆奶连续泵入杀菌脱臭装置中，经蒸汽瞬时加热到 130 ℃左右，约经 20 s 保温，再喷入真空罐中，豆奶保持 26.7 kPa 的真空度，瞬时蒸发出部分水分，温度立即下降至 80 ℃左右。

⑥均质　杀菌后均质两次,压力分别为 14.7 MPa 和 4.9 MPa。

⑦冷却与包装　均质后的豆奶经片式冷却器冷却到 10 ℃以下,保持于较低温度下进行无菌包装。

5.2.2.5　发酵酸豆乳的生产工艺

1. 发酵酸豆乳加工的基本原理

发酵酸豆乳是在大豆制浆后,加入少量奶粉或某些可供乳酸菌利用的糖类作为发酵促进剂,经乳酸菌发酵而生产的酸性豆乳饮料。它既保留了豆乳饮料的营养成分,又产生了特殊的风味物质和代谢产物。

乳酸菌是能利用糖产生乳酸的革兰氏阳性细菌的总称,它是生产发酵酸豆乳的主要微生物。在发酵过程中能产生乳酸及许多风味物质。这些风味物质的复合作用赋予饮料浓郁芳香的特有风味,能掩盖发酵原料(大豆)的异味。大豆饮料经乳酸菌发酵后,其固有的豆腥味明显减弱或消失,减少了胀气成分——寡糖的含量,使风味品质明显改善。发酵产生的乳酸对许多微生物(尤其是人体肠道内存在的有害微生物)具有抑菌或杀菌作用,且在进入肠道被中和后仍然存在着许多抗菌性因子。酸豆乳含有活性乳酸菌体及其代谢产物,对人的肠胃功能有良好的调节作用,能增加消化机能,促进食欲,加强胃肠蠕动和机体物质代谢。另外,在发酵过程中乳酸菌对豆乳中的植物蛋白适度降解,将大分子蛋白质降解为中、低分子含氮物,提高了植物蛋白营养价值,更易于人体吸收。此外,某些乳酸菌能形成 B 族维生素。由此可见,发酵酸豆乳可以称为是一种营养保健饮料。

发酵所用的菌种,随生产的酸豆乳而异。菌种的选择对发酵剂的质量起重要作用。可用一个菌种(单用发酵剂),也可将两个以上菌种混合使用(混合发酵剂)。一般混合发酵剂使用多一些,可使菌种利用共生作用,互相得益。最常用的乳酸菌的混合发酵剂是以乳酸链球菌或嗜热链球菌与干酪杆菌或保加利亚杆菌混合,其组合方式随制品的种类而异。菌种的选择对发酵剂的质量起重要作用。可根据不同的生产目的,选择适当的菌种。表 5-9 列出了发酵剂常用微生物及其性质。

表 5-9　发酵剂常用微生物及其性质

发酵剂用微生物	特　性									
菌种名称	乳酸发酵	产生丁二酮	产气	蛋白分解	脂肪分解	丙酸发酵	产生抗生素	细胞形状	菌落形状	发育最适温度/℃	极限酸度/°T
嗜热链球菌 (*Str. theromophilus*)	○							链状	光滑微白菌落,有光泽	37～42	110～115
保加利亚乳杆菌 (*L. bulgaricus*) 干酪乳杆菌 (*L. casei*) 嗜热乳杆菌 (*L. acidophilus*)	○ ○ ○	△ △		△ ○		△		长杆状,有时呈颗粒状	无色的小菌落,如棉絮状	42～45	300～400
乳酸链球菌 (*Str. lactis*)	○	△		○	△	△		双球状	光滑微白菌落,有光泽	30～35	120

续表5-9

发酵剂用微生物	特 性									
菌种名称	乳酸发酵	产生丁二酮	产气	蛋白分解	脂肪分解	丙酸发酵	产生抗生素	细胞形状	菌落形状	发育最适温度/℃	极限酸度/°T
乳酪链球菌 (*Str. cremoris*)	○	△					△	链状	光滑微白菌落,有光泽	30	110~115
柠檬串珠菌 (*Leuc. citrovorum*)		○	○					单球状、双球状、长短不同的细长链状	光滑微白菌落,有光泽	30	—
戊糖串珠菌 (*Leuc. dextranicum*)		○	○								70~80 110~105
丁二酮乳酸链球菌 (*Str. diacetilactis*)	○	○									

注:○代表各菌种通性;△代表部分菌株的性质。

2. 工艺流程及要点

根据发酵酸豆乳产品的状态和口感的不同,可以将其分为两种,一种是凝固型酸豆乳(类似酸凝牛乳),另一种是搅拌型酸豆乳及酸豆乳饮料。

凝固型酸豆乳的生产主要过程包括发酵剂的制备、原料调配和发酵等工序,其工艺流程如图 5-7 所示。

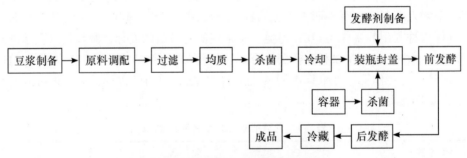

图 5-7 凝固型酸豆乳的工艺流程

搅拌型酸豆乳前期发酵工艺基本相同,只是添加发酵剂后采用大罐发酵,然后将凝固酸豆乳混合搅拌均匀后,再经均质、分装而成。其生产流程如图 5-8 所示。

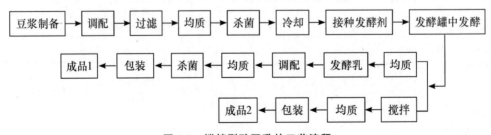

图 5-8 搅拌型酸豆乳的工艺流程

成品 2 因为没有经杀菌工序,产品中含有活性乳酸菌,故生理功能好,但产品的稳定性要差些。而成品1在发酵乳中添加添加剂、果汁,并杀菌,产品稳定性好,但生理功能略差一些。

按照工艺流程,酸豆乳的生产主要可以分为发酵剂的制备、酸豆乳基料的制备、接种发酵三大工序。

(1)发酵剂的制备 发酵剂质量的好坏直接影响成品的风味和制作工艺条件的控制。发酵剂的制备过程与酸乳发酵剂的制备雷同,都包括乳酸菌纯培养物的活化、母发酵剂的制备、生产发酵剂(工作发酵剂)的制备3个步骤。当制备生产发酵剂时,为了使菌种的生活环境不致急剧改变,生产发酵剂的培养基最好与成品原料相同,即采用豆乳为培养基。生产发酵剂制备好后贮于0~5℃冷库待用。

(2)酸豆乳基料的制备 酸豆乳基料的制备过程主要包括豆浆制备、调配、过滤、均质、杀菌、冷却等工序。

生产酸豆乳所用的豆浆与普通豆乳的制浆要求基本相同,即大豆浸泡、磨碎、分离等过程。制得的豆浆必须是新鲜磨制的,要求干物质含量在8%~11%。因为乳酸发酵过程具有一定的脱腥作用,因此豆浆制备时对脱腥要求不必太高。

调配工序是制备酸豆乳基料的关键工序,它决定着产品的色、香、味、型。调配过程中需添加以下原料。

①糖 加入糖的主要目的是促进乳酸菌的生长繁殖,提高酸豆乳的质量,同时兼有调味的作用。产酸量是衡量乳酸菌生长的一项重要指标,它主要依赖于能被微生物代谢的糖类的存在情况。已知乳酸菌可利用乳糖、葡萄糖、果糖、半乳糖和麦芽糖。成熟的大豆中含有一定量的寡聚糖和多聚糖,而能被乳酸菌利用的糖却很少。另外,生产中经浸泡等工序的处理,豆浆中可供乳酸菌利用的糖的含量变得更少。所以调制工序中要加入适量的糖,以促进乳酸菌的繁殖,提高酸豆乳的质量。

从实用角度出发,在生产中添加的往往不是纯质的糖,而是价格便宜、资源丰富,且富含可发酵性糖的其他食品原料,如脱脂奶粉、蜂蜜等。

②胶质稳定剂 调制酸豆乳基料时,为保证产品的稳定性,加入适量的稳定剂也是十分必要的。对胶质稳定剂一个最基本的要求是在酸性条件下不易被乳酸菌分解。常用的有明胶、琼脂、果胶、卡拉胶、海藻胶和黄原胶等。单独使用时,明胶添加量为0.6%,琼脂为0.2%~1.0%,卡拉胶为0.4%~1.0%。各种稳定剂也可两种以上并用。这些稳定剂需事先用水溶化后再加入。

③调味添加剂 根据产品需要还可添加香精香料,有时可加牛乳或果汁以增加产品风味。果汁可用苹果、橘子、菠萝、葡萄、杧果、番茄或草莓汁等,配合量小于10%。牛乳的添加量不受限制。

将上述原料搅拌均匀后,经过滤去除可能存在的不溶性物质。为确保产品质地细腻要经均质处理,均质压力在20 MPa左右,之后要进行灭菌处理。灭菌处理多采用板式热交换器或列管式杀菌器,在85~90℃,杀菌5~10 min,以杀灭原料中的微生物,杜绝杂菌污染。杀菌后的料液经板式热交换器迅速冷却,冷却温度随所用菌种的最佳发酵温度而定。如采用保加利亚乳杆菌和嗜热乳链球菌混合菌种,则可冷却至45~50℃;如采用乳链球菌则需冷却至30℃。

(3)接种发酵 冷却后的基料可接种生产发酵剂,接种量随发酵剂中的菌数含量而定,一般为1%~5%,然后进行发酵和后熟。生产凝固型酸豆乳时,接入发酵剂后迅速灌杯封盖,然后进入发酵室培养发酵。生产搅拌型酸豆乳时,接入发酵剂后,先在发酵罐中培养发酵,然后搅拌、均质、分装后出售。

如前所述,能够用于发酵的乳酸菌很多。实际生产上多用混合菌种,这样可使发酵易于控制且产品风味柔和、质量高。常用的配合方式是保加利亚乳杆菌:嗜热乳链球菌＝1:1;保加利亚乳杆菌:乳链球菌＝1:4;嗜热乳链球菌:保加利亚乳杆菌:乳脂链球菌＝1:1:1。

发酵前期以产酸为主,称前发酵。在前发酵过程中需控制两个重要参数——发酵温度与发酵时间。

①发酵温度　乳酸菌发酵豆乳时的温度通常在35～45 ℃,不同的菌种发酵的最适温度也大不一样。对于大多数菌种来说,发酵温度在低限时接近乳酸菌的最适生长温度,有利于乳酸菌的生长繁殖。发酵温度在高限时可以使发酵酸豆乳在短时间内就达到适宜的酸度,凝结成块,从而缩短了发酵时间。

②发酵时间　酸豆乳的发酵时间随所用菌种及培养温度而定,一般在10～24 h。判断发酵工序是否完成的主要根据就是酸度和 pH。发酵好的酸豆乳 pH 应在3.5～4.5,酸度应在50～60 °T。

前发酵结束后,酸豆乳应及时送入0～5 ℃冷库进行冷却保存。由于酸豆乳降温至此温度有一个过程,所以仍有一个以产芳香物质为主的后熟阶段,大约需 4 h。经过后熟的酸豆乳其酸度可达70～80 °T。

3. 酸豆乳生产技术实例

(1)凝固型乳酸发酵酸豆乳

①工艺流程(图 5-9)

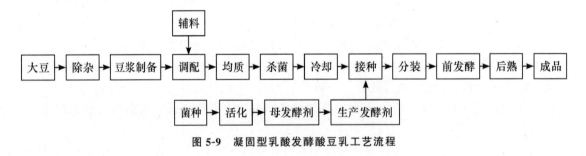

图 5-9　凝固型乳酸发酵酸豆乳工艺流程

②工艺要点

豆浆制备:大豆除杂、漂洗后,加入适量的水浸泡过夜,磨浆前加入沸水烫漂 15 min,按1:10 的豆水比用热水磨浆,制得基本无腥味的豆浆。

调配:将脱脂奶粉 3%、蔗糖 5%、乳糖 1%搅拌溶解加入豆浆中,再加入调好的复合稳定剂(单甘酯 0.08%、蔗糖酯 0.08%、CMC-Na 0.12%)溶解均匀。

均质:均质温度为 75 ℃,采用二次均质,第一次均质压力为 25 MPa,第二次均质压力为20 MPa,使产品口感更加细腻。

杀菌和冷却:采用板式换热器将混合基料加热至 100 ℃,保持 20 min,然后强制冷却至 43 ℃。

前发酵:采用保加利亚乳杆菌和嗜热链球菌 1:1 混合,按 3%的接种量接入豆乳基料中,经 43 ℃发酵 6 h 完成前发酵。

后发酵:完成前发酵后,在 4 ℃保持 4 h 进行后发酵,然后经检验合格后,即为成品。

③质量标准

感官指标:色泽洁白,凝块均匀,基本无乳清析出,不分层;口感细腻,爽口,酸甜可口,香气浓郁。

理化指标:蛋白质含量≥3.0%,脂肪含量≥1.0%,酸度≥80 °T。

卫生指标:大肠菌群<4 个/100 mL,致病菌不得检出。

(2)发酵豆乳饮料

①工艺流程(图 5-10)

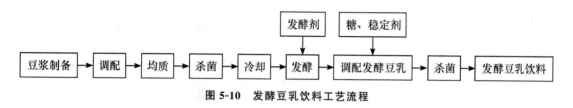

图 5-10 发酵豆乳饮料工艺流程

②工艺要点

豆浆的制备:同上所述。

调配:将 2%蜂蜜加入豆浆中,搅拌均匀。

均质、杀菌:同上所述。

冷却、接种发酵:将混合基料冷却到 38 ℃,接种保加利亚乳杆菌和乳酸链球菌,接种量为 3%,在 37~40 ℃发酵 12 h,待 pH 为 4.0 时冷藏。

添加糖和稳定剂:将果胶 0.4%,细粒蔗糖 9%,水 65%,在 80~85 ℃加热 5~10 min,溶解并冷却到 20 ℃,加入发酵豆乳中,搅拌均匀。

杀菌:将上述发酵豆乳在 100 ℃处理 20~30 min,冷却即得发酵豆乳饮料。

5.2.3 椰子汁(乳)饮料

椰子系棕榈科椰子属,椰子果实为椭圆形硬壳果,果实一般质量为 1.5~2 kg,由壳和种子组成。种子由外皮、椰肉和椰汁 3 部分组成,每 100 g 椰子含脂肪约为 37 g、蛋白质 4 g、膳食纤维 4.7 g、硫胺素 0.01 mg、核黄素 0.03 mg、烟酸 0.7 mg、维生素 C 7 mg、钾 128 mg、钙 4 mg、镁 10 mg、铁 0.4 mg、锰 0.36 mg、锌 0.39 mg、磷 18 mg、硒 0.83 mg。利用椰子肉加工的椰子乳(汁)饮料,色泽乳白,椰香宜人,营养丰富,在市场上十分畅销。

5.2.3.1 工艺流程

椰子汁(乳)饮料工艺流程一见图 5-11。

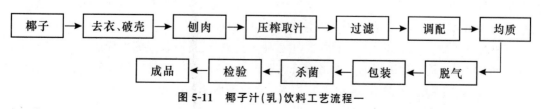

图 5-11 椰子汁(乳)饮料工艺流程一

椰子汁(乳)饮料工艺流程二见图 5-12。

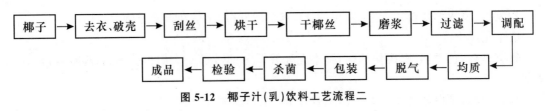

图 5-12 椰子汁(乳)饮料工艺流程二

5.2.3.2 工艺要点

1. 原料处理

选用成熟的椰子,将椰子洗净后,沿中部剖开,椰子汁收集后做其他用途或加工成椰子汁饮料,用刨子取出椰肉,可直接压榨取汁,也可以先把椰肉放入 70～80 ℃的热风干燥机中烘干制成椰丝,贮存备用。

2. 取汁

新鲜椰肉用破碎机打碎,加入其 2 倍质量的水,再用螺旋榨汁机取汁,如果用干椰丝为原料,可按 m(椰丝):m(水)=1:10,将椰丝与 70 ℃热水搅拌均匀,再用磨浆机磨浆,椰肉乳液经 200 目筛过滤备用。

3. 调配

椰子乳中加入 4%～6% 的白砂糖、0.10%～0.25% 的乳化剂(脂肪酸酯)和增稠剂(如单甘酯、海藻酸钠、黄原胶、CMC-Na 等)、乳制品适量,搅拌均匀。为防止椰子乳的 pH 接近其等电点,可适当调节 pH,当 pH 小于 6.2 时,可加入 $NaHCO_3$ 进行调配,当 pH 大于 6.5 时,可加入柠檬酸进行调配。

4. 均质

均质压力为 20～25 MPa,物料温度为 80 ℃左右,2 次均质。

5. 杀菌

包装好的椰子汁(乳)须进行高温杀菌,常用的杀菌方法为升温 8～10 min,使杀菌温度提高到 118～121 ℃,保持 20～25 min,然后反压冷却至 50 ℃后出锅。杀菌后的椰子乳经擦罐、检验、喷码、装箱后入仓贮存。

5.2.4 杏仁露(乳)饮料

杏仁为蔷薇科植物杏仁树成熟果实的种子。杏仁营养丰富,含丰富的蛋白质、维生素以及人体不能合成的 8 种必需氨基酸。杏仁中含脂肪 35%～50%,蛋白质 24.9%,总糖 8.5%,灰分 2.2%,粗纤维 8.8%,苦杏仁苷 3%;此外还含有微量元素,其中 Ca、Fe、K、Mg 的含量分别为牛奶的 3 倍、7 倍、4 倍、6 倍。杏仁中含有 KR-A(相对分子质量为 300 000 以上球蛋白)和 KR-B(相对分子质量为 160 000 以上白蛋白)2 种蛋白成分,具有较强的生理活性,含量分别为 4.44% 和 0.41%,是一种极好的天然植物蛋白资源。另外,杏仁还具有很高的药用价值,如具有润肺祛痰、止咳平喘、养颜润肤、抗衰老、抗癌、降血糖血脂的作用。

杏仁中含有少量的氰化物。每 100 g 苦杏仁中含有 250 mg 氰化物,具有一定的毒性。因此在食品加工过程中必须先对杏仁进行去毒处理。

5.2.4.1　工艺流程

利用杏仁作为主料生产的饮料主要有杏仁露和杏仁乳两种,二者工艺流程基本相同,只是生产杏仁乳时添加了牛奶作为配料。下面主要介绍杏仁露饮料的生产工艺流程(图 5-13)。

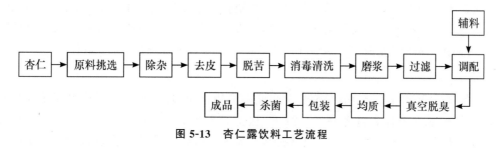

图 5-13　杏仁露饮料工艺流程

5.2.4.2　工艺要点

1. 原料选择

选取籽粒饱满、肉质乳白的杏仁,挑除虫蛀、霉变的杏仁及其他杂质。

2. 去皮、脱苦

由于杏仁具有一定的毒性、苦味,因此生产前首先必须脱苦、去毒。甜杏仁不需脱毒,苦杏仁则必须经脱毒处理后才能使用。利用苦杏仁苷易溶于水的性质,可采用热水浸泡、多次漂洗的方法脱毒。先将杏仁放入 90~95 ℃的水中浸 3~5 min,使杏仁皮软化。放入脱皮机中进行机械去皮,再将脱皮的杏仁放入 50 ℃左右的水中浸泡。每天换水 1~2 次,浸泡 5~6 d 后捞出待用。通过这个脱苦工序,实际上也是完成了浸泡,即软化细胞,疏松细胞组织,提高胶体分散程度和悬浮性,提高蛋白的提取率。

3. 消毒清洗

用 0.35％的过氧乙酸浸泡杏仁消毒 3~5 min,再用软化水洗净。

4. 磨浆

一般分 2 步完成。第一步用磨浆机粗磨,加水量为配料水量的 50％~70％,一次加足。第二步用胶体磨细磨,细磨时可添加 0.1％的亚硫酸钠和焦磷酸钠的混合液进行护色,使组织内蛋白质和油脂充分析出。用水符合 GB 5749—2022《生活饮用水卫生标准》的要求。

5. 过滤

可用筛布过滤分离浆渣。注意天然杏仁汁的香味主要来自杏仁油,因此在加工中应尽量将油脂保留在饮料中,不要将油脂分离,以提高产品的香味。

6. 调配

将配料溶于温水与分离汁液混合均匀,调节 pH 为 7.7~8.0,加热至沸,除去液面泡沫。调配是生产杏仁露饮料的关键工序之一,应严格控制好加热温度、时间、pH,以防止蛋白质变性,影响饮料的质感。

7. 真空脱臭

杏仁饮料在加工过程中极易产生异臭。真空脱臭法是有效去除不良气味的方法。将加热

的杏仁饮料于高温下喷入真空罐中,部分水分瞬间蒸发,同时带出挥发性的不良风味成分,一般操作控制真空度在 26.6~39.9 kPa 为佳。

8. 均质

均质是生产杏仁露必不可少的工序,可防止脂肪上浮,缓慢变稠现象,增加成品的光泽度,提高产品稳定性。在生产中采用两次均质,第一次均质压力为 20~25 MPa,第二次均质压力为 25~36 MPa,均质温度为 75~80 ℃,均质后的杏仁液粒度要求达到≤3 μm。

9. 包装、杀菌

杏仁饮料富含蛋白质、脂肪,易变质。因此必须将饮料包装于易拉罐、玻璃瓶或复合蒸煮装中进行杀菌,杀菌条件为温度 118~121 ℃,保持 20~25 min。目前超高温瞬时杀菌和无菌包装技术在生产中日渐广泛采用,可显著提高产品色、香、味等感官质量,又能较好地保持杏仁饮料中的一些对热不稳定的营养成分。

5.2.5　核桃露(乳)饮料

核桃为胡桃科植物,营养价值丰富,现代研究表明,核桃仁含蛋白 15%～20%、脂类 50%～60%、碳水化合物 15% 左右。其中可溶性蛋白的组成以谷氨酸为主,其次为精氨酸和天冬氨酸。核桃中 86% 的脂肪是不饱和脂肪酸,脂肪酸以肉豆蔻酸、棕榈酸、硬脂酸、油酸、亚油酸、亚麻酸为主。此外,核桃仁中还含有谷甾醇、菜油甾醇、豆甾醇、燕麦甾醇等甾体类化合物,以及铜、镁、钾、维生素 B_6、叶酸和维生素 B_1,也含有纤维、磷、烟酸、铁、维生素 B_2 和泛酸。《本草纲目》记载:核桃仁能补气益血、润燥化痰、温肺润肠且味甘性平。将核桃仁加工成核桃乳饮料,可保证核桃的营养成分,同时增加其在人体的吸收率。核桃乳是蛋白质、维生素 B、烟酸以及多种微量元素的良好来源,并且具有浓郁的核桃香味。

5.2.5.1　工艺流程

核桃露(乳)分为全脂核桃露(乳)和脱脂核桃露(乳)。全脂核桃露(乳)是用未脱脂的核桃仁加工而成的,由于含油量较高,因而生产的核桃乳易分层,不稳定,并且容易发生变质。而用脱脂核桃蛋白研制的核桃乳不仅具有核桃固有的香味,而且非常稳定,不易分层。核桃露(乳)原料中去皮核桃仁的添加量在产品中的质量比例应大于 3%,且不得使用除核桃仁外的其他核桃制品及含有蛋白质和脂肪的植物果实、种子、果仁及其制品。

核桃露(乳)饮料工艺流程见图 5-14。

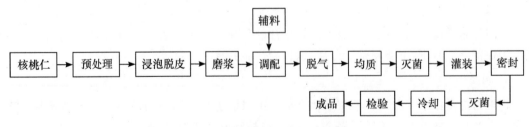

图 5-14　核桃露(乳)饮料工艺流程

5.2.5.2　工艺要点

1. 原料的选择与预处理

核桃仁及其他食品辅料应符合相应的国家标准、行业标准和(或)有关规定。其中核桃仁应选用成熟、饱满、断面呈乳白色或微黄色,无哈喇味、无霉变、无虫蛀的果仁。用流动水进行清洗,除去泥沙、浮皮和残壳等异物杂质。

2. 浸泡脱皮

核桃仁表面皱褶凹凸不平,有一层紧密的褐色薄皮,含单宁,味涩,不除去会影响产品的色泽、口感和稳定性。因此磨浆前先要对核桃进行脱皮处理。用1%的NaOH和0.3%的脱皮剂配成混合脱皮液置于浸泡罐中,升温至90~95℃时,投入核桃仁进行热烫处理3~5 min,其间要对罐内核桃不断搅拌,加快脱皮速度。处理完成后,将核桃仁出料至带防护板的筛面上面,用高压水冲洗,洗去残余的碱液及表皮,直至核桃仁完全呈灰色为止。

3. 磨浆

将脱皮去涩的核桃仁使用3道胶体磨:第一道磨是将核桃仁投入料斗中,经过干磨成颗粒状,第二道、第三道磨加热水(75~80℃)精磨,然后经过振动筛(200目以上)分离后,泵入贮浆罐内暂存。这种方式就可以实现了连续化生产,同时也节约了人力。

4. 调配

要使核桃乳在后续加工中稳定并达到一定的保藏期,需要加入一定量的食品添加剂。将白砂糖、乳化剂和稳定剂等辅料分别置于高速乳化罐中,加入70~90℃的热水,开启搅拌5~10 min即可溶解均匀,然后经过100目的桶式过滤器后泵入调配罐。将核桃浆液、糖液、稳定剂、乳化剂等辅料泵入调配罐中,补加热水定容。搅拌混匀,加热配料后的核桃乳饮料的温度为70~85℃。

5. 脱气

因乳化剂作用使浆液产生的大量气泡,采用真空脱气机在0.03~0.04 MPa的压力条件下脱气。

6. 均质

均质可以细化脂肪和蛋白质颗粒,防止脂肪上浮,蛋白质的聚集和凝结等现象,形成沉淀,从而更好地保存产品的口感和保质期。均质宜采用2道均质,第一道均质压力为25~30 MPa,第二道均质压力为15~20 MPa,均质温度为75~80℃。

7. 超高温瞬时灭菌和灌装

将均质后的核桃乳饮料进行超高温瞬时杀菌,杀菌温度为139℃,保持5 s之后将核桃乳饮料保持85℃进行灌装,用真空封罐机卷边密封。

8. 灭菌和冷却

将灌装后的产品置于高压杀菌锅中进行灭菌,杀菌公式为 $\dfrac{20\ \text{min}-15\ \text{min}-15\ \text{min}}{118\ ℃}$,灭菌后尽快冷却至40℃左右。

9. 成品检验

抽样进行感官、理化指标及微生物指标检验,经检验合格后,成品方可装箱入库,进行销售。

5.3 复合蛋白饮料及其他蛋白饮料

以乳或乳制品,和一种或多种含有一定蛋白质的植物果实、种子或种仁等为原料,添加或不添加其他食品原辅料和(或)食品添加剂,经加工(包括发酵工艺)制成的制品,称为复合蛋白饮料。发酵制成的产品根据其发酵后是否经过杀菌处理分别称为杀菌(非活菌)型和未杀菌(活菌)型。如花生牛奶,核桃花生牛奶复合蛋白饮料等。

复合蛋白饮料中,乳或乳制品的添加量对产品蛋白质贡献率应不小于30%。产品声称的植物蛋白的添加量对产品蛋白质的贡献率应不小于20%。

其他蛋白饮料是指除含乳饮料、植物蛋白饮料及复合蛋白饮料之外的蛋白饮料。

以下简要介绍花生牛奶复合蛋白饮料的加工工艺。

牛奶含有大量人体所必需的营养物质,容易被人体消化吸收,是最接近完美的理想天然食品。花生的营养丰富,每100 g花生中含蛋白质26.2 g、脂肪39.2 g、碳水化合物22 g、钙67 mg、磷378 mg、铁1.9 mg、胡萝卜素0.04 mg、硫胺素1.03 mg、核黄素0.11 mg、烟酸10.0 mg、抗坏血酸2 mg、粗纤维2%、灰分2%。其淀粉含量少,一般在5%以下。花生蛋白质所含赖氨酸、谷氨酸和天冬氨酸等可防止过早衰老,增强记忆力,花生油中所含的不饱和脂肪酸较多,可有效地降低血液中胆固醇的含量。花生中还含有丰富的维生素E,可以使血管保持柔软。同时花生也是核黄素、硫胺素和烟酸的良好来源。虽然花生中蛋白营养丰富,但其必需氨基酸的组成不均衡,含限制氨基酸较多,根据蛋白质营养的互补原则,选择花生与牛奶进行搭配,生产花生牛奶饮料,能进一步提高氨基酸组成的均衡性和花生蛋白的利用率。

5.3.1 工艺流程

花生牛奶复合蛋白饮料是以花生、鲜牛奶为主要原料,再添加乳化剂、增稠剂、甜味剂等辅料而制得的一种营养丰富的饮料,主要流程如下(图5-15)。

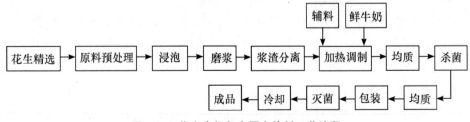

图5-15 花生牛奶复合蛋白饮料工艺流程

5.3.2 工艺要点

1. 选料

花生的品质直接影响饮料品质,应选择新鲜、无霉烂变质的花生。另外,由于花生中脂肪含量较高,应尽可能选用脂肪含量低,香气较浓的品种。

2. 原料预处理

花生在加工时要脱去外硬壳,选择成熟饱满、无霉变、无虫害、杂质少、表皮光滑、颗粒均匀的新鲜优质花生仁为原料。

脱红衣:脱红衣有湿法和干法 2 种。采用干法脱皮时,应控制含水量,才能提高脱皮效果。湿法脱皮时应先将花生米在 90 ℃浸烫 6～10 min,然后再脱皮。

部分脱脂:花生通过部分脱脂,降低其油脂含量,可提高花生奶成品的稳定性。脱脂的方法有多种,如压榨法和浸出法等,能有效降低花生含油量。

3. 浸泡

花生(或者经过部分脱脂后的花生粉)通过浸泡,可软化细胞结构,提高蛋白的提取率。浸泡水温及时间要根据季节调节。一般在 60～70 ℃浸泡 6～8 h,在此过程中要调节好 pH(应略偏碱性),防止蛋白质变性。

4. 磨浆

先经磨浆机粗磨,再用胶体磨细磨,使其组织内蛋白质及油脂充分析出。磨后的浆体中应有 90％以上固形物可通过 150 目筛。

5. 浆渣分离

原料磨后用离心机进行分离,得到的汁液就是生产饮料的主要原料。花生由于油脂含量高,可以采用高速离心机将部分油脂分离。但是花生蛋白饮料的香味主要来自油脂中,且油脂中含有大量不饱和脂肪酸。因此在加工工艺上,应尽量将部分油脂保留在饮料中,以提高产品的特色香味。

6. 加热调制

将稳定剂、乳化剂、糖等辅料用水溶解,用胶体磨将其与花生乳液、鲜牛奶混合,再加热升温至所需温度。此工序非常关键,要严格控制加热温度、加热时间、饮料的 pH(避开蛋白质等电点 pH 4.0～5.5),以防止蛋白质变性,确保形成均匀、乳白的饮料。

7. 均质

采用两次均质,第一次均质压力为 20～25 MPa,第二次均质压力为 25～36 MPa,均质温度为 75～80 ℃。

8. 包装、杀菌

可采用 121 ℃,15 min 杀菌,然后迅速冷却。目前较先进的技术是采用超高温瞬时杀菌和无菌包装,效果更理想。

? 思考题

1. 简述蛋白质饮料的定义及分类。
2. 中性含乳饮料生产中应注意哪些问题?
3. 简述果汁乳饮料生产方法及操作要点。
4. 简述发酵型含乳饮料的种类及其特点。
5. 简述乳酸菌饮料常出现的缺陷及原因分析和防止措施。

6. 简述豆乳生产中产生豆腥味的原因及影响因素。

7. 简述生产上去除或减轻豆腥味采取的常用措施。

8. 试说明我国的传统豆浆与现代技术加工的豆乳在工艺及产品质量上的异同。

9. 简述酸豆乳的加工工艺流程和影响产品质量的主要因素。

10. 试对比杏仁露、椰子汁与花生蛋白饮料在加工工艺上的异同点。

推荐学生参考书

[1] 李晓东. 乳品工艺学. 北京:科学出版社,2023.

[2] 阮美娟,徐怀德. 饮料工艺学. 北京:中国轻工业出版社,2013.

[3] 吴祖兴,申晓琳. 乳制品加工技术. 北京:化学工业出版社,2007.

[4] 夏晓明,彭振山. 饮料. 北京:化学工业出版社,2001.

[5] 杨宝进,张一鸣. 现代食品加工学. 北京:中国农业大学出版社,2006.

[6] 张和平,张佳程. 乳品工艺学. 北京:中国轻工业出版社,2007.

[7] 朱蓓薇,张敏. 食品工艺学. 北京:科学出版社,2015.

参考文献

[1] 曹璐,王瑞,陈芳莉,等. 不饱和脂肪酸单甘油酯对大豆蛋白饮料稳定性的影响. 中国油脂,2019,44(11):34-40.

[2] 陈中,芮汉明. 软饮料工艺学. 广州:华南理工大学出版社,1998.

[3] 丁保淼,覃瑞,熊海容,等. 植物蛋白饮料及其稳定性的研究进展. 食品安全质量检测学报. 2019,10(1):152-157.

[4] 董晓鹏,张秦,鲁永明. 植物蛋白饮料稳定性及其影响因素分析研究. 现代食品,2019(9):21-23.

[5] 孟婷婷,周星,陆振猷,等. 脂肪对低脂植物蛋白饮料风味及体系稳定性的影响研究进展. 食品与机械. 2019,35(7):220-225.

[6] 施小迪,郭顺堂. 豆乳风味物质的研究进展. 食品安全质量检测学报,2014,5(10):3 079-3 084.

[7] 徐敬华,高保军,贾振宝. 豆制品中豆腥味的产生原理及消除方法. 中国乳品工业,2002,30(5):77-80.

[8] 袁松梅,赵晋府. 大豆中的功能成分. 饮料工业,2002,5(3):38-43.

[9] Arranz E, Segat A, Velayos G, et al. Dairy and plant based protein beverages: In vitro digestion behaviour and effect on intestinal barrier biomarkers. Food Research International, 2023, 169: 112815-112815.

[10] Li Y Q, Chen Q, Liu X H, et al. Inactivation of soybean lipoxygenase in soymilk by pulsed electric fields. Food Chemistry, 2008, 109(2): 408-414.

[11] Zhang J L, Cai Q, Ji W. Nutritional Composition of Plant Protein Beverages on China's Online Market: A Cross-Sectional Analysis. Nutrients, 2023,15(12):2023.

第 6 章

碳酸饮料

本章学习目的与要求

1. 了解碳酸饮料的分类及特点。

2. 了解一次灌装法、二次灌装法的基本工艺流程及其优缺点。

3. 熟悉糖浆的制备方法,糖浆制备过程中投料顺序应遵循的原则及投料顺序。

4. 熟悉碳酸化的基本原理与影响因素,碳酸化的常用方式以及常用汽水混合机的主要种类和工作原理。

5. 掌握压差式、等压式和负压式灌装的基本原理。

6. 了解碳酸饮料生产中常见的质量问题及产生原因。

主题词:碳酸饮料　汽水　产品标准　一次灌装法　二次灌装法　工艺流程　糖浆配制　碳酸化　二氧化碳溶解度　二氧化碳需求量　汽水混合机　灌装系统　配比器　CIP 清洗系统　产品质量问题

碳酸饮料(carbonated beverages)是指在一定条件下充入二氧化碳气的饮料,不包括由发酵法自身产生的二氧化碳气的饮料,其中二氧化碳气容量(20 ℃)应不低于1.5倍。碳酸饮料通常由水、甜味剂、酸味剂、香精香料、色素、二氧化碳气及其他原辅料组成,俗称汽水。碳酸饮料因含有二氧化碳气体,不仅能使饮料风味突出,口感强烈,还能让人产生清凉爽口的感觉,是人们在炎热的夏天消暑解渴的优良饮品。

碳酸饮料的生产历史不长,始于18世纪末至19世纪初。最初的发现是从饮用天然涌出的碳酸泉水开始的。就是说,碳酸饮料的前身是天然矿泉水。矿泉水的研究始于15世纪中期的意大利,最初用于治疗。以后证实,人为地将水和二氧化碳气混合在一起,与含有二氧化碳气的天然矿泉水一样,具有特异的风味,这大大推动了碳酸饮料制造和研究进程。1772年英国人普里司特莱(Priestley)发明了制造碳酸饱和水的设备,成为制造碳酸饮料的始祖。他不仅研究了水的碳酸化,还研究了葡萄酒和啤酒的碳酸化,指出水碳酸化后便产生一种令人愉快的味道,并可以和水中其他成分的香味一同逸出。他还强调碳酸水的医疗价值。1807年美国推出果汁碳酸水,在碳酸水中添加果汁用以调味,这种产品受到欢迎,以此为开端开始工业化生产。以后随着人工香精的合成、液态二氧化碳的制成、帽形软木塞和皇冠盖的发明、机械化汽水生产线的出现,才使碳酸饮料首先在欧美国家工业化生产并很快发展到全世界。

我国碳酸饮料工业起步较晚,20世纪初,随着帝国主义对我国的经济侵略,汽水设备和生产技术进入我国,在沿海主要城市建立起小型汽水厂,但产量都很低,如1921年投产的沈阳八王寺汽水厂年产汽水仅150 t。此后又陆续在武汉、重庆等地建成一些小的汽水厂。至新中国成立前夕,我国饮料总产量仅有5 000 t。1980年后,碳酸饮料得到迅速发展,1995年碳酸饮料的总产量已达300万t,占当年我国软饮料总产量的50%左右;2005年产量为772万t,占总量的22.84%;2014年达到1 810.7万t的巅峰后开始下滑;2017年产量跌至1 744.4万t;2018年市场改良产品推出无糖碳酸饮料小幅拉动碳酸饮料产量的增长,达1 744.6万t。至2020年,我国碳酸饮料产量达到1 971.25万t,2021年则上升至2 337.26万t,增速达到18.57%。

随着对大量饮用碳酸饮料引发肥胖等问题的重视,碳酸饮料在我国饮料中的比重正不断减少,碳酸饮料的发展正承受着巨大的挑战,但由于碳酸饮料具有独特的消暑解渴作用,这是其他饮料包括天然果蔬汁饮料不能取代的,因此目前碳酸饮料仍是"三大类"饮料之一。

碳酸气是碳酸饮料中最重要的组成部分,在碳酸饮料中具有重要的作用:①清凉作用。碳酸气在饮料中变为碳酸,碳酸在胃内由于温度升高,压力降低又进行分解,这是一个吸热反应,能带走人体内的部分热量,起清凉消暑和止渴作用。②抑菌作用。碳酸饮料一般由糖、酸味剂和香料等组成,氮的含量少,因此对微生物来说是一种不完全的培养基。而且饮料酸味强,pH为2.5~4,不利于微生物生长。在饮料内充入碳酸气,二氧化碳含量高,空气量即氧的含量降低,容易使好氧微生物致死。另外,充入碳酸气在包装内形成压力,也能抑制微生物生长。研究和实践表明,饮料内3.5~4倍的含气量是碳酸饮料获得安全的保证。③突出香味。二氧化碳在汽水中逸出时,能带出香味,增强饮料风味。④具有特殊的杀口感。饮用碳酸饮料时,二氧化碳的气压对口腔产生刺激性的杀口感,能给人愉快感。不同品种的汽水具有不同的杀口感,有的需要强烈,有的需要柔和,所以每个品种都有特有的含气量。一般说来,对果蔬型汽水和果味型汽水,气压不宜超过196 kPa;对可乐型汽水和勾兑苏打水,气压应在196~294 kPa。

从营养角度来说,普通的碳酸饮料除使用砂糖产生相当热量外,几乎没有营养价值,碳酸饮料主要功能是产生清凉感。果汁型或蛋白质型的碳酸饮料根据其品种和含量,具有不同的营养价值。在果汁饮料或加果汁的清凉饮料中加入二氧化碳,目的是在果汁酸味的基础上进一步产生二氧化碳的清凉感。随着消费者对饮料产品营养、健康需求偏向的增加,将导致目前主流的非营养可乐型碳酸饮料逐步向果味型、果汁型、无糖和低热量等新型碳酸产品转移。

6.1　碳酸饮料的分类及产品的技术要求

6.1.1　碳酸饮料的分类

根据 GB/T 10789—2015《饮料通则》、GB/T 10792—2008《碳酸饮料(汽水)》的规定,碳酸饮料主要分为下列种类。

1. 果汁型碳酸饮料

果汁型碳酸饮料(carbonated beverage of juice containing type)是含有一定量果汁的碳酸饮料,如橘汁汽水、橙汁汽水、菠萝汁汽水或混合果汁汽水。其果汁含量要求不低于 2.5%。

2. 果味型碳酸饮料

果味型碳酸饮料(carbonated beverage of fruit flavored type)是以果味香精为主要香气成分,含有少量果汁或不含果汁的碳酸饮料,如橘子味汽水,柠檬味汽水。

3. 可乐型碳酸饮料

可乐型碳酸饮料(carbonated beverage of cola type)是以可乐香精或类似可乐果香型的香精为主要香气成分的碳酸饮料。

可乐型汽水是世界上碳酸饮料生产的主要产品之一,代表产品为"可口可乐""百事可乐"等,已有一百多年历史,畅销不衰,是一种嗜好型的饮料。

国内可乐型饮料研究开发于 20 世纪 80 年代,如"天府可乐""红雪可乐""崂山可乐"等,它们有别于国外的可乐饮料,虽然在外观上仍为透明的红棕色,香型也近似于可口可乐,但其特征添加剂为中草药,因中草药成分具有一定的保健作用,因而我国所产的各类可乐,除解暑外,还有一定的保健作用。

4. 其他型碳酸饮料

其他型碳酸饮料(carbonated beverage of others type)是上述 3 类以外的碳酸饮料,如苏打水、盐汽水、姜汁汽水等。

6.1.2　产品的技术要求

根据 GB/T 10792—2008《碳酸饮料(汽水)》的规定,碳酸饮料产品的主要技术要求如下。

1. 感官要求

应具有反映该类产品特点的感官、滋味,不得有异味、异臭和外来杂物。

2. 理化指标

应符合表 6-1 的规定。

表 6-1　碳酸饮料的理化指标

项目	果汁型	果味型、可乐型及其他型
二氧化碳气容量(20 ℃)/倍	≥1.5	≥1.5
果汁含量(质量分数)/%	≥2.5	—

此外,还要求铅(Pb)≤0.3 mg/L,总砷(以 As 计)≤0.2 mg/L,铜(Cu)≤5 mg/L。

3. 微生物指标

菌落总数:每毫升小于 100 个;大肠杆菌总数:每 100 mL 小于 6 个;霉菌、酵母:每 100 mL 均要求小于 10 个;致病菌:不得检出。

6.2　碳酸饮料的生产工艺流程与汽水主剂

碳酸饮料生产目前大多采用两种方法,即一次灌装法和二次灌装法。

6.2.1　一次灌装法(预调式)

将调味糖浆与水预先按一定比例泵入汽水混合机内,进行定量混合后再冷却,然后将该混合物碳酸化后再装入容器,这种将饮料预先调配并碳酸化后进行灌装的方式称为一次灌装法,又称预调式灌装法、成品灌装法或前混合(premix)法。其工艺流程如图 6-1 所示。

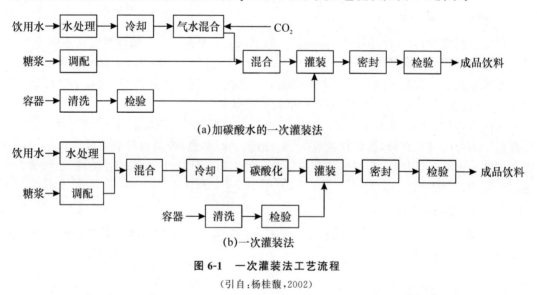

图 6-1　一次灌装法工艺流程

(引自:杨桂馥,2002)

6.2.2　二次灌装法(现调式)

二次灌装法是先将调味糖浆定量注入容器中,然后加入碳酸水至规定量,密封后再混合均匀。这种糖浆和水先后各自灌装的方法又称现调式灌装法、预加糖浆法或后混合(postmix)法。其工艺流程如图 6-2 所示。

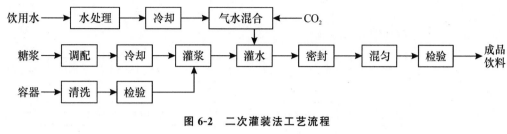

图 6-2　二次灌装法工艺流程

(引自:杨桂馥,2002)

6.2.3　汽水主剂

汽水内容物分为 4 个部分:第一部分是水,占 90% 以上。水除了有解渴效果外,还是风味物质的载体。第二部分是糖,赋予汽水以甜味和浓厚感。第三部分是二氧化碳,赋予汽水清凉的感觉。第四部分是赋予汽水主要风味的其他添加剂,也就是汽水主剂。在生产过程中,汽水主剂是汽水的主要成分,对汽水质量的好坏起着决定性的作用。

汽水主剂的组分中包括香味剂、酸味剂、防腐剂和其他添加剂等,通常分为粉末和液体两类。粉末类组分主要包括酸味剂、防腐剂和其他辅料;液体类组分主要是香味剂。一定量的粉末和液体组分构成汽水主剂,主剂按一定比例再配制糖浆,可以灌装一定量的产品。为了保证产品质量,有些厂家还把主剂与糖浆一同提供给分装厂,制成汽水主料,在分装厂只要按比例将碳酸水混入主料即可。

使用汽水主剂有以下特点。

(1)保证产品质量的稳定　汽水主剂生产厂是汽水配料生产方面的专业化工厂,负责汽水主剂中所有添加剂的采购、检验和加工,能够保证主剂成品的质量稳定,从而就保证了汽水产品质量的稳定。

(2)简化灌装厂的工作　使用汽水主剂生产汽水,灌装厂可以省去采购、检验、贮藏、保管汽水原料的许多工作,同时也简化了生产过程,灌装厂可以着力提高灌装生产技术。

(3)促进新产品的开发　汽水主剂厂因主要生产主剂,所以着重于研究新品种主剂的开发,因而能够及时开发市场所需求的新产品。

(4)发挥最大的品牌效用　主剂形式的汽水生产是主剂厂和灌装厂联合的生产形式。灌装产品大量使用主剂生产厂家的品牌,市场上会充分发挥品牌的效应,使各灌装厂均收到良好的经济效益。

6.3　糖浆的制备

糖浆的制备是碳酸饮料生产中重要的工艺环节,其质量好坏直接影响碳酸饮料的产品质量。我国碳酸饮料中使用最多的甜味料是蔗糖,一般使用质量最好的白砂糖。在国外,广泛应用异构糖,异构糖可广泛使用玉米、木薯等普通原料来制成,其成本只有白糖的 70%,而所含的微量元素远较白糖丰富,在营养上有其特点。我国饮料采用异构糖也将是一个方向。目前国内的异构糖价格高于白糖,故很少采用。

单纯糖液的一般浓度为 55%～65%(质量分数)。确定这一浓度标准的理由在于:比此浓度稀时容易腐败变质,比此浓度更浓时,虽然保存性能好,但冷却后黏度过大,不容易计量和稀

释处理。

糖浆制备工艺流程如图6-3所示。

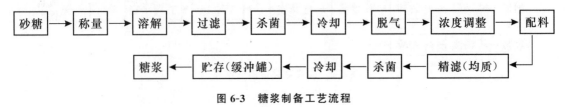

图 6-3　糖浆制备工艺流程

6.3.1　原糖浆的制备

6.3.1.1　溶糖方法

制备糖溶液首先需将砂糖溶解。砂糖的溶解(包括糖液的处理)分为间歇式和连续式两种。间歇式又分为热溶和冷溶两种,热溶又可再分为蒸汽加热溶解和热水溶解两种。配制短期内饮用的饮料的糖浆可采用冷溶法;生产纯度要求高,贮藏期长的糖浆应采用热溶法。

1. 间歇式

(1)冷溶法　冷溶法就是在室温条件下不经加热,将砂糖加入水中搅拌溶解的方法。糖浆的浓度一般为45%～65%。优质砂糖可采用此法溶糖。此法较之热溶法,设备简单,省去了加热和冷却过程,减少了费用。但是溶解时间较长,所需设备大,利用率也低。由于溶糖过程中完全不加热,糖液在制备中极易受微生物污染,所以溶解后的糖液要尽快用完,不得积压。如果原糖浆需要存放1 d,其浓度必须达到65 °Bx。在制备糖液时,首先要采用优质砂糖,充分保证车间的清洁卫生,并对容器和管道等进行定期和不定期的清洗消毒。

冷溶时,根据配合比例先将定量的无菌水加入溶糖锅内,开动搅拌机,投入称量好的砂糖,通过搅拌使糖完全溶化。晶体砂糖一般要搅拌20～30 min才能完全溶化。在溶糖时,搅拌速度不宜过快,一旦砂糖完全溶化应立即停止搅拌,防止过度搅拌而混入过多的空气,加速糖液的变质。

(2)热溶法　热溶法就是在加热的条件下溶解砂糖的方法。此方法适用于生产纯度要求高、贮藏期长的饮料。通过加热处理,糖液中的细菌被杀灭,杂质凝固便于分离,溶解的速度更快。

①蒸汽加热溶解:将水和砂糖按比例加入溶糖罐内,通入蒸汽加热,在高温下搅拌溶解。该方法的优点在于溶糖速度快,可杀菌,能量消耗相对较少;缺点是直接将蒸汽通入溶糖罐内会因为蒸汽冷凝的缘故带入冷凝水,糖液浓度和质量受到影响。若用夹层锅加热,则因锅壁温度较高,搅拌出现死角时,容易黏结,影响传热效果和糖液质量。

②热水溶解法:热水溶解法是边搅拌边把糖逐步加入热水中溶解,然后加热杀菌、过滤、冷却。该法克服了冷溶法和蒸汽加热法的缺点,国内饮料厂家多采用此法。具体工艺流程如图6-4所示。

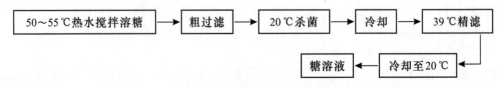

图 6-4　热水溶法工艺流程

该方法的优点是:避免了蒸汽加热时糖在锅壁上黏结,采用 50～55 ℃热水,减少了蒸汽给操作带来的影响;粗过滤可除去糖液中的悬浮物和大颗粒杂质(优质糖可省略此步骤),减轻了后续工序(精滤)的负担;糖液在 39 ℃的较低温度下过滤,可避免产生絮凝物,但温度不能太低,否则黏度上升影响过滤效率;精滤机采用专用滤纸过滤,精度可达 5 μm 以下,过滤出来的糖液无色透明。

2. 连续式

砂糖的连续溶解是指糖和水从供给到溶解、杀菌、浓度控制和糖液冷却均连续进行。国外因自动控制程度较高,大多采用此法。该方法生产效率高,全封闭,全自动操作,糖液质量好,浓度误差小(±0.1 °Bx),但设备投资较大。连续式溶糖工艺流程如图 6-5 所示。

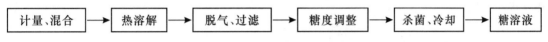

图 6-5 连续式溶糖工艺流程

(1)计量、混合 糖和水计量后经送料进入搅拌器,调整糖浓度稍高于要求。

(2)热溶解 通过板式热交换器进行加热使砂糖充分溶解。

(3)脱气、过滤 通过真空脱气机将糖液脱气并用糖浆过滤器过滤。

(4)糖度调整 糖度控制装置控制水的流入量,使糖度符合最终要求。

(5)杀菌、冷却 将糖液进行杀菌,杀菌后冷却。然后将合格糖液送至贮罐,不合格者返回混合器,再进行杀菌。

6.3.1.2 糖浆浓度的测定

1. 糖浆浓度的测定方法

糖浆的浓度,可使用相对密度(以密度计测量)、波美度(以波美比重计测量,°Be)和白利度(以手持糖度计测量,°Bx)表示。三者之间的关系为:20 °Be 与 15 °Bx 的相对密度 1.161 相当;白利度是指含糖的质量百分率,如 55 °Bx 是指 100 g 糖液中含有 55 g 糖,并非指容积 100 mL 糖液中含糖量 55 g。一般标准糖浆浓度定在 30～32 °Be,按白利度计算为 55%～60%。

2. 糖浆调和时浓度的计算

砂糖相对密度为 1.61。1 L 砂糖质量是 1.61 kg。在 20 ℃时,1 kg 砂糖溶解在 1 L 水中的体积为 1.626 L,也就是制成 50%糖浆浓度的糖液为 1.626 L,其质量为 2 kg,所以 1 L 糖液的质量仅为 1.23 kg,即相对密度为 1.23。在标准糖浆的制作中可遇到如下 3 种情况。

(1)配制 55%标准糖浆需多少砂糖和水的计算。

1 kg 糖的加水量 $55:45=1\,000:x$

$$x=0.818(\text{L})$$

制成的糖液量 $0.625+0.818=1.443(\text{L})$

则制成 100 L、55%糖液 砂糖$=\dfrac{100}{1.443}=69.3(\text{kg})$

$$\dfrac{1.443}{0.818}=\dfrac{100}{\text{水}}$$

则水$=56.7(\text{L})$。

(2)高浓度糖液稀释成需要的糖液时的计算。由 57%的糖液制成 100 L、55%的标准糖浆,应加 57%的糖液多少升? 应加水多少升?

已知 57%的糖液相对密度为 1.271;55%的糖浆相对密度为 1.26,则:

$$57\%糖液 = \frac{1.26 \times 0.55 \times 100}{1.271 \times 0.57} = 95.59(L)$$

$$加水量 = 100 - 95.59 = 4.41(L)$$

(3)低浓度糖浆提高糖度计算。把 100 L 40%糖液制成 55%标准糖浆,应加砂糖量多少千克?

已知 40%的糖浆相对密度为 1.176;1 kg 砂糖占体积 0.626 L,则设应加入砂糖量为 X,列下式:

$$1.176 \times 100 \times 0.40 + X = 1.26 \times 0.55 \times (100 + 0.626X)$$

$$X = 39.32 \text{ kg}$$

$$39.32 \times 0.626 = 24.61(L)$$

结果是在 100 L、40%糖液中加 39.3 kg 砂糖,可配成 124.61 L、55%标准糖浆。

6.3.1.3 糖液的净化

溶糖设备多采用不锈钢夹层锅、冷热缸或带有加热盘管的容器。为了保证糖浆的质量,除去砂糖带来的和溶糖过程中带入的杂质,如灰尘、纤维、砂粒和胶体等,糖液必须进行净化处理。净化一般采用下列 2 种方式。

1. 过滤

对于高质量的精细优质砂糖或饮料用糖,则采取普通的过滤形式净化,即以不锈钢丝网、帆布、绢布、纸浆、滤棉等为介质,进行热过滤或冷过滤即可。若以压力分,可分为常压过滤和加压过滤。由于常压过滤的滤速较慢,因此大部分工厂均采用加压过滤法。应注意当压力过大,流量降低时,应及时更换过滤介质。具体采用何种形式、何种介质处理应根据工厂的实际情况而定。

2. 吸附

如果砂糖质量较差(包括原来质量较差和受污染两种)或者一些特殊的饮料,如无色透明的白柠檬汽水,对糖液的色度要求很高,则要用活性炭(一般用量为砂糖质量的 0.5%~1%,保持 80 ℃左右,与糖浆接触 15 min)吸附脱色、硅藻土助滤(用量一般为糖重的 0.1%)的办法,使糖液反复通过过滤器,直至达到要求为止。

活性炭分为一次性活性炭及多次性使用的活性炭。一次性活性炭多为细小的颗粒(0.05 mm),表面积大,吸附效果好,用量较少。多次性使用的活性炭,颗粒较大,例如水净化用的活性炭颗粒粒径在 1.5~3.0 mm,二氧化碳净化用的颗粒粒径则多为 0.5~2 mm。

糖液净化处理后,应按生产要求,配制成一定浓度。一般汽水的砂糖用量在 10%左右,糖浆用量为装瓶容器容量的 15%~20%。配制糖液时,如果糖液浓度过高,则黏度大,特别是冷冻糖液,容易造成糖液注入量的不稳定(尤其是采用二次灌装法时,注入量更不稳定),还会影响糖液与其他配料的混合,若搅拌过度则会因空气严重混入而影响汽水质量;但如果糖液浓度太低,则会利于微生物的生长繁殖,容易造成发酵变质。一般把糖溶解为 65% 的质量浓度,再经配料调整糖液质量浓度。经热溶法制备的糖液,一般制成糖度为 55 °Bx 左右供调配糖浆使用比较适宜。若需长期保存,则要使糖度达到 65 °Bx 以上。

6.3.2　调和糖浆的制备

调和糖浆又称为主料,是指根据不同碳酸饮料的要求,在一定浓度的糖液中,加入甜味剂、酸味剂、香精香料、色素、防腐剂等,并充分混匀后所得的浓稠状糖浆,它是饮料的主体之一,与碳酸水混合即成碳酸饮料。不同品种碳酸饮料的差异主要在于加入的甜味剂、酸味剂、香精等的种类及量的多少不同。表 6-2 是以橙汁汽水、苹果汁汽水、可乐汽水为例,每 1 000 L 的配方设计及各种原料用量,仅供参考。

表 6-2　1 000 L 饮料的配方

原料名称	饮料品种					
	橙汁汽水		苹果汁汽水		可乐汽水	
	含量/%	用量/kg	含量/%	用量/kg	含量/%	用量/kg
砂糖	9.5	95	11.5	11.5	10	100
苯甲酸钠	0.02	0.2	0.015	0.15	0.016	0.16
糖精钠	0.01	0.1	—	—	0.008	0.08
柠檬酸	0.12	1.2	0.25	2.5	0.07 0.08	0.07(柠檬酸) 0.08(磷酸)
果汁	2.7	6(45 °Bx)	>6	9(70 °Bx)		
香精	0.02	0.2(橘油)	0.06 >0.1	0.6(苹果香精) 1(苹果香水)	0.16	1.6(可乐香精)
色素	0.002 0.000 1	20 g(柠檬黄) 1 g(胭脂红)	0.000 9 0.000 015	9.0(柠檬黄) 0.15(亮蓝)	0.06	0.6(焦糖色素)
CO$_2$	0.6	6	0.4	4	0.6	6
水	至规定量 1 000 L					

引自:杨桂馥,2002。

糖浆的配制在配料室进行。配料室是饮料生产中最重要的工作场所,它对清洁卫生的要求最为严格。配料室要与其他车间严格隔离,室内具备良好的清洗、消毒、排水、换气和防尘、防鼠、防蚊蝇等设施。

6.3.2.1　物料处理

为了使配方中的物料混合均匀,减少局部浓度过高而造成的反应,物料不能直接加入,而应预先制成一定浓度的水溶液,并经过过滤,再进行混合配料。

1. 甜味剂

碳酸饮料使用的甜味剂有蔗糖、葡萄糖、果糖、麦芽糖以及高强度甜味剂等。使用最多的是砂糖,包括甘蔗糖和甜菜糖,使用的糖在色度、纯度、灰分和二氧化硫含量等方面均有较高的要求。砂糖的处理前面已介绍,此处不再赘述。实际生产中往往不只使用一种甜味剂,而是使用两种或两种以上的甜味剂,这样风味更好。甜味剂应配成 50% 的水溶液再加入。用甜味剂

代替砂糖时,饮料的固形物含量会下降,相对密度、黏度、外观等都会发生改变,口感也会变得单薄,因此必须加入增稠剂。国内有的厂家使用 0.05%~0.15% 的耐酸性羧甲基纤维素钠(CMC-Na),可保持稠厚感 3 个月;国外如美国用黄原胶,可保持稠厚感 6 个月。使用增稠剂时要注意结块的问题。

2. 酸味剂

酸味剂被广泛应用于饮料中,既可调整饮料的甜度,还可突出或补充相关联的香味。酸味剂一般先配成 50% 的溶液,也有部分厂家在溶糖时添加,但要注意砂糖在酸的作用下会分解成果糖和葡萄糖。碳酸饮料中一般使用柠檬酸,但需注意有些香味与特殊的酸味剂组合时效果才会更好。如柠檬酸常用于柑橘风味的碳酸饮料,酒石酸则多用于葡萄风味的碳酸饮料和某些混合饮料,而可乐型饮料中则多用磷酸,利用磷酸盐提高二氧化碳溶解性及改善口感。

3. 色素

大多数饮料都有自己的色调,在生产中常用色素来调整。近年来,天然色素备受青睐,但由于其稳定性差,成本高等缺点,合成色素依然大量使用。碳酸饮料中使用较多的色素是柠檬黄、日落黄、焦糖色等。使用色素时,应注意以下几个方面。

(1)色泽必须保持与饮料的名称相一致,果味、果汁汽水应接近新鲜水果或果汁的色泽。例如橙汁汽水,必须为橙红或橙黄色,可乐则应具有焦糖或类似于焦糖的色泽。

(2)色素用量应符合 GB 2760—2014《食品添加剂使用标准》的规定。

(3)生产中为了便于调配和过滤,一般先将色素配成 5% 的水溶液,配制用水应煮沸冷却后使用,或用蒸馏水,否则可能会因水的硬度太大而造成色素沉淀。配好的色素溶液需经过滤,再加入糖液中。

(4)溶解色素的容器应采用不锈钢或食用级塑料容器,不能使用铁、铜、铝等容器和搅拌棒,以避免色素与这些金属发生化学反应。

(5)色素溶液的稳定性较差,大多数色素溶液的耐光性也较差,应尽量做到随配随用,避光保存。

(6)焦糖色素分为液态和粉剂两种。液态的焦糖色素使用方便,不必溶解,色素稳定,溶解快,但粉剂的焦糖色素需要先用水溶解过滤后,方可加入糖浆中。

4. 防腐剂

防腐剂的作用是防止食品受到细菌污染而造成腐败,但其防腐效果必须建立在生产过程卫生的前提下。碳酸饮料因含有二氧化碳,具有压力并有一定的酸度,故不利于微生物的生长繁殖,因此防腐剂用量可相应减少。使用防腐剂时,一般先把防腐剂溶解成 20%~30% 的水溶液,然后在搅拌下缓慢加入糖液中,避免由于局部浓度过高与酸反应而析出,产生沉淀,失去防腐作用。碳酸饮料生产中最常见的防腐剂是苯甲酸钠。

5. 香精香料

香气是饮料风味的最重要组成之一。饮料的香味是由果实、果汁或香精表现的,果实或果汁赋予饮料的香味有时微不足道,因此饮料生产中常使用合成香料和香精来增加产品香气。微量的香精香料就会赋予饮料极佳的香味,过量使用反而会导致饮料出现不透明或香味过重。不同类型的饮料应具有不同的香味,使得饮料的风味与产品类型相一致。值得注意的是,有些来自果实原料的香精容易影响饮料的稳定性,如柑橘类果实的天然精油极易氧化,是产生油圈和形成沉淀的主要原因,在此情况下,需要配合使用抗氧化剂、乳化剂和稳定剂以增强产品的稳定性。

6.3.2.2 糖浆调配的投料顺序

糖浆调配时的投料顺序应遵循以下原则:调配量大的先调入,如糖液、水;配料间容易发生化学反应的物质要间隔调入,如酸和防腐剂;黏度大、易起泡的原料较迟调入,如乳化剂、稳定剂;挥发性的原料最后调入,如香精、香料。

按照上述原则,投料的一般顺序如下:糖液→ 防腐剂→ 甜味剂→ 酸味剂→ 果汁→乳化剂→稳定剂→色素→ 香精→ 加水定容。

各种原料应先配成溶液过滤后,在搅拌下徐徐加入以避免局部浓度过高,混合不均匀,同时搅拌不能太剧烈,以免造成空气大量混入,影响碳酸化、灌装和降低保藏性。糖浆调配好后,应立即测定糖浆的浓度,同时抽出少量糖浆与碳酸水定量混合,观色品味,检查其是否与标准样品相符合。此外,配制好的调味糖浆应立即装瓶。

6.3.2.3 调和设备

调和设备多为带搅拌器和容量刻度标尺的不锈钢容器,搅拌方式多为倾斜式或腰部式,可避免因振动而致使灰尘和油污等杂质掉进糖浆中。

6.3.2.4 调和工艺

糖浆调和工艺可分为间歇式和连续式两种,国内多采用间歇式。间歇式按调和时温度的不同又可分为冷调和与热调和两种。

1. 间歇式

(1)热调和糖浆处理工艺 热调和就是在高温下进行配料,通常是用热溶糖液直接配料,然后冷却。这样只经过一次加热就完成了溶糖、调和与杀菌等全部操作,可节省能源。但不足之处是破坏了果汁饮料的风味和营养成分,香精挥发损失大,所以要选用耐热香精,只适合于果味型饮料。

(2)冷调和糖浆处理工艺 冷调和就是在常温下(也有提倡采用低于 20 ℃的低温)进行配料,然后巴氏杀菌、冷却。该方法多用于含热敏性香料多的果味型饮料和果汁型饮料的生产。工艺流程如图 6-6 所示。

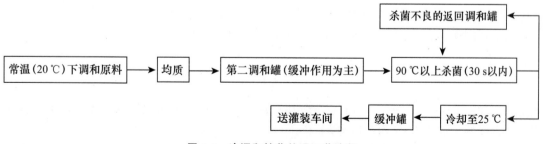

图 6-6 冷调和糖浆处理工艺流程

均质是指含果汁的糖浆配料后通过高压均质,从而提高其均匀性、稳定性,防止沉淀。如没有果汁一般不用均质,不加乳化剂、增稠剂的更不必均质。

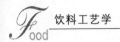

2. 连续式

连续式调和糖浆处理工艺流程如图 6-7 所示。

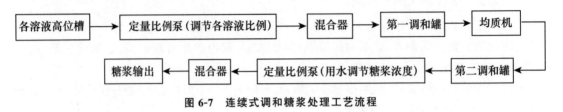

图 6-7　连续式调和糖浆处理工艺流程

用这种流程配制的糖浆,精度可达±0.05 °Bx ,可大量降低糖原料的损耗,并且由于是全封闭全自动操作,卫生状况良好,但设备一次性投资大。

调和工艺流程的布置应遵循以下原则:注意卫生,溶糖部分与配料部分应分隔开;配料间与灌装线应尽量靠近;管路要简捷,减少弯头,尽量利用液位差压力,避免使用临时胶管;与前后工序的设备能力要平衡;要便于操作、计量。

6.4　碳酸化

6.4.1　碳酸化原理

水吸收二氧化碳的作用一般称为二氧化碳饱和作用或碳酸化作用(carbonation)。碳酸化程度直接影响产品的质量和口味,是碳酸饮料生产中的重要步骤,所使用的设备称为汽水混合机。水和二氧化碳的混合过程实际上是一个化学反应过程,即

$$CO_2 + H_2O \xleftarrow{\text{压力}} H_2CO_3$$

这个过程服从亨利定律和道尔顿定律。

亨利定律:气体溶解在液体中时,在一定的温度条件下,一定量液体中溶解的气体量与液体保持平衡时的气体压力成正比。即当温度 T 一定时:

$$V = Hp$$

式中:V 为溶解气体量;p 为平衡压力;H 为亨利常数(与溶质、溶剂及温度有关)。

道尔顿定律:混合气体的总压力等于各组成气体的分压力之和。即

$$p = \sum_{i=1}^{n} p_i$$

式中:p_i 为分压;$i=1,2,\cdots,n$,即各组分气体在温度不变时,单独占据混合气体所占的全部体积时对器壁施加的压力;p 为总压力。

6.4.2　二氧化碳在水中的溶解度

在一定的温度和压力下,二氧化碳在水中的最大溶解量叫作二氧化碳在水中的溶解度。这时气体从液面逸出的速度和气体进入液体的速度达到平衡,叫作饱和,该溶液称为饱和溶

液。未达到最大溶解量的溶液则叫作不饱和溶液。

关于气体溶解度的表示方法,我国一般用溶于液体中的气体容积来表示。对于二氧化碳来说,在 0.1 MPa、温度为 15.56 ℃ 时,1 体积水可以溶解 1 体积的 CO_2,也就是说在 0.1 MPa、15.56 ℃ 时,CO_2 的溶解度近似为 1。欧洲则用每升溶液中所溶解的 CO_2 质量(g/L)作为溶解度单位。在 0.1 MPa、不同温度下,CO_2 的溶解度见表 6-3。

测定瓶装碳酸饮料的气体容积时,需要知道测定时的温度和瓶内压力。压力的测定有专用的汽水 CO_2 测定仪,测定仪由压力表、夹钳、顶针和排气阀组成。根据所测定的压力和温度值,通过查表查出 CO_2 的容积倍数,即 CO_2 的溶解度。具体测定方法按 GB/T 12143—2008《饮料通用分析方法》(碳酸饮料中 CO_2 的测定方法)执行。

表 6-3 0.1 MPa、不同温度下,CO_2 的溶解度

温度/℃	溶液体积/L	CO_2 质量/g	温度/℃	溶液体积/L	CO_2 质量/g
0	1.713	3.347	11	1.154	2.240
1	1.646	3.214	12	1.117	2.166
2	1.584	3.091	13	1.083	2.099
3	1.527	2.979	14	1.050	2.033
4	1.473	2.872	15	1.019	1.971
5	1.424	2.774	16	0.985	1.904
6	1.377	2.681	17	0.956	1.845
7	1.331	2.590	18	0.928	1.789
8	1.282	2.494	19	0.902	1.736
9	1.237	2.404	20	0.878	1.689
10	1.194	2.319	21	0.854	1.641

碳酸饮料中 CO_2 的压力对于饮料呈味的影响很大。如二氧化碳含量过高,使饮料的甜、酸味减弱;相反,二氧化碳含量过少时,碳酸气给人的刺激太轻微,失去碳酸饮料应有的杀口感。也就是说碳酸饮料中 CO_2 含量的高低,并不是衡量质量的唯一标准。特别是风味复杂的碳酸饮料,CO_2 含量过高反而会冲淡饮料应有的独特风味。对于含挥发性成分低的柑橘型碳酸饮料尤其如此。有些碳酸饮料由于所用香料含易挥发的萜类物质,如 CO_2 含量过高,还会破坏原有的果香味而变苦。不同品种的碳酸饮料,应具有不同的 CO_2 含量。一般来说,果汁型汽水和果味型汽水,含 2~3 倍容积的 CO_2,可乐型汽水和勾兑苏打水含 3~4 倍容积的 CO_2。

6.4.3 影响液体中二氧化碳含量的因素

如前所述 CO_2 在水中的溶解服从亨利定律和道尔顿定律,由此可知影响 CO_2 溶解度的因素有以下几个方面。

6.4.3.1 二氧化碳气体的分压力

温度不变时,CO_2 分压增高,CO_2 在水中的溶解度就会上升。在 0.5 MPa 以下的压力时,呈线性正比关系。例如 0.1 MPa、15.56 ℃ 时,1 体积的水中可溶解 1 体积 CO_2;0.2 MPa 时,

可溶解 2 体积 CO_2。由此可见，在实际生产中，在不影响其他操作设备的前提下，充气压力适当提高可增加 CO_2 的溶解量。

6.4.3.2　水的温度

压力较低时，在压力不变的情况下，水温降低，CO_2 在水中的溶解度会上升，反之，温度升高，溶解度下降。温度影响的常数称为亨利常数，以 H 表示，CO_2 的亨利常数见表 6-4。从表 6-4 可以看出：H 随温度变化而变化（压力较低时）。但压力较高时，会有偏离，因为 H 还是压力的函数，即 $H = f(T, p)$，为此引入常数 α、β 来修正，即 $H = \alpha - \beta p_i$，修正常数 α、β 见表 6-5。

表 6-4　CO_2 的亨利常数

温度/℃	亨利常数 H	温度/℃	亨利常数 H
0	1.713	35	0.592
5	1.424	40	0.530
10	1.194	50	0.436
15	1.019	60	0.359
20	0.878	80	0.234
25	0.759	100	0.145
30	0.665	—	—

注：H 的含义是指一定温度下，单位体积的溶液在单位压力下溶解的 CO_2 的体积数。

表 6-5　修正 CO_2 亨利常数的 α、β 数值

温度/℃	α	β
10	1.84	0.025
25	0.755	0.004 2
50	0.425	0.001 56
75	0.308	0.000 963
100	0.231	0.000 322

例：在 25 ℃时，测得汽水的表压为 0.5 MPa，则 CO_2 的溶解量计算如下。

$$V = (\alpha - \beta p_i) p_i = (0.755 - 0.004\,2 \times 6) \times 6$$
$$= 4.38（容积）$$

如不修正，则 $V = H p_i = 0.759 \times 6 = 4.55$（容积）。

此处计算时仍以习惯上常用的工程大气压作为压力单位，一般以 1 kgf/cm² (9.8×10⁴ Pa) 的压力作为一个工程大气压，简称大气压。因为在一个大气压下，压力表显示为 0 kg/cm²，所以绝对压力应为[表压+1]。故 $p_i = 0.5 \times 10 + 1 = 6$(kgf/cm²)。

工厂实际生产时，常把压力、温度及对应 CO_2 的含量倍数制成表，直接查表即可。

综上所述，碳酸化时应使吸收气体的水或液体的温度尽可能降低，而充气压力则尽可能提高，以提高 CO_2 的溶解度。

6.4.3.3　气体和液体的接触面积与时间

气体溶入液体不是瞬间能完成的，需要一定的作用时间以产生一个动态平衡的环境，此时

间太长会影响设备生产能力。有些厂家仅仅采用稳定压力,增加缓冲罐数量即增加气液接触时间来增加 CO_2 吸收量,这是不够的,主要应该从扩大气液接触面积来考虑,如把溶液喷雾成液滴状或薄膜状。

6.4.3.4　气液体系中的空气含量(水中空气含量)

根据道尔顿定律和亨利定律,各种气体的溶解量不仅决定于各气体在液体中的溶解度,而且决定于该气体在混合气体中的分压。在相同的温度和压力下,混合气体中各组分的分压等于该组分在混合气体中的摩尔分数和混合气体总压力的乘积,而这时混合气体中某组分的摩尔分数等于它的体积分数。

例:0.1 MPa、20 ℃时,1 体积水可分别单独溶解 0.88 体积的 CO_2、0.028 体积的 O_2 和 0.015 体积的 N_2。假设一混合气体中各组分的体积分数为 CO_2 99%、空气 1%(以 O_2 0.2%、N_2 0.8%计),则各组分的溶解量分别为:

$$CO_2 \text{ 的溶解量}=0.88×99\%=0.871\,2\text{(体积)}$$
$$O_2 \text{ 的溶解量}=0.028×0.2\%=0.000\,056\text{(体积)}$$
$$N_2 \text{ 的溶解量}=0.015×0.8\%=0.000\,12\text{(体积)}$$

水中溶解空气的总容积为 $0.000\,056+0.000\,12=0.000\,176$(体积),$CO_2$ 在水中的溶解量比没有空气时减少了 $0.88-0.871\,2=0.008\,8$(体积)。也就是说,每 0.000 176 体积的空气溶解将排走 0.008 8 体积的 CO_2,即 0.1 MPa、20 ℃时,1 体积空气溶解于水中可排走 50 倍体积的 CO_2。

由于空气的存在有利于微生物的生长,空气中的 O_2 会促使饮料中某些成分氧化。另外由于空气的存在,灌装时还会造成起泡喷涌现象,增加灌装难度,影响灌装定量的准确性。由此可见,空气对碳酸化影响极大,对产品品质也影响极大,应尽量排除气液体系中的空气。

空气的来源主要为: CO_2 气体不纯;水中溶解有空气; CO_2 气路有泄漏;糖浆中溶解有空气;糖浆混合机及其管线中存在有空气;糖浆管路中存在有空气;抽水管线有泄漏等。

脱氧排气:脱氧排气一般安排在水冷却碳酸化之前,或已混合的饮料冷却碳酸化之前。其形式主要有两种,即真空脱氧和 CO_2 脱氧。

真空脱氧是迫使液体形成雾滴或液膜,并造成负压,借助液体内部压力大于外部压力,使溶解于液体中的 O_2 等气体逸出排除。

CO_2 脱氧则是利用水中 CO_2 的溶解度大于空气的特点,将水或未冷却碳酸化的饮料在预碳酸化时,使水流从预碳酸化罐顶部喷下, CO_2 从底部喷入,水中的空气即被 CO_2 驱除从顶部排出。该方法要求 CO_2 纯度极高,故较少采用。

6.4.3.5　液体的种类及存在于液体中的溶质

不同种类的液体以及液体中存在的不同溶质对 CO_2 溶解度有很大的影响。在标准状态下, CO_2 在水中的溶解度是 1.713,在酒精中则为 4.329,这说明液体本身的性质对 CO_2 溶解度有很大影响。另外,当液体中溶解有溶质时,例如胶体、盐类则有利于 CO_2 的溶入,悬浮杂质则不利于 CO_2 的溶入,而水中若存在钙离子、镁离子,则会导致沉淀产生,消耗部分二氧化碳,此时可加入 0.05%~0.2% 的偏碳酸钠、聚磷酸钠等盐类去除水中的钙离子、镁离子。

为了达到所要求的碳酸化程度,应选择最佳的生产技术条件。如一般碳酸化温度为 3~

5 ℃,二氧化碳压力为 0.3~0.4 MPa。选择二氧化碳混合机时,应选用水与二氧化碳气体接触面积大的设备。开机时,应先用二氧化碳气体排出机内的空气,再开始灌装。

6.4.4 二氧化碳的需求量

6.4.4.1 二氧化碳理论需要量的计算

根据气体常数 1 mol 气体在 0.1 MPa、0 ℃时为 22.41 L,因此,1 mol CO_2 在 T ℃时的体积 V_{mol} 为:

$$V_{mol} = \frac{273 + T}{273} \times 22.41 \text{(L)}$$

在 15.56 ℃时的体积为:

$$V_{mol} = \frac{273 + 15.56}{273} \times 22.41 = 23.69 \text{(L)}$$

则 0.1 MPa、15.56 ℃时,CO_2 的理论需要量 $G_{理}$(g)可用下式计算:

$$G_{理} = \frac{V_{汽} \times N}{V_{mol}} \times 44.01$$

式中:$G_{理}$ 为 CO_2 的理论需要量;$V_{汽}$ 为汽水容量(L)(忽略了汽水中其他成分对 CO_2 溶解度的影响以及瓶颈空隙部分的影响);N 为气体吸收率,即汽水含 CO_2 的体积倍数;44.01 为 CO_2 的摩尔质量,g;V_{mol} 为 T ℃下 1 mol CO_2 的容积(0.1 MPa、15.56 ℃时,为 23.69 L)。

例:某汽水厂生产 355 mL/罐的汽水,24 罐为一箱,CO_2 的吸收率为 3,问生产 100 箱汽水理论上需要多少克 CO_2?(室温为 25 ℃)

解:先计算 25 ℃时 CO_2 的 V_{mol},再计算 CO_2 的理论需要量 $G_{理}$。

$$V_{mol} = \frac{273 + 25}{273} \times 22.41 = 24.46 \text{(L)}$$

$$G_{理} = \frac{355/1\,000 \times 24 \times 100 \times 3}{24.46} \times 44.01 \approx 4\,600 \text{(g)}$$

6.4.4.2 二氧化碳的利用率

碳酸饮料生产中 CO_2 的实际消耗量比理论需要量大得多,这是因为生产过程中 CO_2 损耗很大。据有关资料报道,CO_2 在装瓶过程中的损耗一般为 40%~60%,因此实际上 CO_2 的用量为瓶内含气量的 2.2~2.5 倍,采用二次灌装法时,用量为 2.5~3 倍。为了减少损耗,提高 CO_2 的利用率,降低成本,必须从以下几方面来考虑:选用性能优良的灌装设备,尽量缩短灌装与封口之间的距离(特别是二次灌装法),但不能影响操作和检修;经常对设备进行检修,提高设备完好率,减少灌装封口时的破损率(包括成品的);尽可能提高单位时间内的灌装、封口速度,减少灌装后在空气中的暴露时间,减少 CO_2 的逸散;使用密封性能良好的瓶盖,减少漏气现象。

例:一个钢瓶装 20 kg CO_2,问能生产容量为 355 mL/罐、气体吸收率为 3.5 的汽水多少箱(24 罐/箱、CO_2 的利用率为 40%、室温为 25 ℃)?

解:首先算出每箱汽水的 CO_2 理论需要量

$$G_{理}=\frac{V_{汽}\times N}{V_{mol}}\times 44.01=\frac{355/1\,000\times 24\times 3.5}{24.46}\times 44.01=53.654(g)$$

然后计算出每箱汽水的 CO_2 实际需要量

$$G_{实}=\frac{G_{理}}{40\%}=134.14(g)$$

设能生产汽水的箱数为 N,则

$$N=\frac{20\times 1\,000}{G_{实}}=\frac{20\times 1\,000}{134.14}\approx 149(箱)$$

6.4.5　碳酸化的方式和设备

碳酸化是在一定的气体压力和液体温度下,在一定的时间内进行的。一般要求尽量扩大气液两相接触面积,降低液温和提高 CO_2 压力,因为单靠提高 CO_2 的压力受到设备的限制,单靠降低水温效率低且能耗大,所以大都采用冷却降温和加压相结合的方法。

6.4.5.1　水或混合液的冷却

常用的冷却方法有:水的冷却、糖浆的冷却、水和糖浆混合液的冷却、水冷却后与糖浆混合后再冷却。冷却装置按冷却器的热交换形式的不同可分为直接冷却和间接冷却。

1. 直接冷却

直接冷却就是直接把制冷剂通入冷却器以冷却水或混合液的冷却方式。冷却器多为排管或盘管式,直接浸没在装满水或混合液的冷冻箱(池)中,制冷剂在管中循环,用蒸发压力控制温度,使水或混合液冷却到需要的温度范围。需要注意的是冷却装置进行热水或蒸汽杀菌时的安全性及对制冷剂的选择。

2. 间接冷却

间接冷却所用制冷剂不直接通入冷却器,而是先通入冷却介质(如盐水),再将已经冷却的冷却介质通入冷却器对水或混合液进行冷却。饮料冷却器多为管式或板式热交换器。

6.4.5.2　碳酸化的方式

根据碳酸化所依附的主要条件,碳酸化方式可分为低温冷却吸收式和压力混合式两种。

1. 低温冷却吸收式

低温冷却吸收式在二次灌装工艺中是把进入汽水混合机的水预先冷却至 4 ℃左右,在 0.441 MPa 压力下进行碳酸化操作。在一次灌装工艺中则是把已经脱气的糖浆和水的混合液冷却至 16~18 ℃,在 0.784 MPa 压力下与 CO_2 混合。低温冷却吸收式的缺点是制冷量消耗大,冷却时间长或容易由于水冷却程度不够而造成含气量不足,且生产成本较高。其优点是冷却后液体的温度低,可抑制微生物生长繁殖,设备造价低。

2. 压力混合式

压力混合式是采用较高的操作压力来进行碳酸化,其优点是碳酸化效果好,节省能源,降

低了成本,提高了产量。缺点是设备造价较高。

6.4.5.3 碳酸化设备

碳酸化系统一般包括以下几个部分。

1. 二氧化碳气调压站

二氧化碳气调压站是一个根据所供应的二氧化碳气的压力和混合机所需要的压力进行调节的设备。在生产中最常用的是液体二氧化碳,当打开储罐阀门时二氧化碳立即气化,其压力可达 7.8 MPa。最普通的调压站只用一个降压阀,通过可调节的降压阀就可把二氧化碳气的压力调节到混合机所需要的压力。当二氧化碳不需经净化时,必须经调压站才能送往混合机。

对于工业副产品的二氧化碳,即使纯度能达到近 99%,也还带有少量的有机杂质并伴有异味,如发酵碳酸气会有酒精味等。所以在进入碳酸化器前要先经过净化处理。一般减压后要通过活性炭过滤器和高锰酸钾洗涤器,二氧化碳净化处理流程见图 6-8。

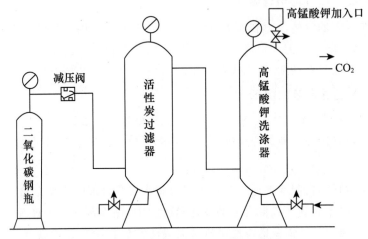

图 6-8 二氧化碳净化处理流程示意图

(引自:张瑞菊,王林山,2007)

钢瓶中的二氧化碳经减压阀减压至一恒定的压力后,输送至活性炭过滤器。为了使二氧化碳均匀地通过活性炭,二氧化碳由过滤器底部经过一多孔管分散开来。过滤后的二氧化碳由过滤器上部出口,经管道至高锰酸钾洗涤器,通过一定浓度的高锰酸钾溶液,最后从洗涤器上部出口送至混合器使用。也可将高锰酸钾溶液用泵加压,在洗涤器内由上而下喷成雾状与二氧化碳充分接触。洁净度不佳的二氧化碳若再经过一次清水冒泡和脱水处理,则效果更佳。

需要注意的是,降压会吸收大量的热,导致降压阀结霜或冻结。可在降压阀前安装气体加热器,必要时以电热空气或热水加热蛇形气体管道,或直接在钢瓶上方加水喷淋融化霜冻,使钢瓶出来的气体温度升高来防止阀芯冻结。

2. 水冷却器

水冷却器主要将水温降到碳酸化所需要的温度。目前多采用板式热交换器。一般放在混合机前或脱气机前,也可以放在混合机后作为二次冷却用。

3. 汽水混合机

碳酸化过程一般是在碳酸化器(carbonator)或汽水混合机内进行的。汽水混合机的类型很多,碳酸化器实际上是一个普通的受压容器。可以在其上部安装喷头、塔板,将液体分散成薄膜或雾状,使液体和CO_2充分接触,并进行混合。常用混合机有以下几种。

(1)薄膜式混合机 这是老式混合机(图 6-9)。经过净化的CO_2气体通过减压阀,稳定地对碳酸化罐加压 0.4~0.6 MPa(根据温度调节压力),经过水处理和冷却的水由一台活塞式往复泵通过罐内上部的进口压入罐内。罐的上部固定有 7~8 组一正一反扣在一起的圆盘,当水流经圆盘的曲面时,延长了水在混合罐内的停留时间,同时形成薄膜,使充满在罐内的CO_2分子与水膜的水混合,完成水的碳酸化过程。罐的下部为碳酸水或成品饮料的贮存部位,有出口通向灌装机。这种混合机是一个不可变饱和度的混合机。如果在罐下部装一个旁通,可使之成为可变饱和度的混合机。碳酸在罐内的液面由一个水银开关控制,最高液面不超过进水管上固定的圆盘组,否则将影响混合效果。

如果在碳酸化罐内装一组空心波纹板式冷却器,一面使水或成品饮料在冷却片上分散成薄膜,同时进行冷却和碳酸化过程,则成为一个完全饱和的混合机(图 6-10),最新设计采用低饱和效率的碳酸化冷却器,在液体细流中注入CO_2,达到所需的碳酸化度成为可变饱和度的混合机。

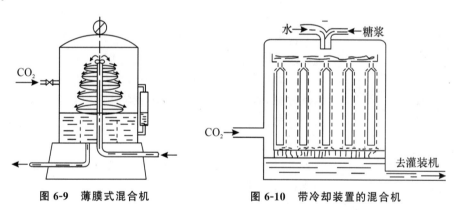

图 6-9　薄膜式混合机　　　　　图 6-10　带冷却装置的混合机

(2)喷雾式混合机 这种混合机(图 6-11)在碳酸化罐的顶部有旋转喷头或离心式雾化器,水或饮料经过雾化,与CO_2混合,大大增加了接触面积,提高了CO_2在水中的溶解度,同时缩短了液体和CO_2的作用时间,提高了碳酸化效率。这种混合机可附加可变饱和度的控制,罐的底部为贮存罐,其液面可由晶体管液位继电器控制,位置低于雾化器。喷头可作清洗器,实现 CIP 清洗。

以上两种类型的混合机都是通过碳酸化罐进行碳酸化的。当生产开机之前,罐内充满空气,操作人员必须在开机前或中途停机再开机时,先通入CO_2将罐内空气排走。生产中需经常打开罐排气阀门,否则将影响CO_2在水中的溶解度,并会给下一工序的灌装带来麻烦。

(3)喷射式混合机(文丘里管) 这种混合机又称文丘里管式混合机,进口生产线大都使用这种混合机。它是目前使用越来越多的一种碳酸化器。以德国设备为例,其混合系统采用三只并联在一起的喷射混合器,使水与CO_2混合,然后在一个 Φ 500 mm×160 mm 的碳酸化罐内贮存。稍加静置后缓缓送向灌装机。

　　混合器是一个 Φ 40 mm×350 mm 的管,水或饮料通过文丘里管,咽喉处连接 CO_2 进口的锥形喷嘴,见图 6-12。当由多级水泵加压的水流经收缩的锥形喷嘴处时,水的流速剧增,水的内部压力速降。当水离开喷嘴后,周围的环境压力与水的内部压力形成较大压差,为了维持平衡,注入 CO_2 的水爆裂成细小的水滴,同时水与气体分子间有很大的相对速度,使水滴变得更加细微,增加了管内水与 CO_2 的接触面积,提高了混合效果。喷射管可作预碳酸化,也可进行碳酸化,混合后的液体进入贮存罐内或板式换热器内,保证气体全部溶解,完成整个混合过程。

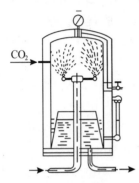

图 6-11　喷雾式混合机

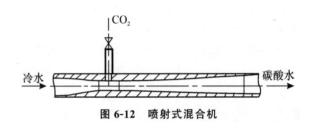

图 6-12　喷射式混合机

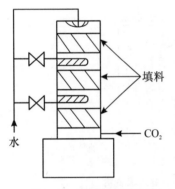

图 6-13　填料塔式混合机

　　这种混合机一般只要将温度、CO_2 压力调节在规定范围内,就可取得较为满意的混合效果和较高的效率。

　　(4)填料塔式混合机　在填料塔内充填玻璃球或瓷环,当水喷洒到填料塔内,经过这些填充料时有较充分的接触面积和碳酸化时间,可以作可变或不可变饱和度的混合机,安装上可变饱和度的装置。填料塔式混合机(图 6-13)是常规系统中最流行的混合机,但由于清洗困难,一般仅用作水的碳酸化,不适用于成品饮料的碳酸化。

　　(5)静态混合器　静态混合器是 20 世纪 70 年代开发的先进混合单元装置,结构简单,可用于各种物料,包括均相、非均相低黏度、高黏度以及非牛顿流体的混合、分散等操作,具有良好的效果。近年来,国内对静态混合器的研究与应用也有很大发展,并开始用于饮料的碳酸化工程。

　　所谓"静态",是指起主要混合作用的混合单元在壳体上固定不动。虽然混合单元是静止的,但静态混合器需要流体运动作为混合的动力。所有的静态混合器的主输入料液均需要有足够的压力才能正常工作,因此它常常需要与输送泵配合使用。

　　混合器的壳体通常为直管,根据需要可在直管上不同位置接上支管,供各种需要混合的物料进入。混合单元是静态混合器的关键,其型号很多,例如 SK(Kenics)、SL 型、SX 型和 SV(SMV)等,见图 6-14。

　　其中 Kenics 静态混合器采用螺旋形元件,固定在圆形管中。装置的固定几何形状使之产生独特的同时有分割流动和径向混合的效果。

　　①分割流动　在滞流流动中,流体在每一元件前缘被分割,并沿元件的流道流动,在每一

SK型　　　　　　SL型　　　　　　SX型　　　　　　SV型

图 6-14　SK 型和 SV 型混合器单元结构示意图
(引自:兰州石油机械研究所,2013)

后继元件上两个流道进一步被分开,其结果使流体被分割的条数按指数关系增加,产生 2^n(n 为元件数)个流道,最后由分子扩散达到均匀混合状态。

②径向混合　无论是滞流还是湍流,在静态混合器的每一流道中,流体绕各自的水力中心旋转流动,从而引起径向混合,使流体连续而完全相互混合,其结果消除了温度、速度和组成的径向梯度。

流体流过混合器的压力降或所消耗的功率都由泵的压头提供,压力降 Δp 取决于混合器内混合元件的形式和个数,以及流体的流动状态(滞流或湍流)。在选择或设计静态混合器时要考虑的因素有混合元件的形式和大小、混合器的直径和长度(混合元件个数)以及压力降 Δp,在确定这些参数时还应注意流体的物性,包括黏度、密度和可溶性,两流体的体积比、流动状态等。在用于饮料碳酸化时可选用 1～2 个 6 元件的静态混合器。

SV 型静态混合器由静、动态混合管和气体喷管组成。静态混合管中的混合元件为等边三角形,动态管是一圆管。当液相流体进入动态混合管后绕过横向气体喷管,形成搅动。在喷口处具有一定压力的气体喷进液相流,构成中心是气流、周围是液流的环状流体,经过一段距离后,气液两相初步混合。当气液两相进入静态混合管时流体被分割流过混合元件。在整个流动过程中,气体与液体、液体与液体互相搅动、撞击,形成的湍流流动,增加了气液两相流体的接触。试验表明,在碳酸饮料生产中使用 SV 型静态混合器,CO_2 在液体中的溶解度提高 1/3,具有较好的混合效果,可取代喷雾混合机。

6.4.6　碳酸化过程的注意事项

如上所述,碳酸饮料的灌装分为一次灌装法(预调法)和二次灌装法(现调法)。一次灌装法是将糖浆和水按比例混合后再进行碳酸化,将产品一次灌装入容器。二次灌装法则是先将糖浆装入容器,然后再向容器中充入碳酸水,二次灌装法的糖浆一般不进行碳酸化,因此,在水碳酸化时含气量需要比成品预期的含气量高,以补偿未碳酸化糖浆的需要。例如糖浆和水的比例为 1:5,成品的预期含气量为 3 倍容积,则碳酸化水的含气量应为 $3\times6/5=3.6$ 倍容积。

另一方面,糖浆与碳酸化水混合的生产工艺流程及系统见图 6-15,糖浆也不碳酸化,与之混合的碳酸水含气量也应与二次灌装法同样要求。

为了保证有效的和一致的碳酸化水平,在实际生产中需要注意一些关键问题,以下 5 点注意事项被称为"黄金法则",应熟练掌握。

1. 保持合理的碳酸化水平

无论是预调法还是现调法,水或成品在混合机或贮存罐中都在一定温度和压力条件下形成饱和或不饱和的溶液。效率高的混合机由于接触面积大和时间长,足够形成饱和溶液,而效

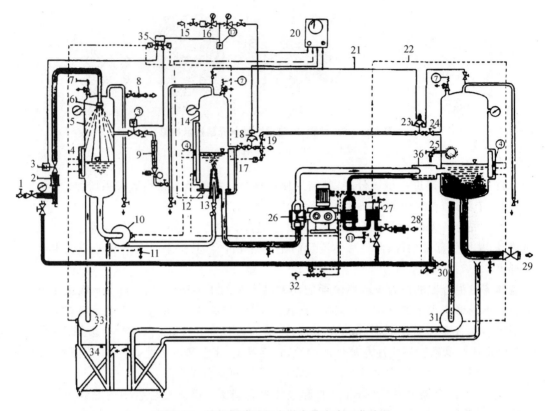

图 6-15　糖浆与碳酸化水混合的生产工艺流程

1. 处理水进口　2. 滤网视镜　3. 活塞控制阀　4. 电磁浮控开阀　5. 脱氧罐　6. 喷头　7. 安全阀
8. 混合气排放阀　9. 浮子流量计　10. 主泵　11. 采样阀　12. 温度探测器　13. 喷射器喷嘴
14. 碳酸化罐　15. 压缩空气进口　16. 空气过滤器　17. 气体监控阀　18. 薄膜阀　19. CO_2 进口
20. 泰勒仪表　21. 气控管路　22. 电气线路　23. 差压调节阀　24. 成品罐　25. 清洗喷头开关
26. 计量泵　27. 糖浆罐　28. 糖浆入口　29. 成品饮料出口　30. CIP清洗入口　31. 成品冷却泵
32. 清洗水入口　33. 脱氧水冷却泵　34. 板式换热器　35. 电磁阀　36. 饮料混合管

率低的混合机只能形成不完全饱和溶液。不饱和溶液的气体压力超过实际含气量所需的压力,这个超额压力称为过压力。

对碳酸饮料来说,碳酸化程度过高,会在放气或放气以后的时间里产生不正常的气体逸出,这从质量控制和 CO_2 消耗方面来说是极不合理的。另外,某些产品还会由于过度碳酸化而失去香味的魅力。

2. 保持灌装机一定的过压程度

混合机和灌装机的连接一般采用直接连接法,由于饱和溶液从混合机流向灌装机时压力降低,温度可能升高,这时饱和溶液立即变成过饱和溶液,饮料中的二氧化碳会迅速涌出。尤其在灌装压力降低时,往往会因泡沫过多而使灌装不满。因此灌装机常需保持一个过压力(额外压力),即保持一个高于在灌装机内饱和溶液所需的压力。这样在灌装完毕泄压时,虽然大量的压力气体迅速由瓶中排出,但首先排出的是过压力。由于惯性的作用,液体中 CO_2 气体分子扩散的方向不可能迅速转变为相反的方向,即与泄压的气体方向一致,因此,溶液中溶解的 CO_2 气不会迅速从液体中分离而产生反喷。

一个最佳的过压程度需要经验决定,一般法则是灌装机压力和容器平均压差为 98 kPa (1 kgf/cm^2) 时较为有利。这一过压将保持碳酸化饮料的稳定,直到灌装后期在放气操作时,容器内压力下降时为止。

为了得到所需的过压力,目前生产中通常使混合机的压力高于灌装机压力 19.6 kPa (0.2 kgf/cm^2),灌装机的压力又比最终产品含气量的压力高 98 kPa (1 kgf/cm^2)。为了解决混合机和灌装机之间的压力差,可将混合机安装在高位来实现。

另外,也可在混合机和灌装机之间使用过压泵(有时也称去沫泵),产生额外压力。过压泵的特性必须为一平滑曲线,以保证不同含气量的饮料产品均可获得同等程度的过压力。

3. 将空气混入控制在最低限度

切实采取有效措施,防止空气进入液体饮料中;定期向混合机灌注液体(水或消毒剂),然后用 CO_2 排出,以排除混合机内积存的空气;过夜时,碳酸化罐应经常保持一定的压力,以防空气进入。

4. 保证水或产品中无杂质

当有卸气杂质存在时,会在排气和排气以后促使 CO_2 过度逸出。最常见的杂质是空气、CO_2 中的油或其他杂质、瓶中的碱或小片碎标签、水中的杂质以及糖浆中未被溶解的杂质等。

5. 保证恒定的灌装压力

混合机和灌装机的压力产生波动时会影响产品最终的碳酸化程度,同时过压下降时会引起喷涌,导致碳酸化控制失灵。灌装机贮液槽液面升高时会淹没反压阀,而液面降低时则灌装不了成品。

如果贮液槽液面异常升高,一般应打开混合机和灌装机之间的气管阀门。也可进行自动控制,当液面升高时让气进入料槽,防止液面进一步升高,并将液面压到正常工作位置。

6.5 碳酸饮料的灌装

6.5.1 灌装的方法

如前所述,碳酸饮料的灌装方法有典型的二次灌装法和一次灌装法,有时也使用组合灌装法。

6.5.1.1 二次灌装法

二次灌装法是一种较为传统的灌装方式,目前较少使用,仅在个别中小企业或含果肉碳酸饮料的灌装中有所使用。二次灌装法是先将调和糖浆通过灌装机定量灌入瓶中,再通过灌装机充入碳酸水。

二次灌装法设备简单、投资少,比较适合中小型饮料厂生产。从卫生角度考虑,二次灌装法易于保证产品卫生。因为糖浆和碳酸水各成独立的系统。糖浆含糖量高,渗透压高,对微生物能起抑制作用,碳酸水也不易繁殖细菌,其管道也是单独装置,清洗很方便。此外,在灌装机有漏水情况时,只消耗水而不会损失糖浆,造成的浪费较小。对于含有果肉的碳酸饮料,若采用一次灌装法,果肉颗粒通过混合机时容易堵塞喷嘴,不易清洗,采用两次灌装法则更为有利。

对于二次灌装法,由于糖浆和碳酸水的温度不一样,在向糖浆中灌碳酸水时容易产生大量的泡沫,造成 CO_2 的损失及灌装量不足。若在糖浆灌装前通过冷却器使其温度下降,接近碳酸水的温度,则可避免在灌装时起泡。

另外由于糖浆未经碳酸化,与碳酸水混合调成制品会使含气量降低,因此若采用二次灌装法,为保证成品的含气量达到标准,就必须使碳酸水的含气量高于成品的预期含气量。如糖浆和碳酸水的比例为 1:4,若成品含气量为 3 倍容积,则碳酸水的含气量应为 $3 \times 5/4 = 3.75$ 倍容积,而不是 3 倍容积。如糖浆与碳酸水的比例为 1:5,若控制成品含气量为 3 倍容积,则碳酸水的含气量应为 $3 \times 6/5 = 3.6$ 倍容积。

采用二次灌装法,糖浆是定量灌装,而碳酸水的灌装量会由于瓶子的容量不一致,或灌装后液面高低的不一致而难以准确,从而使成品的质量有差异。

大型二次灌装设备在灌装密封设备后设置翻转混匀机,使瓶中的糖浆和碳酸水均匀混合。有时用翻转式成品检验机,在检验成品饮料的同时进行糖浆与碳酸水的混合。

6.5.1.2 一次灌装法

一次灌装法是较先进的灌装方式,大型的设备均采用这种灌装方式。通常是将各种原辅料按工艺要求配制成调和糖浆,然后与充有二氧化碳的水在配比器内按比例进行混合,进入灌装机一次灌装。碳酸饮料生产工艺的发展趋势为一次灌装,一次灌装法适合于大型化、自动化、连续化和使用主剂的碳酸饮料生产。

最早的操作方法是将糖浆和处理水按一定比例加到二级配料罐中搅拌均匀,然后经过冷却、碳酸化后再灌装。这种方法需要大容积的二级配料罐,调和后如果不能立即冷却和碳酸化,则由于直接配料、糖度低,易受细菌污染,产品卫生条件难以保证。

对于大型的连续化生产线多采用定量混合方式。就是把处理水和调和糖浆以一定比例作连续的混合,压入碳酸气后灌装。在一次灌装的混合机内常配有冷却器(carbo-cooler)或碳酸化冷却器(cool-carbonator),见图 6-16。

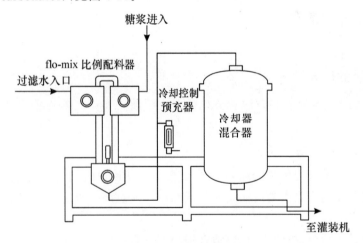

图 6-16 碳酸化冷却器

定量混合机有多种型号,在选择型号时必须考虑:①使用糖浆的液体性质;②混合比的稳定性;③运转操作的容易性;④洗涤杀菌和维修的容易性。特别是第①点,含有浆料的果汁糖浆,不是每一型号的定量混合机都适用。混合机在开动和停止时的混合比,会使糖度出现

0.1%～0.2%的误差,需要精密控制时必须注意。混合比若发生异常误差,短时间内就会造成很大的损失,因此需要安装安全机件,以便在运转中发生任何不协调时能自动停止。

目前广泛使用的是同步电动混合机,同时由 PLC 控制的电磁阀来调控混合液的配比,该机可以边连续测量混合糖液和水量,边按规定比例来调和,一旦多流进了糖液,就会马上流进一定比例的水,因而糖度是稳定的。同步混合机由糖液与水的定量混合装置和混合液的糖度测定操纵装置组成,能连续自动测定混合液的糖度,并作出指示和记录,反馈到糖液的控制阀,即可自动控制混合比例、调节混合液的糖度。并且在混合液糖度超过容许范围,或供水量不足,或供糖量不足时自动停机,防止出现不合格产品。

一次灌装法的优点是糖浆和水的比例准确,灌装容量容易控制;当灌装容量发生变化时,不需要改变比例,产品质量一致;灌装时,糖浆和水的温度一致,起泡少,CO_2 气的含量容易控制和稳定;产品质量稳定,含气量足,生产速度快,已成为碳酸饮料生产发展的方向。但是这种灌装方法的缺点是不适于带果肉碳酸饮料的灌装,而且设备较为复杂,混合机与糖浆接触,洗涤与消毒都不方便。

6.5.1.3　组合灌装法

为了使一次灌装法适应果肉碳酸饮料的灌装,可以采用各种组合方式。目前组合方式有以下几种。

(1)按一般的一次灌装法组合各机器,当灌装带肉果汁碳酸饮料时,在调和机上装一个旁通,使调和糖浆按比例泵入另一管线而不与水混合,直接送入混合机末端,利用泵和控制系统将其与碳酸水混合,然后灌装。

(2)按一般的一次灌装法组合各机器,在调和机以后(即水和糖浆调好后)加入一个旁路,采用注射式混合机进行冷却碳酸化,然后进行灌装。

(3)只使用调和机的比例泵部分,不进行调和。水以注射式混合器作预碳酸化,然后与糖浆共同进入易清洗的碳酸化罐,作最后的碳酸化,再进行灌装。

(4)CO_2 和水先在混合机中碳酸化,然后与糖浆分别进入调和机中,按比例调好(或再进入缓冲罐)进行灌装。

6.5.2　灌装系统

所谓灌装系统是指将碳酸饮料定量地灌装于既定容器时所用到设备的组合体系,它常包括洗瓶机、刷瓶机、灌浆机、旋盖机等。灌装方法不同灌装体系也有区别。二次灌装系统由灌浆机(又称糖浆机或定量机)、灌水机和压盖机组成。大规模生产均采用一次灌装法,使用配比器,置于混合机之前,灌装系统由同一个动力机构驱动的灌装机和压盖机组成。

6.5.2.1　灌浆机与配比器

1. 灌浆机

灌浆机又称糖浆加料机,是二次灌装系统灌装糖浆用的设备,一般有 12、16、24 头,由定量机构、瓶座、回转盘、进出瓶装置和传动机构组成。瓶座是安装在转盘上的,随转盘运动,由进瓶装置送进的瓶子,由拨盘拨入瓶座,瓶座下的弹簧有一个向上的力,将瓶座顶起,顶开装在定量机构下部的阀。糖浆依靠本身的静压流入瓶中。瓶座下的小滚轮在斜铁的作用下,将瓶座压下,瓶子脱离定量机构,阀即关闭,装好糖浆的瓶子由出瓶拨盘拨到输送带上,送到灌装机。

灌浆机根据定量机构的不同分为以下几种类型。

（1）容积式灌浆机　最简单的容积式定量机即量杯式注液机（图6-17）。量杯好像一把匙，匙柄是一个空心管，把匙横放，管中心处作为支点，匙沉入料槽中没于糖浆液面下，即可灌满匙杯。当用空瓶插进管口，由于空瓶重量把管口压降，匙杯抬出液面，匙中糖浆便顺料管流入瓶中，一般采用4把匙，2对交替灌装。大型的采用多头量杯，管口直立向下（在料槽下部），上端为量杯，量杯位于料槽内，当管口插入空瓶时，量杯没于糖浆液面下，当空瓶上升时，料管也上升，推动量杯向上，直至离开液面，同时管口阀也开启，满杯糖浆便可流入瓶中。

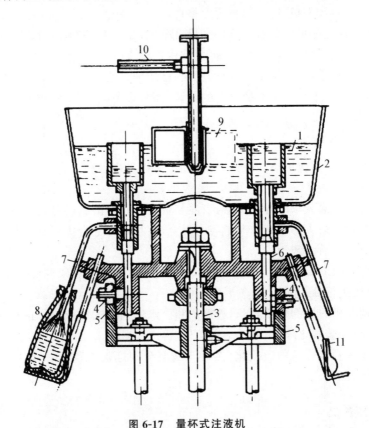

图 6-17　量杯式注液机

1. 量杯　2. 液槽　3. 轴　4. 滚轮　5. 凸轮　6. 升高推进轴
7. 灌装管　8. 瓶　9. 浮标　10. 进液管　11. 支座

　　活塞式加料机也是一种容积式定量机构，是依靠弹簧阀门灌浆的容积定量机构。当沿进料口来的糖浆进入定量器时，将重块顶起至上部的调节螺杆（这时定量器中糖浆的容积与所需的量一致）。当瓶顶起上部周围有孔的进料管时，管上部的胶垫封住进料口，同时已经定量的糖浆沿泄料管上的孔，在重块作用下流入瓶中。瓶子落下后，进料管在弹簧的作用下复位。下面胶垫封住泄料口，同时进料口打开，进行第二次循环。调节上部的调节螺杆可以改变定量大小。这种定量器结构简单，定量比较准确可靠。缺点是当变换品种时必须有足够时间进行热水浸泡和冲洗。

　　（2）液面密封式灌浆机　这种灌浆机也称空气封闭杯式灌浆机或旋塞式定量杯灌浆机（图6-18）。封闭杯的下端是进料口，由于阀门的控制，糖浆可以来自料槽，也可以通往灌瓶机。料槽液面高度应高于封闭杯液面,而封闭杯上的空气管顶端又高于液面。由于空气管可以上下调节,空气管底端即杯中液面可上升至最高水平。当料槽下部开孔圆盘旋转到与一个定量的进料口重合时,糖浆即流入定量器中。定量器中的液面上升,封闭住排管口。并且,料液沿排气管上升到与料液平衡(排气管高于料槽液面),完成定量过程。这时旋塞旋转 90°,定量好的糖浆即流入容器中,调节排气管高低可改变定量的大小。这种机构定量较准确,密封性好。

（3）液体静压式灌浆机　液体静压式灌浆机(图 6-19)的构造是一个活塞筒,有两个接口,一个连接到料槽,一个在下端通往灌瓶。活塞筒内有一个活塞块,上面有一个可以从外部调节的螺杆,螺杆的长短可以固定住活塞块上升的高度。当入口开启时,糖浆由料槽流入活塞筒,由于静压力推动活塞块上升至一定的高度(由螺杆止住)。这个量就是要灌入瓶中的量。当有空瓶顶开筒的出口阀,入口即行封闭,筒内定量的糖浆即可流入瓶中。这种设备有单头的和多头的。

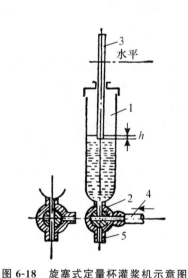

图 6-18　旋塞式定量杯灌浆机示意图

1. 定量杯　2. 旋塞　3. 细管　4. 进液管　5. 灌装口

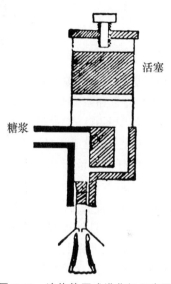

图 6-19　液体静压式灌浆机示意图

2. 配比器

配比器也称混比器,用于一次灌装系统。安装在混合机前,将调味糖浆与水按比例定量混合冷却后再进行碳酸化,使操作连续化。主要方法有配比泵法、孔板控制法和注射法。

（1）配比泵法　连接 2 个活塞泵,一个进水,一个进糖浆。活塞筒直径有大有小,可以调节进程,达到两种液体的流量按比例调和。但对两个泵的要求特别高,任意一台有问题时,定量就不准确,当泵体或管道有渗漏现象时都会影响到产品的浓度。该法现在已不多用。

（2）孔板控制法　孔板控制式配比器(图 6-20)是液体在一个不变压头下以固定流速通过小孔流下并进行混合的。一个小孔通过水,另一个较小的小孔通过糖浆,两种液体流入共用的贮存器。其主要结构包括贮水器、贮浆器、混合贮存器、混合泵和控制系统。

在贮水器和贮浆器中,各有一个浮球,通过气动信号发生器控制进水和进浆口的气动阀门,将贮水器和贮浆器的液面控制在一个很小的高度范围内。水和糖浆的不变压头是由一个循环给料系统中有溢流的立管获得的,安装在立管上的微调阀可将水和糖浆按准确比例定量送入混合贮存器中。液体定量的调节可通过调换安装在立管上的孔板,改变液体通过的截面积来获得。

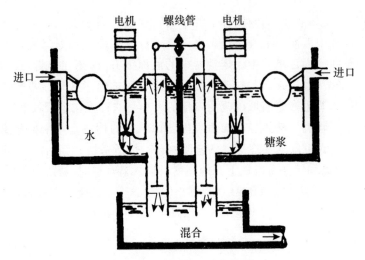

图 6-20　孔板控制式配比器

贮存器里的另一浮球,通过一个气动信号发生器,将工作信号传给安装在两根立管之间的气缸,控制水立管和浆立管底部阀门的同时开闭,使贮存器里的液面不会过高或被抽空。在贮水器和贮浆器中各有一支高液位电极和低液位电极,当两个贮存器中的液面同时高于低液位电极时,水立管和浆立管下的阀门才会开始工作,因此电极是保证配比精确的保护装置。当两个贮存器中的任一个液面高于高液位电极和低于低液位电极时,全系统就会自行停止工作。

配比器的最后部分是离心式混合泵,其作用是将混合后的液体进一步搅拌,可取得更佳的混合效果。同时,将混合好的饮料送到冷却系统,降到所需温度进行碳酸化。

配比器有一套自动控制装置,定量精确,操作简单,更换品种时,只需更换立管上的孔板和将立管上的微调阀调到所需配比即可。生产过程中,还需定时检验水和浆的比例,以使饮料中的各种原料始终保持含量精确一致。

(3)注射法　注射法是在恒定流量的水中注入一定流量的糖浆,再在大容器内搅拌混合。新型的流量控制是用电脑,电脑根据混合后碳酸饮料的糖度测试的数据来调整水流量和糖浆流量以达正确比例。

6.5.2.2　灌装机

灌装机用于灌装碳酸水或混合好的饮料,灌装机的灌装方式有以下 3 种类型。

1. 压差式灌装

压差式灌装又称启闭式灌装,老式的机器多为这种灌装机,采用虹吸原理,通往瓶子的阀门只有两个通路,一通料槽,一通大气,当通往料槽的通路打开时,饮料流入瓶中,直到瓶内与料槽等压。由于瓶中空气不能排出,因空气受压缩形成压力使物料不能继续流入瓶中。这时尚不能灌足量,需要阀门换向,饮料再流入瓶中,如此反复四到五次至装满为止(图 6-21)。

为了避免已装入瓶中的过饱和二氧化碳和水的混合液体在卸去压力后,游离出来形成泡沫带走液体,应尽量缩短灌装阀在排气时的时间,同时最后一次的灌水和排气之间的时间要尽量延长,使液体能够在瓶中静置一段时间。这样当瓶脱离泄料口后饮料会比较稳定。

这种方式的优点是机器结构简单,操作简便,适用于小型机。缺点是灌装速度较慢,液面较难控制,含气量高的产品不宜采用,因而先进的灌装机已不采用这种方式。

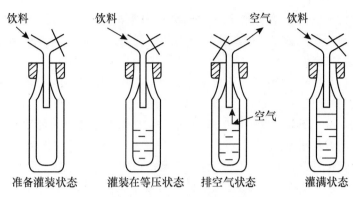

饮料　饮料　空气　饮料

空气

准备灌装状态　灌装在等压状态　排空气状态　灌满状态

图 6-21　压差式灌装原理示意图

(引自:李勇,2006)

2. 等压式灌装

等压式灌装是先往瓶中充气,使瓶内的气压与贮液箱中的气压相等,然后再进行灌装。通往瓶中的通路有 3 条,第一条是与贮液箱上部气室相通的进气管;第二条是与贮液箱液体相连的贮液管;第三条是与贮液箱气室相通的回气管。这 3 条通路的启闭是由等压灌装阀控制的。灌装阀在回转中通过装在环形导轨上的液阀关闭凸块及排气凸块,完成工艺要求的 4 个过程,即充气反压,灌装回气,排除气管余液和排除液管余液。当瓶座升到最高位置时,瓶口被橡胶垫圈密封,瓶开始推动摆杆,当凸块拨动开闭板机时,灌装阀上部的气阀打开,贮液槽上层的 CO_2 经气管进入瓶内,使瓶内气体压力与贮液槽液面上的气体压力相等,以保持等压灌装。其次,由于反压力的作用,自动打开灌装阀下部的弹簧阀,靠势能差,饮料在静压力作用下经分水圈成伞形顺瓶壁流下,同时瓶内气体又经气管返回到贮液槽内。当瓶内液面上升至气管下端小孔时,饮料堵住气体返回的通道,剩余气体积存在瓶颈内,使液体和气体处于平衡状态,实现瓶内液体等高度定量。当关阀机构凸块拨动开闭扳机后灌装阀被关闭。控片顶开排气塞,打开排气管,使瓶与大气相通,气体排出,泄出瓶中压力,瓶颈内气体排入大气,气管中的饮料流入瓶中,完成整个灌装过程。只需改变进液管孔的高低位置,就可调节瓶中液面的高低。等压式灌装过程如图 6-22 所示。

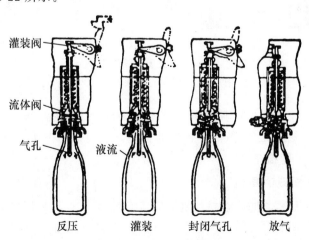

灌装阀

流体阀

气孔　液流

反压　灌装　封闭气孔　放气

图 6-22　等压式灌装过程

过去等压式灌装机由于操作时压力不同,分成高压式(441 kPa)和低压式(147 kPa)两种。低压式灌装机在制造含气量高的碳酸饮料时必须用低温。现在的灌装机多不分高低压式,甚至用 15 ℃时灌装的暖装法。

20 世纪 80 年代以来,我国引进了很多生产线,其中有德国、日本、意大利、美国等国的产品,也有罗马尼亚和原民主德国、波兰、捷克等的装瓶生产线,灌装头数为 30~60 头,生产能力低的 120~150 瓶/min,高的 300~500 瓶/min。这些灌装机自动化程度高,生产效率高。灌装阀全部为全自动等压灌装阀,而且灌装与压盖紧密组合,灌装后能迅速密封。等压灌装阀在灌装时液体不受直接冲击,CO_2 损失极少,且可保持稳定的灌装压力,适用于碳酸饮料、啤酒、矿泉水和汽酒等灌装压力在 0.5 MPa 以下的含气或不含气饮料的灌装。

3. 负压式灌装

负压式灌装也称真空式灌装,原来是用于非碳酸饮料的灌装。灌装时首先滑阀上升,真空室与饮料瓶相通,瓶中空气被抽出形成负压,同时,灌注口开启,排气孔打开,饮料在重力作用下流入瓶内。装入瓶中的液体通过排气管升至灌装机贮液槽的液面高度,多余的料液即流入缓冲室,再回到贮液箱,灌装结束。然后滑阀下降,残留在气管内的液体流入瓶中,灌注口关闭。

负压式灌装机用于碳酸饮料时则为负压式和等压式的组合。这种灌装机的灌装头与真空阀相通,真空阀由灌装头外的一个盘形凸轮控制,真空阀开启时,容器中的空气抽向真空环,进行空气预排,在容器内可处于真空状态,真空阀关闭后,向容器内充入 CO_2 形成反压,其余过程与等压灌装相同,因此这种灌装机的灌装是由抽空、等压、灌装、排余液 4 个过程完成的,灌装原理见图 6-23。

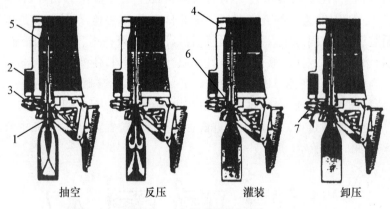

图 6-23 负压式灌装原理
1. 充气回气管 2. 真空杯 3. 真空阀 4. 气阀拨轮 5. 气阀 6. 液阀 7. 卸压阀

负压式灌装机可用于灌装啤酒,也可用于充气果蔬汁饮料的灌装。容器抽空以后灌装,可以减少饮料与空气接触的机会,降低溶解氧的含量。灌装机的保压气体最好选用 CO_2,在灌装后,CO_2 部分返回贮液槽。

6.5.2.3 封盖机或封罐机

聚酯(PET)瓶采用螺旋防盗盖封盖机或旋盖机封盖;易拉罐采用二重卷边式封罐机封罐;玻璃瓶用皇冠盖封口机封口。

自动封盖机按其运转特点分为两大类:一类是瓶子不动,压盖机头下落,把瓶盖压到瓶口上去;另一类是压盖机头不动,瓶子随瓶托升降,达到压盖的目的。碳酸饮料厂采用的压盖机大多是前一种。

皇冠盖封盖机工作部分有两个,位于机器上端是料斗,它有转动的轴使盖易于滑下,下端是一组轧盖环,以滑道连接。料斗通往滑道中间有一个选盖器,它是一个使盖立放通过的门。由于皇冠盖上面的直径小,下面有张开的牙直径大,当通过一侧窄一侧宽的门时,另一组通往收箱集,可再放入料斗重新选择。或将这组盖自行留于料斗或把这组盖通过另一个转弯 $180°$ 角的滑道,改变盖的朝向,合并于前一个滑道。轧盖环是一个内部成锥形的环,当滑道送来的盖与瓶口吻合之后,由于瓶子上升或轧盖环下降,使盖张开的牙被轧盖环内部锥形壁挤拢。调节轧盖的松紧度是扎盖好坏的关键,太紧则易扎坏瓶口,太松则封盖不严易漏气。为使封盖机便于输盖,一般在滑道末端装上压缩空气管,用压缩空气吹送。但压缩空气应过滤后使用,以免污染瓶盖。

碳酸饮料灌装完毕后应立即进行封盖操作,其间隔时间一般不超过 10 s,以免 CO_2 逸散,保证饮料的质量和存放时间。压盖要做到密封,不漏气,又不能太紧而损坏瓶嘴或使罐变形。压盖前需要对瓶盖进行消毒。消毒的方法常采用水蒸气熏蒸 15~20 min,或含有效氯量 200 mg/kg 的漂白粉溶液消毒,再用无菌水冲净后使用。

6.5.2.4　灌装生产线

碳酸饮料灌装生产线根据其包装容器可分为玻璃瓶、易拉罐(二片罐)和 PET 瓶等类型。从生产的自动化程度来讲分为半自动灌装机和全自动灌装生产线。我国的饮料灌装设备是在酒类灌装设备基础上发展起来的。到 20 世纪 80 年代,随着我国经济的发展,引进了大量技术比较先进的设备,目前饮料的灌装机将冲洗、灌装、旋盖 3 功能合在一个机体上,全过程实现自动化,采用先进的可编程控制器(PLC)控制自动运行,进瓶采用风送进瓶,运行更稳定可靠,光电检测各部件的运行状况,自动化程度高,操作简便。

1. 玻璃瓶灌装线

目前,碳酸饮料罐装机灌装速度最高已达 2 000 罐/min,德国 H&K 公司灌装机的灌装阀多达 165 头,SEN 公司 144 头,Krones 公司 178 头,灌装机直径约 5 m,灌装精度 ± 0.5 mL 以内。国内灌装生产线全方位发展我国饮料灌装设备基本是在引进设备和技术的基础上发展起来的。1984 年广东轻工机械厂引进德国赛茨(SEN)和 H&K 公司啤酒灌装线制造技术,生产 20 000 瓶/h 的啤酒灌装设备。南京轻工机械厂和合肥轻工机械厂从日本三菱重工引进玻璃瓶灌装线制造技术,生产 18 000 瓶/h 的碳酸饮料灌装线,除广东轻机厂、南京轻机厂外,重庆轻机厂、廊坊包装设备制造公司等制造厂也通过引进、消化吸收途径制造中小型饮料灌装设备。目前,我国自己设计制造的灌装线一般生产能力为 12 000~40 000 瓶/h(500 mL/瓶),可生产线的主要组成部分有:CIP 自动清洗系统、全自动理瓶机、风送系统、人工上瓶/自动卸瓶系统、空瓶杀菌系统、等压灌装系统、喷淋温瓶系统、贴标/套标系统、自动传输系统、空气净化系统等。

2. 易拉罐灌装线

易拉罐灌装机引进设备生产能力一般 300~600 罐/min,例如广州亚洲汽水厂引进的德国 SEN 灌装生产线达 500 罐/min,包括卸托盘机、洗罐机、灌装机、封罐机、混合机、温罐机、吹罐机、装托盘机、包装机以及液位检测器、喷码机等。广东运动饮料厂和深圳饮乐汽水厂引进的美国 MEYER 公司的饮料灌装线生产能力可达 575 罐/min。该公司灌装机 40~120 头,

最高速度可达 2 000 罐/min。

3. 聚酯瓶灌装线

PET 聚酯瓶是碳酸饮料最主要的包装形式。PET 瓶灌装线的主要设备有冲瓶机、灌装机、旋盖机、温瓶机等。PET 瓶灌装线可以是单独的专用线,但一般均与玻璃瓶灌装线通用一台灌装设备。灌装玻璃瓶时用玻璃瓶洗瓶机,灌装 PET 瓶时用冲瓶机。灌装机高度可以调整,以适应两种不同类型瓶的高度。另外,用于玻璃瓶灌装时,灌装机与皇冠盖压盖机相连;灌装 PET 瓶时,灌装机与旋盖机连接。这样一台灌装机可以完成 2 种不同类型容器的灌装。

西得乐公司设计的 Combi 机可将 PET 瓶的吹制—灌装—封盖结合起来,其生产碳酸饮料能力最高可达 42 000 瓶/h(500 mL/瓶)。我国进口的 PET 瓶灌装线主要是美国 MEYER 和德国 SEN 公司、KHS 公司、KRONES 公司的设备,国产设备 50 头两用灌装机,用于玻璃瓶灌装线时,250 mL 瓶生产能力为 500 瓶/min,灌装 1 250 mL PET 瓶的生产能力为 120 瓶/min。我国自行生产的冲瓶、灌装、拧盖三位一体的 PET 灌装机一般生产能力在 18 000~20 000 瓶/h,可以变频调速,PLC 控制。

6.5.2.5　灌装的质量要求

灌装是碳酸饮料生产的关键工序,无论玻璃瓶、金属罐和塑料容器等不同的包装形式,也无论采用何种灌装方式和灌装系统,都应保证碳酸饮料的质量要求,满足国标《碳酸饮料(汽水)》GB/T 10792—2008 的要求,具体质量要求主要有以下方面。

(1)达到预期的碳酸化水平　碳酸饮料的碳酸化应保持一个合理的水平,二氧化碳含量必须符合《碳酸饮料(汽水)》(GB/T 10792—2008)规定的 1.5 倍气容量要求。成品含气量不仅与混合机有关,而且灌装系统也是主要的决定因素。

(2)保证糖浆和水的正确比例　二次灌装法成品饮料的最后糖度决定于灌浆量、灌装高度和容器的容量,要保证糖浆量的准确度和控制灌装高度。而现代化的一次灌装法要保证配比器正常运行。

(3)保持合理和一致的灌装高度　应保证灌装高度的精确性与内容物品质符合规定标准。例如二次灌装时的灌装高度直接影响糖浆和水的比例,灌装太满,顶隙小,在饮料由于温度升高而膨胀时,会导致压力增加,产生漏气和爆瓶等现象。

(4)容器顶隙应保持最低的空气量　顶隙部分的空气含量多,会使饮料中的香气或其他成分发生氧化作用,导致产品变味变质。

(5)密封严密有效　密封是保护和保持饮料质量的关键因素,瓶装饮料无论是皇冠盖还是螺旋盖都应密封严密,压盖时不应使容器有任何损坏,金属罐卷边质量应符合规定的要求。

(6)保持产品的稳定性　不稳定的产品开盖后会发生喷涌和泡沫外溢现象。造成碳酸饮料产品不稳定的因素主要有过度碳酸化、存在杂质、存在空气、灌装温度过高或温差较大等。任何碳酸饮料在大气压力下都是不稳定的(过饱和),而且这种不稳定性随碳酸化程度和温度升高而增加,因此冷瓶子(容器)、冷糖浆、冷水(冷饮料)对灌装是极为有利的。

6.5.3　容器和设备的清洗系统

6.5.3.1　容器的清洗

综上所述,我国碳酸饮料的灌装容器主要有玻璃瓶、易拉罐和 PET 瓶等。对于易拉罐、

PET 瓶等一次性容器和新玻璃瓶,由于出厂时包装严密,在搬运、贮存时不易受污染,比较容易清洗,一般不需要消毒,只需用无菌水喷淋洗涤即可用于灌装。对于多次使用的回收玻璃瓶,由于瓶内残留物的存在,很容易繁殖各种微生物,同时瓶子内外均很脏,因此需用专用的洗涤剂和消毒液进行洗刷和消毒,以符合卫生要求。特别是由于灌装碳酸饮料的过程中不进行加热灭菌,为了确保产品质量,应该把玻璃瓶的洗涤作为最重要的工序之一。玻璃瓶洗涤后必须内外清洁无味;空瓶不残留碱及其他洗涤剂;空瓶经微生物检验,大肠菌群、细菌菌落不能超过 2 个。

洗瓶用洗涤剂的要求:渗透性强,对有机物溶解性大,对洗涤物有很强的亲和力,可以乳化油脂,不易附着在瓶表面,完全能溶于水中并被水冲走;在瓶的表面不产生膜状物,起泡性小;对设备腐蚀性小,无毒,可以在硬度大的水中使用而不容易结垢;在洗瓶机内可起到某种润滑作用,价格低,废水容易处理;可用简单的方法测定其浓度。

常用的瓶用洗涤剂为烧碱(氢氧化钠)、碳酸钠、偏硅酸钠、磷酸钠等。为了克服各种洗涤剂的局限性,常采用混合洗涤剂,多以氢氧化钠为主,再加入其他的碱。如加入碳酸钠,改进易洗去性;加入磷酸钠,可抑制水垢的生成,避免硬水在瓶壁上产生污垢;加入葡萄糖酸钠,便于除去瓶口的铁锈;等等。有的厂家使用月桂酸钠洗涤剂,其去污能力强,但要与消毒液配合使用,以保证空瓶的干净和无菌。

洗瓶设备的基本方式是浸泡、冲洗或刷洗、冲净 3 种。大型设备往往采取 3 种方式的结合。瓶子经过清水浸泡、碱水浸泡、洗涤液对瓶子进行内外喷淋、消毒水喷淋、清洁水冲洗等工序,以达到清洗的目的。洗净的瓶子或在洗瓶机上直接烘干,或放在滴水车上使瓶子中的余水滴尽。经检验合格的瓶子,用传送带送到灌装机用于灌装。直线型空罐清洗机装置如图 6-24 所示。

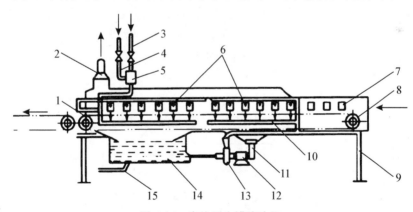

图 6-24　直线型空罐清洗机

1. 运输带　2. 排气管　3. 蒸汽管　4. 冷水管　5. 汽水混合机　6. 上喷管　7. 空罐　8. 滚轮
9. 支架　10. 下喷管　11. 排水管　12. 电动机　13. 水泵　14. 废水收集箱　15. 排废水管
(引自:李勇,2006)

6.5.3.2　CIP 清洗系统

CIP(cleaning-in-place)即原地清洗或定置清洗。这种清洗方法,就是用水和不同的洗涤液,按照固定的程序通过泵循环,不用拆装设备以达到清洗的目的。CIP 清洗是保证产品质量和设备正常运行的必要手段,因而世界上多数软饮料生产厂家普遍采用 CIP 系统进行设备的清洗。

1. CIP 清洗常用的洗涤剂

(1)混合碱洗涤剂　碱类有氢氧化钠、碳酸钠等;阴离子表面活性剂有烷基磺酸盐和烷-芳基硫酸盐;阳离子表面活性剂有季铵碱等;螯合剂有 EDTA(乙二胺四乙酸钠)和 NTA(三氮三乙酸)以及柠檬酸等;聚磷酸盐类有磷酸三钠和复合磷酸化合物等。

(2)单一碱洗涤剂　氢氧化钠是一种可行的单一碱类的洗涤剂。可将 1% 的低浓度溶液加热至 70～90 ℃后,用于清洗设备表面和管道。

(3)酸液洗涤剂　如无机酸,如硝酸等,可作为 CIP 清洗中的酸性洗涤剂。

2. 清洗程序

①回收管道内的产品剩余物。可借助水冲洗和置换,也可用压缩空气吹扫。

②用水冲洗除去污物。

③用洗涤剂冲洗。

④用热水、蒸汽或化学药品消毒。在后一种情况下,最后要用清水循环一次。

3. CIP 清洗的基本工艺过程

CIP 清洗系统由酸罐、碱罐、热水罐、清水罐、气动执行阀、清洗液送出分配器、各种控制阀门、清洗管路和电气控制箱等组成(图 6-25)。酸、碱、水罐配有电磁阀和铂热电阻温度变送器,测量、控制罐的液体温度。每个罐配有冷水进水电磁阀和电容式法兰液位变送器,测量、控制罐的液位。设有两条清洗回路,每路在回液管路的末端安装浓度传感器,控制酸液、碱液的回收。在罐体上安装浓度传感器,测量酸罐、碱罐中的液体浓度。酸、碱、热水罐每路配有两个(一进一出)两位三通气动阀,由计算机通过两位三通先导电磁阀控制开闭,完成该罐液体的清洗输出、回收过程。这种清洗设备具有高度的灵活性和适应性,通过编程技巧可满足不同清洗工艺的需要;能实现清洗和生产的高度自动化;并能节约操作时间,节省劳动力,保证操作安全,延长设备使用寿命。不同的产品可以采用不同的洗涤工艺,碳酸饮料可用清水—碱液—清水的洗涤工艺,也可采用清水—碱液—热水—酸液—热水—无菌水的洗涤工艺。

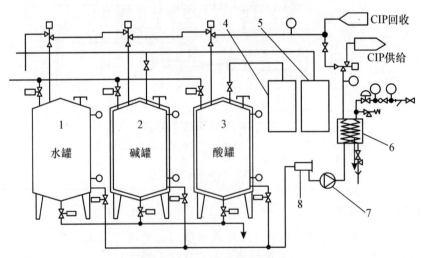

图 6-25　CIP 清洗系统示意图

1. 水罐　2. 碱罐　3. 酸罐　4. 浓酸罐　5. 浓碱罐　6. 加热器　7. CIP 泵　8. 过滤器
(引自:李勇,2006)

4. CIP 清洗效果评定标准

气味:清新、无异味。

视觉:清洗表面光亮,无积水,无膜,无垢。

微生物指标:涂抹法检查,涂抹面积为 10 cm×10 cm。理想结果为:细菌总数<100 CFU/100 cm^2;大肠菌群<1 CFU/100 cm^2;酵母菌<1 CFU/100 cm^2。

冲洗试验:细菌总数<100 CFU/100 mL;大肠菌群<1 CFU/100 mL。

6.6　碳酸饮料常见的质量问题及处理方法

碳酸饮料出现的问题较为复杂,主要质量问题有 CO_2 含量低,杀口感不明显;有固形物杂质;有沉淀物生成,包括絮状物的产生和不正常的浑浊现象;生成黏性物质;风味异常变化、出现霉味、腐臭和产生异味等;变色,包括褐变和褪色;过分起泡或不断冒泡等。与质量有关的因素也是多方面的,包括物理、化学以及微生物等方面的原因。应根据不同情况,采取必要的措施,以减少或避免质量问题的出现。

6.6.1　杂质

杂质主要指肉眼可见、有一定形状的非化学反应产物,对制品质量影响很大。杂质可分为不明显杂质、明显杂质和使人厌恶的杂质。不明显杂质包括数量极少、体积极小的灰尘、小白点、小黑点等。明显杂质包括数量较多的小体积杂质。使人厌恶的杂质是指刷毛、大片商标纸、蚊虫、苍蝇及其他昆虫等。

造成这些杂质的原因主要有瓶子或瓶盖未洗干净;水、糖及其他辅料含有杂质,而糖浆过滤时未除掉;机件碎屑或管道沉淀物;操作人员责任心不强等。

杂质问题最大的是瓶子不洁,因此必须加强洗瓶工序的管理,保证洗瓶时间、温度和洗瓶效果。水中杂质主要是过滤效果不好,或是贮水罐没有定期刷洗或罐盖不严混入杂质造成的,因此必须针对不同情况进行改进。原料中杂质主要是过滤问题,也有贮罐不洁或灌装机等不净或管道沉淀物造成的。为了避免机件碎屑混入,应严格控制混合机、灌装机易损件的磨损,同时所有水管、料管及气管都应定期进行清洗,排除沉淀物,保持清洁状态。

6.6.2　浑浊与沉淀

碳酸饮料有时会出现白色絮状物,使饮料浑浊不透明,同时在瓶底生成白色或其他沉淀物。碳酸饮料浑浊沉淀的原因是多方面的,主要是由于物理作用、化学反应和微生物活动引起的。

6.6.2.1　物理性变化引起的浑浊沉淀

物理性变化引起的浑浊沉淀一般表现为生产出的饮料一周内即出现浑浊、不透明或瓶底有一层云雾水,或有微小颗粒沉积瓶底。其原因是水过滤不彻底,未使其中的矿物杂质清除干净;瓶子未洗涤干净,附着于瓶壁的杂质被水浸泡后形成沉淀;水质不适也会出现浑浊或不透明。

6.6.2.2 化学性变化引起的浑浊沉淀

化学性变化引起的浑浊沉淀一般是饮料生产过程中原辅材料之间相互作用或与空气或和水源中的氧气或其他物质发生反应的结果。如残存在蔗糖中的蛋白质和淀粉在酸性条件下,相互凝聚成松散的结合态,形成絮凝的"晶核",随后沉淀下来;水质硬度过高,水中钙、镁离子与柠檬酸反应,生成不溶性沉淀;配料工序处理不当,如使用的苯甲酸钠和香精量过大、乳化香精过期、色素用量过大,使用劣质添加剂等都会使产品发生浑浊不透明的现象。

6.6.2.3 微生物引起的浑浊沉淀

如微生物与糖作用,使糖变质产生浑浊,与柠檬酸作用时会形成丝状或白色云状沉淀。其原因是封盖不严,使二氧化碳溢出,浸入的空气中带有细菌,从而使产品发生酸败;由于设备未清洗干净或生产中没有及时将糖浆冷却装瓶,以致感染杂菌产生酸败味。

综上所述,造成碳酸饮料浑浊沉淀的原因很复杂,必须区别对待。对于化学反应和物理原因引起的浑浊沉淀,采取的控制措施有:生产用水硬度必须合适,注意不用硬度过高的水;注意选择合格优质砂糖;选用优质香精和食用色素,严格控制使用量;严格执行配料操作程序;严格洗瓶、验瓶及水处理操作。

对于微生物造成的浑浊沉淀可采取以下措施防止:保证足够的 CO_2 含量;减少各环节的污染,从水处理、配料、容器洗涤到灌装、压盖等工序都要进行严格的卫生管理;加强原辅材料的管理;对所有容器、设备、管道、阀门定期进行消毒杀菌;加强过滤介质的消毒灭菌工作;防止空气混入等。

6.6.3 变色与变味

碳酸饮料在贮存中会出现变色、褪色等现象,特别是在受到阳光长时间照射时。其原因是饮料中的 CO_2 是人工压入的,在饮料中不稳定,当饮料受到日光照射时,其中的色素在水、CO_2、少量空气和日光中紫外线的复杂作用下发生氧化作用。另外,色素在受热或在氧化酶作用下发生分解,或饮料贮存时间太长,也会使色素分解,使色素失去着色能力,在酸性条件下形成色素酸沉淀,饮料原有的色泽也会逐渐消失。因此,碳酸饮料应尽量避光保存,避免过度曝光;贮存时间不能过长;贮存温度不能过高;每批存放的数量不能过多,以防止变色现象的发生。

碳酸饮料的组成成分很适合微生物生长繁殖,在生产过程中稍有不慎污染微生物,就会引起碳酸饮料的变味。如污染了产酸酵母,会有一种不愉快的乙醛味和酸味;如污染了醋酸菌,则会产生强烈的醋酸味;果汁类充气饮料污染了肠膜明串珠菌和乳酸杆菌会使饮料产生不良气味。另外,生产过程的操作不当也会导致饮料产生异味,如配料时容器设备没有洗净会产生酸败味或双乙酰味;柠檬酸用量过多造成涩味;糖精钠用量过多造成苦味;香精质量差、使用量不当形成异味;回收瓶洗涤不净而带入各种杂味等。要解决这些问题,必须严格要求水处理、配料、洗瓶、灌装、压盖等工序,严格按规程操作,并全面搞好卫生管理。

6.6.4 气不足或爆瓶

碳酸饮料中充入 CO_2 气,可减少氧的侵入,抑制需氧微生物的生长和繁殖。因此,饮料中 CO_2 含量不足,在保质期内容易变质,同时还会影响饮料的风味。CO_2 含量不足的原因主要有:CO_2 气不纯;碳酸化时液体温度过高;混合机压力不够;生产过程中有空气混入或脱气不彻底;灌装时排气不完全;封盖不及时或不严密,或瓶与盖不配套。

提高饮料碳酸化水平的方法和措施有:降低水温;排净水中和 CO_2 容器中的空气;提高 CO_2 的纯度;选用优良的混合设备(设有冷却装置及排空气装置);保持 CO_2 供气过程中的压力稳定平衡;进入混合机中的水与 CO_2 的比例适当;根据封盖前汽水温度和含气量要求,调整混合机的混合压力,保证含气量;经常检查管路、阀门,随坏随修,保证密封好用,严格执行操作规程。

爆瓶是由于 CO_2 含量太高,压力太大,在贮藏温度高时气体体积膨胀超过瓶子的耐压程度,或是由于瓶子质量太差而造成的。因此应控制成品中合适的 CO_2 含量,并保证瓶子的质量。

6.6.5 产生胶体变质

碳酸饮料生产出来后,有时放置几天就有乳白色胶体物质形成,往外倒时呈糊糊状。胶体变质的主要原因:砂糖的质量太差,含有较多的胶体物质和蛋白质;CO_2 含量不足或混入空气太多,使微生物生长繁殖;瓶子没有彻底消毒,瓶内残留的细菌利用饮料中的营养物质生成胶体物。防止的途径有:加强设备、原料、操作等环节的卫生管理;充足 CO_2 气体,降低成品的 pH;选用优质的原辅生产材料。

思考题

1. 简述碳酸饮料的分类及特点。
2. 用箭头简示一次灌装法、二次灌装法的工艺流程,并对比其优缺点。
3. 简述原糖浆的制备方法。
4. 简述调和糖浆的配制方法,并说明投料顺序应遵循的原则及一般投料顺序。
5. 阐述碳酸化的基本原理和影响因素,并说明碳酸化的常用方式。
6. 简要说明压差式、等压式和负压式灌装的基本原理。
7. 简述碳酸饮料生产中常见的质量问题及产生原因。

推荐学生参考书

[1] 崔波. 饮料工艺学. 北京:科学出版社,2014.
[2] 侯建平. 饮料生产技术. 北京:科学出版社,2004.
[3] 侯建平. 饮料生产技术. 北京:科学出版社,2008.
[4] 蒋和体,吴永娴. 软饮料工艺学. 北京:中国农业科学技术出版社,2008.
[5] 李勇. 现代软饮料生产技术. 北京:化学工业出版社,2006.
[6] 蒲彪,胡小松. 饮料工艺学.2 版. 北京:中国农业大学出版社,2009.
[7] 阮美娟,徐怀德. 饮料工艺学. 北京:中国轻工业出版社,2013.
[8] 夏晓明,彭振山. 饮料. 北京:化学工业出版社,2001.
[9] 杨桂馥,罗瑜. 现代饮料生产技术. 天津:天津科学技术出版社,1998.
[10] 杨桂馥. 软饮料工业手册. 北京:中国轻工业出版社,2002.
[11] 朱珠. 软饮料加工技术. 北京:化学工业出版社,2011.

■ 参考文献

[1] 艾志录,张欣. 软饮料工艺学. 北京:中国农业出版社,1996.

[2] 北京世经未来投资咨询有限公司. 2007年软饮料行业风险分析报告.

[3] 陈文浩. 智能型就地清洗设备. 包装与食品机械,1996,14(3):14-17.

[4] 陈中,芮汉明. 软饮料生产工艺学. 广州:华南理工大学出版社,1998.

[5] 崔波. 饮料工艺学. 北京:科学出版社,2014.

[6] 代卫东. 碳酸饮料的生产设备研究. 技术与市场,2015,22(8):206.

[7] 高海生,崔蕊静,蔺毅峰. 软饮料工艺学. 北京:中国农业科学技术出版社,2000.

[8] 贺卫华. 碳酸饮料的絮凝沉淀. 食品工业,2001(5):35-36.

[9] 侯建平. 饮料生产技术. 北京:科学出版社,2004.

[10] 侯建平. 饮料生产技术. 北京:科学出版社,2008.

[11] 扈静晗. 玻璃瓶装碳酸饮料HACCP体系的建立. 管理科学,2007,10(2):39-45.

[12] 黄林沐. 汽水生产中灌装起泡原因的探讨. 软饮料工业,1992(2):31-32.

[13] 姜小清. 碳酸饮料配比混合灌装机的研究. 包装与机械,2005,26(5):126-127.

[14] 蒋和体,吴永娴. 软饮料工艺学. 北京:中国农业科学技术出版社,2006.

[15] 兰州石油机械研究所. 换热器. 2版. 北京:中国石化出版社,2013.

[16] 李勇. 现代软饮料生产技术. 北京:化学工业出版社,2006.

[17] 蒲彪,胡小松. 饮料工艺学. 2版. 北京:中国农业大学出版社,2009.

[18] 阮美娟,徐怀德. 饮料工艺学. 北京:中国轻工业出版社,2013.

[19] 芮汉明. 碳酸饮料变质的原因及预防措施. 软饮料工业,1990(3):8-12.

[20] 邵长富,赵晋府. 软饮料工艺学. 北京:中国轻工业出版社,1987.

[21] 田呈瑞,张富新. 软饮料工艺学. 西安:陕西科学技术出版社,1995.

[22] 夏晓明,彭振山. 饮料. 北京:化学工业出版社,2001.

[23] 许学勤. 食品工厂机械与设备. 北京:中国轻工业出版社,2008.

[24] 杨桂馥,罗瑜. 现代饮料生产技术. 天津:天津科学技术出版社,1998.

[25] 杨桂馥. 软饮料工业手册. 北京:中国轻工业出版社,2002.

[26] 姚智宇,潘文彪,时献江. 乳品厂原地清洗设备工控机监控系统. 中国乳品工业,1998,26(6):33-35.

[27] 张瑞菊,王林山. 软饮料工艺学. 北京:中国轻工业出版社,2007.

[28] 中华人民共和国国家质量监督检验检疫总局,中国国家标准化管理委员会. 中华人民共和国国家标准 碳酸饮料(汽水):GB/T 10792—2008. 北京:中国标准出版社,2008.

[29] 朱珠. 软饮料加工技术. 北京:化学工业出版社,2011.

第 7 章

特殊用途饮料

本章学习目的与要求

1. 了解体育运动与营养素的关系。
2. 熟悉运动饮料的特点和开发程序。
3. 了解婴幼儿营养素的代谢特点及需求量。
4. 熟悉婴幼儿饮料的设计原则及对包装的要求。

主题词：运动饮料　营养素　代谢特点　能量饮料　电解质饮料

我国饮料工业的重点任务是积极发展具有资源优势的饮料产品,鼓励发展低热量饮料、健康营养饮料、冷藏果汁饮料、活菌型含乳饮料;规范发展特殊用途饮料和桶装饮用水,支持矿泉水企业生产规模化;大力发展茶饮料、果汁及果汁饮料、咖啡饮料、蔬菜汁饮料、植物蛋白饮料和谷物饮料。目前,我国特殊用途饮料正处于一个加速发展期,上市品种不断增加,品类进一步丰富,消费者认可度稳步提升,销售量增长迅速,行业呈现出良好的发展势头。

根据 GB/T 10789—2015《饮料通则》的分类标准,特殊用途饮料(beverage for special uses)是指加入具有特定成分的适应所有或某些人群需要的液体饮料。由于人们对营养、健康、保健意识的增强,对此需求的人群也随之扩大,而且在今后选择饮用营养、健康、保健等功能的饮料的人群也将不断增长,因此特殊用途饮料市场发展前景是令人期待的。特殊用途饮料应具备一定的科学基础。这个科学基础可以包括 3 个方面:①特殊用途饮料所含有的功能性物质具有足够的科学研究结果来证明其特有的功效;②特殊用途饮料配方的功效具有可信的科学依据;③特殊用途饮料应拥有科研结果证明其所针对的目标人群是合适的。要使一个特殊用途饮料建立在一个可信的科学基础之上,功能性物质的基础研究和特殊用途饮料的功能测试是必不可少的。这对开发特殊用途饮料的企业而言,无疑是提出了一个更高的要求;对广大消费者而言,则是一个消费权益的保护;而对特殊用途饮料本身而言,是其名副其实的保证。

据统计,2020 年全球功能性食品和饮料市场销售额已经达到 1 494 亿美元。美国、日本、加拿大、澳大利亚、法国、德国、英国等是功能饮料消费的主要市场。我国功能饮料的消费起步较晚,但消费速度增长较快,中国功能饮料市场在 2007—2017 年间快速崛起,复合增速高达20%,在 2017 年达到近 600 亿的市场规模,成为饮料(包括瓶装水、果汁、碳酸饮料、茶饮料、功能饮料、其他)中增长速度最快的子品类,预测我国功能饮料将保持年均 8% 的速度稳步增长,未来市场规模将达到千亿级,其发展势头良好。在这个背景下,特殊用途饮料市场潜力巨大。根据 GB/T 10789—2015《饮料通则》说明,可将特殊用途饮料分为运动饮料、营养素饮料、能量饮料、电解质饮料 4 类。

7.1 运动饮料

GB/T 10789—2015 中运动饮料(sports beverage)是指营养成分及其含量能适应运动或体力活动人群的生理特点,能为机体补充水分、电解质和能量,可被迅速吸收的制品。最初没有运动饮料,只有盐汽水,是作为高温作业人员补充流汗时失去的盐分而制备的饮料。运动饮料出现于 20 世纪 60 年代。美国佛罗里达大学肾脏电解质研究所所长 Cade 博士从 1965 年开始,在研究人体运动生理理论的基础上,经过长期试验,发现将矿物质也即电解质(钠盐或钾盐)和糖类按一定比例与水混合,制成具有与人体体液差不多相同渗透压的所谓等张饮料或等渗饮料(isotonic drink),可以加速人体对水分的吸收。试验表明,这种饮料既解渴又可减少疲劳感,保持运动机能。这种新型饮料被命名为加特饮料(Gatorade,即现在的"佳得乐"),作为以"鳄鱼"(Crocodile)命名的美国佛罗里达大学足球队的专用饮料,并于 1969 年率先进入市场,成为世界上最早的电解质运动饮料。从此,绰号"鳄鱼"的 Gatorade 运动饮料闻名世界,占当时美国运动饮料的 90% 以上。同一时期,Dr. Martin Broussard 也研制出了名为 Benga! Punch 的专供美国大学运动队员饮用的等渗电解质运动饮料。1969 年在欧洲市场出现了挪威生产的 XL-1 运动饮料。从此,电解质运动饮料迅速发展起来,1995 年北美该类饮料的产值达 15 亿美元。为了使这一新型饮料美味可口,后来在饮料配方的基础上又加入维生素、柠檬酸、蜂蜜、果汁等,制成不同风味的运动饮料。

我国运动饮料的发展从 20 世纪 80 年代的"健力宝"电解质饮料开始,到 20 世纪 90 年代引入"红牛"维生素功能饮料,发展速度较为缓慢。但近些年,尤其随着人们对健康生活理念的认识及追求日益加深,自 2016 年发布《"健康中国 2030"规划纲要》以来,我国又相继发布《国民营养计划(2017—2030 年)》及《全民健身指南》等。有数据显示,2030 年,我国经常参加体育锻炼人数将达 5.3 亿人,体育运动正由专业竞技体育向全民健身、大众体育转变。由此我国运动饮料的发展得到迅猛发展,各种品牌及饮料品种如雨后春笋般出现,如乐百氏的"脉动"、农夫山泉的"尖叫"、达利的"乐虎"、娃哈哈的"启力"等。市场研究机构英敏特的一份报告显示,在 2015 年全球运动饮料的销售量较上一年增加了 10%,达到 88 亿 L;而运动饮料的消费则达到 146 亿 L,同比增加了 6.7%。由此可见,运动饮料的市场广阔,已在众多饮料品种中崭露头角,成为人们日常消费的宠儿。

7.1.1 运动员的营养

运动员的合理营养首先应安排适合锻炼需要的平衡膳食,其次是在饮料中补充一些易损失的营养素。运动员的营养物质主要有糖类、蛋白质、脂肪、无机盐、维生素等。当然,水也是运动员必需的物质之一。国外生产的许多运动员饮料还添加某些"生力物质",如胶原、麦芽油、天冬氨酸、蛋白质等。我国也有一些饮料企业试用人参、田七、灵芝、五味子、麦冬等中草药配制运动员饮料。

7.1.1.1 运动与碳水化合物

合理营养的食物中,热能平稳对健康有重要的影响。热能是体力活动的基础,热量摄入不足可引起严重的营养不良和体力下降;而热量摄入过多同样会影响体力甚至导致肥胖、心血管疾病及糖尿病。热能的摄入量应与消耗适应,成年人热能支出和摄入平衡时,体重保持恒定;儿童、青少年的热能摄入量应大于消耗量,以满足生长和发育的需要。而运动员热能消耗量的大小则取决于运动的强度和持续时间。运动员在训练或比赛进程中,能量消耗很大,日消耗量分别为:短跑运动员 12 546~16 736 kJ;足球运动员 12 546~20 920 kJ;篮球、排球、游泳项目 14 644~18 409 kJ;自行车运动员 25 104~29 288 kJ。人体内碳水化合物贮备是影响耐力的重要因素。长时间剧烈运动时,肌糖原和肝糖原都可能被消耗而出现低血糖情况,此时会发生眩晕、头昏、眼前发黑、恶心等症状。由于体内糖类贮备量限度为 400 g(相当于 6 694 kJ),应尽量使消耗不要达到这个限度。糖类是能量代谢中直接可以利用的"零钱",而脂肪却相当于在银行中的存款,只有在必要时才从库中取出,因此,大量活动之前或活动之中供给适当的糖类是有益的,可以预防低血糖的发生并提高耐力。

添加到运动员饮料中的糖类物质一般为葡萄糖、蔗糖等。但葡萄糖极易被人体吸收,会引起反应性低血糖,不宜添加过量。在运动前或运动中若大量摄入糖类物质时,虽然可以增加血糖水平,但因短时间内大量的糖进入体内,会刺激胰岛素的分泌,反而会引起暂时性低血糖反应。同时,高浓度的糖液还刺激咽部黏膜,大量的糖在胃内产生很大的渗透压,胃大量吸水,血糖黏滞度增加,血压降低,不利于胃的排空,不适者还会发生恶心和胃痛的现象。选用低聚糖较适合(可由淀粉部分降解而得),一般选用由 7~8 个葡萄糖组成的低聚糖。这种糖渗透性小,人体吸收利用速率适中,比较适合于作为运动员赛前和途中饮用。

7.1.1.2 运动与蛋白质

体育运动是否增加蛋白质的需要量,意见尚不一致。运动员在加大运动量期、生长发育和减轻体重时期出现大量出汗、热能及其他营养水平下降等的情况时,应增加蛋白质的补充量。蛋白质营养不仅要考虑数量,还要注意质量。

为了增加肌糖原含量,提高耐力,增加体内碱的贮备,运动员的食物多采用高糖、低脂肪、低蛋白的食品。为了满足运动员身体生长发育以及体力恢复的需要,通过饮料补充一定量的必需氨基酸是有必要的。人体对氨基酸的吸收,不会影响胃的排空,补充的氨基酸的量少,也不会引起体液 pH 的改变,而且由于氨基酸属两性电解质而能增加血液的缓冲性。

7.1.1.3 运动与脂肪

适量的、低强度的需氧运动对脂肪代谢有良好的作用,可使脂肪利用率提高,脂蛋白酶活性增加,脂肪贮存量减少。高脂肪的饮食可使活动量小的人血脂升高,但运动量大的人,其饮食中脂肪量稍多一些是无害的,脂肪食物的发热量为总热量的 $25\%\sim35\%$。

7.1.1.4 运动和水

人体的 1/3 由水组成,各种代谢过程的正常功能也取决于水的"内环境"的完整性。水损耗达体重 5% 时为中等程度的脱水,这时体温升高,心跳加速,注意力下降,活动能力减少 $20\%\sim$ 30%;脱水达 7% 时即为严重脱水,可能导致意识模糊,昏迷甚至死亡(表 7-1)。

表 7-1　不同程度水分损失对人体的影响

水分损失/%	运动员的"症状"
1	感觉到口渴
2	口渴加重,失去食欲,感受不适,运动能力下降显著
3~5	体温升高,心脏输出量降低,心跳加速,注意力下降,活动能力减少 20%~30%
6	呼吸急促,神经末梢有麻刺感
≥7	可能意识模糊,昏迷甚至死亡

引自:梁世杰,2003。

在热环境下运动时,代谢产热和环境热的联合作用,使体热大大增加。为了防止机体过热,人体依靠大量排汗散热的调节来维持体温的稳定。运动中的排汗率和排汗量与很多因素有关,运动强度、密度和持续时间是主要因素。运动强度越大,排汗率越高。此外,如气温、湿度、运动员的训练水平和对热适应性等情况都会影响排汗量。有关资料介绍,在气温 27～ 31 ℃条件下,4 h 长跑训练的出汗量可达 4.5 L,在气温 37.7 ℃、相对湿度 80% 以上,70 min 的足球运动出汗量可达 6.4 L,即汗丢失量达到体重的 $6\%\sim10\%$,当丢失量为体重的 5% 时,运动员的吸氧能力和肌肉工作能力可下降 $10\%\sim30\%$。所以运动员在赛前和赛中均应合理地补充一定量的水分。汗液中除含有 99% 以上的水以外,还含有其他的无机盐,如果补充特制的运动饮料,就更为理想。

科学的补水方法如下。

(1)训练和比赛前为了在体内暂时贮存一些水分,减轻运动时的缺水程度,可在训练或比赛前 20～30 min 时饮水 400～600 mL,以增加体内的临时储备。

（2）训练和比赛中的补水，应遵循少量多次的原则，每隔 10～15 min 饮水 150～200 mL，可利用训练和比赛的间歇和每节结束后的时间。这样既可以及时保持体内的水平衡，又不会突然增加心脏和胃的负担，让心脏和胃有一定的适应时间。一次大量的饮水对身体不好，一方面，大量的水分骤然进入体内，可使血液稀释和血量增加，这会增加心脏的负担；此外，大量的水进入胃中，由于不能及时被机体吸收（人体吸收水的速度是每小时 800 mL），就会造成水在胃中停留，大量饮水后继续运动，水在胃中晃动使人不舒服，并可引起呕吐。另一方面，人体内的水分和盐分是有一定比例的，盐分因排汗而流失，如果喝进大量的水，体液的浓度就会显著下降。为了保持原有的体液浓度，身体就得排除多余的水分，于是汗水就流得更多，越是出汗，体内的盐分与水分就越流失，人便觉得越口渴了，于是便出现"越渴越喝，越喝越渴"的恶性循环现象。

（3）训练和比赛后的补水也不应一次大量，特别是在进餐前不要饮水过多，否则将稀释胃液，影响消化能力。除了补水和矿物质外，在大强度的训练和比赛后，应即刻服用 100～150 mg 葡萄糖，这对恢复血糖水平和减少血乳酸含量有良好作用。

（4）训练、比赛期间和运动后，运动员不宜喝冷饮。运动补水的温度，以 8～14 ℃为宜，这种温度的饮料通过胃的时间较快。

7.1.1.5　运动和无机盐

无机盐是构成机体组织和维持正常生理功能所必需的物质。人体由于激烈运动或高温作业而大量排汗时，会破坏机体内环境的平衡，而造成细胞内正常渗透压的严重偏离及中枢神经的不可逆变化。如体内的水消耗到体重的 5% 时，活动就会受到明显限制。由于大量出汗，失去了大量的无机盐，致使体内电解质失去平衡，此时如果单纯地补充水分，不但达不到补水的目的，而且会越喝越渴，甚至会发生头晕、昏迷、体温上升、肌肉痉挛等所谓"水中毒"症状。

在运动中因出汗，无机盐随同汗液排出，引起体液（包括血液、细胞间液、细胞内液）组成发生变化，人的血液 pH 介于 7.35～7.45，呈弱碱性，正常状态下变动范围很小。当体液 pH 稍有变动时，人的生理活动也会发生变化。人体体液酸碱度之所以能维持相当恒定，是由于有一定具有缓冲作用的物质，因而可以增强耐缺氧活动能力。如果体内碱性物质贮备不足，比赛时乳酸大量生成，体内酸性代谢产物不能及时得到调节，这时运动员就容易疲劳。所以在赛前应尽量选择一些碱性食品，在运动过程中补充水的同时补充因出汗所损失的无机盐，以保持体内电解质的平衡，这是运动饮料的基本功能。钠、钾能保持体液平衡、防止肌肉疲劳、脉率过高、呼吸浅频及出现低血压状态等作用；钙、磷为人体重要无机盐，对维持血液中细胞活力、神经刺激的感受性、肌肉收缩作用和血液的凝固等有重要作用；镁是一种重要的碱性电解质，能中和运动中产生的酸。

7.1.1.6　运动和维生素

维生素是人体所必需的有机化合物。维生素 B_1 参与糖代谢，如果多摄入与运动量成正比的糖质，则维生素 B_1 的消耗量就会增加。此外，它还与肌肉活动、神经系统活动有关。如果每日服用 10～20 mg 维生素 B_1，可缩短反应时间，加速糖代谢速度。

维生素 B_2 与维生素 B_1 一样，也参与糖代谢。运动员缺乏维生素 B_2，会引起肌肉无力，容易疲劳，耐久力下降等现象。有人还发现服用维生素 B_2 后，可提高跑步速度和缩短恢复时间，减少血液中二氧化碳、乳酸和焦性葡萄糖的蓄积。运动员每日对维生素 B_2 的需要量为 2～3 mg。

维生素 C 与运动有关,机体活动时,维生素 C 的消耗增加,其需要量与运动强度成正比。运动员平均每天需要量为 130～140 mg,比赛期每天为 150～200 mg。据研究报道,运动员在比赛前服用 200 mg 维生素 C 可提高比赛成绩,服用 30～40 min 后比赛效果最显著。

如果在饮食中经常有充足的水果、蔬菜,维生素的营养状况必然良好,就不需要再补充了。在重大比赛前,可以考虑在集中训练初期和比赛前数日内,使体内维生素保持饱和状态是适宜的。

7.1.1.7　其他抗疲劳物质

天冬氨酸盐(钾盐或镁盐)可补充非必需氨基酸,有预防疲劳和促进恢复体力的作用,其有效率达 80％以上。另外一些碱性盐类对于保持体内电解质平衡和维持肌肉收缩有关酶的正常功能的发挥有密切关系。研究结果表明,摄入磷酸氢钠等碱性盐类,有明显提高运动能力的作用。

7.1.2　运动饮料的开发程序

目前对运动饮料研究比较集中的课题是能量的供应、渗透压的选择、营养素的配比和生理生化效应等。一般运动饮料均具有以下特点:①在规定浓度时,运动饮料与人体体液的渗透压相同(人体血液或体液的渗透压为 280～330 mmol/L),这样人体吸收运动饮料的速度为吸收水时的 8～10 倍,因此饮用运动饮料不会引起腹胀,可使运动员放心参加运动和比赛。②运动饮料能迅速补充运动员在运动中失去的水分,既解渴又能抑制体温上升,保持良好的运动机能。③运动饮料一般使用葡萄糖和砂糖,可为人体迅速补充部分能量;此外,饮料中一般还加有促进糖代谢的维生素 B_1 和维生素 B_2 和有助于消除疲劳的维生素 C。④运动饮料一般不使用合成甜味剂和合成色素,具有天然风味,运动中和运动后均可饮用。

研制运动饮料和一般销售的饮料不同,它不但要求色、香、味好,还要使运动员在比赛中保持最佳竞技状态,减低疲劳程度。因此设计的产品是否合理,能否满足运动员的特殊需要,还需要进行一系列生理生化指标的测定,方能给以评价。

开发这类产品的大致程序为:确定使用对象和使用时期;初步设计配方;以运动模型作配方的初步测试、筛选;将初步筛选出的配方进行调整,再进行动物模型测试,初步确定配方;运动饮料试验(包括测定必要的生理生化指标);确定配方,制订原材料标准、生产工艺、成品质量标准、包装规格,试生产;正式投产。

目前,运动饮料的开发正向两个方向发展:专业运动员饮料和运动休闲饮料。其中,专业运动员饮料需要满足专业运动员的基本营养需求,而且有助于其竞技能力的提高,以强化电解质、添加"生力物质"(如 L-肉毒碱、牛磺酸、酪蛋白等)、在不违禁的前提下增加中草药成分成为主流。而运动休闲饮料,则以休闲和健康定位,适当调低强化的电解质,强化消费者熟悉的多种维生素和膳食纤维,其配方中的风味、口感设计与补充营养素设计同样重要。营养素补充的科学依据是产品本身对消费者所给予信任的根本,而风味设计是产品吸引消费者的手段。

理想的运动饮料,首先在风味上应易于让人接受。市场调查表明,天然水果风味最受欢迎,特别是橙、柠檬、葡萄等风味。添加的无机盐和维生素使饮料呈不良风味。无机盐由于其有收敛性苦味、咸味,是最难掩盖的物质,其次就属维生素。优质的果蔬汁基料具有天然的令人愉快的风味,刺激人的食欲,能很好地掩蔽这些不良味道;还是营养丰富的天然碱性物质,能满足人们在运动中的营养要求。

7.2　营养素饮料

营养素饮料指添加适量的食品营养强化剂,以补充机体营养需求的制品,如营养补充液、婴幼儿配方食品。本节以婴幼儿配方食品为例介绍营养素饮料。

7.2.1　婴幼儿营养素的代谢特点及需求量

7.2.1.1　婴幼儿营养素的代谢特点

婴儿是指出生后不超过 12 个月的小儿,幼儿是指 12 个月以上 3 岁以下的小儿,婴幼儿时期是指 0~3 周岁的年龄阶段。这一阶段是人的一生中发育最快、变化最大的阶段,也是智力发育的关键时期,这一时期的饮食摄取对于婴幼儿的身心成长极为重要。婴幼儿时期生长发育迅速,主要表现在:体重增加迅速;脑神经细胞快速增殖,小脑和自主神经系统也迅速发育;婴幼儿的骨骼骨化没有完成,骨盆、骨脊没有定型,胸骨未接合,可塑性很强;牙齿未出齐,消化系统、呼吸系统、泌尿系统、循环系统和肌肉系统均比较嫩弱,对感染的抵抗力较差。

由于婴幼儿生长发育迅速,代谢旺盛,因而所需要的营养素比成人高,婴幼儿单位体重所需要的热能、蛋白质及各种维生素、矿物质的数量比成年人多出 2~3 倍。由于牙齿尚未长成,只能靠食用流质及半流质食品获取营养。这一阶段的婴儿胃肠道尚未发育成熟,胃容量很小,仅 30~50 mL,对母乳以外的食物不易耐受,常易发生腹泻而导致营养素损失,以后随着婴幼儿的生长发育,胃容量逐渐加大到 300~500 mL,随之对各种食物的适应性提高,消化功能也逐渐加强。

7.2.1.2　婴幼儿营养素的需求量

婴幼儿越小,对营养的需要量相对越高;同时婴幼儿体内营养素的储备量相对小,消化系统适应能力也差。婴幼儿时期,要注意增加热能和各种营养素的供给,特别是蛋白质、脂肪、钙和维生素 D,以满足婴幼儿快速生长发育的需要。

1. 热量

婴幼儿摄入的热量主要满足基础代谢的需要、生长发育的需要、活动的需要和食物特殊动力作用的需要等 4 个方面。

(1)基础代谢的需要　由于婴幼儿生长发育快,基础代谢率比成人高。在 1 岁以内,每千克体重每天需要热量 229.9 kJ,是成人的 2.3 倍,2~3 岁仍是成人的 2.0~1.8 倍。

(2)生长发育的需要　婴幼儿身体各器官组织的生长发育需要大量的热量,初生数月时最高,每千克体重每日需求达 167.2~209 kJ,1 周岁时为 62.7~83.6 kJ,以后逐渐减少。

(3)活动的需要　婴幼儿因活动所消耗的热量个体差异较大,好动爱哭的小儿比安静好睡的要高出 3~4 倍。初生儿需要量较少,以后随着肌肉日渐发达,活动量增多,所需热量也逐渐增加。1 周岁以内每日每千克体重需热量 62.7~83.6 kJ。

(4)食物特殊动力作用的需要　人在进食之后的一段时间内,食物刺激机体产生额外热量消耗的作用,称为食物的特殊动力作用。婴幼儿用于特殊动力作用的热量占总热量的 5%~8%,婴幼儿消化功能较弱,食物未经吸收排出体外的大约要损失 10%的热量。

2. 蛋白质

蛋白质对于婴幼儿的生长发育极为重要,它一方面用于补充氮的损失;另一方面用于满足新生组织的需要,所以这一时期处于正氮平衡状态。对蛋白质的需要量不仅与年龄和体重有关,而且和提供蛋白质的食物密切相关。母乳提供的蛋白质的生物价较高,故人工喂养的婴幼儿的蛋白质需求量要高于母乳喂养者。婴幼儿需要的必需氨基酸为9种,比成年人多1种(组氨酸)。婴幼儿蛋白质缺乏会引起发育迟缓、消瘦、水肿和贫血,但蛋白质过多会加重肾脏排泄的负担,可能出现腹泻、酸中毒、高渗性脱水、发热、血清尿素和氨升高等,也容易出现大便干燥。

3. 脂肪

脂肪的主要功能是提供热量和脂溶性维生素,防止体热散失,保护脏器不受损伤,同时提供神经发育及髓鞘形成过程中的不饱和脂肪酸。婴幼儿需要各种脂肪酸和脂类,初生时脂肪占总热量的45%,随月龄的增加,逐渐减少到占总热量的30%～40%,必需脂肪酸提供的热量不应低于总热量的1%～3%。母乳所含的脂肪和不饱和脂肪酸多于牛乳,对婴幼儿的生长发育更有帮助。脂肪长期摄入量不足,会导致体重不增加,缺乏脂溶性维生素,易患佝偻病和干眼病等。

4. 碳水化合物

婴幼儿每日每千克体重所需的碳水化合物比成年人高,碳水化合物所提供的热量约占总热量的50%。新生婴儿除淀粉外,对其他糖类(乳糖、葡萄糖、蔗糖)都能消化,由于乳糖酶的活性比成人高,所以对奶中所含的乳糖能很好地消化吸收。若碳水化合物供给不足,会出现低血糖,同时增加机体中蛋白质的消耗,导致营养不良;若供给过多,也对生长发育不利,如肥胖、肌肉松弛,抵抗力差,易感染疾病,还会由于肠内发酵作用过强,刺激肠蠕动增强,引起腹泻。

5. 无机盐

婴幼儿时期需要多种无机盐,最重要的是钙、磷、铁、铜、钠、钾、氯、锌、碘和镁,摄入量比较难以满足需要的是钙和铁。由于婴幼儿骨骼和牙齿正迅速发育,故需要大量的钙,而且要求合理的钙磷比例。如果长期缺钙,就会发生佝偻病。补充较多的维生素D或经常晒太阳,均可以促进钙的吸收。而婴幼儿的血液不断形成,对铁的需求量很大。母乳比牛奶的含铁量多,而且吸收率也比较高。缺铁会引起婴幼儿缺铁性贫血,也是婴儿最常见的营养缺乏症。此外,锌、碘、镁、铜等微量元素对儿童生长发育也很重要,例如缺锌会导致生长停滞、智力发育受阻。但在正常情况下,特别是母乳喂养者,这些微量元素是不会缺乏的。

6. 维生素

婴幼儿时期对维生素D、维生素A的需要量比较大,缺乏维生素A易患干眼病;缺维生素D则会影响钙的吸收,引起佝偻病,手足抽搐。对于母乳喂养者,除维生素D供给量低外,正常母乳含有婴儿所需的各种维生素。我国建议1岁以内婴儿每天摄入维生素A 200 μg,维生素D 10 μg,可服用鱼肝油丸补充维生素A和维生素D的不足。婴幼儿若长期缺乏维生素B_1和维生素B_2,会影响其生长发育。婴幼儿膳食中动物性食品较少,因此容易缺乏B_2。维生素B_1、维生素B_2和烟酸的量是随热量供给量变化而变化的,每摄取4 200 kJ的热量,可供给维生素B_1和维生素B_2 0.5 mg,供给烟酸5 mg。母乳喂养的婴儿,一般不缺乏维生素C,若用牛乳喂养,因牛乳中维生素 C 含量低,经煮沸后则含量更少,就必须补充蔬菜汁之类富含维生素 C 的辅助食品。维生素 B_5、维生素 B_6、维生素 B_{12}、叶酸等也与婴幼儿的健康有关,但一般不会缺乏。

7. 水

正常婴幼儿对水的每日绝对需要量为每千克体重 75~100 mL。由于婴幼儿代谢率较高,从肾、肺和皮肤失水较多,与儿童和成人相比,婴幼儿易发生脱水,失水的后果也比成人严重。我国建议婴幼儿水摄入量为每日每千克体重 150 mL。

正确的婴幼儿营养,要提供给婴幼儿营养素恰到好处,不多也不少,保持摄入营养素的平衡。膳食内摄入的蛋白质和电解质,对肾负荷、水平衡有重要作用。膳食内蛋白质不足,可致营养不良和营养不良性水肿,但过多可导致高氮血症。钠、钾、氯都是维持水盐平衡的要素,但过多可造成高钠血症。因此,营养素需要量的确定,可保持婴幼儿的健康和预防婴幼儿疾病。中国营养学会制定的我国居民膳食营养素供给量中规定的婴幼儿部分营养素需要量见表 7-2。

表 7-2 中国婴幼儿每日部分营养素需要量*

年龄/岁	热能	蛋白质/g	脂肪占总热能/%	维生素 A/μg	B₁/mg	B₂/mg	C/mg	D/μg	烟酸/mg	盐类、微量元素 钙/mg	锌/mg	铁/mg	碘/μg
0~0.5	0.38 MJ/kg	9	48	300	0.1	0.4	40	10	2	200	2.0	0.3	85
0.5~1	0.33 MJ/kg	20	40	350	0.3	0.5	40	10	3	250	3.5	10	115
1~3	3.77~5.23 MJ	25~30	35	310	0.6	0.6	40	10	6	600	4.0	9	90

* 该表以中国营养学会制定的中国居民膳食营养素参考摄入量为参考,依照其中推荐营养素摄入量(RNI)为标准。

7.2.2 婴幼儿饮料的设计原则及对包装的要求

7.2.2.1 婴幼儿饮料的设计原则

从营养学的观点来看,婴幼儿喂养的目的不仅要考虑发育的营养要求,还要注意避免营养的不平衡,预防感染和减少发育不良。母乳是适合婴儿生长发育的最完美的食物。因此 WHO 提倡婴儿出生后母乳哺育至少 6 个月,以保证婴儿生长发育、提高免疫力和预防传染疾病。但是,有的母亲因为文化、经济条件和健康等原因选择人工哺乳;而且,母乳喂养的婴儿在出生 4 个月后,由于母乳分泌的质和量都日渐不能满足需要,也要辅以人工喂养。因此,使得婴幼儿配方饮品及辅助性饮品等婴儿配方食品产业逐渐发展起来。

婴幼儿配方饮品及辅助性饮品的设计以满足婴幼儿不同发育阶段的生理和营养需要为前提。WHO/FAO、CAC 在制定婴幼儿配方食品标准时认为,工业生产的婴儿配方奶食品虽还不能达到复制母乳的程度,但和传统的普通牛奶、普通羊奶及各种稀粥等比较,是唯一能提供全面营养要求的母乳替代品。作为全部替代母乳的婴儿配方奶,必须满足头 6 个月的婴儿全部的能量和营养要求。经过 6 个月的母乳哺育后,WHO 推荐婴儿继续母乳哺育至 2 岁或更长一些。有的母亲不能或不愿意继续母乳哺育的,可继续选用婴儿配方奶食品,并开始增加各种补充食品。

0~4 个月婴儿的食品基本为液态,随着月龄的增大,婴幼儿可逐渐进食固态食品,但是液体食品仍是他们的主要食品,因此,婴幼儿饮料是婴幼儿食品的主要构成部分。

婴幼儿饮料设计的总的原则是:从弥补母乳喂养的不足出发,结合婴幼儿特定发育阶段的生理需要和消化能力,改善婴幼儿的膳食营养结构,保证膳食营养平衡,及时补充婴幼儿所需的蛋白质、维生素以及各种微量元素,保证满足婴幼儿生长所需要的各种营养物质,促进婴幼儿智力和身体发育。预防我国婴幼儿由于缺乏蛋白质、维生素 A、维生素 D、钙、铁、锌等营养素而导致的缺铁性贫血、佝偻病、体格偏瘦等营养缺乏症,逐渐提高中国人口的身体素质。

目前婴幼儿饮品主要包括婴儿配方食品、离乳饮品及婴幼儿辅助饮品。各类婴幼儿食品都具有一定的设计要求。自 2008 年三聚氰胺事件后,国家加强了对婴幼儿奶粉的监管力度,2015 年新实施的《食品安全法》包括取消委托、贴牌禁令,继续禁止分装方式生产婴幼儿配方奶粉,并对配方实行注册管理制,禁止替代母乳的婴儿乳制品广告等一系列相关政策。根据《婴幼儿配方乳粉产品配方注册管理办法(试行)》规定,就像药物配方注册一样,婴幼儿乳粉配方注册制要求厂家提交配方研发报告和其他表明配方科学性、安全性的材料,诸如婴幼儿配方乳粉产品配方注册申请书、产品配方研发报告及生产工艺说明、产品检验报告、生产、研发和检验能力的证明材料、产品标签、说明书设计样稿、其他表明配方科学性、安全性的材料。

1. 婴儿配方食品

婴儿配方食品包括乳基婴儿配方食品和豆基婴儿配方食品。乳基婴儿配方食品指以乳类及乳蛋白制品为主要原料,加入适量的维生素、矿物质和其他成分,仅用物理方法生产加工制成的液态或粉状产品,适于正常婴儿食用,其能量和营养成分能够满足 0~6 月龄婴儿的正常营养需要。豆基婴儿配方食品指以大豆及大豆蛋白制品为主要原料,加入适量的维生素、矿物质和其他成分,仅用物理方法生产加工制成的液态或粉状产品,适于正常婴儿食用,其能量和营养成分能够满足 0~6 月龄婴儿的正常营养需要。其要求有:①产品中所使用的原料应符合相应的安全标准和相关规定,应保证婴儿的安全,满足营养需要,不应使用危害婴儿营养与健康的物质。②所使用的原料和食品添加剂不应含有谷蛋白。③不应使用氢化油脂。④不应使用经辐照处理过的原料。⑤产品在即食状态下每 100 mL 所含的能量应在 250 kJ (60 kcal)～295 kJ(70 kcal) 范围。能量的计算按每 100 mL 产品中蛋白质、脂肪、碳水化合物的含量,分别乘以能量系数 17 kJ/g、37 kJ/g、17 kJ/g(膳食纤维的能量系数,按照碳水化合物能量系数的50%计算),所得之和为 kJ/100 mL,再除以 4.184 kcal/100 mL。⑥对于乳基婴儿配方食品,首选碳水化合物应为乳糖、乳糖和葡萄糖聚合物。只有经过预糊化后的淀粉才可以加入婴儿配方食品中,不得使用果糖。⑦其维生素和矿物质含量应符合 GB 10765—2021 中的相关要求。⑧为改善婴儿配方食品的营养价值,除添加必需成分外,可以选择添加 GB 10765—2021中标示的一种或多种成分,其添加量也应符合其要求。

国外报道有添加唾液酸的婴儿配方专利技术,认为一般婴儿配方乳只有母乳中唾液酸含量的 1/4,而且其中 70% 的唾液酸是以糖蛋白状态结合的,而母乳中的唾液酸是与低聚糖结合的。专利配方选取了适当来源的蛋白质和唾液酸,蛋白质含量为 14 g/L,唾液酸含量为 250～600 mg/L。补充磷脂的婴儿配方专利技术是将磷脂原料和磷脂酶-D 反应,其中包括磷脂酰丝氨酸等,其中主要有效成分磷脂酰丝氨酸约占磷脂总量的 10%,使婴儿配方乳粉中的磷脂更接近母乳水平。

非母乳喂养的婴幼儿容易便秘。有专利报道,通过婴儿配方奶复合脂肪改善婴儿粪便质地,将红花油、豆油、椰子油以适当比例配合,与母乳喂养婴儿的粪便质地很近似。也有研究发现,钙脂肪酸基和大便的硬度有关,使用 Sn-2 位置上棕榈酸含量高的配方奶粉喂养婴儿的大便要比使用普通植物油婴儿配方奶粉喂养的婴儿的大便软,也与母乳喂养婴儿的粪便质地近似。Lipid Nutrition 公司的 Betapol™ 是模拟母乳中的天然脂肪结构,添加特殊植物油,能够增强婴幼儿对脂肪和矿物质的吸收,减少便秘,增强婴幼儿的骨骼密度。2008 年中国卫生部已证实批准该 Betapol™ 可作为婴幼儿配方食品添加剂。

人体无法自行合成叶黄素(lutein)与玉米黄素(zeaxanthin),必须由食物中摄取。叶黄素及玉米黄素是组成视网膜黄斑区的重要成分,应用强化叶黄素和玉米黄素的专利技术生产的婴幼儿配方乳可有效防止视网膜黄斑区病变。目前市场上的普通分离大豆蛋白由于植酸浓度较高,对钙、铁、锌等金属离子及蛋白质有很强的螯合作用,不适于婴儿配方,有专利技术可将高纯度分离大豆蛋白用于婴儿配方乳,有利于婴儿配方蛋白质接近母乳组成,大豆分离蛋白质中游离氨基酸含量高于 25%,大豆分离蛋白质中钙含量达 1%～12%。

2. 幼儿配方食品

幼儿配方食品是以乳类及乳蛋白制品和/或大豆及大豆蛋白制品为主要蛋白来源,加入适量的维生素、矿物质和/或其他原料,仅用物理方法生产加工制成的产品,适用于幼儿食用,其能量和营养成分能满足正常幼儿的部分营养需要。其要求有:①产品中所使用的原料应符合相应的安全标准和/或相关规定,应保证幼儿的安全,满足其营养需要,不应使用危害幼儿营养与健康的物质;②不应使用氢化油脂;③不应使用经辐照处理过的原料;④产品在即食状态下每 100 mL 所含的能量应在 250 kJ(60 kcal)～334 kJ(80 kcal)范围。能量的计算按每 100 mL 产品中蛋白质、脂肪、碳水化合物的含量,分别乘以能量系数 17 kJ/g、37 kJ/g、17 kJ/g(膳食纤维的能量系数为 8kJ/g),所得之和为 kJ/100 mL,再除以 4.184 为 kcal/100 mL;⑤其维生素和矿物质含量应符合 GB 10767—2021 中的相关要求;⑥为改善幼儿配方食品的营养价值,除添加必需成分外,可以选择添加 GB 10767—2021 中标示的一种或多种成分,其含量也应符合其规定。

幼儿时期的食品主要仍为液态,后逐渐增加稠度,要求营养全面,强化蛋白质、微量元素和多种维生素。我国国家标准规定,幼儿期配方食品的营养标准为(按每 100 g 计):热量大于 1 463 kJ,水分小于 5 g,蛋白质大于 15 g,脂肪大于 6 g,总碳水化合物大于 60 g,蔗糖含量不应超过 20 g,钙大于 600 mg,磷大于 500 mg,铁大于 6 mg,碘大于 20 μg,维生素 A 303～455 μg,维生素 D 10～15 μg,维生素 E 大于 5 μg,硫胺素 0.4～0.6 μg,核黄素 0.4～0.6 μg;粉状产品细度全部通过 80 目筛;钙的来源尽量使用骨粉,骨粉细度应通过 200 目筛。在原料和产品中不得加有色素、糖精、香精和味精。需要注意的是,幼儿期的免疫系统正在逐渐成熟,还不能准确地分辨食物,在食用幼儿配方食品时,有的幼儿会对多种食物过敏,如牛奶、面粉、海产品等,在幼儿食品中添加一些容易过敏的食品成分时应根据其年龄的增加逐渐加大,且应在营养标签上明示。

3. 婴幼儿辅助饮品

随着婴幼儿的不断长大,消化器官在形态和功能上逐渐完善,身体活动量也增加,营养需求量加大,单以乳类的营养成分已不能满足婴幼儿的需要。世界卫生组织专家委员会报告也重申了辅食添加的建议:从 6 个月开始添加辅食。世卫组织和联合国儿童基金会在制定的"婴幼儿喂养全球战略"中指明:从完全母乳喂养,过渡到补充喂养(包括继续母乳喂养),通常涵盖年龄为 6～24 月。这对婴儿来说是一个非常脆弱的时期,许多儿童因为辅食添加不当而营

养不良,因此无论是母乳喂养还是人工喂养的婴幼儿都要供给辅助食品。婴幼儿辅助食品所提供的热能和营养素要符合婴幼儿的需要,不仅营养素的种类要齐全,数量要充足,而且各营养素之间要保持合适的比例。婴幼儿辅助饮品仍以乳为基料,加入适量的维生素、矿物质等。目前,我国婴幼儿辅助饮料主要有强化钙、铁、锌及各种维生素的含乳饮料,也有以其他适合婴幼儿食用的食品为基础的婴儿配方饮料,如经乳酸发酵后的各种乳酸菌饮料,可以改善和平衡婴幼儿肠道菌群,提高蛋白质、脂肪的利用率,增加钙、磷和维生素的吸收量,也是乳糖不耐受症的良好的食品;果蔬汁中含有各种营养成分,特别是含有丰富的维生素 C、B 族维生素、胡萝卜素和矿物质元素,是婴幼儿的营养必需品,如以沙棘果、山楂果为原料生产的强化维生素 C 果汁和以山楂、胡萝卜、蜂蜜、矿泉水为原料生产的"小儿乐"复合饮料以及各种鲜果蔬汁。

7.2.2.2 婴幼儿饮料的包装要求

在现代商品经济中,食品包装已演化为食品的一部分,它直接刺激人们的购买欲望,具有强大的销售力。现代食品包装的设计原则是:依据被包装食品的保护性要求,科学地选用保护功能好的包装材料,进行合理的结构设计和包装装潢设计,使用精密可靠的技术方法如活性包装、防霉包装、无菌包装等,从而达到保护食品、延长保护期的目的。

婴幼儿饮料的购买行为主要是父母完成的,所以产品的包装更多的是与父母沟通。父母期望产品更健康、更营养,因此在包装设计理念上应包含营养、安全、值得信赖等元素。包装上不但要非常清晰地标示产品的成分和配方,帮助父母了解里面营养成分的来源,建立信赖感,还要针对现在父母独立、经验少的特点,在包装上能尽可能详细地注明如何食用。

1. 要符合食品包装要求

婴幼儿饮料的包装材料和容器首先要符合现代食品包装的要求,要无毒、无异味,不与饮料内容物起化学反应,能防菌、抑菌、隔绝氧气,化学稳定性良好,不易碎、轻便,其性能必须满足商品包装技术的有关要求。在法国的婴幼儿食品市场上,如果要采用塑料容器包装,安全、自然和健康是非常重要的因素,既能吸引婴幼儿和他们的父母,又具有能微波加热、重量轻和不易破损的特点。

2. 要尽量采用绿色包装

绿色包装(green package)即无公害包装,指对生态环境和人体健康无害,无污染,可循环利用或再生利用的包装材料及制品。包装废弃物能够自行降解,掩埋后能很快腐化分解,自消自灭,如能防潮、保鲜的纸质包装容器和聚丙烯(PP)耐热塑料环保瓶。巴西报道制成一种轻型天然包装材料,由天然的粟米、大豆、蓖麻等提炼制成,可替代发泡塑料,能消除白色污染。德国开发的玉米包装材料,可取代塑料包装。生产方法是在玉米粉加工包装材料过程中采用特殊加工工艺与设备,在配制的浆料中加入类似植物油的添加剂与磨碎的草根,可增加颗粒稳定性,如玉米包装为生物包装材料,有很强的竞争优势。

3. 使用方便、安全

婴幼儿饮料要不定时调配、食用,要求使用方便且安全。如微波包装食品方便快捷,加热均匀,非常适合婴幼儿的饮食特点。微波食品包装中最常用的是塑料容器,具有微波穿透性,常用的填料用 30%～50%的滑石粉,可耐 140 ℃高温和－30 ℃的低温。法国 EDV 公司采用杜邦公司的 Bynel 黏合剂为黏结层,可以抵抗杀菌过程的高温,使得产品的货架期可达 12 个月。婴幼儿固体饮料可分装成小包装,方便安全保存,里面装一把量匙以方便调配出合适的比例。

4．要标识齐全

包装容器上应标明食品名称、配料表、生产日期、保质期或保存期、质量等级、产品标号、制造商、地址、产品标准号、食用方法等。专供婴幼儿的主辅食品，其标签还应当标明主要营养成分及其含量，比如热量、蛋白质、脂肪、碳水化合物、维生素、矿物质等营养素的含量等，并正确使用条形码。

5．包装设计应具有鲜明的幼儿特色

针对婴幼儿处于训练记忆力阶段，产品的包装是整个产品进入婴幼儿记忆的最初的也是最重要的方面。婴幼儿饮料包装设计一般采用夸张、想象、人格化、游戏性、幽默等手法，应用鲜明的颜色、简单的线条、图形等，便于婴幼儿记忆，并培养婴幼儿对物品的感知。三原色、对比色搭配比较适合儿童的视觉心理，也能影响到儿童的色彩记忆；婴幼儿饮料包装多采用鲜红、嫩黄、金色、苹果绿、淡紫等色，色彩亮丽而生动活泼。圆形、半圆形、椭圆形图案让人有"暖、软、湿"的感觉，适用于口味温和的饮料，方形、三角形图案相反，给人"脆、硬、干"的味觉感。也可以用摄影图片，能给婴幼儿带来更真实的感官认识，也能刺激其食欲。总之，婴幼儿饮料的包装力求欢快、愉悦、简洁，色彩亮丽、图形精彩，并能鲜明、生动、准确地反映包装内容的形态、颜色和质感，如乐百氏奶和娃哈哈果奶的包装；采用文字形象、生动、天真、活泼，字形变化丰富多彩，如美国的"奶黄嘣嘣脆"产品，英文字母设计具有卡通性和趣味性。

6．应实行儿童安全包装

儿童安全包装系统是一种保护儿童安全的包装。一方面，婴幼儿饮料要通过独特的包装满足消费者的好奇心和情感需求，设计时可采用婴幼儿喜爱的造型。这些造型要求表面光滑，避免尖角、硬棱等危害婴幼儿，也要采用适宜的纸质满足婴幼儿饮用时较长时间的玩耍和反复撕咬等，避免碎纸屑进入口腔。包装瓶口要光滑，曲线流畅，饮用时不能损伤嘴唇。另一方面，对于可以独立饮用的婴幼儿，自控力差，且对甜食比较喜欢，若不干预，可能一次摄入量会过大，故婴幼儿饮料的容量不宜太大，瓶子的高度和粗细要适于他们饮用等。当然，婴幼儿饮料包装还应便于开启和密封保存，包装上应标明安全使用期限。

据报道，国外一种为儿童饮料配备的旋转式瓶盖，造型如小动物的头，撕去质量密封条，在开启瓶盖时，瓶盖红色的卡通造型嘴里弹出一个塑料橡胶做的柔软"舌头"，起吸管的作用。将"舌头"置入儿童口中，挤压瓶体，饮料就可以从"舌头"中流畅地流入口中。当拧紧瓶盖时，"舌头"就会被瓶盖和瓶体压住，起到密封的作用。

7．禁止与玩具混装

婴幼儿饮品应禁止与玩具混装，因为包装袋内的玩具大多体积小，极易被儿童误食造成伤害；玩具没有经过严格消毒，容易造成饮品腐败；玩具多为塑料制品，也会造成饮品污染。因而，饮品的"玩具包装"会影响婴幼儿的身体健康，应坚决禁止。

7.3　能量饮料

能量饮料（energy beverage）是含有一定能量并添加适量营养成分或其他特定成分，能为机体补充能量，或加速能量释放和吸收的制品。

能量饮料原产于日本和泰国,全球市场增长迅速。能量饮料一般是一种果汁风味或无果汁风味,能够提供能量的一类饮料,多数充有碳酸气,但也有不充气或粉状产品,产品一般含有牛磺酸、B族维生素、赖氨酸、肌醇、咖啡因、葡萄糖和植物萃取物以及矿物质等多种营养成分。这些成分相互配合,协同作用,促进人体新陈代谢,加快对糖分的分解和吸收,迅速补充人体能量,并调节神经系统功能,从而达到提神醒脑、补充体力、抗疲劳的功效。其主要特征就是具备迅速为饮用者增加能量物质的功能,可消除疲劳,恢复体力。

能量饮料一直以来较运动饮料更具有上升潜力。专家预测在市场达到成熟以前,美国的能量饮料销售将以年均20%的速度增长。目前,美国的能量饮料市场主要由三大品牌占领:百事可乐公司的 SoBe 品牌(在 2001 年度 SoBe 占美国能量饮料 35.8% 的市场份额)、Hansen Beverages 公司的 Monster 和 Rockstar 品牌以及中国消费者所熟悉的红牛品牌。而国内红牛、东鹏特饮、乐虎、体质能量这些消费者耳熟能详的品牌均属于能量饮料,2019 年四大品牌实现了销售金额 377.81 亿元。但能量饮料也存在着诸多非议,许多产品为了达到提神的功效,大量添加咖啡因,最终导致人们对此类产品的安全性提出很大质疑;还有部分能量饮料选用葡萄糖和果糖为主要甜味剂,在迅速补充能量的同时,也会导致肥胖的发生。能量饮料中如含有咖啡因,经常饮用或过量饮用会导致心脏病,猝死,增加流产危险,增加醉酒和酒精依赖危险,容易上瘾以及损伤认知能力。调查发现,市面上销售的许多能量饮料的咖啡因含量都超过了人体的安全极限,如一罐听装怪物能量饮料中的咖啡因含量达到了 240 mg,相当于两杯半咖啡,或者是 14 罐可口可乐的咖啡因含量,部分新型能量饮料的咖啡因含量甚至达到了 500 mg,等同于 5 杯高浓度咖啡。不少能量饮料包装上不标注咖啡因含量,令人在不知不觉中摄取过多。英国食品标准局称,根据欧盟食品标签规则(EU)1169/2011 号法规的要求,对于添加咖啡因以起到生理效应,而且咖啡因含量高于 150 mg/L 的能量饮料,应加注"高咖啡因含量"的警示信息,字体大小与产品名称一致,同时还应将每 100 mL 产品当中的咖啡因标出。

目前,能量饮料制造商正致力于推出的"绿色化"能量饮料,可能会赢得许多关注健康的消费者,从而掀起新一轮的能量饮料市场争夺大战。在这场"绿色化"运动中,扮演关键角色的是绿茶。为何绿茶是能量饮料走向"绿色化"的关键?因为与其他能量饮料不同,绿茶将不会通过咖啡因达到增加活力和提高兴奋度的目的,其富含的茶多酚成分是一种更加天然、更加持久的活力刺激物。而且,绿茶的抗癌和抗氧化效力也日益受到能量饮料消费者的重视。图 7-1 为以绿茶提取物取代咖啡因的能量型饮料工艺流程。

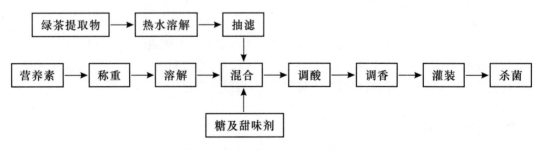

图 7-1　绿茶能量饮料的工艺流程

操作要点如下。

(1)饮料用水　采用去离子水,避免水中离子对饮料口感及体系稳定性产生影响。

(2)溶解　绿茶提取物在冷水中溶解性较差,为避免结块且缩短溶解时间,先用80 ℃的热水溶解后再加入饮料体系。

(3)称量　牛磺酸、赖氨酸、肌醇、烟酰胺、维生素 B_1、维生素 B_6、绿茶提取物的使用量参照国家食品营养强化剂标准及每日推荐允许摄入量,同时分析国内外市场上相关产品确定用量,见表 7-3。

表 7-3　能量饮料主要成分

功效成分	牛磺酸	赖氨酸	肌醇	烟酰胺	维生素 B_1	维生素 B_6	绿茶提取物
添加量/(mg/L)	500	200	200	40	2	4	550

(4)调配　调配过程要注意原料的加入顺序,先加入糖类、色素、柠檬酸钠等进行初步调配。然后加入柠檬酸和香精进行酸味和香味的调整,以防止香气挥发和一些不耐酸的成分在过低的 pH 下分解。

(5)杀菌　杀菌在水浴锅中进行,杀菌时瓶内液体温度 95 ℃维持 15 min。

高能饮料是针对飞行员、运动员、重体力劳动和脑力劳动者,在紧张的工作环境下,人体营养成分的消耗和对生理机能的调节平衡为基准,为补充必要的营养物质而设计。高能饮料除了含有容易被人体吸收的果糖、葡萄糖及电解质外,还加入了人体所必需的维生素和强身健体的中药成分。其突出的功能是迅速消除疲劳、恢复体力,主要是对人在疲劳时作针对性的养料补充。该饮料是专为剧烈运动、长时间工作不能离岗或处于特殊环境下的人群而配制的。

高能饮料是在 20 世纪 80 年代末期发展起来的。高能饮料和电解质饮料的区别在于,它除了提供人体剧烈运动或大工作量后所需的矿物盐和能量外,还因其含有某些特殊的中药成分如人参抽提物及维生素等,能起到强身健体的作用。

日本公开特许 10-57028 介绍的一种高热量运动饮料含有 40%～70%的麦芽三糖-麦芽四糖组合物,20%～50%的二糖-单糖组合物,此饮料的热量≥292.6 kJ/g。

西班牙专利 No.2115561 报道,一种增强营养和能量的运动员饮料含有:人参萃取物 1%～6%,带有刺激性质的产物(如咖啡或可可)35%～55%,营养性添加剂 39%～64%。此种饮料制成粉末饮料或颗粒状,食用时可溶解在水或牛奶中。

表 7-4 是 1000 L 某种高能饮料的参考配方。

表 7-4　1 000 L 某高能饮料的参考配方

原料	用量	原料	用量
果葡糖浆	80 kg	甜菊苷	100 g
柠檬油	0.6 kg	维生素 C	120 g
钠盐	120 g	磷酸盐	50 g
钾盐	100 g	铁盐	150 g
柠檬酸	1 kg	人参花浓缩汁	适量
维生素 B_1、维生素 B_2	16 g	水	加至 1 000 L

引自:李勇,2006。

7.4 电解质及其他特殊用途饮料

7.4.1 电解质饮料

电解质饮料(electrolyte beverage)(GB/T 10789—2015)定义为添加机体所需的矿物质及其他营养成分,能为机体补充新陈代谢消耗的电解质、水分的制品。

众多研究显示,体内电解质虽然不能提供能量,但在维持机体完成各种生理活动中发挥重要作用。Speich 等研究了电解质对运动员来说的重要生理作用,指出电解质在肌肉收缩、氧的转运、正常心率节律的调控、神经脉冲的控制、抗氧化剂的活性调节、酶类的活化、血液的酸碱平衡以及保持水的供给平衡方面都扮演着很重要的角色。在正常情况下,人体内的电解质处于相对恒定状态。但是在高温高湿环境下的长时间运动中,产热大幅度增加,随着机体排汗量的增大,某些电解质(主要是钠、钾、镁)也会随着汗液排出体外。汗液中电解质的成分主要是钠和钾,还有少量的镁、钙等离子。运动时间越长,强度越大,电解质丢失就越多。电解质的丢失对运动能力的发挥产生不同程度的影响。个体差异、体表部位、出汗量、汗液收集方法、机体生理变化等都会影响到汗液中的电解质含量。钠、钾等电解质在汗液、血浆和细胞内液中的含量如表 7-5 所示。

表 7-5　汗液、血浆、细胞内液中主要电解质含量　　　　　　　　　　　　mmol/L

成分	汗 液	血 浆	细胞内液
Na^+	20～80	130～155	10
K^+	4～8	3.2～5.5	150
Ca^{2+}	0～1	2.1～2.0	0～2
Mg^{2+}	<0.2	0.7～1.5	15
Cl^-	20～60	96～110	8

引自:刘远鹏,张春丽,秦颖,2006。

运动饮料中含有的最主要电解质是钠,目前的研究没有认为在运动饮料中加入钾、镁等其他电解质是必要的,因汗液丢失掉的钾、镁等可以从运动后的正常饮食中得到补充。运动饮料国家标准中规定也是如此,即钠的添加是强制性的,钾、镁的添加是推荐性的。

众多研究表明,运动期间或运动后补液会有助于维持运动员水盐代谢平衡,促进疲劳的消除。但是电解质饮料的配制依据的确定和电解质浓度的配比问题仍值得进一步研究。对于较长时间的运动项目,Gisofi 推荐钠的离子浓度范围为 20～30 mmol/L,钾在 5～10 mmol/L。在曼彻斯特大学的研究中针对长时间运动丢失过多的电解质的情况下,钠和钾的推荐量分别是 20～50 mmol/L 和 3～6 mmol/L。在此期间运动饮料的选取还应注意口味不能影响到正常的肠胃功能,以免发生不适。

在运动员饮料中常添加的电解质有以下几种。

(1)氯化钾　运动员在大运动量训练时,汗液中的钾的含量较高,如马拉松运动员在 22～32 ℃气温下跑步,每天汗液中钾排出量为 0.4～4.4 g,所以在饮料中添加以补充丢失的钾。

氯化钾在体内可起到保持体液酸碱平衡,防止脉率过快,肌肉疲劳和呼吸浅频等作用。

(2)氯化钠　运动员在大量排汗时,会丢失大量钠离子,如不及时补充,会发生肌肉无力,消化不良等现象,严重时还会发生恶心、呕吐、头痛、腿痛、腹痛及肌肉抽搐等现象。

(3)氯化镁　添加主要是为了补充体内镁离子的损失。运动员缺镁时,神经肌肉功能不全,会引起抽搐等现象,并且运动员易于激动。

(4)乳酸钙　随着汗液的排出,钙也会被排出,应以及时补充。在运动员饮料中添加钙盐时要注意其水溶性和口味感,乳酸钙是较为适宜的一种钙盐。

(5)磷酸盐　大量运动排汗时,同样会出现体内磷的负平衡。因而可在饮料中添加磷酸盐来补充。常用的有磷酸氢二钾、磷酸二氢钾、磷酸氢二钠等。磷可以提高运动员神经系统的灵敏性和加速体内糖的代谢。表 7-6 是某种电解质等渗饮料的参考配方。

表 7-6　1 000 L 某电解质等渗饮料的配方

原料	用量	原料	用量
葡萄糖	20.07 kg	蔗糖	20.07 kg
柠檬酸	9.73 kg	磷酸二氢钾	3.6 kg
氯化钠	2.96 kg	柠檬酸钠	2.36 kg
氯化钾	0.87 kg	三氯蔗糖	0.65 kg
维生素 C	0.42 kg	香精	1.75 kg
食用色素	40 g	水	加至 1 000 L

引自:李勇,2006。

7.4.2　低热量饮料

7.4.2.1　研制低热量饮料的意义

随着我国经济的发展,人们的生活水平已从温饱型向小康型转变,人类的文明病也接踵而来。人们在吃饱吃好的同时讲究营养、讲究健康、防止肥胖,注意减少高能量食物的摄入。实践证明,经济越发达、社会越发展,居民饮食的社会文化程度就越高。据报道,仅北京地区肥胖者占 10%,其中肥胖儿童占被调查人数的 3%~5%,成人肥胖者约占 30%;而南京的一项调查表明,肥胖病的发病率竟高达 27%,其中 45 岁以上的中老年人占 35%以上。随着科学技术的飞速发展,搞清或基本搞清了许多有益于人体健康的食品成分和食品本身的生理调节功能而达到提高人类健康的目的已成为可能。老龄化社会的形成,各种老年病(高血压、脑血栓、冠心病)的发病率上升及少儿肥胖症的增加引起了人们的恐慌和烦恼。2019 年已经跨入老龄化门槛的国家和地区有 102 个。据预测,到 2050 年将有 158 个国家和地区进入人口老龄化社会。2020 年 60 岁以上人口为 10.5 亿(占总人口的 13.50%)。我国自 21 世纪之初进入人口老龄化社会,人口老龄化程度持续加深,2020 年 60 岁及以上的老年人口为 2.46 亿人(占总人口的 18.70%),65 岁及以上的老年人口 1.91 亿人(占总人口的 13.50%)。鉴于此,全世界各个国家都致力于开发保健食品,而饮料在人们日常生活中占有相当的比例,开发研制低热量饮料,减少能量的摄入,对预防肥胖症及因肥胖症带来的一系列疾病已成为饮料界的一大任务。

蛋白质、脂肪和碳水化合物是人类摄取的最重要的三大营养素。人体利用它们在体内产生的能量来维持生命所必需的各种生理活动和人体正常体温,保证人们从事各种生产劳动。合理的饮食中三者的比例应是:蛋白质供给的能量占总能量的 $10\%\sim15\%$,脂肪占 $15\%\sim25\%$,碳水化合物占 $60\%\sim75\%$。当人体利用摄入的营养素合成生命所必需的物质时,要吸收能量。当摄入营养素的总能量超过实际需要时,剩余部分就会通过糖原异生作用,转变成脂肪和蛋白质贮存于体内。一些研究证明,由糖原异生作用转变的脂肪要比蛋白质多。

机体内的新陈代谢是一个完整统一的过程,是在各个反应过程的密切相互作用和相互制约下进行的。蛋白质、脂肪及碳水化合物新陈代谢的密切联系,主要表现于三者的中间代谢物质可以互相转变。蛋白质和脂肪代谢的进行强度决定于碳水化合物代谢进行的程度。当碳水化合物和脂肪不足时,蛋白质的分解便增强;当碳水化合物多时,又有节约脂肪分解代谢的功用。

人体从食物、饮料中摄取的能量,有一部分直接以热能形式向外界散失,另一部分贮存于体内,供机体在各种生命活动中能量消耗之用。这些能量经组织细胞利用之后,绝大部分也转变成热能散失。20 世纪 80 年代,苏联科学家将 60 岁以上的人按进食量分为 3 组:每天进食量在 11 087～12 970 kJ 为第一组,每天进食量在 8 786～11 087 kJ 为第二组,每天进食量在 6 694～8 786 kJ 为第三组。调查结果表明,在第一组中,动脉硬化性心脏病的患者为 88.9%,第二组、第三组分别为 66.9% 和 75.3%;脑动脉硬化发病率第一组比第二组、第三组也高近 1 倍。

在食品的摄入中,以碳水化合物的摄入量过多对肥胖症发生的影响最大。碳水化合物容易被人体消化吸收,分解也完全,且碳水化合物能够促进胰岛素的分泌,而胰岛素又可促进脂肪的合成,导致脂肪堆积,引起肥胖症、高血压和冠心病等疾病。当人体摄入低热能食物时,体内短缺的能量就以脂肪的动员形式来补充。当糖的可获得性较低时,甘油三酯水解产生的脂肪酸被释放进入血液与蛋白质相结合,在体内作为燃料供能,使人体动员消耗贮存的脂肪而减肥。因此,除了药物、运动外,饮食疗法是最根本、最安全的减肥方法。对于减肥食品的研究,人们首先从低热能食品开始,当然也包括低热能饮料的研究。开发低热量饮料是减肥研究中的一个重要课题。

7.4.2.2 低热量饮料的发展现状

低热量饮料是采用低糖或糖的代用品(功能性甜味剂,低聚糖等)研制出的一类在人体内产生较少能量的饮料。20 世纪 80 年代初,日本最流行的功能饮料——低热量饮料进入市场。这种饮料中含有可溶性纤维(葡聚糖)、低聚糖、糖醇钙等。这些物质都具有某些生理活性,低甜度、低热量,基本上不增加血糖、血脂。20 世纪 90 年代在日本市场上最引人注目的是新型低聚糖(不包括蔗糖、麦芽糖等常用的双糖)。日本自从 1988 年异构乳糖生产以来,几乎每年都推出新的商品——低聚糖新品种,如低聚半乳糖、低聚果糖、低聚木糖、低聚乳果糖、低聚异麦芽糖、大豆低聚糖、低聚龙胆糖等。1993 年日本各种低聚糖总量达 2.26 万 t。这些低聚糖广泛应用于生产低热量饮料。如日本市场较有名的"OLIGO CC"功能饮料,主要含有低聚糖、钙吸收剂、食物纤维等功能性配料。由于这些饮料具有低甜度、低热量,深受消费者喜欢,最高年销售达 9 000 万瓶。

我国低聚糖的研制起步较晚,20 世纪后期才有较大发展。针对低热能食品的开发研究,我国从天然植物中提取了多种低热值的功能性甜味剂进行批量生产。除此之外,从某些具有二肽生甜团的氨基酸中合成具有高甜度的甜味素替代蔗糖生产低热值饮料。我国目前生产的天然糖苷甜味剂主要有甜菊苷(stevioside)、甘草甜素(glycyrrhizin)等。人工合成的二肽甜味素主要有阿斯巴甜(aspartame)、阿力甜(alitame)等。这些甜味剂的甜度大大高于蔗糖,而产生的热量大大低于蔗糖,是生产低热量饮料较理想的甜味剂。

7.4.2.3 低热量饮料的配方实例

在低热量饮料中,使用强力甜味剂来替代蔗糖,会引起产品固形物含量的下降,产品黏度因之下降,口感会发生变化。因此生产时要加入一些增稠剂,以增加产品的固形物含量并改善口感。目前有很多甜味剂都能产生与蔗糖相似的甜味,但尚不能完全替代蔗糖,在某些方面还存在不足之处。有时,数种甜味剂混用能产生协同增效作用,这在某种程度上能掩盖单一甜味剂的不足,改善甜味特性。不过,阿斯巴甜、三氯蔗糖和纽甜这 3 种强力甜味剂的甜味特性很好,与蔗糖几乎一样,特别适合在低热量饮料中使用,替代蔗糖的比率可以高达 50%～100%。几种低热量碳酸饮料、果汁饮料的实用配方见表 7-7、表 7-8。

表 7-7　几种低热量碳酸饮料的实用配方　　　　　　　　　　　　　　　　　L

配　料	咖啡汽水	薄荷汽水	橙味汽水
阿斯巴甜	0.060	0.090	0.008
低聚异麦芽糖	—	8.000	7.665
柠檬酸	0.040	0.033	0.103
柠檬酸钠	—	—	0.008
咖啡抽提液	5	—	—
焦糖色素	0.200	—	—
食用色素	—	适量	0.165
咖啡香精	0.100	—	—
薄荷香精	—	0.050	—
橙味香精	—	—	0.113
苯甲酸钠	0.015	0.013	0.033
加水至	100	100	100

表 7-8　几种低热量果汁饮料的实用配方　　　　　　　　　　　　　　　　　L

配　料	橙汁 1	橙汁 2	橙汁 3	梨汁	柠檬风味饮料
浓缩橙汁	5.00	15.00	5.62	—	—
浓缩梨汁(70%)	—	—	—	2.26	—
阿斯巴甜	0.08	—	0.04	0.05	0.09
纽甜	—	0.002	—	—	—
90%高果糖浆	—	—	—	—	15.52
柠檬酸	0.25	1.16	0.17	0.18	1.10
柠檬酸钾	—	—	0.02	—	0.11
柠檬酸钠	—	—	—	—	0.11

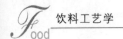

续表7-8

配　料	橙汁1	橙汁2	橙汁3	梨汁	柠檬风味饮料
食盐	—	—	—	—	0.23
磷酸钾	—	—	—	—	0.10
维生素C	0.05	0.02	—	—	—
三聚磷酸钠	0.10	—	—	—	—
苯甲酸钠	—	0.03	—	—	0.22
山梨酸钾	0.02	—	—	—	—
β-胡萝卜素(5%)	—	0.04	—	—	—
Jaffa香精	—	0.06	—	—	—
橙味香精	—	0.09	0.09	—	—
浆果香精	—	—	—	0.08	—
桃香精	—	—	0.49	—	—
柠檬香精	—	—	—	—	0.31
青柠檬香精	—	—	—	—	0.16
青柠檬乳化香精	—	—	—	—	0.19
食用色素	0.2	0.18	0.20	0.49	0.18
加水至	100	100	100	100	100

目前市场上特殊用途饮料种类繁多,但还有许多不同的特殊用途饮料目前还没有被开发,或者其市场还未得到充分的发展。比如,航空或航天过程中对饮料的特殊要求、运动的不同时间和不同特点对特殊用途饮料的需求,以及健身和美容的需要等。如果今后企业或相关的科学研究将特殊用途饮料推向多样化发展的方向,将会大大地丰富特殊用途饮料的市场和满足人们在不同场合和不同时间对特殊用途饮料的需求,改善和美化生活,提高工作质量和效率。同时特殊用途饮料的发展还可以考虑结合中华民族的特点,利用中草药的特殊功效来满足某种特殊的需求,研发具有我们民族特色的特殊用途饮料。发展具有科学依据的、健康的、多样化的、有民族特色的特殊用途饮料任重而道远。

思考题

1. 简述开发运动饮料的目的意义。
2. 简述婴幼儿营养素的代谢特点。
3. 简述婴幼儿饮料的设计原则及对包装的一般要求。
4. 说明开发低热量饮料的目的和意义。
5. 简述能量饮料和电解质饮料的区别。

推荐学生参考书

[1]邓舜扬.新型饮料生产工艺与配方.北京:中国轻工出版社,2000.

[2]蒋和体,吴永娴.软饮料工艺学.北京:中国农业科学技术出版社,2006.

[3] 李勇 . 现代软饮料生产技术 . 北京:化学工业出版社,2005.

[4] 蒲彪,胡小松 . 饮料工艺学 . 2 版 . 北京:中国农业大学出版社,2009.

[5] 苏祖裴 . 实用儿童营养学 . 2 版 . 北京:人民卫生出版社,1989.

[6] 王放,王显伦 . 食品营养保健原理及技术 . 北京:中国轻工业出版社,1997.

[7] 杨桂馥 . 软饮料工业手册 . 北京:中国轻工业出版社,2002.

[8] 郑建仙 . 低能量食品 . 北京:中国轻工业出版社,2001.

参考文献

[1] 陈潇斐 . 电解质饮料对运动员水盐代谢影响的研究 . 上海体育学院,2011.

[2] 戴智勇,张岩春,高玉妹,等 . 中国婴幼儿食品研究最新进展 . 农产品加工,2014(12):78-81.

[3] 邓舜扬 . 新型饮料生产工艺与配方 . 北京:中国轻工业出版社,2000.

[4] 房爱萍,陈偲,韩军花,等 . 婴幼儿配方食品中蛋白质适宜含量值的系统综述 . 营养学报,2018(1):7-16.

[5] 韩静,俞雅萍,姜毓君,等 . 早产或低出生体重婴儿配方食品研究进展 . 中国乳品工业,2023(1):36-40.

[6] 韩凯 . 运功功能饮料的发展和展望 . 食品科技,2008(1):57-61.

[7] 韩玲 . 运动饮料工艺条件的研究进展 . 食品安全质量检测学报,2020,11(12):4 059-4 063.

[8] 胡小松,蒲彪,廖小军 . 软饮料工艺学 . 北京:中国农业大学出版社,2002.

[9] 蒋和体,吴永娴 . 软饮料工艺学 . 北京:中国农业科学技术出版社,2006.

[10] 金宗濂,文镜 . 功能食品评价原理及方法 . 北京:北京大学出版社,1997.

[11] 李雄超,黄小军,朱应光 . 婴儿乳蛋白部分水解配方食品的研究进展 . 现代食品工程与营养健康学术研讨会暨 2020 年广东省食品学会年会,2020:80-83.

[12] 李永慧 . 婴幼儿食品包装的安全性浅析 . 包装世界,2014(3):22-23.

[13] 李勇 . 现代软饮料生产技术 . 北京:化学工业出版社,2005.

[14] 励建荣,江美都,顾振宇 . 儿童营养饮料"蛋奶"的研制 . 食品科学,1994(7):48-50.

[15] 梁世杰,丁克芳,林伟国 . 运动饮料配方设计概论 . 饮料工业,2003,6(3):1-7.

[16] 刘保峰,刘昌,曹军胜 . "小儿乐"新型复合饮料生产工艺的研究 . 延安大学学报(自然科学版),1999,18(2):62-63.

[17] 刘虎成 . 发展我国食品包装的问题和建议 . 中国畜产与食品,2000,7(6):257-258.

[18] 刘远鹏,张春丽,秦颖 . 运动饮料:水分、糖和电解质的补充及吸收 . 饮料工业,2006,9(6):14-19.

[19] 孟岳成,王月秀,陈杰,等 . 以绿茶提取物取代咖啡因的能量型饮料研究,食品工业科技,2012,33(12):360-364.

[20] 茹元朴,陈君,张明辉,等 . 高效阴离子交换色谱-脉冲安培法测定母乳及婴儿配方粉中的唾液酸 . 食品与发酵工业,2021(11):221-226.

[21] 茹元朴,陈历俊,陈树兴,等 . 唾液酸及在母婴食品中的应用 . 中国食品学报,2022(2):402-412.

[22] 师雯,李洲. 中国功能饮料市场现状及发展趋势分析. 食品与发酵科技,2020,56(5):97-104.

[23] 史小才. 关于发展特殊用途饮料方向的探讨. 饮料工业,2014,10(17):1-2.

[24] 苏祖裴. 实用儿童营养学. 2 版. 北京:人民卫生出版社,1989.

[25] 苏祖裴. 实用儿童营养学. 3 版. 北京:人民卫生出版社,2009.

[26] 台一鸿. 婴幼儿食品研究进展. 食品安全导刊,2019(6):146-147.

[27] 唐峰. 儿童商品包装的三个要素. 包装世界,1997(2):24-24.

[28] 王放,王显伦. 食品营养保健原理及技术. 北京:中国轻工业出版社,1997.

[29] 王利平. 益生菌在婴幼儿食品中的应用现状. 食品安全导刊,2020(27):187.

[30] 王慕同. 喂养小儿营养配餐. 北京:科学普及出版社,1990.

[31] 王俏,王骁音,Tino Landl,等. 全球婴幼儿辅助食品发展状况与趋势. 中国妇幼健康研究,2021(12):1836-1842.

[32] 王薇. 国内外儿童食品发展的比较研究. 冷冻与速冻食品工业,2000(3):32-34.

[33] 文剑. 功能饮料市场现状及未来发展方向. 食品与发酵工业,2007,33(4):101-106.

[34] 肖军秀,王娟. 运动饮料的研究进展. 食品研究与开发,2019,40(4):220-224.

[35] 徐玉娟,张惠娜,张友胜,等. 运动饮料发展现状及趋势. 饮料工业,2006,9(7):3-6.

[36] 许克勇,叶孟韬. 麦芽低聚糖运动饮料的研制. 食品科学,1999(3):38-40.

[37] 杨昌举. 食品营养与消费. 北京:新时代出版社,1995.

[38] 杨桂馥. 软饮料工业手册. 北京:中国轻工业出版社,2002.

[39] 姚汉亭. 食品营养学. 北京:中国农业出版社,1995.

[40] 荫士安. 我国婴幼儿配方食品的历史以及相关标准的发展. 中国营养学会妇幼营养第七次全国学术会议暨换届选举会议,2010:9.

[41] 尹艳敏. 浅谈儿童饮料包装的设计. 美术大观,2007(5):95-95.

[42] 余洋. 运动中补水的作用和方法初探. 体育世界:学术版,2007(4):52-53.

[43] 张勇飞,许坤一,熊子仙. 婴幼儿食品发展战略初探. 云南师范大学学报,1994,14(3):82-87.

[44] 张芝芬,裘迪红. 我国婴幼儿断奶食品的发展现状. 广州食品工业科技,2000,16(1):61-63.

[45] 赵巧丽. 新型运动饮料的研究. 食品科学,1999(5):36-38.

[46] 郑建仙. 低能量食品. 北京:中国轻工业出版社,2001.

[47] 郑彦. 能量饮料将走向"绿色化"吗？——揭开美国绿茶能量饮料的面纱. 饮料工业,2007,(5):44.

[48] 中国营养学会. 中国居民膳食营养素参考摄入量. 北京:中国轻工业出版社,2000.

[49] 中国营养学会. 中国居民膳食营养素参考摄入量速查手册. 北京:中国标准出版社,2013.

[50] 朱会霞,孙金旭,王敏. 婴幼儿饮料的工艺研究,衡水学院学报,2005,7(1):26-28.

[51] Gisolfi C. Intestinal fluid absorption during exercise:Role of sport drink osmolality and [Na$^+$]. Medicine & Science in Sports & Exercise,2001,33(5):7-15.

[52] Kennedy K,Fewtrell M S,Morley R,et al. Double-blind,randomized trial of a

synthetic triacylglycerol in formula-fedterm infants: effects on stool biochemistry, stool characteristics, and bone mineralization. Am J Clin Nutr, 1999, 70(5):920-927.

[53] Kuchan M A, Masor M L, Porder D L, et al. Infant formula and methods of improving infant stool patterns. United States Patent 6, 2001,11(6):596,767.

[54] Melvin H. Williams Nutrition for Health, Fitness, & Sport. 7th ed. America:McGraw-Hill companies, 2005,8(8):348-353.

[55] Rutenberg D. Infant formula supplemented with phospholipids. United States Patent Application, 2005,6(23): 59-64.

[56] Speich M. Minerals ,trace elements and related biological variables in athletes and during physical activity. Clinical Chimica Acta,2001,15(312):1-11.

[57] Wong T M. Soy protein for infant formula. United States Patent Application, 2006,1(12): 125-127.

[58] Zimmer J P. Infant formula compositions containing lutein and zeaxanthin. United States Patent Application, 2003(6):133,157-161.

第 8 章

风味饮料

本章学习目的与要求

1. 了解风味饮料所包含的种类。
2. 掌握果味饮料、乳味饮料、茶味饮料、咖啡味饮料、风味水饮料和其他风味饮料的生产工艺。

主题词:果味饮料　乳味饮料　茶味饮料　咖啡味饮料　风味水饮料

风味饮料是以糖(包括食糖和淀粉糖)和(或)甜味剂、酸度调节剂、食用香精(料)等的一种或者多种作为调整风味的主要手段,经加工或发酵制成的液体饮料,如果味饮料、乳味饮料、茶味饮料、咖啡味饮料、风味水饮料、其他风味饮料等。

果味饮料是以食糖和(或)甜味剂、酸味剂、果汁、食用香精、茶或植物油抽提液等的全部或其中的部分为原料调制而成的果汁含量达不到水果饮料基本技术要求的饮料,有澄清和浑浊两种状态,碳酸化和非碳酸化两种类型。商业生产的果味饮料主要有甜橙、葡萄、柠檬、葡萄柚、苹果、菠萝、宽皮橘、醋栗、西洋李、欧洲黑莓和酸果蔓等。

乳味饮料是以食糖和(或)甜味剂、酸味剂、乳或乳制品、果汁、食用香精、茶或植物油抽提液等全部或其中部分为原料,经调制而成的乳蛋白含量达不到配制型含乳饮料基本技术要求的,或经发酵而成的乳蛋白含量达不到乳酸菌饮料基本技术要求的饮料。

茶味饮料是以茶或茶香精为主要赋香成分,茶多酚含量达不到茶饮料基本技术要求的饮料。

咖啡味饮料是以咖啡或咖啡香精为主要赋香成分,咖啡因含量达不到咖啡饮料基本技术要求的饮料,不含低咖啡因咖啡饮料。

风味水饮料是不经调色处理、不添加糖(包括食糖和淀粉糖)的风味饮料,如苏打水饮料、薄荷水饮料、玫瑰水饮料等。

其他风味饮料是指除上述 5 类之外的风味饮料。

在软饮料中常需添加少量的风味物质以增加口味。饮料中应用的各种风味物质包括天然风味物质、与天然风味相同的物质及人工合成风味物质。

天然风味物质是用植物成分或者有时也加一些动物产品直接或经过加工供人们使用的风味成分。例如橘子、香兰豆(兰科植物发酵的豆子)和烤咖啡豆。天然风味物质很少直接使用,而是经过萃取和蒸馏等加工工艺得到天然风味浓缩物后应用。从这些天然风味浓缩物中,很少分离出确定结构的化学物质,所以把这种物质叫天然风味物质。

与天然风味相同的物质有的是人工合成的,有的是化学方法从芳香性的原料中分离出来的。其特点是与天然风味物质化学性质一致,可以直接或间接使用。

从世界范围需求看,已有数百种人工合成的风味物质在使用,有一些用量较大,比如乙基香兰素、乙基麦芽酚,但是大多数风味物质用量有限,实际上使用数量在降低。除了不连续生产以外,这些物质一般经常在天然化合物中可以发现。不同的是这些物质是从外部加入一批物质内,需要毒理学评价,而且这些物质也只有通过审查才能使用。

8.1　果味饮料

8.1.1　果味饮料的原料

在果味饮料中,白砂糖是最主要的成分;苯甲酸钠被广泛用作防腐剂;常用的酸有柠檬酸、酒石酸、苹果酸、磷酸及乳酸等,其中柠檬酸使用最为广泛。此外,果味饮料的原料还有甜味剂、果汁、香精、色素等。

8.1.2　果味糖浆的调配

首先将已过滤的原糖浆转入配料罐中,当原糖浆达到一定容积时,在不断搅拌下,将所需各种配料按先后次序加入(如系固体,则应事先加水溶解过滤)。现将几种果味饮料中糖、酸及香精参考用量列于表8-1,供配方设计时参考。

表8-1　几种果味饮料品种中糖、酸及香精用量

果味饮料名称	含糖量/%	柠檬酸/(g/L)	国内香精参考用量/(g/L)
苹果饮料	9～12	1	0.75～1.5
香蕉饮料	11～12	0.15～0.25	0.75～1.5
杏饮料	11～12	0.3～0.85	0.75～1.5
黑加仑饮料	10～14	1	0.75～1.5
樱桃饮料	10～12	0.65～0.85	0.75～1.5
葡萄饮料	11～14	1	0.75～1.5
石榴饮料	10～14	0.85	0.75～1.5
可乐	11～12	磷酸 0.9～1	0.75～1.5
白柠檬饮料	9～12	1.25～3.1	0.75～1.5
柠檬饮料	9～12	1.25～3.1	0.75～1.5
橘子饮料	10～14	1.25	0.75～1.5
鲜橙饮料	11～14	1.25～1.75	0.75～1.5
杧果饮料	11～14	0.425～1.55	0.75～1.5
冰激凌	10～14	0.425	0.75～1.5
菠萝饮料	10～14	1.25～1.55	0.75～1.5
梨饮料	10～13	0.65～1.55	0.75～1.5
桑椹饮料	10～14	0.85～1.55	0.75～1.5
草莓饮料	10～14	0.425～1.75	0.75～1.5

8.1.3　果味饮料的加工工艺

8.1.3.1　荔枝干风味饮料

荔枝属于无患子科(Sapindaceae)荔枝属植物,在我国主要分布在广东、广西、福建、海南和台湾等地。

荔枝果肉中含糖丰富,还含有丰富的维生素 B_1、维生素 B_2、烟酸、柠檬酸、果胶及钙、磷、铁等,具有补充能量,增加营养的作用。

1. 工艺流程

荔枝干风味饮料加工工艺流程见图8-1。

图 8-1　荔枝干风味饮料加工工艺流程

2. 操作要点

(1)原汁制备 荔枝干原汁制备主要是对荔枝干中可溶性固形物进行提取,以热水作为浸提溶剂,料水比为 1∶8,浸提温度为 80 ℃,浸提时间为 60 min。可溶性固形物得率一般为60%～80%。

(2)除涩处理 可选用明胶、乙基麦芽酚、β-环状糊精除去或掩饰荔枝干原汁中的涩味。

(3)饮料的调配 影响荔枝干饮料风味的 3 个主要因素为荔枝干原汁含量、蔗糖添加量、柠檬酸添加量。饮料调配时其添加量一般为:原汁用量 100 kg,糖添加量 10 kg,酸添加量0.18 kg。

(4)灌装、杀菌、冷却 将灌装好的饮料放入杀菌锅内,100 ℃杀菌 20 min,迅速冷却至30～40 ℃。

8.1.3.2 果味荷叶汁清凉饮料

荷叶质脆、有清香味、味淡微涩,具有清暑利湿、生津止渴等功效。以荷叶为主要原料,可添加适量新鲜水果(菠萝)原汁及其他辅料,可研制出口感优良、风味独特、营养丰富、质量稳定的果味荷叶清凉饮料。

1. 工艺流程

果味荷叶汁清凉饮料加工工艺流程见图 8-2。

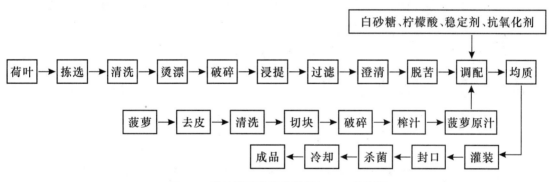

图 8-2 果味荷叶汁清凉饮料加工工艺流程

2. 操作要点

(1)菠萝汁的制备 菠萝去皮、清洗、切碎,置于打浆机中打浆、榨汁、过滤得菠萝原汁。滤渣中加入渣量 0.5 倍的去离子水,拌匀,过滤,合并二次滤液,经离心分离得清液,备用。

(2)荷叶的选择与清洗 选择叶大、完整、色绿、无斑点的新鲜荷叶,一般以刚出水面生长2～3 个月的荷叶为宜,清除荷叶表面的泥沙杂质,沥干水分。

(3)烫漂 将荷叶置于 100 ℃条件下,保持 40 s。

(4)破碎 将烫漂后的荷叶破碎成规格为长 1.5 cm×宽 1.5 cm 小片。

(5)浸提 提取水量为鲜荷叶重的 30 倍,提取温度 80 ℃,提取时间 1.5 h,提取液 pH 为6～6.9,在保温状态下进行,然后用纱布过滤去渣。

(6)冷冻澄清 浸提液冷却至室温后,将其放于 4 ℃左右的环境中冷藏 24 h,使沉淀自然析出,滤去沉淀,得澄清液。

（7）脱苦　在荷叶澄清液中加入麦芽糊精，以掩蔽荷叶汁中的苦味。

（8）调配　将荷叶汁、菠萝原汁、白砂糖、柠檬酸进行调配，并进行风味评分。

（9）均质　将调配好的饮料在 25 MPa 下进行均质，均质温度为 60～70 ℃，使各种营养成分均匀化，经均质的产品其稳定性得到进一步的保障。

（10）灌装、杀菌、冷却　将调配好的料液装入瓶，封盖，于 100 ℃灭菌 15 min，迅速冷却至室温。

（11）产品感官指标　色泽浅黄色，均匀一致，透明；滋味、气味纯正，无异味，具有荷叶、菠萝特有的混合香气，口感清凉，酸甜适口；组织状态清晰透明，无悬浮物和杂质，流动性好，不分层。

8.2　乳味饮料

乳味饮料是以牛乳或乳制品为主要原料的一种品质均一、清香纯正，集营养与保健于一体的液态蛋白食品。其主要成分是牛乳或乳粉，加入乳酸或其他酸味剂和糖液配制。其特点是酸甜可口，工艺相对简单。以酸性风味乳饮料为例说明乳味饮料的生产。

1. 工艺流程

乳味饮料加工工艺流程见图 8-3。

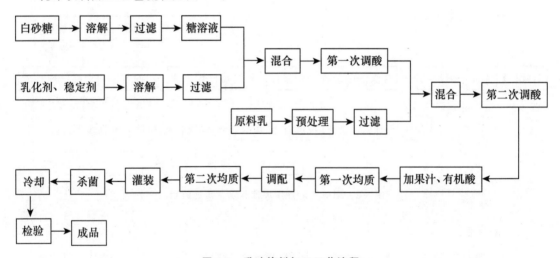

图 8-3　乳味饮料加工工艺流程

2. 操作要点

（1）糖溶液的配制　热溶法制备 25％糖溶液。

（2）配料液的制备　50～60 ℃条件下，将稳定剂、乳化剂等溶解、过滤，再与所制糖溶液充分混合，制成配料缓冲液。

（3）第一次调酸　对缓冲液添加柠檬酸、乳酸等进行第一次酸化处理，使酸化后的 pH 低于酪蛋白的最大凝聚 pH 范围，然后将其加入快速搅拌的原料乳中。

（4）原料乳预处理　乳制品可选用鲜乳、炼乳、全乳或脱脂乳粉等，单独或合用均可。一般选用脱脂鲜乳或脱脂乳粉，以防止制成的产品出现脂肪圈。

(5)第二次调酸　牛奶中加入配好后的配料缓冲液后,可通过第二次调酸工艺,即补加有机酸或果汁的方法,为了增加口感和风味,将饮料的 pH 调节到 3.2～4.0。

(6)第一次均质　将乳中脂肪球在强力的机械作用下破碎成小的脂肪球,目的是防止脂肪上浮分离,使稳定剂均匀分散于乳溶液中,并改善牛奶的消化吸收程度,酸性乳饮料的原料配合后,对混合原料用 14～20 MPa 的压力进行均质。经过均质,除组织状态好外,能增加其黏性,并对改善风味也有良好效果。

(7)调配　加入已溶解的食品添加剂,如巧克力香精或乳化纯奶香精、食用色素等配料,添加时,边搅拌边加入。

(8)第二次均质　将调配好的溶液加热到 50 ℃ 左右便进行二次均质,均质压力为 18～20 MPa,均质可充分发挥稳定剂的作用,并可使乳中蛋白质胶粒、其他食品添加剂均匀分散于饮料中。

(9)灌装　空瓶清洗消毒后,即可进行灌装,灌装要在短时间内完成,避免长时间灌装造成产品缺陷。

(10)杀菌　由于酸性乳饮料酸度较高,因此,可采用超高温瞬时杀菌,也可采用 85～95 ℃,保温 10～15 min 的杀菌条件。

(11)冷藏　在 2～4 ℃ 的温度下保存。

8.3　茶味饮料

茶味饮料以茶或茶香精为主要赋香成分,具有茶的独特风味,含有茶多酚、咖啡碱等茶叶有效成分,是清凉解渴的多功能饮料。

二维码 8-1
茶与茶饮料

8.3.1　普洱茶饮料

普洱茶集天然、营养、保健于一体,是液体茶饮料的极佳原料。

1. 工艺流程

普洱茶饮料加工工艺流程见图 8-4。

图 8-4　普洱茶饮料加工工艺流程

2. 操作要点

(1)原料的处理　直接用成品普洱茶浸提,不进行粉碎。

(2)茶汁萃取　去离子水调整 pH 至 5.0,加热至 85 ℃,恒温条件下以茶、水比例 1∶65 的热水循环对普洱茶提取,提取时间 20 min,再用 200 目筛过滤提取液。

(3)过滤　将提取的茶汁快速冷却到 15 ℃,用离心机在 7 000 r/min 下将茶汁中 95% 以上的茶乳酪除去。

(4)调配　加入少量白砂糖和维生素 C 等配料,进行混合调配,使其 pH 达到 6.0。

(5)超高温瞬时灭菌　灭菌温度 135 ℃,5 s 瞬时灭菌。

(6)灌装　将茶液冷却至 75 ℃,趁热灌装;杀菌,再冷却到 38 ℃以下,贴标、装箱、入库、贮存。

8.3.2　铁观音茶饮料

铁观音可分为安溪铁观音和台湾铁观音,以前者最为有名,有"美如观音重如铁"的赞语来形容它。铁观音外形条索圆结匀净,多呈螺旋形,身骨重实,色泽砂绿翠润,青腹绿蒂;香气清高馥郁,具天然兰花香;汤色清澈金黄;滋味醇厚甜鲜,入口微苦,立即转甘;耐冲泡,七泡尚有余香。

1. 工艺流程

铁观音茶饮料加工工艺流程见图 8-5。

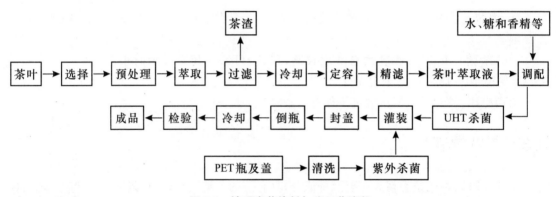

图 8-5　铁观音茶饮料加工工艺流程

2. 操作要点

(1)茶叶的选择和预处理　茶叶的选择一般以春茶的品质为最佳。天然茶树叶在萃取前用适当清水冲洗可除去相当一部分灰尘,降低茶汤萃取液中的浑浊和沉淀。

(2)萃取　茶叶与水按 1∶50 的比例进行萃取。萃取用水采用去离子水,保持萃取温度为75 ℃左右,搅拌萃取 15 min。

(3)过滤　萃取后用 300 目滤布过滤,滤液立即冷却。冷却后的茶叶萃取液按 20 g 茶叶萃取得 1 L 萃取液比例。

(4)精滤　采用板框式过滤机或超滤设备过滤,滤液澄清透明无沉淀。

(5)调配　过滤后的茶叶萃取液用去离子水、白砂糖、维生素 C、食用香精和碳酸氢钠等进行调配。

(6)杀菌　采用 UHT 超高温瞬时杀菌,杀菌温度 137 ℃,杀菌时间 15 s,热灌装温度 88～92 ℃。PET 瓶及盖先用清水冲洗,再用无菌灌装系统紫外杀菌 20～30 min。

8.3.3　茶味乳酸菌饮料

以乳酸菌发酵的酸奶和绿茶汤为主要原料,制备兼有酸乳风味和绿茶的独特风味,且具有双重保健功能的饮料。

1. 绿茶汁浸提工艺流程(图 8-6)

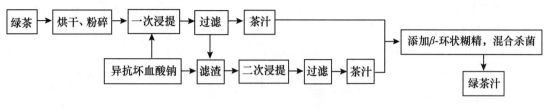

图 8-6　绿茶汁浸提工艺流程

2. 茶味乳酸菌饮料的加工工艺流程(图 8-7)

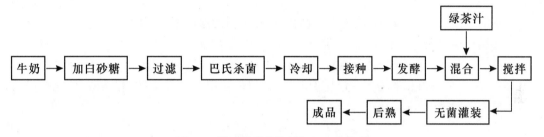

图 8-7　茶味乳酸菌饮料加工工艺流程

3. 操作要点

(1)绿茶汁的浸提

①烘干粉碎　剔除茶叶中杂质,将茶叶在 100 ℃条件下,15 min。冷却粉碎,其目的是破坏茶叶的粗硬组织结构,增加茶叶的表面积以提高浸提率。

②浸提　采用二次浸提方法。第一次浸提在 40 ℃条件下浸提 10 min。第二次浸提将滤渣在 90 ℃条件下浸提 10 min,将两次浸提得到的茶汁混合过滤。

③杀菌　杀菌条件为 115 ℃,15 min。

(2)酸奶的制备

①调配　向牛奶中加入 10%(质量分率)的白砂糖,过滤并进行巴氏杀菌。

②接种、发酵　接入 2%～5%乳酸菌发酵剂(保加利亚乳杆菌:嗜热链球菌＝1:1),在(43±1)℃条件下发酵 3～4 h,酸度达到 75 °T 左右,酸乳呈均匀凝乳状为止。

③冷却　迅速冷却至 15 ℃。

(3)混合　将不同比例的绿茶汁添加到酸奶中,进行充分混合。

(4)灌装、冷藏　在无菌间中进行灌装,在 0～5 ℃条件下冷藏。

8.3.4　茶米饮料

1. 工艺流程

(1)茶汤制备　乌龙茶→粉碎→浸提→过滤→离心→茶汤。

(2)米汤制备　糙米→洗净→晾干→烘烤→粉碎→调浆→糊化→酶解→灭酶处理→冷却、离心→取上清液(米汤)。

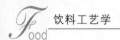

（3）茶米饮料制备 米汤、茶汤→调配→搅拌→装瓶→灭菌→冷却→成品→检测。

2. 操作要点

（1）茶汤制备

①茶叶粉碎 粉碎茶梗为 0.5～1.0 cm，茶叶粒径为 14～20 目。

②浸提 用 80～100 ℃水以茶水比为 1∶50 冲泡茶叶，并在水中浸提 15 min。

③离心过滤 5 000 r/min 条件下离心 15 min。

（2）米汤制备

①烘烤 温度 180 ℃下烘烤 20 min。

②调浆、糊化 用 100 ℃沸水以米水比为 1∶10 冲泡米粉，搅拌均匀后糊化，糊化过程中注意搅拌。

③酶解 加入一定量的 β-淀粉酶和糖化酶，在适当的温度下进行酶解反应。

④灭酶 酶解液加热至 100 ℃，进行 5 min 酶失活处理。

⑤离心 5 000 r/min 条件下离心 20 min，离心后取上清液得米汤。

（3）调配 将茶汤和米汤按一定比例混匀后，添加羧甲基纤维素钠、柠檬酸等，充分混匀，灌装，121 ℃下杀菌 5 min。

8.4 咖啡味饮料

咖啡味饮料是以咖啡豆和/或咖啡制品（研磨咖啡粉、咖啡的提取液或其浓缩液、速溶咖啡等）或咖啡香精为主要赋香成分，可添加食糖、乳和/或乳制品、植脂末、其他食品添加剂等，经加工制成的液体饮料。

8.4.1 咖啡味饮料

1. 工艺流程

咖啡味饮料加工工艺流程见图 8-8。

图 8-8 咖啡味饮料加工工艺流程

2. 操作要点

（1）咖啡浸提液的制取 咖啡液的抽提方法一般采用煮出式。因咖啡香气是易于挥发的，故抽提设备必须是密闭容器。在抽提的 80 ℃热水中加入 0.5％的 β-环状糊精，以利于增加咖啡可溶性成分及芳香物质的浸出。将热水的温度控制在 90～100 ℃范围内，加入咖啡粉，抽提 5～8 min，制备咖啡液。

（2）过滤、离心 咖啡液用板框压滤机压滤，分离出咖啡渣。也可采用双层纱布或布袋进行过滤。然后将滤液再用离心机进行离心处理，分离出较大颗料，澄清浸提液。

（3）混合 将所需白糖、稳定剂、乳化剂等分别用一定量的热水溶解，加入咖啡提取液中，均匀混合。

（4）灌装、密封、杀菌　趁热装罐、密封；及时进行杀菌，杀菌条件为 120 ℃，10 min。

8.4.2　红豆咖啡饮料

红豆营养丰富，含有丰富的碳水化合物、蛋白质、B 族维生素和钙、铁、磷等各种矿物质，以及各种人体必需的氨基酸和丰富的膳食纤维，并且具有补血、利尿消肿、促进心脏活化等功效。咖啡香气浓郁，风味独特，具有能加速大脑皮层和心血管兴奋，解除疲劳的功效。以二者为主要原料，配以柠檬酸、蔗糖，制备出一种新型的营养丰富、风味独特的红豆咖啡复合饮料。

1. 工艺流程

红豆咖啡饮料加工工艺流程见图 8-9。

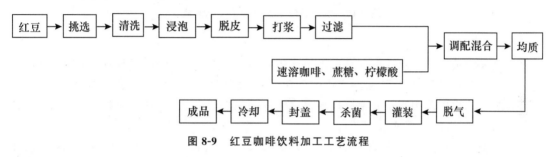

图 8-9　红豆咖啡饮料加工工艺流程

2. 操作要点

（1）挑选、清洗　挑选颗粒饱满、无霉变、无虫蛀的红豆，除去泥沙、石块、豆等杂物，并置于流动水中清洗。

（2）浸泡、脱皮　红豆和水以 1∶3 比例浸泡 12 h 左右，浸泡时用 5% 的 $NaHCO_3$ 溶液，以利于脱皮和压榨。待豆皮变软，立即去皮，然后用清水冲洗，滤水后备用。

（3）打浆、过滤　红豆和水按一定的比例打浆，用 120 目筛过滤，得到红豆汁液。

（4）调配　向红豆汁中添加咖啡、糖、酸调节口味。

（5）均质、脱气　将调配好的饮料放入高压均质机中均质和真空脱气机中脱气 3～5 min，均质目的是使其充分粉碎而不产生分层现象。

（6）灌装、杀菌　将饮料热灌装，并进行高温瞬时杀菌。

8.5　风味水饮料

风味水饮料是近年来流行于亚洲地区的一类新型饮料，其特点是在纯净水的基础上添加少量糖、酸、果汁或人参、杏仁叶等中草药提取物，以及各种营养物质加工而成。它是一种介于纯净水和果汁饮料、功能饮料等饮品之间的低热量产品，它既克服了纯净水口味枯燥、无味的感觉，又没有其他饮料口感重、高热量的特点，具有自然、健康、营养、清新的特点，得到广大消费者特别是年轻一代的青睐。

以下以蓝莓果味水饮料来讲述风味水饮料的加工工艺。

蓝莓为多年生落叶或常绿果树、灌木，果实为浆果。蓝莓果肉细腻，甜酸适中，且香爽宜人。以蓝莓果汁为主要原料，采用高温灌装技术生产出具有独特的芳香、优良的口感并具有果

汁饮品的营养功能的果味水饮料。

1. 工艺流程

蓝莓果味水饮料加工工艺流程见图 8-10。

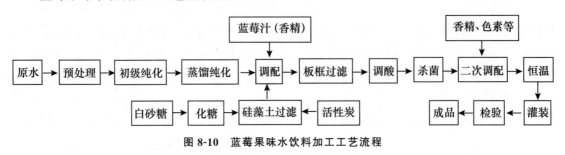

图 8-10　蓝莓果味水饮料加工工艺流程

2. 操作要点

(1)原水的预处理　原水可取自城市生活用水(自来水)或地下水,预处理工序包括砂滤、机械过滤、活性炭吸附等,主要去除水中的杂质颗粒、胶体颗粒、有机物、余氯及异味等。

(2)初级纯化　采用离子交换原理将水中大部分溶解性盐去除,使水质纯度大幅度提高,达到蒸馏处理所需的水质要求。

(3)蒸馏纯化　为确保水的纯度要求,应至少采取 2 次以上的蒸馏处理,即 2 次蒸馏或 3 次蒸馏。经过处理,可有效地去除水中残留的微粒杂质和溶解性无机盐。同时对水中的微生物、细菌也起到极好的杀灭去除作用。

(4)化糖　热熔法化糖,可加入白砂糖用量 1% 的化糖用粉末状活性炭,充分搅拌,并通过硅藻土过滤机过滤,完成后糖浆浓度为 55～60 °Bx。

(5)调配　通过板式热交换器升温,依次加入糖浆、果汁等,充分搅拌使之完全溶解。

(6)板框过滤　过滤介质选用棉质纤维板,在孔径为 0.22～5.0 μm 的微孔过滤,可分离料液中的微粒杂质、细菌等悬浮物,料液为透明、无味、无肉眼可视异物时移入缓冲罐。

(7)超高温瞬时灭菌　瞬时杀菌应以 121 ℃、4 s 为宜。加入适量的 β-环状糊精可以有效防止高温杀菌引起料液颜色变化及香气劣变的产生。

(8)二次调配、灌装　产品在泵入贮存罐后,可把食用香料等食品添加剂投放此罐中并充分搅拌使之完全溶解。采用高温灌装,要求液料的灌装温度不低于 85 ℃。

8.6　其他风味饮料

8.6.1　烤玉米风味饮料

烤玉米具有独特的乡土风味很受大众欢迎,用干玉米粒经适当工艺加工,可制成具有烤玉米风味的清凉饮料。

1. 工艺流程

烤玉米风味饮料加工工艺流程见图 8-11。

2. 操作要点

(1)浸泡　整粒玉米在 30 ℃水中浸泡 24 h,让玉米籽粒吸收部分水分,有利于烘烤时风味的产生及淀粉的糊化。

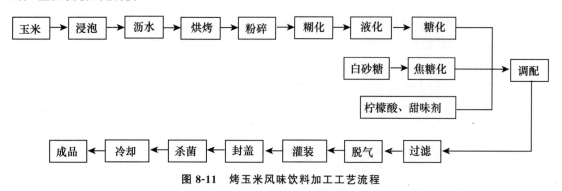

图 8-11　烤玉米风味饮料加工工艺流程

（2）烘烤　烘烤温度 200 ℃，15 min。玉米粒焦黄，有浓郁烘烤香味。

（3）液化　烤玉米粒粉碎过 20 目筛，用 4 倍水调成乳浆，并调节 pH 为 6.2～6.4，加入 0.1% $CaCl_2$，按 6 U/g 干物质加入 α-淀粉酶，加热至 85～90 ℃，保温液化。用碘试剂试验不变蓝时说明液化结束，大约需 60 min。

（4）糖化　将液化玉米乳过滤除渣，然后升温至 100 ℃、5 min 灭酶，再冷却至 60 ℃；调 pH 为 5.0～5.4，按 100 U/g 加糖化酶保温糖化，糖化时间大约 12 h。

（5）糖焦化　将优质白砂糖直接用铁锅在电炉上加热，控制糖浆温度 160～180 ℃，焦糖化时间 20 min。糖浆颜色变为棕红色，并有愉快焦糖香味。最后加水溶解。

（6）调配　30 g 玉米的糖化液与 20 g 白砂糖的焦糖溶液混合，再加入柠檬酸、蛋白糖等，加水至 1 L。

（7）杀菌　杀菌公式：$\dfrac{5\ \text{min—}20\ \text{min—}5\ \text{min}}{90\ ℃}$。

8.6.2　微细藻发酵风味饮料

以微细藻为原料的风味饮料是将蓝藻、小球藻等微细藻类的细胞壁破坏（加酶分解）后，加酵母发酵，除去乙醇，加入调味料、赋香剂等，风味优良。

1. 工艺流程

微细藻发酵风味饮料加工工艺流程见图 8-12。

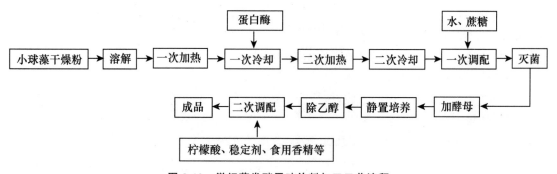

图 8-12　微细藻发酵风味饮料加工工艺流程

2. 操作要点

(1)加热　小球藻干燥粉 20 g,加水 500 mL,加温到 90～92 ℃。

(2)加酶　冷却到 50～60 ℃时加入蛋白酶 100 mg,边搅拌边保温 4～5 h。

(3)二次加热、冷却　再加热到 90～92 ℃,冷却至室温过夜。

(4)一次调配　取上清液 300 mL,加水到 450 mL,加蔗糖 40 g。

(5)灭菌　常法加热灭菌。

(6)加酵母　冷却,加酵母,25～30 ℃静置培养 2～3 d。

(7)除乙醇　采用减压蒸馏的方法去除乙醇。

(8)二次调配　残留液中加入柠檬酸、苹果酸、葡萄糖、果糖、甜菊苷、β-环状糊精、适量药人参、蜜糖、维生素 B_1、维生素 B_2、乳酸钙、香料等。

8.6.3　野菊花风味饮料

野菊花又名山野菊、路边菊等,为菊科菊属多年生草本植物,分布于东北、华北、华中、华南及西南等地,具有极佳的药用保健功效和极高的饮用价值,其风味饮料是一种保健饮品。

茉莉花属于木樨科茉莉属,原产印度。其香气纯正优雅,为香料工业最名贵的产品之一,目前我国主要用于提取茉莉花浸膏、净油、薰蒸制作花茶等。

1. 工艺流程

野菊花风味饮料加工工艺流程见图 8-13。

图 8-13　野菊花风味饮料加工工艺流程

2. 操作要点

(1)浸泡　取商品菊花,花与水的比例为 1∶200,先用去离子水 85 ℃浸泡,加 NaHCO₃将 pH 调为 8.1～8.3,浸泡 5 min,然后冷却到 30 ℃,加维生素 C 调 pH 为 6.2 左右即可。

茉莉花的浸泡方法同菊花。

(2)调配　菊花液∶茉莉液 = 4∶1、白糖 4.5%、蜂蜜 0.5%、β-环状糊精 0.05%、异抗坏血酸钠 0.01%,少量菊花香精和薄荷香精。

(3)冷却静置　冷却至室温后放入冷库中静置。

(4)精滤　冷却后的清液采用砂芯过滤器过滤。

(5)脱气　为去除液体中的气体,保持产品良好的外观,防止杀菌、灌装产生大量气泡,进行真空脱气。

(6)灭菌　脱气后的饮料进行 UHT 杀菌,杀菌条件为 135 ℃,10 s。

8.6.4　米乳乳酸发酵饮料

1. 工艺流程

米乳乳酸发酵饮料加工工艺流程见图 8-14。

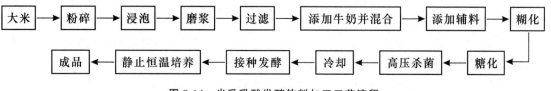

图 8-14　米乳乳酸发酵饮料加工工艺流程

2. 操作要点

(1)原料的选择与处理　选择颗粒饱满且无霉变的粳米,经粉碎后,按米粉∶水＝1∶(5～15)的比例在室温下浸泡 2 h 使其完全浸透。

(2)磨浆和过滤　用胶体磨将浸泡过的米粉磨浆循环 3 次后,用 60 目的筛子过滤浆液。

(3)添加辅料　将米浆和牛奶按比例混合配成发酵基质,再按发酵基质质量的 5%～8% 添加糖类。

(4)糊化　糊化温度为 70～80 ℃,糊化时间为 20 min。

(5)糖化　添加 α-淀粉酶,在 80～90 ℃液化 7～10 h。

(6)灭菌　121 ℃下高压灭菌 15 min,自然冷却。

(7)接种发酵　将灭菌后的料汁冷却至 40～45 ℃,在无菌操作条件下按 5%接种发酵剂。在(41±1)℃的恒温箱培养,酸度达 85～105 °T 时,终止发酵。

8.6.5　玉米饮料

玉米是我国主要的粮食作物之一,有较高的营养价值,含有人体必需的不饱和脂肪酸,具有防止高血压、冠心病和细胞衰老的作用。以玉米为主要原料,经过液化、糖化及烘烤技术等工艺,并辅以适当的食品添加剂,制备出纯天然玉米饮料。

1. 工艺流程

玉米风味饮料加工工艺流程见图 8-15。

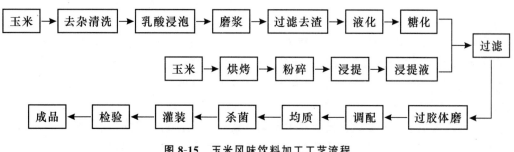

图 8-15　玉米风味饮料加工工艺流程

2. 操作要点

(1)选料　选用颗粒饱满、无虫蛀、无霉变的玉米粒,并除去杂质。

(2)浸泡　用加过 0.2%乳酸的 60 ℃左右热水浸泡 4 h,使其组织软化,加入乳酸的目的是为了易于脱去种皮、胚芽,提高出汁率,去除过多的脂肪。

(3)磨浆　浸泡后去除种皮、胚芽,加 4 倍水用打浆机打浆,经 20 目筛过滤。

(4)液化　将滤液中加 0.4%的 α-淀粉酶进行液化,其中 α-淀粉酶分两次加,首先加入 2/3 的 α-淀粉酶,并加入 0.2%的氯化钙;然后升温到 85~95 ℃,加入剩余的 1/3 的 α-淀粉酶,保温 30 min,进行碘液检查。

(5)糖化　将温度降至 60 ℃,调 pH 为 4.5~4.7,加入 0.5%的糖化酶,保温 4 h,使糖度达 18 °Bx。

(6)烘烤　将另一部分玉米在 150 ℃烘箱中烘烤 20 min,使玉米呈现暗黄色,去除生异味,展现出焦香气为止,然后进行粉碎。

(7)浸提　将粉碎后的玉米加入 6 倍水进行浸提,保留浸提液。

(8)细磨　将玉米糖化液和玉米浸提液按 1∶1 混合,然后过胶体磨进行细磨。

(9)调配　将 0.1%的蔗糖酯,0.3%的复合稳定剂,0.1%的食盐加入玉米混合液中,若甜度不足用白砂糖补足,调整 pH 4.0 左右。

(10)均质　将混合后的料液在 60 ℃左右,20~40 MPa 压力条件下泵入均质机进行均质。

(11)灌装杀菌　将料液保温在 80~85 ℃条件下,趁热灌装,采用 121 ℃,3 s 的高温瞬时杀菌,然后冷却、检验、贴标即可。

思考题

1. 简述果味饮料、乳味饮料、茶味饮料、咖啡味饮料、风味水饮料的概念与产品特点。
2. 根据所学知识,请设计出几种不同类型的风味饮料。

推荐学生参考书

[1] 崔波. 饮料工艺学. 北京:科学出版社,2014.

[2] 阮美娟,徐怀德. 饮料工艺学. 北京:中国轻工业出版社,2013.

参考文献

[1] 程春生,覃宇悦. 普洱茶饮料的研制. 食品工业科技,2006(9):140-141.

[2] 方元超,王玮,马胜学. 铁观音茶饮料的研制. 中国食品添加剂,2005(5):36-39.

[3] 冯卫华,许克勇,高晗,等. 烤玉米风味饮料的研制. 食品科技,1999(1):40.

[4] 傅冬和,王芳,郝翻,等. 茶米饮料加工工艺研究. 食品工业科技,2007(7):134-136,139.

[5] 高慧娟,王春晖. 酸性乳饮料稳定性的研究. 河西学院学报,2005,21(2):99-102.

[6] 黑泽雄一郎. 微细藻发酵风味饮料. 酿酒科技,1993(5):85.

[7] 胡永金,朱仁俊,武岳. 米乳乳酸发酵饮料工艺研究. 现代食品科技,2010,26(4):396-399.

[8] 华民,冯小华. 猕猴桃保健饮料的研制. 饮料工业,2008,11(6):27-28.

[9] 黄艾祥,卢昭芬. 酸性风味乳饮料的加工. 中国奶牛,2000(4):47-48.

[10] 蒋刚. 酸性乳饮料的研究开发. 乳品开发,2005(4):50-51.

[11] 林琼晞,关捷心,杨程,等. 大麦发酵饮料的制备及其风味物质分析. 粮食与食品工业,2021,28(2):40-44.

[12] 刘海娜.淀粉酶酶解改善马铃薯全粉加工汁液风味及其发酵乳饮料的制备.雅安:四川农业大学,2017.

[13] 彭凌,周华竞.果味荷叶汁清凉饮料的研制.食品工业科技,2003(4):41-44.

[14] 唐小俊,池建伟,张名位,等.荔枝干风味饮料的研制.食品工业科技,2005,26(9):137-139.

[15] 韦公远.果味荷叶汁清凉饮料的研制.农产品加工,2011(6):42.

[16] 谢霖,熊勇,程朝阳,等.新型饮料——果味水.食品工业科技,2000,21(5):79-81.

[17] 阳丽红,赵华杰,周子萱,等.白桃风味近水饮料贮存过程中的风味稳定性研究.食品与发酵工业,2022,48(23):242-248.

[18] 杨雁,吴荣书.红豆咖啡复合饮料的研制.食品与发酵科技,2013,49(3):60-63.

[19] 易能,姜发堂.咖啡液体饮料.饮料工业,1998,1(3):41-42.

[20] 岳春,黄振华,陈传阳.野菊花保健饮料的研制.食品科学,2003(11):68-70.

[21] 岳春,李畅,魏晓.玉米饮料的研制.食品工业科技,2003,24(1):67-68.

[22] 张丽萍,刘瑞玲,孟祥红,等.益生菌发酵猕猴桃果渣饮料及其营养品质与风味分析.食品工业科技,2022,43(20):252-262.

[23] 张一江.茶味乳酸菌饮料的研制.食品研究与开发,2004,25(1):71-73.

第 9 章

茶饮料

本章学习目的与要求

1. 了解茶饮料的特点和分类。
2. 熟悉茶饮料的一般生产工艺与常规技术要求。
3. 掌握罐装茶水的一般工艺及产品特点。
4. 掌握速溶茶的一般工艺及产品特点。

主题词:茶饮料 可溶性化学成分 纯茶饮料 调味茶饮料 速溶茶

9.1　茶饮料的概念与分类

9.1.1　茶饮料的定义

茶饮料(tea beverages)是指以茶叶的水提取液或其浓缩液、茶粉等为原料,经加工制成的饮料。茶饮料含有一定分量的天然茶多酚、咖啡碱等茶叶有效成分,既具有茶叶的独特风味,又兼具营养、保健功效,是一类天然、安全、清凉解渴的多功能饮料。

9.1.2　茶饮料的功效

茶饮料的特殊功效主要源于茶叶经热水萃取并能溶于水中(茶汤)的可溶性成分。不同含量和比例的可溶性成分是茶饮料加工的主要原料,其品质高低决定了茶饮料的品质。

9.1.2.1　茶汤中主要化学成分及功能

1. 茶多酚类

茶叶的多酚类物质主要由儿茶素(catechins)、黄酮醇类(flavonols)、花青素(leucoanthocyanins)、酚酸(phenolic acids)4 类成分组成。茶多酚类在茶饮料中含量为 50～80 mg/mL,它是茶饮料中滋味鲜爽浓厚的主要成分之一,儿茶素是茶多酚类的主要成分之一,占茶多酚的 60%～70%。儿茶素由十多种成分组成,主要包括－EGC、＋C、－EC、－EGCG、－ECG(C 代表儿茶素、E 代表顺式、G 代表没食子基或没食子酰基)等。在茶饮料中,儿茶素含量为 35～50 mg/100 mL。

目前对茶多酚的药理作用研究较多,主要药理作用如下。

(1)对自由基的消除作用　可广泛地消除体内的自由基,属极强的消除有害自由基的天然物质。

(2)抗衰老作用　自由基理论认为,细胞代谢过程中连续不断产生的具有高度活性的自由基与细胞自身的抗氧化酶系 GSH-PX(谷胱甘肽-氧化酶)和 SOD(超氧化物歧化酶)不断消除作用的失衡,使自由基浓度过剩。自由基及其诱导的氧化反应会引起膜脂质的氧化损伤和交联键的形成,其结果降低了 GSH-PX 和 SOD 的活性,使核酸代谢发生误差,溶酶体内衰老色素和脂褐素堆积,致使细胞衰老。研究表明,茶多酚能提高 GSH-PX 和 SOD 的活性,降低细胞的 LPO(脂质过氧化物),延缓心肌脂褐素(LF)的形成,因而具有延缓细胞衰老的作用。

(3)抗辐射作用　辐射对机体损伤的机理主要是通过间接作用即自由基引起的。研究表明,茶多酚对辐射损伤的保护作用途径之一是通过 GSH-PX 和 SOD 发生作用的。

(4)抑癌作用　茶多酚抑癌作用机制与茶多酚对肿瘤细胞 DNA 生物合成的抑制有关,二者呈明显的量效关系,即茶多酚的量越多,它对 DNA 生物合成抑制率越高。茶多酚的抑制作用还与内含儿茶素的量尤其是酯型儿茶素的量有密切关系。各种儿茶素的抑制作用按如下次序递减:EGCG＞ECG＞EGC＞EC。

(5)抗菌、杀菌作用　研究发现茶多酚对人轮状病毒 Wa 株有抑制作用,当茶多酚浓度在 1∶8(茶多酚∶水)时,可完全抑制 Wa 株病毒。L-EGC 和 L-EGCG 具有抑制伤寒、副伤寒、霍乱和痢疾的作用,只要浓度达到 5～10 mg/mL 时抑菌作用即显著。

2. 生物碱

茶饮料中生物碱的含量为 15～25 mg/100 mL,它包括咖啡碱、可可碱、茶叶碱,其中咖啡碱占 80%～90%。生物碱是茶饮料滋味、苦味及功能成分的重要组成之一。茶咖啡碱的药理作用如下。

(1)兴奋作用　咖啡碱具有兴奋中枢神经系统的作用,可提高思维效率。

(2)利尿作用　咖啡碱的这种作用是通过肾促进尿液中水的滤出率来实现的。此外,咖啡碱的刺激膀胱作用也协助利尿。茶咖啡碱的利尿作用也有助于醒酒,解除酒精毒害。因为茶咖啡碱能提高肝脏对物质的代谢能力,增强血液循环,把血液中的酒精排出体外,缓和与消除由酒精所引起的刺激,解除酒毒;同时因为咖啡碱有强心、利尿作用,能刺激肾脏使酒精从小便中迅速排出。

(3)强心解痉,松弛平滑肌的作用　据研究,如给心脏病人喝茶,能使病人的心脏指数、脉搏指数、氧消耗和血液的吸氧量都得到显著提高。这些都同茶叶中咖啡碱、茶叶碱的药理作用有关,特别是与咖啡碱的松弛平滑肌的作用密切相关。咖啡碱具有松弛平滑肌的功效,因而可使冠状动脉松弛,促进血液循环。在心绞痛和心肌梗死的治疗中,茶叶可起到良好的辅助作用。

(4)助消化作用　咖啡碱的刺激作用可提高胃液的分泌量,从而增进食欲,帮助消化。

茶叶中除了数量较多的咖啡碱以外,还有少量的茶叶碱和可可碱,它们也具有咖啡碱的上述作用,有的作用甚至比咖啡碱还要强(表 9-1)。

表 9-1　茶叶中 3 种生物碱的药理作用比较

生物碱	茶叶中一般含量/%	兴奋中枢	兴奋心脏	松弛平滑肌	利尿
咖啡碱	2～5	+++	+	+	+
茶叶碱	约 0.05	++	+++	+++	+++
可可碱	约 0.002	+	++	++	++

3. 蛋白质和氨基酸

茶叶中的蛋白质几乎不溶于热水,仅有少量的可溶性蛋白质存在于茶汤中。茶汤中含有 12 种氨基酸组分,其中最主要的是茶氨酸(theanine),在茶饮料中氨基酸含量占 8～25 mg/100 mL,氨基酸是饮料滋味鲜爽醇和的重要组成之一。

4. 可溶性糖

存在于茶汤中的碳水化合物主要是还原糖、可溶性果胶,还有少量可溶性的淀粉。在茶饮料中可溶性糖含量为 20～25 mg/100 mL,它是构成茶饮料滋味与醇和的重要组成之一。

5. 色素

茶饮料中的色素组分在不同的茶类中有较大的不同,在绿茶饮料中其色素主要由茶多酚类中呈黄绿色的黄酮醇类和花青素及花黄素组成,叶绿素不溶于水,故不构成绿茶饮料的色泽。乌龙茶和红茶饮料中其色素主要由茶多酚类的氧化产物,如茶黄素、花红素、茶褐素等组成,茶黄素和茶红素不仅构成了乌龙茶和红茶饮料色泽的明亮度和强度,而且也是茶饮料滋味鲜爽和浓度的重要组成之一。

6. 维生素

维生素 C 可溶于热水,但维生素 C 容易氧化而破坏,在绿茶饮料中存在着少量维生素 C,而乌龙茶和红茶饮料中,由于乌龙茶和红茶是经过发酵工艺加工而成,维生素 C 在发酵过程中被大量破坏,因此,乌龙茶和红茶饮料中维生素 C 含量极低(除非人工进行添加)。B 族维生素一般不溶于热水,故在茶饮料中一般不含 B 族维生素。

7. 矿物质

茶叶含有几十种矿物质元素,其中大部分可溶于热水。在茶饮料中一般含有 K、Ca、Mg、Zn、Al、Mn、Fe、Cu、F、Se 等几十种矿物质元素,一般含矿物质元素为 8.0～15.0 mg/100 mL,其中以钾的含量最高,占 50%～70%。

8. 香气物质

茶叶中含有几百种香气物质,它们大部分是在制茶加工过程中形成的。在提取过程中,一部分香气物质可溶于热水中,一部分香气物质则呈气态挥发。茶叶中香气物质对温度十分敏感,在茶饮料加工过程中,特别是杀菌过程中香气物质发生了复杂的化学变化,造成茶饮料香气严重恶化。经高温杀菌后(121 ℃,8 min),乌龙茶和红茶饮料的香气成分呈现出减少的趋势,且含量和比例发生了较大的变化,失去新鲜及花香风味,形成了不愉快的"熟汤味";绿茶饮料经高温杀菌后,"甘薯味"明显。因而茶饮料加工尽可能减少热处理时间,采用超高压瞬时杀菌技术非常必要。

茶叶中可溶性化学物质依不同的品种、产地、贮存时间、加工方法、季节等因素,其组成成分的含量和比例有很大的不同,从而形成了不同的品质和风味(香气、滋味、色泽)特征的茶饮料产品。因此,正确地选择茶叶原料(包括速溶茶、茶浓缩汁),是茶饮料加工的关键技术之一。

9.1.2.2　茶饮料对人体健康的作用

1. 补充人体水分

茶饮料和其他软饮料一样,具有良好的迅速补充人体水分的作用。

2. 增加营养物质

茶叶中含有丰富的营养物质,六大营养素含量齐全,其中特别是维生素、氨基酸、矿物质含量丰富,不仅种类多,而且含量高,常饮可以增加营养,促进身体健康。

3. 医疗保健作用

茶饮料以茶叶为主要原料,含有茶多酚、咖啡碱、茶碱、可可碱、茶色素等多种保健和药用成分。现代研究证实,常饮对人体有良好的医疗保健效果。

9.1.3　茶饮料的分类

根据 GB/T 10789—2015《饮料通则》和 GB/T 21733—2008《茶饮料》,茶饮料因原辅料种类和加工方法不同分为 4 大类,即茶饮料(茶汤)、茶浓缩液、调味茶饮料和复(混)合茶饮料,其中调味茶饮料又进一步分为果汁茶饮料和果味茶饮料、奶茶饮料和奶味茶饮料、碳酸茶饮料和其他调味茶饮料 4 类。

9.1.3.1　茶饮料

茶饮料(tea beverage)又称茶汤,是指以茶叶的水提取液或其浓缩液、茶粉等为原料,经加

工制成的,保持原茶汁应有风味的液体饮料,可添加少量的食糖和(或)甜味剂。如绿茶、红茶、乌龙茶等。

9.1.3.2 茶浓缩液

茶浓缩液(concentrated tea beverage)是采用物理方法从茶叶的水提取液中除去一定比例的水分经加工制成,加水复原后具有原茶汁应有风味的液态制品。

9.1.3.3 调味茶饮料

调味茶饮料(flavored tea beverage)分为以下 4 类。

1. 果汁茶饮料和果味茶饮料

以茶叶的水提取液或其浓缩液、茶粉等为原料,加入果汁、食糖和(或)甜味剂、食用果味香精等的一种或几种调制而成的液体饮料。

2. 奶茶饮料和奶味茶饮料

以茶叶的水提取液或其浓缩液、茶粉等为原料,加入乳或乳制品、食糖和(或)甜味剂、食用奶味香精等的一种或几种调制而成的液体饮料。

3. 碳酸茶饮料

以茶叶的水提取液或其浓缩液、茶粉等为原料,加入二氧化碳气,食糖和(或)甜味剂、食用香精等调制而成的液体饮料。

4. 其他调味茶饮料

以茶叶的水提取液或其浓缩液、茶粉等为原料,加入食品配料调味,且为上述 3 类调味茶以外的饮料。

9.1.3.4 复(混)合茶饮料

复(混)合茶饮料(blended tea beverage)是以茶叶和植(谷)物的水提取液或其浓缩液、干燥粉为原料加工制成的,具有茶与植(谷)物混合风味的液体饮料。

9.1.4 茶饮料产品质量标准

茶饮料生产企业必须执行 GB 7101—2015《食品安全国家标准 饮料》,可根据国家标准制定和实施企业标准,但产品感官指标、理化指标、卫生指标必须达到或略高于国家标准。以下标准可供制定和实施企业标准时参考。

9.1.4.1 感官指标

茶饮料感官要求见表 9-2。

表 9-2　茶饮料感官要求

项目	纯茶饮料	调味茶饮料				复(混)合茶饮料
		果味茶饮料	果汁茶饮料	碳酸茶饮料	含乳茶饮料	
色泽	乌龙茶、红茶呈棕红色,绿茶呈黄绿色	乌龙茶、红茶呈红棕色,绿茶呈黄绿色	具有该品种果汁和茶应有的混合色泽	呈红棕色或该品种应有的色泽	呈浅绿或浅棕	具有该品种应有的色泽

续表9-2

| 项目 | 纯茶饮料 | 调味茶饮料 | | | | 复(混) |
		果味茶饮料	果汁茶饮料	碳酸茶饮料	含乳茶饮料	合茶饮料
香气与滋味	具有该茶种应有的芳香味,略带苦涩味	具有类似该品种果汁和茶的混合香气和滋味,甜酸适口	具有该品种果汁和茶的混合香气和滋味,甜酸适口	具有该品种应有的香气和滋味,甜酸适口,爽口、有清凉感	具有茶和奶混合的香气和滋味,甜酸适口	具有该品种应有的香气和滋味,无异味,味感纯正
外观	清澈透明	清澈透明	清澈透明或略带浑浊,允许有少量果肉沉淀	清澈透明	乳浊液久置后允许有少量沉淀,振荡后,仍呈均匀状乳浊液	清澈透明或略带浑浊
杂质	均无肉眼可见的外来杂质					

9.1.4.2　理化指标

茶饮料理化指标见表 9-3。

表 9-3　茶饮料理化指标

| 项目 | | 纯茶饮料 | 调味茶饮料 | | | | 复(混) |
			果味茶饮料	果汁茶饮料	碳酸气茶饮料	含乳茶饮料	合茶饮料
可溶性固形物(20 ℃折光计法)/%		≥0.5	≥4.5	≥4.5	≥4.5	≥4.5	≥4.5
总酸(以一个分子水柠檬酸计)/(g/L)		—	≥0.6	≥0.6	≥0.6	—	—
pH		5.0~7.5	<4.5	<4.5	<4.5	5.0~7.5	—
茶多酚/(mg/L)	绿茶	≥500					
	乌龙茶	≥400	≥200	≥200	≥100	≥200	≥150
	红茶	≥300					
咖啡因/(mg/L)	绿茶	≥60					
	乌龙茶	≥50	≥35	≥35	≥20	≥35	≥25
	红茶	≥40					
二氧化碳气容量(20 ℃时容积倍数)		—	—	—	≥1.5		
果汁含量/%		—	—	≥5.0	—	—	
蛋白质含量/%		—	—	—	—	≥0.5	
食品添加剂		按 GB 2760—2014 规定					

9.1.4.3　卫生指标

茶饮料卫生指标见表 9-4。

表 9-4　茶饮料卫生指标

项　目	指标
砷(以 As 计)/(mg/L)	≤0.2
铅(以 Pb 计)/(mg/L)	≤0.3
铜(以 Cu 计)/(mg/L)	≤5.0
菌落总数/(CFU/mL)	≤100
大肠菌群/(MPN/100 mL)	≤6
霉菌、酵母/(CFU/mL)	≤10
致病菌(沙门菌、志贺菌、金色葡萄球菌)	不得检出

9.2　茶饮料的生产工艺

　　茶叶因具有公认的保健功效而正受到世界范围的普遍关注,传统的采用沸水冲泡、慢慢品尝的饮茶方式已不能适应现代生活快节奏的要求,茶饮料的消费方式符合了现代生活方式的要求。健康、时尚是茶饮料吸引消费者的主要原因。近年来茶饮料发展迅猛,已成为饮料的一个重要增长点。茶饮料行业发展现状分析调查表明,茶饮料消费女性略多于男性,喝茶饮料不发胖是女性多于男性选择茶饮料的主要原因,而且女性对茶饮料具有保健特性的认知度高于男性也是其更多青睐茶饮料的原因之一。从年龄来看,15～24 岁的消费者是茶饮料的主要目标消费群,其次是 25～34 岁的消费者。这 2 个年龄段成为茶饮料的消费主体,与碳酸饮料和包装水的主要消费群差异不大。

　　茶饮料加工是指采用鲜茶叶经初、精制后,经提取分离得到茶汁,按科学配方进行调配、灌装、杀菌等操作,得到的仍保留茶的特有色、香、味的一种新型饮料的工艺过程,以及利用提取得到的茶汁经过滤、浓缩、干燥等操作得到的固体饮料的工艺过程。研究茶饮料及其加工工艺,探讨茶饮料消费新领域,是茶叶深加工面临的新课题。

9.2.1　液体茶饮料加工工艺

9.2.1.1　罐装茶水

　　罐装茶水是一种纯茶饮料,目前大部分是乌龙茶,另有少量红、绿茶。这一产品的出现彻底改变了过去那种烦琐的茶叶冲泡和饮用方式,保持了原茶汤风味,加工简便,成本低廉,无合成色素及各种常规饮料的添加剂,产品清澈,清洁卫生,不污染环境,营养丰富,具有保健作用,适合机械化生产,适应了现代生活快节奏的步伐,因此深受消费者的欢迎。

　　罐装茶水的加工工艺,一般分为浸提、过滤、调制、加热、装罐、充氮、密封、灭菌、冷却等工序。茶叶浸提用去离子纯水,茶与水的比例为 1∶100,水温 80～90 ℃,浸提 3～5 min,经过粗滤和细滤,冷却后即成原液。然后调成饮用浓度,加入一定量的碳酸氢钠,将茶水调 pH 为6～6.5,再加抗坏血酸钠作为抗氧化剂,防止茶水氧化,再加热到 90～95 ℃,趁热装罐,并向罐内充氮气取代顶隙间的空气,最后封罐,将封好口的罐放入高压锅内经 115～120 ℃杀菌 7～20 min,冷却即成。

1. 罐装乌龙茶水

罐装乌龙茶水选用福建省所产乌龙茶加工而成,是日本茶叶饮料中最畅销的产品之一,销售量逐年递增。

(1)主要原辅料

①茶叶 由我国福建省所产乌龙茶为主料:其中三级色种占 70%,三级水仙占 30%。要求必须采用当年加工的新茶,品质未劣变,不含其他茶类及非茶杂质,无金属及化学污染,无农药残留,色、香、味正常,主要成分保存完好。

②冲泡用水 罐装茶水用水要求十分严格,因为水质的优劣直接影响着茶水的质量。为此,水质除符合国家饮用水卫生标准外,还必须除去其中金属元素,尤其是铁元素,即使微量也不允许其存在,否则将会造成茶汁浑浊。

③转溶剂 茶叶中的某些物质在一定条件下会产生浑浊,俗称冷后浑,因此,必须加入转溶物质予以去除。

④抗氧剂 灌装茶水需保持一定时间的货架寿命。添加抗氧化剂,在于抑制茶叶中的物质氧化,避免茶水变色,影响其品质。

(2)工艺操作要点 以日本伊滕园罐装乌龙茶水生产线为例,其操作要点如下。

①茶汤制备 按配方下料,将茶叶进行浸提。为了防止茶叶在浸提中汤液色变,使用的水质必须是经过严格处理去除金属离子并经检验合格的纯水。浸泡时水温必须在 90 ℃以上,浸泡时间为 5 min 左右,浸泡中进行搅拌,让茶叶中有效物质大量浸出。

②过滤 浸泡茶叶必须进行有效的过滤,去除茶渣和有关物质。首先用不锈钢过滤器过滤,将茶渣全部去掉;再用工业滤布进行过滤,去除细小杂质;最后用 200 目尼龙布过滤;让其冷却即为原液。

③原液调制 将萃取并经过滤的原料,用除去金属离子的纯水稀释到一般饮用浓度。然后添加极微量的碳酸氢钠,将茶汁 pH 调节到 6～6.5。为了保持茶汤汤色,防止褐变,最后添加适量的 L-抗坏血酸,起抗氧化作用。

④装罐充氮 茶汤原液调制后,再通过热交换器加热到 90～95 ℃,趁热装入罐内。为了保持茶汤原有的色、香、味,防止变质,除了去除听内氧气外,还应充入一定数量的氮气,并立即卷边封口。

⑤高压灭菌 灌装茶水封罐后,放进杀菌锅内进行高压灭菌。在 115 ℃时杀菌 20 min 或 120 ℃杀菌 7 min。制品冷却后即为成品。

2. 罐装绿茶水

罐装绿茶水是继罐装乌龙茶后推出的又一纯天然茶水品种。然而,由于绿茶本身内在成分所决定,在加工中,特别是在技术上有些问题尚待研究解决,以达到良好的品质和风味。

(1)主要原料 各品种绿茶均可,一般应以炒青绿茶为主。这是由于炒青绿茶具有原料来源广泛、成本低廉的特点。必须采用当年加工的新茶,品质未有劣变,以三、四级茶为主,不含茶类及非茶类杂物,无污染,色、香、味品质正常,茶叶主要成分保存完好。其他原辅料与罐装乌龙茶相似。

(2)操作要点 罐装绿茶水加工工艺与乌龙茶加工近似。工艺流程可见罐装乌龙茶加工工艺。其生产过程的操作要点如下。

①原液制备　将已备好的茶叶,按配比称好,盛于不锈钢容器或陶制容器中,用90～95 ℃去离子纯水浸泡3～5 min,其茶水比例以1∶100为好。

②过滤　浸提后,先用不锈钢的茶滤器过滤,去除茶渣后,再用200目的滤布过滤,以除去茶汤中的微粒、杂质、浑浊物,使茶汤清澈明亮。

③调料　于茶汤中先添加0.03%L-抗坏血酸钠,作为抗氧化剂。如绿茶茶汤偏酸,还必须加入碳酸氢钠中和,使pH为5.71～6.07。

④装罐　将调好的茶水,立即加热到90 ℃,趁热装罐,在罐与盖的间隙,以40 mL/s的速度充氮20 s,使氮气代替罐内液面上空间的空气,然后立即卷边封口。

⑤杀菌　充氮密封的茶水罐头,宜在115 ℃的高压蒸汽锅中灭菌20 min后,放于冷水中冷却,即为成品。

9.2.1.2　茶叶碳酸饮料

茶叶碳酸饮料是指含有二氧化碳的茶饮料,又称为茶汽水,通常由红、绿茶提取液、水、甜味剂、酸味剂、增香剂、着色剂等成分调配后,加入符合卫生要求的二氧化碳水,混合灌装而成。除了含有汽水的一般成分外,还含有多种茶的有效成分,具有香气浓郁、滋味可口的特点,是一种清热解渴、清心提神、消除疲劳的清凉饮料。

1. 茶叶碳酸饮料一般生产工艺

与一般碳酸饮料一样,国内生产茶叶碳酸饮料也有一次灌装法(一步法)和二次灌装法(二步法)2种方法。

(1)一步法　此法是将茶汁、糖浆、水进行配料、消毒、混合、冷冻后,压入CO_2,灌装压盖而成。其特点是:①茶汽水全部冷却,杀口感强;②茶汽水配制过程中各种物质混合均匀,不受灌装影响,品质稳定;③各种成分一起混合,所产生的沉淀可过滤除去;④整机各系统都易黏附糖浆,极易被细菌污染,影响饮料品质;⑤罐装系统溢出的都是成品,损失率较大。一步法工艺流程如图9-1所示。

(2)二步法　此法是将茶汁及糖浆等原料进行混合,经灭菌后成为浓缩液,按规定量先入瓶,再将水冷冻,充入CO_2后,再灌入预先装好浓缩液的瓶内,最后压盖而成(图9-2)。此法特点是:①灌装时成品损失较少;②整机各系统容易冲洗,不易受细菌污染;③浓缩浆定量不大准确,成品质量不稳定;④浓缩浆未经冷冻,CO_2溶解较差,瓶内压力不足。

2. 碳酸茶饮料工艺操作要点

碳酸茶饮料生产工艺应严格按下述操作要点进行。

(1)设备清洗消毒　凡是用作碳酸茶饮料的生产用具、机械和设备等,均需先用自来水冲洗数次,有的还需刷洗,最后用灭菌过滤水反复冲洗备用。

(2)空瓶清洗　灌装用瓶,需先用2%～3% NaOH溶液于50 ℃温度下浸5～20 min,而后用棕毛刷或刷瓶机内外刷洗干净,再用灭菌水冲洗数次,使瓶内外清洁,不留残渣,倒立在沥瓶机上沥干,灯检后备用。

(3)茶汁提取　按配方称取检验符合标准的茶叶,放在干净容器内。用沸水(90～95 ℃)浸泡5～10 min。后经反复过滤,滤汁要澄清,无茶渣残留于内。再与糖浆混合,即为茶叶碳酸饮料的基本原料,又称为原汁或母液。

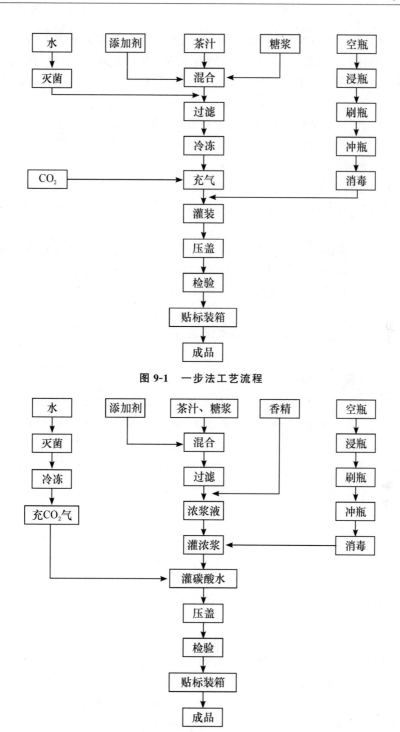

图 9-1　一步法工艺流程

图 9-2　二步法工艺流程

（4）溶糖　溶糖方法有热溶法和冷溶法两种。为了保证质量，一般应采用热溶法，溶时将配制成的 75% 浓糖液投入锅内，边加热边搅拌，升温至沸，撇除浮在液面上的泡沫。然后维持沸腾 5 min，以达到杀菌的目的。取出冷却到 70 ℃，保温 2 h，使蔗糖不断转化为还原糖，再冷却到 30 ℃ 以下为止。

（5）用水处理　茶叶碳酸饮料品质的优劣,主要条件之一是水的质量。因此,作为茶饮料用水必须经过澄清、过滤、软化、灭菌等过程,然后经冷冻机降温到 $3\sim5$ ℃,称为冷冻水,再把冷冻水经汽水混合机,在一定压力下形成雾状,与二氧化碳混合形成理想的碳酸水,灌入茶叶饮料中。

（6）糖浆配制　糖浆配制时的加料顺序十分重要。加料次序不当,将有可能失去各原料应起的作用。根据茶叶饮料的特殊性,其投料顺序应为:茶汁→糖液→防腐剂液→香精→着色剂液→抗氧剂→加水到规定容积。

按上述配制顺序将各种原料逐一加入,要求糖浆混合均匀,但不宜过分搅拌。否则,易使糖浆吸收空气,影响灌装和成品质量。配制好的糖浆应测定其浓度,经检验确定符合质量要求后才能使用。

（7）灌装　对于二步法,先将茶糖浆注入贮液桶内,送入灌装机中定量灌装,小瓶（250 mL）加入 $30\sim50$ mL,大瓶（500 mL）加入 $60\sim100$ mL,再将已充入二氧化碳气的碳酸水,输送到灌装机中,注入装有茶糖浆的饮料瓶中,立即封口。若采用一步法,则需按茶水比例一次配成灌装。

（8）检验装箱　每批产品生产后,均应按食品卫生标准进行感官和理化检测。符合标准后,贴标装箱。

9.2.1.3　茶叶保健饮料

茶叶保健饮料是以茶叶为主料,有针对性地添加中草药或植物性原料加工而成的,营养丰富,且有一定疗效作用。例如茶叶可乐,它是以优质红茶为原料,辅以天然植物及中草药原料,借鉴可乐的风味,经精加工而成的一种碳酸型饮料,内含多种氨基酸、维生素和矿物质,此外还含有茶多酚、咖啡碱等多种药用成分。饮后具有清凉解渴,提神益智,消除疲劳,消暑解毒,帮助消化等功能,常饮还能去脂减肥,防治龋齿,清心明目等。

1. 主要原辅料

（1）茶叶　选用优质红茶为主要原料。要求品质正常,不霉变,无异味,不含其他茶类及非茶类夹杂物;主要成分保存完好。

（2）中草药及植物性原料

①肉桂　其药理作用有通脉、止痛、治胃腹冷痛、健胃祛风、镇静、解热、增强消化功能;可排除消化道积气等。

②当归　其药理作用有治贫血、血虚头痛、润燥滑肠、跌打损伤。

③茯苓　其药理作用有利水渗湿、健脾和胃、宁心安神、水肿腹满、食少脘闷、大便泄泻等。

④甘草　其药理作用有止痛、祛痰止咳、解毒,可治疗咽喉肿痛以及用做药物和食物中毒的解毒等。

酸度调节剂、防腐剂、抗氧化剂、食品香料等其他辅料要求与一般饮料相同,此处不再赘述。

2. 操作要点

以茶叶可乐为例,其操作要点如下。

（1）用具、设备处理　凡是生产所用机械、用具、设备等,均需先用温水冲刷干净,再用清水反复清洗,有的还需蒸汽消毒。然后沥去水滴,达到无菌、清洁为止。

（2）用水处理　凡用作茶叶饮料用水,都必须经过沉淀、澄清、消毒、软化和过滤等过程,再通过冷冻机冷却到 5 ℃备用。

（3）配料　按以下顺序进行配料。①按配方规定,准确称取原辅料,同时进行感官审评,确认原辅材料合格,无变质现象。②按规定量加水煮沸后,加入砂糖,溶化成液体,再加辅料后煮沸,趁热过滤,可得糖浆。③茶汁提取(方法见茶汽水)。④中药材用沸水熬煮萃取,以沸腾后计算时间,每次 30 min,连续 3 次,每次滤液混合均匀备用。⑤将以上糖浆、茶液、药汁以及其他原料,按要求含量配成茶叶可乐原液。

（4）灌装　将茶叶可乐原液输送到灌浆机中,定量灌浆。然后汽水混合,将碳酸水灌入盛有茶叶可乐原液的瓶中,立即压盖密封。

（5）检验　每批产品根据产品卫生标准进行外观、理化、卫生检测,合格者贴上标签。

9.2.1.4　调味茶饮料

调味茶饮料的加工可以根据需要、口味和爱好,加入各种所需的辅料和配料。如美国人喜饮冰柠檬红茶,英国人喜饮热牛奶红茶,摩洛哥人喜饮薄荷绿茶,中国少数民族地区人民喜饮酥油茶或奶茶等,都可以根据不同消费者的喜爱嗜好进行配方。其工艺可参照灌装茶水和碳酸茶饮料的工艺流程及操作要点。

9.2.2　速溶茶的加工工艺

速溶茶是以成品茶、半成品茶、茶叶副产品或鲜茶叶为原料,通过提取、过滤、浓缩、干燥等工艺过程,加工成一种易溶于水而无茶渣的颗粒状或粉状的新型饮料,具有冲饮、携带方便,无农药残留等优点。当前速溶茶常见的有速溶红茶、速溶绿茶、速溶铁观音、速溶乌龙茶、速溶茉莉花茶、速溶普洱茶等。添料调配茶有含糖的红茶、绿茶、乌龙茶以及柠檬红茶、奶茶、各种果味速溶茶。

各种速溶茶就其溶解性而言有冷溶和热溶两种类型。国际市场上速溶茶的价格约为干茶的 10 倍。越是发达国家消费量越大,如美国速溶茶消费量约占茶叶消费量的 1/3,每年达 3 万 t 左右。其他发达国家如英国、日本、德国等的市场上,速溶茶销售量也有增加趋势。

我国速溶茶的研制和生产,于 20 世纪 70 年代末和 80 年代初在上海、长沙、杭州开始进行,干制方式采用真空冷冻干燥和喷雾干燥,这 2 种速溶茶产品都有各自的特点:真空冷冻干燥产品,由于干燥过程在低温状态下进行,茶叶的香气损失少,并保持原茶的香味,但干燥时间长、能耗大、成本高;喷雾干燥的产品在高温条件下雾化迅速干燥,芳香物质损失,外形呈颗粒状,流动性能好,成本低。2 种干燥方法的产品,其干燥成本前者是后者的 6~7 倍,因此,国内外生产速溶茶产品都广泛使用喷雾干燥方法。

9.2.2.1　速溶茶的产品种类

1. 速溶红茶

速溶红茶是以红茶为原料或在加工过程中通过转化将非红茶原料加工成具有红茶特征的速溶茶,其特点是汤色红明、香气鲜爽、滋味醇厚。

2. 速溶绿茶

速溶绿茶是以绿茶或鲜茶叶为原料,经萃取、浓缩、干燥等工艺而成,品质特点具有绿茶的风味,即汤色黄而明亮、香气较鲜爽、滋味浓厚。

3. 速溶花茶

速溶花茶是以各种花茶为原料,或以鲜花和茶叶为原料经加工而成,品质特点是具有花茶风味,即冲泡后汤色明亮,有明显的花香,滋味浓。如中国土产畜产进出口公司的新芽牌速溶茉莉花茶。

4. 调味速溶茶

调味速溶茶是在速溶茶基础上发展起来的配制茶。起初,多用来做夏季清凉饮料,加冰冲饮,故称冰茶。冰茶除速溶茶部分外,还要加糖、香料或果汁等,其风味可根据需要调制。目前市场上有种类丰富的调味速溶茶。

9.2.2.2　速溶茶的产品特点

速溶茶之所以能够得到很大发展,这与它本身固有的特点是分不开的。速溶茶是茶叶深加工产物,原料来源广泛,不受产地限制,既可直接取材于中低档成品红、绿茶,也可以鲜叶或半成品茶为原料,有利于产茶国或非产茶国生产;速溶茶成品既可直接饮用又可与水果汁、糖等辅料调配饮用,从而能满足不同消费者的需要;速溶茶符合食品卫生安全要求,原料中所带的重金属、砂石和农药残留物等在速溶茶加工过程中均随叶渣一起除去。可以说,速溶茶几乎没有污染成分,是一种比较纯净的饮品;生产容易实现机械化、自动化和连续化;体积较小,包装牢固,分量轻,运费少,饮用方便,既可冷饮又可热饮,又无去渣烦恼,符合现代生活快节奏的需要。

9.2.2.3　速溶茶的加工工艺

1. 速溶茶的一般加工工艺

无论是速溶红茶还是速溶绿茶,其一般工艺流程为:原料选择→预处理→提取→净化→浓缩→干燥→包装→成品。

速溶茶的一般工艺操作要点如下。

(1)原料选择与预处理　在非产茶国如美国、英国等只能是进口散装成品茶,以此为原料进行生产。在茶叶生产国也可用鲜叶或半成品茶作原料生产速溶茶。这样比非产茶国用成品茶加工速溶茶的加工过程更为合理。因为干燥费用减少,运费也可以减少。在速溶茶生产中原料的选择是至关重要的,这不仅对品质有重要的影响,而且也与其经济效益密切相关。将不同特点的地区茶、季节茶或不同级别的茶进行适当混配,可较好地解决品质与效益之间的关系。如制造速溶红茶,配搭 10%～15% 的绿茶,可以明显改进汤色,并提高产品的鲜爽度;如选用茶叶的副产品或中低档茶作原料,常用原料中有效成分较低和各成分协调性差,使其品质粗涩、香气差;为使品质提高,并有可观的经济效益,可在茶叶副产品或低档茶中加入 20%～30% 的中高档茶;又如在绿茶中加入 30% 左右红茶,成品则有乌龙茶风味;如选用鲜茶叶或绿茶加工成红茶速溶茶则需转化。

原料选定后要进行破碎处理,以增大茶叶同溶剂接触表面积,提高可溶物的浸出率。因为茶叶有效成分的提取率同固液两相接触面和浓度差呈线性关系。一般轧碎程度掌握在 50 目并用不锈钢筛筛滤。

(2)提取　速溶茶加工中提取工序至关重要。速溶茶风味好坏与所提取的成分关系密切。有些成分易于提取,如香气成分和鲜味成分,另一些成分则较难提取。所以提取操作应用得当,不仅可获得较高的提取率,还可得到良好的品质。

影响提取工艺的主要因素有提取方法、茶水比、提取次数和时间等。

①提取方法 有沸水冲泡提取和连续抽提2种。沸水冲泡提取的茶水比为1∶(12～20),连续抽提的茶水比为1∶9。沸水冲泡提取的浓度为1%～5%,连续抽提的提取液浓度可达到15%～20%。

②提取时茶水比 实践证明,提取时茶水比越大,提取率越高。但浸提用水太多,会导致提取液浓度的降低,给浓缩工序带来负担,能耗也大。与此同时,在长时间的浓缩过程中,茶叶中的有关成分在水热条件下会发生变化,大量的芳香物质将随水分的蒸发被带走,造成浓缩液失去茶香,相伴产生不清鲜的熟汤味,降低了成品品质。为此,提取时的茶水比在1∶(6～12)较好。

③提取次数 如果用1∶8的茶水比分2次提取,第一次提取15 min,第二次为10 min,则基本上提净了水浸出物。然而原料老嫩不同,第一次提取率各不相同,其规律是随原料嫩度下降,提取量相应提高。一般低档茶提取一次即可。

④提取时间 一般提取时间与浸出量关系不明显。茶水比为1∶12,浸提10 min的浸出量为68.17%;浸提40 min,浸出量69.94%。由此可见,提取时间在达到一定的要求之后,影响就不大了。相反,茶叶长时间处在水热焖蒸状态下会造成提取液色泽泛黄,成品品质不好。所以,提取时间以10～15 min为宜。

(3)净化与浓缩 所谓净化就是除杂、除沉过程。在抽提液中常有少量茶叶碎片悬浮物,抽提液经冷却后又常有少量冷不溶性物质,为了保证在用冷水或硬水冲泡时也有明亮的汤色和鲜爽度,必须在浓缩前将提取液进行净化,去掉杂质。

目前,净化方法主要有2种:一种是采用物理方法,如离心、过滤等;另一种是化学方法,这主要是针对冷不溶性物质的沉淀部分经适当的化学处理,促使这部分物质转溶。

经过净化后的提取液一般浓度较低,必须加以浓缩以提高固形物浓度,使其增加到20%～48%,既可提高干燥效率,也可获得低密度的颗粒速溶茶。

目前浓缩的方法有真空浓缩、冷冻浓缩和膜浓缩3种。主要原理是利用液固两相在分配上的某些差异,而获得溶质和溶剂的分离方法,可以取得不同浓度的浓缩液。由于茶叶中的可溶物质在高温下长期受热时,易受到破坏、变性、氧化等,所以茶可溶物在浓缩时,要充分考虑温时效应,从茶叶的安全性看,要求"低温短时"。目前在速溶茶生产上使用最多的是真空浓缩、膜浓缩方法,其特点是不加热或低温加热,不存在相变过程,是一种对茶叶品质有利的浓缩方法。

(4)干燥 干燥工序不仅对制品的内在品质有影响,而且对制品的外形及速溶性等也有重要影响。目前常用的干燥方法有喷雾干燥和冷冻干燥。2种干燥方法各有其特点。由于2种干燥方法的成本相差很大,冷冻干燥法是喷雾干燥法的6～7倍,因此,喷雾干燥至今仍然是国内外速溶茶加工的主要方法。

总之,不论采用哪种方法干燥,速溶茶成品都应尽可能不破坏茶叶的固有品质,具有较低的密度,每100 mL只有9～15 g,一般粒径控制在200～500 μm,以满足商业上的一般要求。

速溶茶的密度与茶溶液中溶存的果胶含量有密切关系,当果胶含量低于固形物重量0.2%时,密度就难以达到上述标准,如果果胶含量超过2.0%,这样的速溶茶在冷的硬水中就无法溶解。因此,果胶含量是衡量速溶茶密度的指标之一,一般在1.0%以上。

(5)包装　速溶茶是一种疏松的小颗粒,因此它对异味尤为敏感,更易吸潮,即使轻度吸湿也会结块变质,香气损失,汤色变深,严重吸潮时会变成似沥青状,不堪饮用。因此,包装速溶茶的环境必须注意控制温、湿度,一般温度应小于 20 ℃,相对湿度低于 60%。包装方式宜用轻便包装材料,常用的为轻量瓶、铝箔塑料袋等。

2. 速溶乌龙茶加工工艺

速溶茶生产工艺常因当地的经济条件、技术力量及原料来源等原因,不可能完全一致。下面是福建省安溪茶厂的速溶乌龙茶生产工艺流程及工艺要点,仅供参考。

(1)工艺流程　速溶乌龙茶是以安溪乌龙茶为原料,采用国产设备,按以下工艺流程生产:
原料茶处理→抽提→冷却→过滤→离心→浓缩→干燥→包装→成品。

(2)工艺要点

①原料处理　乌龙茶的原料都比较粗大,一般要求轧碎,茶梗为 0.5～1.0 cm,叶茶粒度在 14～20 目。

②提取　本工艺采用高效密闭加压循环连续提取,提取时间 10 min,水温在 95～100 ℃,压力控制在 186.3～205.9 kPa。提取液在密闭系统中冷却后进入下一道工序。

③离心过滤　由于提取液含有部分残渣和不溶性杂质,因此需离心过滤。经冷却的提取液用压力泵输入过滤器,在 245.2 kPa 压力下过滤,滤液再经转速为 2 600 r/min 的离心机澄清。

④浓缩　在喷雾干燥前经过离心过滤后的茶提取液,还需浓缩以减轻干燥的负荷。本工艺浓缩工序采用薄膜蒸发浓缩,料液进入蒸发器的锥体盘后,在离心力作用下使料液分布于锥盘外表面,形成 0.1 mm 厚的液膜,在 1 s 内经蒸汽加热蒸发水分。受热温度 45～50 ℃,一次浓缩可将固形物含量提高 1 倍。

⑤干燥　一般采用喷雾干燥方法。为了获得不同产品粒度、密度及含水量,应对固形物含量适当(40%～50%)的料液进料量、热风分配和离心喷头的旋转速度(即改变压缩空气压力,常用 294.2～392.3 kPa)等进行合理调控。应严格控制热空气的进出口温度,进口温度一般为 250 ℃左右,出口温度为 80～100 ℃。

⑥包装　选择具有良好的防潮和密封性能的材料,在低温、低湿条件下迅速包装。

3. 调味速溶茶加工工艺

调味速溶茶又称混合速溶茶或冰茶。它是以速溶茶为原料,加入适当其他可溶性成分加工而成的。最初,人们在夏季饮用速溶茶时加冰作为清凉饮料,由此取名冰茶。以后随着人们的爱好的不同添加物也各不相同,果汁、香料、糖、奶等,多数不加冰。因此,称作调味速溶茶更为贴切。

调味速溶茶的加工可归纳为简易法、直接法和拼配法 3 种。

(1)简易法　简易法是按制定的配方比例,取用浓缩后的抽提液与糖、食用酸、香精及其他添加剂经拌匀压成颗粒烘干即可。德国葛朗多斯牌速溶茶即是属于此类加工的产品。按此类方法生产调味速溶茶可无须喷雾干燥等设备,操作简单。

(2)直接法　完全按照生产速溶茶的方法来制造调味速溶茶称为直接法,只需在速溶茶生产过程中,浓缩后喷雾干燥前,按比例加入其他配料,然后喷雾干燥而成即可。如果添加的不是可溶性物质,而是某种中草药或其他待提取的原料,也可与茶叶按一定比例拼配直接在提取时加入,按速溶茶工艺加工即可。

(3)拼配法 拼配法是直接取速溶茶粉与其他配料按比例混合包装而成。这是当前许多国家生产调味速溶茶的主要方法。拼配法生产工艺简单,投资费用少,成品风味改型快,因此是许多小型厂家首选的方法。

9.2.2.4 速溶茶生产中几个值得研究的问题

转化、转溶和增香是速溶茶制造中几个值得研究的问题,对速溶茶品质的改进及其品质形成机制的研究,有着十分重要的意义。

1. 转化

生产速溶茶的原料有绿茶、鲜叶和未"发酵"半成品,为了使提取液完成发酵过程,必须通过酶的作用或加入氧化剂来完成,前者称为酶法转化,后者称为化学转化。

酶法转化是将利用天然植物或微生物生产的酶制剂与未发酵的混合液放在一起,在30℃振荡保温1.5~2.0 h,就能起到从绿茶变红茶的转化作用,其转化速度与酶活性大小、基质浓度、溶解氧浓度以及温度、pH有关。酶制剂是通过交联、包埋、吸附等方法固定到适当载体上制成的固定化酶。

化学转化即用氧化剂来完成的转化过程。这是一种氧化反应,必须有氧化剂参加。常用的氧化剂有氧、臭氧和过氧化氢。化学转化的速度取决于氧化剂的种类、用量、茶叶的类型、茶内多酚类物质的浓度以及转化温度等条件。

两种转化方法相比,酶法转化条件温和,是一种生化反应过程,尤其是由天然多酚氧化酶引起的偶联氧化反应能使茶黄素的氧化与氨基酸的还原同时发生,有利于香气的改善,使反应产物更接近茶叶风味。

化学转化的突出优点是简单易行。但转化过程中茶黄素只经历单纯的氧化,促使茶红素增多。随着酸性茶红素的形成,抽提液的pH有所下降。一般用KOH回调pH为8.8,但这会使汤色变暗,茶味偏涩,香气也较差。生产实践中常通过漂色、添加适当的呈味物或采用调香技术加以改进,也可以拼配一些优质速溶茶。

2. 转溶

红茶在冲泡后,由于多酚类化合物和咖啡碱二者分子内和分子间的氢键缔合形成一种乳凝状胶体化合物(冷后浑),使颗粒红茶无法溶解于冷水和硬水之中,加牛奶冲泡时,浑浊会更为严重。因此,汤色浑浊的速溶茶,不仅有损外观,还影响滋味和香气,故有必要进行转溶。

(1)冷后浑产生的实质 茶汤中的各种有机化合物,大多带有数量不等的极性基团,其中以酮基和羟基最多。在一定条件下,它们之间能形成氢键。

所谓氢键,就是氢原子同时和两个电负性很大而原子半径较小的氧(氟、氮)原子间的结合力,结合力越大,分子越稳定。

冷后浑是咖啡碱与茶黄素和茶红素分子间或分子内靠氢键缔合形成的一种大分子化合物所引起的。分子间氢键的缔合不仅单个分子间进行,往往还可以多个汇集到一起,因此极性基团减少,非极性基团增加,粒径也就随之变大。当缔合物粒径达到$10^{-7}\sim10^{-5}$ cm时,茶汤就不再是透明的真溶液了,而显示出典型的胶体特征。如果缔合物不断膨大,细微的胶粒就会云集絮凝,甚至在重力场下内聚沉。这就是所谓的冷后浑。

(2)冷后浑解决办法 要提高速溶茶的溶解性,可以通过生物化学的酶解方法,也可以通

过化学方法引入适当的极性基团使溶质离子化,从而使极性加强造成同性电荷相互排斥,这两条途径都能起到茶乳酪转溶的作用;也有将组成茶乳酪的任何一方乃至茶乳酪本身都加以抽除,以期控制氢键的缔合度,防止胶粒和絮凝的形成。

①酶法转溶　酶是生物体内具有高度催化活性的特殊蛋白质。酶促反应条件温和,底物专一性强,副反应少,催化效率特别高。所以,酶法转溶是一种有前途的方法。

酶法转溶主要采用多酚酶,多酚酶能切断儿茶素与没食子酸的酯键,释放没食子酸。解离的没食子酸阴离子又能同茶黄素、茶红素竞争咖啡碱,形成分子质量较小的水溶物;它的阳离子(H^+)可在通氧搅拌条件下,加碱(KOH)中和,以免汤色变暗。

②碱法转溶　茶叶抽提液中,茶红素占多酚类化合物的70%左右,它与咖啡碱缔合形成的茶乳酪在冷水中也最难溶解。如果将沉淀物离心出来加苛性碱处理,易转溶于冷水。一方面,由于苛性碱解离的羟基带有明显的极性,能插进茶乳酪复杂分子,打开氢键,并且跟茶红素等多酚类竞争咖啡碱,重新组合小分子水溶物;另一方面,苛性碱的使用,又会使汤色变暗,这主要是茶红素的碱金属盐使汤色转深;苛性碱会促进多酚类和茶黄素深度氧化成茶红素,使汤色转深。因此,碱法转溶时,通入氧、臭氧或过氧化氢等氧化剂漂色就成了必不可少的辅助手段。另外,用食用酸将pH回调到5.2左右,也可以消除茶汤的碱味。

③冷冻离心　茶乳酪也可以不经任何转溶处理,直接通过冷冻离心去除。这种方法在制造冷溶型速溶茶的初期曾一度使用,茶味略显淡薄,但产品不带异味,处理技术也比较简单。

④浓度抑制　茶乳酪的形成是因为多酚类与咖啡碱络合形成大分子絮状沉淀的结果。因此,可以在乳酪形成前,用化学或物理的方法去除部分多酚类和咖啡碱,以遏制茶乳酪的絮凝和聚沉。

冷冻离心和浓度抑制的处理方法,其缺点均为牺牲茶叶的有效可溶物以换取最终产品的澄清度。

3. 增香

速溶茶的增香包括去杂留香、香气回收和人工调香等复杂技术,涉及天然香气的分离、提纯,以及人工合成等整个领域,许多手段尚在摸索中。

(1)去杂留香　中、低档茶的最初抽提部分约占总抽提液的6%,粗老气比较明显,接着提取约10%的抽提液,不仅茶味浓,而且香气鲜爽;再提取约14%的低香抽提液;其余都是无香气部分,大致占抽提液总体积的70%。合并粗老气和低香、无香这几部分抽提液,经过真空浓缩就可以冲淡粗老气。然后将浓缩液连同香气鲜爽、茶味浓郁的精华部分一道干燥,就可制成品质高于原茶的优质速溶茶。

(2)香气回收　速溶茶加工过程中,香气损失是很难避免的。目前,主要运用分馏——冷凝法回收香气,也可以用色谱装置回收香气。

(3)人工调香　加工速溶茶,香气主要损耗在抽提、浓缩和干燥等过程,尤其是用低档茶原料加工速溶茶时,不仅涉及去杂留香与回收香气的问题,更需要适当增香,以弥补香韵的不足。实践证明,"人工调香"确实是一种改进和提高速溶茶香气的有效措施。

人工调香需在实验室摸索茶香的组成和香型的特征,然后将各种香气成分按不同浓度和配比调配加入速溶茶中。

(4)微胶囊增香技术　采用微胶囊技术将茶叶的香气组分包裹起来,以减少在加工过程中的损失,可以达到增香的目的。

9.3 茶饮料的生产实例

9.3.1 绿茶汽水

炎热夏季,茶汽水是一种既能很好地补充人体水分,又具有利尿、降低体温、消除疲劳等作用的饮料。其主要组成成分为绿茶、糖、有机酸,饮品具有绿茶清香味,酸甜适宜,杀口感强,呈黄绿色,澄清透明无浑浊,茶多酚含量≥100 mg/L。

绿茶萃取工艺:茶叶与水的比例为1∶30,萃取温度85 ℃,萃取时间10 min,经过2次萃取后,合并萃取液用250目尼龙布过滤除渣。

底浆调配、碳酸化、灌装等参照碳酸饮料生产。产品卫生指标和食品添加剂均符合 GB 7101—2022《食品安全国家标准 饮料》和 GB 2760—2014《食品安全国家标准 食品添加剂使用标准》的规定。

9.3.2 荞麦茶-乌龙茶混合饮料

利用荞麦茶营养丰富,香气浓郁的特点,将其与乌龙茶混合制成风味独特、深受消费者喜爱的新型复合茶饮料。具体制作方法是:将荞麦和乌龙茶混合,于85 ℃热水中浸提,两者配合比例为90∶30或70∶20之间。然后将浸提混合液,经过调配、过滤、灭菌、充氮、装罐、密封、包装等工序,制成既具备荞麦茶香气,又具有乌龙茶风味的新型复合茶饮料。该茶饮料,由于营养丰富,品质风味独特,饮用方便,深受广大青少年消费者喜爱。

9.3.3 茶乳晶

茶乳晶是一种固体饮料。茶乳晶又因茶汁的提取方法不同而分为红茶乳晶和绿茶乳晶。现将制造工艺和品质特征介绍如下。

9.3.3.1 茶乳晶加工工艺

由茶鲜叶直接制取红、绿茶的可溶性成分,然后配以牛奶(炼乳)、蔗糖、葡萄糖等,经真空干燥制成速溶饮料。其工艺流程为:

流程1:茶鲜叶→萎凋→揉捻→转子机切碎→适度发酵→榨汁→加适量牛奶、糖等→真空干燥→冷却粉碎→包装→成品。

流程2:茶鲜叶→萎凋→锤击机(LTP)切碎→取汁→加适量牛奶、糖等→真空干燥→冷却粉碎→包装→成品。

9.3.3.2 茶乳晶的品质特点

红、绿茶乳晶作为一种固体保健茶饮品,具有茶叶、牛奶、麦乳精等特有的多种复合香气和滋味,甜度适中,颗粒疏松、无结块;色泽均匀、有光泽。除含有普通麦乳精的营养成分外,还含有茶叶中的茶多酚、氨基酸、咖啡碱和维生素C等。其中游离氨基酸总量约为普通麦乳精的4倍。红茶乳晶呈红棕色,绿茶乳晶呈翠绿色;冲水即溶,且能溶于冷水,溶解后呈乳状液体,无上浮物和沉淀;在汤色上,红茶乳晶呈棕红明亮状,绿茶乳晶呈黄绿明亮状。一般绿茶乳晶比红茶乳晶茶多酚平均含量高0.8~1倍,维生素C含量增加30%。茶叶与乳晶较好地发挥了

饮料工艺学

营养互补增益效应,是一种理想的保健饮品。

? 思考题

1. 与一般软饮料相比,茶饮料有何特点?
2. 简述茶叶碳酸饮料的一般工艺过程及产品特点。
3. 简述灌装茶水的一般工艺过程及产品特点。
4. 简述速溶茶的一般工艺过程及产品特点。
5. 速溶茶生产过程中,常用的浓缩方法有哪些? 操作原理是什么?
6. 什么是茶饮料的"冷后浑"? "冷后浑"是如何形成的? 怎样解决?

推荐学生参考书

[1] 林智. 茶叶深加工技术. 北京:科学出版社,2020.
[2] 宛晓春. 茶叶生物化学. 北京:中国农业出版社,2003.
[3] 夏涛. 茶叶深加工技术. 北京:中国轻工业出版社,2011.
[4] 杨晓萍. 茶叶深加工与综合利用. 北京:中国轻工业出版社,2019.

参考文献

[1] 邓成林,王芙苡,周金萍,等. 发酵绿茶饮料工艺优化、抗氧化活性及贮藏品质研究. 食品研究与开发,2022,43(19):134-142.
[2] 费璠,刘昌伟,牛丽,等. 酶及酶技术在茶叶深加工中的应用. 食品与机械,2022,38(6):199-204,218.
[3] 李苏童,李安生,孙彬妹,等. 即饮茶香气品质研究进展. 中国茶叶,2023,45(9):19-27.
[4] 林智. 茶叶深加工技术. 北京:科学出版社,2020.
[5] 罗龙新. 茶饮料加工过程中主要化学成分的变化及对品质的影响. 饮料工业,1999(2):28-32.
[6] 宛晓春. 茶叶生物化学. 北京:中国农业出版社,2003.
[7] 王泽农. 茶叶生物化学. 北京:农业出版社,1980.
[8] 韦雅杰,高彦祥. 茶汤滋味物质及其调控研究进展. 食品研究与开发,2022,43(11):189-197.
[9] 夏涛. 茶叶深加工技术. 北京:中国轻工业出版社,2011.
[10] 徐梅生. 茶的综合利用. 北京:中国农业出版社,1994.
[11] 严鸿德,汪东风,王泽农,等. 茶叶深加工技术. 北京:中国轻工业出版社,1998.
[12] 杨晓萍. 茶叶深加工与综合利用. 北京:中国轻工业出版社,2019.

第 10 章
咖啡（类）饮料

本章学习目的与要求

1. 掌握咖啡的主要成分及性质，了解咖啡的主要品种及特点。
2. 掌握咖啡粉和速溶咖啡生产工艺的基本流程及工艺要点，了解咖啡豆的生产工艺。
3. 掌握咖啡饮料的生产工艺流程及技术要点。
4. 了解咖啡复合饮料的生产工艺流程。

主题词： 咖啡豆　咖啡粉　速溶咖啡　咖啡饮料　牛奶咖啡　咖啡豆乳

咖啡是典型的热带饮料作物,由于它含有不同的生物碱,具有提神解倦、消食等功效。咖啡在世界三大饮料中的销售量最大,特别是美国、日本、俄罗斯和西欧各国的消费量较大。所以咖啡已成为世界上最主要的饮料之一。近年来,咖啡在我国也逐渐被人们喜爱,成为一种嗜好饮料。

咖啡(Coffee,学名:*Coffea arabica* L.)是茜草科咖啡属的多年生热带饮料作物,常绿灌木或小乔木,经济寿命长达 $20\sim30$ 年。原产地在非洲的埃塞俄比亚。早在公元前,埃塞俄比亚人就已经在咖法省的热带高原采摘和种植咖啡了。后来,阿拉伯人从原产地引种咖啡,并第一次制成饮料。17 世纪初,咖啡传入欧洲,18 世纪后咖啡饮料便在世界上流行起来,咖啡业也成为热带种植园的一大产业。咖啡主要分布于北纬 25°至南纬 25°的高海拔地区。目前,咖啡的种植国有 70 多个,2018 年种植总面积约 1 058 万 hm^2。据美国农业部(USDA)统计 2018—2019 年,全球咖啡产量为 1.745 亿袋(折合 1 047 万 t)。咖啡主要的生产国为巴西、越南和哥伦比亚,仅巴西和越南咖啡产量就已经占到全球咖啡总产量的 50%。根据 USDA 数据,世界咖啡消费量 2017—2018 年为 15 866 万袋(每袋 60 kg)。2017—2018 年消费总量居前 10 位的是欧盟、美国、巴西、日本、菲律宾、俄罗斯、加拿大、中国、印度尼西亚和埃塞俄比亚。中国在2017—2018 年消费量便跃居第 8 位,消费总量为 383 万袋。

中国咖啡的引进试种已有 100 多年的历史。1884 年,在台湾的台北开始引种咖啡,以后集中在台中和高雄栽培。1892 年,法国传教士在大理宾川的朱苦拉村种植咖啡。1908 年,由华侨从马来西亚、印度尼西亚带回咖啡开始在海南儋州、文昌、万宁、澄迈等地种植。广西种植咖啡则由越南华侨引入,至今已有 50 多年的历史,主要栽培在靖西、睦边、龙津及百色等地区。云南则从越南、缅甸引种试种,至今也有 90 多年的历史,主要在德宏、西双版纳等地区种植。此外,福建的永春、厦门、诏安,四川的西昌及广东云浮等地区也曾试种。

我国生产种植咖啡的省份主要是云南、海南、广东、福建等。其中云南和海南是我国的咖啡主产地,主要以中、小粒种为主,小粒种主要分布在云南,海南则适于栽种中粒种。截至2019 年年底全国咖啡种植面积 9.35 万 hm^2,2019 年全国咖啡豆总产量 14.55 万 t,产值达223 733.8 万元。我国速溶咖啡的加工起步晚,20 世纪 80 年代初才形成规模化生产,产量也不大。随着咖啡饮料消费的迅猛增长,目前全国已有不少厂商积极致力于咖啡加工业,但现有的咖啡深加工生产企业不仅数量少、生产规模小,加工能力与国外大型公司相比也有一定的差距。国内咖啡深加工主要以原料咖啡为主,咖啡产业的附加值有待发掘。国内的咖啡精深加工以跨国企业为主,其中以国际咖啡巨头雀巢、麦斯威尔实力较强;本土咖啡精深加工企业合计生产能力仅为 3 万 t 左右。

10.1 咖啡(类)饮料的定义与分类

10.1.1 咖啡(类)饮料的定义

根据 GB/T 10789—2015《饮料通则》咖啡(类)饮料(coffee beverage)是指以咖啡豆和(或)咖啡制品(研磨咖啡粉、咖啡的提取液或其浓缩液、速溶咖啡等)为原料,添加或不添加糖(食糖、淀粉糖)、乳和(或)乳制品、植脂末等食品原辅料和(或)食品添加剂,经加工制成的液体饮料,如浓咖啡饮料、咖啡饮料、低咖啡因咖啡饮料、低咖啡因浓咖啡饮料等。

10.1.2 咖啡(类)饮料的分类

咖啡(类)饮料分为咖啡饮料、浓咖啡饮料、低咖啡因咖啡饮料和低咖啡因浓咖啡饮料 4 类。具体主要分类技术指标见表 10-1。

表 10-1 咖啡(类)饮料理化要求

项目	指标			
	咖啡饮料	浓咖啡饮料	低咖啡因咖啡饮料	低咖啡因浓咖啡饮料
咖啡固形物*/(g/100 mL)	≥0.5	≥1	≥0.5	≥1
咖啡因/(mg/kg)	≥200	≥200	≤50	≤50

* 以原料配比或计算值为准,饮料中咖啡固形物的计算公式为:$(w \times m)/v$,其中 w 为咖啡提取液或其浓缩液中固形物的质量分数(%),m 为使用的咖啡制品质量(g),v 为饮料体积(mL)。

来源:GB/T 30767—2014 中华人民共和国国家标准 咖啡类饮料。

10.2 咖啡(类)饮料的生产工艺

10.2.1 商品咖啡豆的生产工艺

10.2.1.1 咖啡豆的化学成分及性质

咖啡富含淀粉、脂肪、蛋白质等多种营养成分,在食品工业中有广泛的用途,用于制作咖啡饮料、咖啡糖果、咖啡果脯、咖啡冰激凌、牛奶咖啡、豆奶咖啡、椰奶咖啡等。咖啡中含有咖啡因这种特殊的提神物质,医药上用作麻醉剂、利尿剂、兴奋剂和强心剂。研究表明咖啡中的酚类、咖啡因和类黑精等具有抗氧化活性。

商品咖啡豆中水分含量为 8%～12%,干物质含量占 88%～92%,包括脂肪、糖、纤维素、半纤维素、糊精、咖啡单宁酸、蛋白质、咖啡因、维生素等。咖啡豆的主要成分见表 10-2。

表 10-2 咖啡豆的主要成分 %

成分	阿拉伯种咖啡		罗巴斯塔种咖啡		速溶咖啡粉
	绿咖啡豆	焙炒咖啡豆	绿咖啡豆	焙炒咖啡豆	
矿物质	3.0～4.2	3.5～4.5	4.0～4.5	4.6～5.0	9.0～10.0
咖啡碱	0.9～1.2	0～1.0	1.6～2.4	0～2.0	4.5～5.1
胡芦巴碱	1.0～1.2	0.5～1.0	0.6～0.75	0.3～0.6	—
脂类	12.0～18.0	14.5～20.0	9.0～13.0	11.0～16.0	1.5～1.6
总绿原酸	5.5～8.0	1.2～2.3	7.0～10.0	3.9～4.6	5.2～7.4
脂肪酸	1.5～2.0	1.0～1.5	1.5～2.0	1.0～1.5	—
低聚糖	6.0～8.0	0～3.5	5.0～7.0	0～3.5	0.7～5.2

续表10-2

成分	阿拉伯种咖啡		罗巴斯塔种咖啡		速溶咖啡粉
	绿咖啡豆	焙炒咖啡豆	绿咖啡豆	焙炒咖啡豆	
多糖	50.0~55.0	24.0~39.0	37.0~47.0	—	0~6.5
氨基酸	2	0	2	0	0
蛋白质	11.0~13.0	13.0~15.0	11.0~13.0	13.0~15.0	16.0~21.0

引自:Clarke, et al, 1985.

1. 咖啡因(碱)

咖啡因的含量与咖啡豆的品种有关,咖啡因的含量一般为 0.8%~1.8%,视品种的不同而异。咖啡因又名咖啡碱(caffeine),是嘌呤的一种衍生物——黄嘌呤,学名 1,3,7-三甲基-2,6-二氧嘌呤,分子式为 $C_8H_{10}O_2N_4$。其结构的基本骨架是嘌呤环,在 3 个氮原子位置上连接着 3 个甲基,故称为 1,3,7-三甲基黄嘌呤。化学结构式如图 10-1 所示。

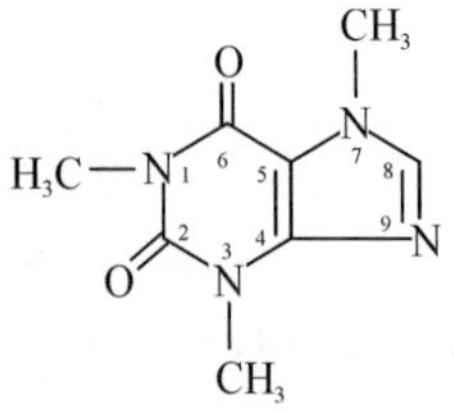

图 10-1　咖啡碱分子结构式

咖啡因是一种有绢丝光泽的无色针状晶体,味苦,其结晶中含有一分子水,在 100 ℃ 时可脱水变成无水晶体。熔点为 235~238 ℃,于 120 ℃ 以上温度时开始升华,到 180 ℃ 时可大量升华而成针状晶体。无水咖啡因沸点为 234.5 ℃,为白色粉末状固体,在空气中易变黄。

咖啡因易溶于热水中,还能溶解在乙醇及氯仿中。在常温下溶于氯仿,具弱碱性。咖啡因是茶叶、咖啡豆、可可、可拉果等植物体中的主要生物碱,具有较强的兴奋中枢系统作用,能促使大脑皮层和心血管神经兴奋,增加心跳频率。因此咖啡因能解除疲劳、振奋精神,在医药上用作麻醉剂、利尿剂、兴奋剂和强心剂。

2. 氨基酸

咖啡含多种蛋白质和游离的氨基酸,如谷氨酸、天冬氨酸、亮氨酸、甘氨酸、丙氨酸等。海南咖啡生豆中含 18 种氨基酸,各产区氨基酸组成和含量十分接近,含量为 10% 左右,其中必需氨基酸约占 3.7%;所含的主要氨基酸是谷氨酸、天冬氨酸和亮氨酸,其含量顺序为谷氨酰胺/谷氨酸>天冬酰胺/天冬氨酸>亮氨酸;含量最少的氨基酸是色氨酸,占游离氨基酸含量的 0.29%~0.88%。3 个地区咖啡氨基酸含量对比,相对标准偏差(RSD)均小于 5%,差异较大的为甘氨酸和精氨酸。

3. 脂肪

咖啡中脂肪的含量一般为 11.4%~14.2%,但随着品种的不同其含量也有差异,埃塞尔萨种为 14.6%~15.6%,刚果种为 14.3%~15.6%,小粒种为 13.0%~14.7%,中粒种为 10.6%~12.6%。咖啡油脂主要为亚油酸、硬脂酸、棕榈酸、油酸、亚麻酸和花生酸等,富含不饱和脂肪酸,占总脂肪酸的 57.78%~74.02%,其中亚油酸含量最高。

4. 咖啡的香味物质

咖啡的香味成分非常复杂,是一种烘烤的、浓厚的、酸的、苦的和微甜的混合香味。用经典方法鉴定出咖啡香味化合物有 33 种。不同烘焙度导致咖啡挥发性成分的差异,但其产生机理一致,即通过美拉德反应、斯特莱克降解和自动氧化等过程形成,这些成分赋予咖啡油脂不同的香气,主要差别在于吡嗪类、呋喃类、酮类、醛类和酯类等。

目前已鉴定出咖啡香味的组分达 520 种以上,其中呋喃化合物就有 101 种,它是咖啡香味的重要组分。羟基化合物和杂环化合物,如碱性的吡嗪、噻唑以及噻吩或吡咯也是咖啡香味的重要组分。糠基硫醇具有强烈的咖啡香味,其稀溶液散发出愉快的烘烤、烟熏的香味。影响咖啡风味的可挥发成分中约 50% 是醛类,约 20% 为酮类,约 8% 为酯类,约 7% 是杂环化合物,约 2% 是二甲基硫化物,还有少量其他有机物和有气味的硫化物;也有很少量的醇类和低分子质量饱和烃及异戊二烯的不饱和烃,还有呋喃、糠醛、乙酸和它们的同系物。

5. 糖类

生咖啡豆中的糖类化合物含量高(约占干重的 50%),主要是低聚糖和多糖,单糖含量很少。生咖啡豆的多糖主要由阿拉伯半乳聚糖、半乳甘露聚糖和纤维素组成。咖啡中主要的低分子量碳水化合物是蔗糖。

6. 有机酸类

生咖啡豆中含有绿原酸、奎宁酸、苹果酸和柠檬酸等,其中绿原酸含量较高,为 6.7%~12%。绿原酸为咖啡中的苦味、收敛性、酸味作出贡献。苦味的来源是绿原酸热降解产生咖啡酸、奎宁酸和阿魏酸,其中咖啡苦味突出的物质是咖啡酸热降解经缩聚后形成的 4-乙烯基儿茶酚。

10.2.1.2　商品咖啡豆生产工艺

咖啡豆的加工方法有干法加工和湿法加工 2 种(图 10-2)。所谓干法加工,是先将咖啡浆果干燥,然后除去果皮和种皮,而得到咖啡种仁,即商品咖啡豆。湿法加工则是先将咖啡浆果的外果皮和果肉除掉,然后再脱胶、干燥、除去种皮而制得商品咖啡豆。咖啡生产国大多以商品咖啡豆的形式销售。发展中国家出口的咖啡中大部分是商品咖啡豆。咖啡豆的干法加工大多采用日晒法,因其设备简单,操作方便,投资少,目前不少地方还在使用这种方法。但由于其加工生产周期长,商品的质量得不到保证,随着咖啡种植业的发展,咖啡豆的干法加工已不再适应大规模的工业化生产,逐步被湿法加工所取代。湿法加工的优点是生产周期短,能工厂化大生产,处理量大,商品质量有保证。但工厂需要有充足的水源。

1. 咖啡豆的干法加工

干法加工是一种简单的加工方法,中粒种咖啡及部分的小粒种咖啡都采用这种方法。咖啡干法加工工艺流程为:咖啡浆果→干燥→带果皮咖啡→清洁→脱壳→分级→咖啡豆→包装贮藏。

这种方法是将从种植园采摘的新鲜咖啡浆果立即干燥,可以采用日晒法和人工干燥法。日晒法是将新鲜咖啡浆果集中摊晾在木板或土、水泥场地上,在日光下干燥,直到晒干为止。在干燥过程中,要避免咖啡豆发霉。干燥的好坏决定外果皮脱离及破碎的程度,一般每堆咖啡果的干燥过程需要 10~15 d,然后用特制的脱壳机去掉果皮和种壳,再用人工筛去果皮、碎粒及杂质,即成商品咖啡豆。从整体上来讲,干法生产的咖啡豆比湿法生产的品质差。

2. 咖啡豆的湿法加工

在咖啡加工工业较发达的地区,小粒种咖啡几乎全部采用湿法加工。我国海南、云南、广西小粒种咖啡也使用湿法加工。中粒种也大部分用湿法加工。湿法加工最大的优点是可以大

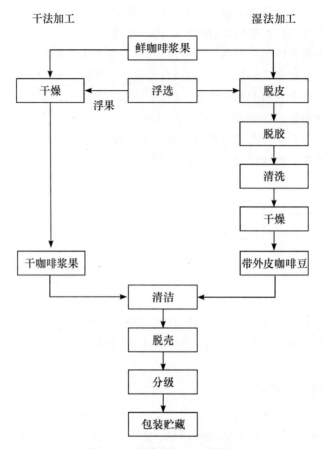

图 10-2　咖啡豆加工工艺流程

大缩短加工的时间,将果皮除去后,即发酵脱胶、清洗,能确保咖啡具有较高的质量,故咖啡味道醇和。市场上湿法加工的咖啡豆价格比干法加工的高 30%～50%。但湿法加工必须要有充足清洁的水源,一般每加工 1 t 鲜果需要用水 3～4 t,并需要空旷通风的地方作晒场。加工厂与各生产区的交通必须方便,利于收果后及时运往加工厂加工。及时加工,可以避免浆果变质,增加一级豆的产量。湿法加工可以处理大量的咖啡果,生产的规模较大。

湿法加工工艺流程为:鲜果→浮选→脱皮→筛选→初步分级→脱胶→洗涤→干燥→脱壳→分选→包装贮藏。

(1)浮选　先将绿果、干果、过熟果、枝叶以及其他杂物分出,再用分级机或水选池将大小果分成若干等级,这样有利于脱皮。

浮选的主要目的:除去黑果,收集时总有一部分在树上枯干的果实,其相对密度小于水,浮在水上面,可用水将它分开,然后采用干法加工。除去病害及被虫蛀的果实,这种果实的相对密度也较小,也可通过浮选分出。在发病较多的地区,这一点很重要。除去病果,对保证整批咖啡豆的质量有利。除去采果时带进来的树叶、小枝等杂质,清除砂土、小石块等。

以上杂质的清除对于脱皮机的维护有很大的好处。硬而干的果实和树叶、小枝等会堵塞脱皮机,使机器运转不正常,脱皮不完全。小石块则会破坏机器。

根据饱满果与次果、杂质相对密度的不同,利用虹吸的作用将沉水的饱满果从池的下半部吸出,连水一起送入脱皮机。而次果及枝叶等则从水面上浮起,撇掉。池底部的小石块则定期开放闸门放出。咖啡浮选设备结构示意图见图 10-3。

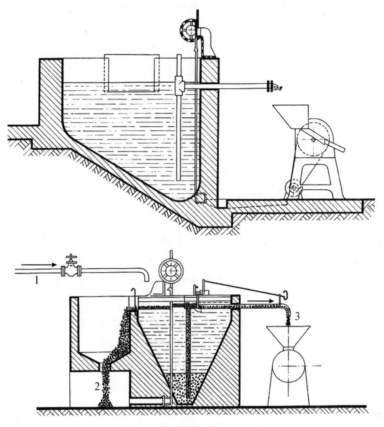

图 10-3　咖啡浮选设备结构示意图

1. 供水管　2. 浮果收集处　3. 沉果出口

(引自:Clarke,1987)

　　(2)脱皮　脱皮是将外果皮和中果皮去掉,也称为剥肉。采收后的咖啡果应于当天进行脱皮,若不能当天进行脱皮,则必须将鲜果在水中存放,否则会很快发酵。

　　将咖啡果喂入脱皮机的方法有干法和湿法两种。所谓湿法,就是通过虹吸管将水和咖啡果一起喂入脱皮机,这种方法用水较多,且喂入不够均匀。干法喂入则是在脱皮机上方设有一个漏斗形果箱,靠重力喂入。

　　脱皮可采用脱皮机进行。常用的咖啡脱皮机有 3 种类型:鼓式、盘式和辊式。虽然形式各异,但工作原理则是相同的,都是通过圆鼓与胸板,圆盘与挡板以及辊、壁之间的相对运动而达到脱皮的目的。鼓、盘、辊筒的表面凹凸不平,靠起伏的钝齿对咖啡果的摩擦,而把表皮和果肉除掉,从而分离出咖啡豆。目前我国多采用辊筒式脱皮机。

　　脱皮的技术指标:剥净率≥95%,破碎率≤5%,损失率≤2%。

　　(3)筛选　筛选是将经脱皮的咖啡豆与果皮和部分未脱皮的果分离开。筛选设备最简单的是振动筛,长方形的筛作往复运动,筛眼的大小应根据所加工的原料而定,筛眼的形状以六角形为好。另外还有转筒式分离筛,在圆筒上打有卵圆形小孔,分离筛的下面是一个水泥池,

可将湿豆收集起来,流送到发酵池去。部分未脱皮或脱皮不干净的果则留在筛上,随倾斜的筛流入第二台脱皮机。

另一种是由细钢丝编成的旋转分离筛,这种转筒筛浸在水泥池中,除了可将湿豆分离沉下池底之外,还可把浮起的不饱满豆分离,与未脱皮或脱皮不干净的果一道送至第二台脱皮机,这种转筒筛起了初步分级的作用,从筛眼漏下的豆是饱满的,颗粒也较大,可以分开处理。

前面那种倾斜式的转筒筛多用于缺水地区,不能分离浮豆。而后一种转筒筛的效果更好,但需安装螺旋输送桨将果皮、未脱皮之果向后推。架上安有打棒把夹在筛眼中的豆打下,使之落入水槽底。出口的地方有一块板子可定期将浮豆、果皮打出。水槽是关闭的,要定期开放,排出湿豆,送至发酵池。

(4)脱胶 咖啡浆果脱皮后,内果皮上还残留着黏液,它是由糖、酶、果胶和植物纤维等物质组成的。残留的黏液给微生物生长提供有利媒介,致使咖啡质量下降。除去这种黏液的过程就叫脱胶。目前脱胶采用如下几种方法。

①自然发酵脱胶:发酵脱胶就是将咖啡内果皮外的一层果胶质通过发酵使之变成可溶性物质,便于用水洗去。将脱去果肉后的湿咖啡豆堆放在发酵池里进行发酵。通过酶的作用使果胶物质水解和降解,以便洗去黏液。

发酵的过程是天然的,主要依靠咖啡果内含的果胶酶在适宜的温度下起发酵作用,把内果皮外的可发酵物质变成水溶性物质。发酵的时间因气温而不同,在热带地区一般在 24 h 内可发酵完毕,高山地区则往往要 2~3 d 之久,冬季有时经数月仍未能发酵完毕。

发酵是否完成是一个关键问题,在控制自然发酵过程中,要经常检查。一般来说,若发酵不彻底,则仍有一层可发酵物质附在内果皮外,这种豆经干燥以后还有继续发酵的可能;在潮湿的气候中,这种豆很易吸水,引起豆变质,豆的色泽也会加深。发酵过分也会破坏豆的品质。在自然发酵中杂菌是很多的,除了分解果胶之外,有些细菌会分解蛋白质,发出恶臭的气味。若咖啡豆长期浸在这些分解物之中,豆将会吸收分解物的气味而变劣;破坏性的细菌也会对豆本身起作用,特别是豆在脱皮中受到损伤时更容易被侵害。这种咖啡豆会变成红褐色,在焙炒后冲饮时带有酸味,国际标准中称为酸咖啡豆。一批咖啡中如有几粒这样的"酸豆"就会使整批豆受到影响。若发酵不充分,则脱胶不干净,豆粒呈深灰色,且易回潮发霉。

检查发酵是否完全,可以将发酵豆用清水洗净,然后判定豆的内果皮上是否有滑手的感觉,如果手搓豆子有粗糙感则可认为发酵过程已经完成。在发酵过程中要随时检查,才能保证咖啡豆的质量。

自然发酵的方法有两种,一种是开式法,用得最多,这种方法发酵较快;另一种是水下法。

开式法:将脱皮和分选出的咖啡豆装入发酵池内,然后将发酵池内的水排尽。为了防止表面一层豆过于干燥,至少每天都要将咖啡豆翻动一次。发酵池应建在屋檐下或用阴棚把发酵池遮盖,避免阳光的直接照射,也可防止雨淋或阻挡夜间的露水。有些地方每天用水把豆洗一次,除去表面已经溶化的物质,这样做的好处尚未能肯定,但不会有害处,在水源充足的地方可以考虑进行。

水下法:将咖啡豆放入发酵池后,不排水而且要使咖啡豆全部被水浸没,使全部发酵过程都在水下进行。小型的试验多次表明水下发酵的产品质量优于开式发酵,然而发酵时间则要长一些,因此要用更多的发酵池来处理湿豆,一般要多用 2~3 d 时间,这是一个严重缺点。在使用水下发酵时,所用的水源必须清洁。

　　发酵池的清洁也是很重要的,在每次装入湿豆之前应当检查是否有前一次已发酵的豆未清理干净,并用水把发酵池清洗干净。豆中如果有果皮残块也应除去,这些碎果皮会使豆色加深。浮起的豆,也应分出另行加工。发酵池可用水池制成,也可用木料,发酵池的结构如图 10-4 所示。发酵池的数量应满足加工全部的产量,一般设 4 个池或更多一些。池的大小应按需要而定。但应当有一定的深度使热量不会很快消失,小型池的尺寸是长×宽×高＝1.3 m×1.3 m×2 m。

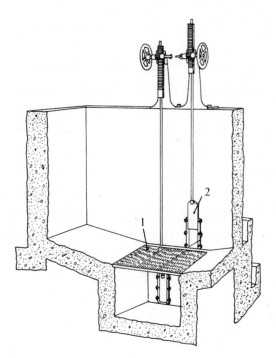

图 10-4　发酵池的结构

1. 栅格　2. 水闸

　　②化学脱胶:一定浓度的碱液(不同品种,不同地区用量不同)能够除去咖啡豆表面上的胶质。以咖啡豆重 5％的氢氧化钠溶液浸洗,一般经 15～30 min 搅拌后,豆上的黏液可以洗净。洗净后的咖啡豆还得在水中浸泡 16 h。用碱脱胶可以把整个脱胶清洗过程连续起来。特别是在冬季低温条件下,长时间发酵仍不能完全脱胶,或产量太大,发酵池容纳不了的情况下,使用此法即可解决问题。

　　③酶法脱胶:例如使用果胶酶分解咖啡内果皮上的果胶物质,除去咖啡豆上的黏液。

　　酶制剂用量以湿豆重量的 0.2％加入时,其发酵温度为 42.0～47.6 ℃,可在 1 h 内将胶质分解。但酶制剂一般都很贵,用量不能太高,如果用量改为 0.025％时,则需要 5～10 h。

　　④机械脱胶:将脱皮后的咖啡豆在发酵池中自然发酵 6～8 h,然后经过脱胶清洗机进行机械搅拌、摩擦、清洗等连续作业除去黏液。经此法脱胶后的咖啡豆无滑黏感而有砂砾感,并且晒干后的带衣咖啡豆颜色淡黄光亮。脱壳后的咖啡豆呈浅蓝绿色。

　　生态型脱皮脱胶组合机是巴西 Pinhalense 公司开发研制成功的,能一次完成对咖啡鲜果脱皮脱胶而直接进入干燥工序,从而省去了发酵时间、发酵后清洗的人力、发酵池的建造等,还

可避免因发酵程度控制不当而导致的产品质量下降及加工时的机损豆变色,大大降低次品率,提高经济效益,进而降低咖啡豆的拣杂难度,提高产品的附加值。

(5)洗涤 将脱胶后咖啡豆的黏液清洗干净,去掉种皮和轻豆,再进行干燥,清洗用水应干净卫生。机械脱胶法是脱胶和清洗连续进行的。清洗不干净或未洗的咖啡豆还会发酵,产生酸的咖啡豆。

洗涤的目的在于清除一切残留在内果皮表面上的中果皮和细菌等杂质。在滴水、干燥过程中如果没有清洗干净,则附在内果皮上的黏液会发生后期发酵而损害咖啡的品质。洗涤初期排出的水是浑浊的而且含菌量极高,此后排出的水则逐渐澄清,洗涤末期排出的水必须是清洁的。

(6)干燥 咖啡豆由种衣、种皮和种仁组成。种衣的结构相当密实,种仁呈胶体状,属毛细管多孔结构。这种结构使得其干燥过程非常缓慢,特别是在含水率降至 20% 以下时,由于毛细管壁的吸附水和胶体物质的渗透水蒸发缓慢,无法采用高温快速干燥。因此,咖啡干燥是一个非常复杂的过程,必须将咖啡豆的水分含量降低到 10%～12% 才便于贮藏。

目前咖啡干燥方法有自然干燥和人工干燥两种方法。自然干燥所需场地面积大,年加工 100 t 咖啡鲜果需配置晾晒场面积 667 m^2,且晾晒时间长。云南咖啡初加工开始应用机械热风干燥技术,就是利用热风干燥设备,采用人工热源产生热风对咖啡豆进行干燥的方法。咖啡热风干燥,主要让热风机产生可控热风,送到咖啡干燥池内(箱式干燥池或旋转滚筒干燥),热风从咖啡豆间隙中穿过,同时翻动咖啡豆,从而实现咖啡豆的均匀脱水,以达到干燥的目的。机械热风干燥设备在国外(巴西、哥伦比亚等国)已经普遍使用,与自然晾晒干燥相比,能够人为调控咖啡干燥时间、温度等,保证咖啡豆干燥的一致性,提高带壳豆的外观质量和咖啡杯品质量,节省土地以及大量投资。对于土地面积有限、劳动力成本高而燃料成本低的种植点,考虑使用机械干燥工艺,以背压式热风穿透干燥为好。

(7)脱壳 干法制得的带壳咖啡干果,必须除去外壳。湿法制得的带内果皮咖啡豆也需将内果皮除去。这一工序称为脱壳。通常干法加工是在咖啡园内进行的,而湿法制得的带内果皮咖啡豆则集中由专门脱壳的工具来加工。在国外,许多小农生产的干法制得的干果,本身无能力购置机器时也以干果的形式出售,再集中由脱壳工厂加工。

脱壳机的类型有小型和大型两种。小型机用人工驱动,机上有一个突出钝齿的转动圆滚,与其对应的地方则安有挡板,使带壳果及带壳豆受到摩擦作用而将果壳压破,分出豆来。

国外常用的脱壳机基本有两种类型,其工作原理仍然是摩擦,一种是类似铁棍碾米机的 Engelberg 脱壳机,结构比较简单,适用于干法加工的咖啡干果脱壳;另一种是 Okrassa 脱壳机。云南省大部分小型咖啡种植户用碾米机对咖啡进行脱皮。因为碾米机从价格、性能、机损百分率方面来看,适合小型农户使用,且能兼具脱壳功效,从而降低成本。

(8)咖啡的分级 干燥的咖啡豆经过脱衣后,应将咖啡衣、果枝以及其他杂物清除掉。同时拣出变色豆、臭豆等,并把圆豆、碎豆挑出。但是咖啡豆中总会存在一些杂质和缺陷豆。因此,必须进行分级,才能以商品咖啡豆出售。

10.2.2 速溶咖啡的生产工艺

速溶咖啡是采用物理方法,以水为唯一载体从焙炒咖啡粉中提取的干的水溶性产品。根据工艺的不同,分为喷雾干燥速溶咖啡、二次造粒速溶咖啡和冻干速溶咖啡。喷雾干燥速溶咖啡是将咖啡萃取液用喷雾法喷入热空气中,使水分蒸发而形成干的颗粒状速溶咖啡;二次造粒速溶咖啡是将经喷雾干燥的速溶咖啡颗粒再次融合在一起而形成较大的颗粒所得的速溶咖啡;冻干速溶咖啡是将咖啡萃取液冷冻,然后通过升华而将冰除去后所得的速溶咖啡。由于速溶咖啡粉冲饮方便,已有 20％的咖啡用于制速溶咖啡。其生产工艺流程为:咖啡豆→预处理→焙炒→研磨→萃取→过滤→浓缩→干燥→配料→包装,主要操作步骤如下。

1. 预处理

将生咖啡豆筛选、清洗,清除混杂其中的金属、石粒、灰尘等异物,剔除碎豆、霉豆等。主要目的是通过振动筛、风压输送或真空输送等方式进行分离清洗。除去咖啡原豆中的杂质、碎石及缺陷豆等,精选出优良的咖啡豆。中粒种咖啡特别适合制备速溶咖啡。

2. 焙炒

焙炒是速溶咖啡风味和品质形成的决定性工序,一般使用转筒式焙炒炉,烘烤温度和烘烤时间是关键控制因素。不同种类的咖啡豆分开焙炒,焙炒时,火力控制应由大到小,一般控制最高温度在 230～250 ℃,此温度能取得较好的芳香味并在萃取时取得较合适的味道。当咖啡豆达到所要求焙炒的程度时,停止加热,同时向炉内喷洒一定量的冷水,把焙炒好的咖啡豆排出炉体。焙炒时间不应超过 20 min,这样可以尽量减少咖啡芳香物质的挥发。

3. 研磨

焙炒好的咖啡豆最好先存放一天,让咖啡豆在焙炒过程中所产生的二氧化碳和其他气体进一步挥发和释放,同时也充分吸收空气中的水分,使颗粒变软,从而有利于萃取。

研磨的程度要根据所用抽提设备以及所采用的溶剂比例确定。咖啡豆磨得很碎,抽提容易,以少量的水就可以实现高效率的抽提,但过滤难。如果磨得不碎,要得到同样效果,就需要大量的水,还需要较高的温度和较大的压力,但过滤容易。

4. 萃取

萃取是生产速溶咖啡过程中最复杂的核心部分,温度和压力是萃取过程中最直接的两个参数,其中温度起决定性因素。炒磨咖啡中的可溶物约占 25％,在常压和 100 ℃下萃取率可达 30％,当温度达到 180 ℃时,可以使一些高分子的碳水化合物提取出来,从而使萃取率提高 10％～20％,这些高分子碳水化合物有利于芳香成分的结合,达到调整风味的效果;但温度高于 190 ℃时,提取物中就有不好的风味物质出来。萃取压力一般设定为 0.3 MPa、0.6 MPa、0.9 MPa、1.2 MPa、1.5 MPa。萃取时间和萃取率与产品质量有关,在适当的范围内升高温度,增大压力,可缩短萃取的时间,减少不好的萃取物,保证产品质量。萃取率越高,产量越高,但对质量来讲,则不能太高,如发现产品有酸味、苦味、涩味太重等现象,说明萃取率偏高,则下次运行时减少抽提量。

5. 浓缩

一般分为真空浓缩、离心浓缩和冷冻浓缩,多采用真空浓缩。它通过真空降低水的沸点,真空度超过 0.09 MPa,此时水的沸点只有 50 ℃左右,从而使液体加快浓缩,浓缩液的浓度一般不超过 60％(以折光度计)。由于从蒸发塔出来的浓缩液温度高于常温,因此必须经过冷却再送入贮罐,从而减少芳香物的损失。

6. 干燥

咖啡浓缩液的干燥主要采用喷雾干燥、真空冷冻干燥等方法。

(1)喷雾干燥　喷雾干燥是咖啡粉形成的过程。浓缩液与芳香液经过调配成咖啡液(混合液),咖啡液通过压力泵直接输送到塔顶的喷嘴。干燥塔的进口温度控制在 250~270 ℃,出口温度控制在 110~130 ℃,调整喷嘴与喷雾压力,使出来的咖啡粉呈厚壁的中空球形毛细管结构,颗粒达到 100~200 μm,比重控制在 220~250 g/L,水分含量为 3%左右。在喷雾干燥中要注意咖啡液的浓度,因为溶液浓度越高,黏度越高,表面张力越大,这样有利于厚壁中空颗粒的形成,同时可减少各运行参数和温度压力等调节的幅度,但也不是浓度越高越好,太高的浓度相应使雾化度太低,造成雾化不良,因此咖啡(混合)液的浓度应控制在 30%~40%为佳。

(2)真空冷冻干燥　利用真空冷冻干燥技术生产的冻干咖啡是目前世界上品质最佳、风味和口感最好的速溶咖啡,它避免了"喷雾干燥咖啡"或"凝聚增香咖啡"生产中高温干燥过程对咖啡品质的损害,完好地保留了炒磨咖啡的风味和口感,速溶咖啡的品质得到了大幅提高。当然其售价也比"喷雾干燥咖啡"高出 1.5~2.0 倍,比"凝聚增香咖啡"高出 0.5~1.0 倍。

10.2.3　纯咖啡粉的生产工艺

咖啡粉的生产工艺流程为:咖啡豆→筛选分级→焙炒→掺和→冷却→磨粉→包装。其主要操作步骤如下。

1. 筛选分级

选用无霉变、无污染的优质咖啡豆为原料,使用自动筛选机清理咖啡豆中的杂质,并将咖啡豆分为小、中、大、特大粒 4 级。

2. 焙炒

将分级后的咖啡豆按不同产品要求放入烤炉或滚筒式燃气炉内烘焙至咖啡豆呈棕色或深棕色,焙炒温度控制在 200 ℃,继续烘焙 15 min,至咖啡豆的内、外侧均匀炒透而不焦煳,出锅,取出。

3. 掺和

为提高咖啡粉的饮用品质,适应各地区的口味,掺和时加入合适的配料,以增进咖啡的风味、口味、色泽、外观及香味。如果加入蛋白质、葡萄糖及果胶等可使香味特别,浓的咖啡可加入适当焦糖。

将咖啡豆放入升降式炒锅(燃气)内,加入奶油,搅拌均匀,加入精制白砂糖,加热搅拌30 min,出锅。

4. 磨粉和包装

用电动粉碎机磨粉。咖啡的风味与颗粒的大小有关,颗粒较细的咖啡粉易溶,得到的饮料比粗粒的更浓。细粒的咖啡粉能释放出较多的脂肪酸、油和蛋白质,因而可使浸出物和咖啡粉能较好地保留挥发性芳香化合物,但太细粒的咖啡粉易走味(因咖啡挥发芳香成分的失去或组成的改变)。

咖啡粉易回潮结块,也会使咖啡粉的香气损失。因此,咖啡粉的包装应隔绝空气。目前,包装材料有铁罐、玻璃瓶及复合材料软包装。要保持一定的真空度(0.098 MPa),以防走味。

10.2.4　咖啡饮料的生产工艺

咖啡豆经焙炒、磨碎成粉后,具有浓郁的香气,可作为饮料。咖啡饮料是将焙炒咖啡粉用水处理或者将水加入咖啡萃取液或速溶咖啡中所得的饮料。咖啡具备提神醒脑、解除疲劳、提高工作效率、帮助消化、生津止渴、利尿等效用。GB/T 30767—2014《咖啡类饮料》标准中除规定了咖啡饮料的特征性指标咖啡因的含量外,还将咖啡固形物含量作为技术指标,这 2 项技术指标的制定能够有效地保证咖啡饮料的真实性,可以根据该标准生产不同类型的咖啡饮料。

1. 基本配方

咖啡粉 50 kg,砂糖 80 kg,蔗糖酯 1 kg,海藻酸钠 1 kg,单甘酯 1 kg。

2. 工艺流程

咖啡粉→浸提→过滤→离心→调配→灌装封口→杀菌→检验→成品。

3. 操作要点

(1)咖啡浸提液的制取　在密闭容器中加入 80 ℃热水进行抽提,同时加入 0.5%的 β-环状糊精,以利于增加咖啡可溶性成分及芳香物的浸出。当热水的温度控制在 90～100 ℃时,加入咖啡粉,抽提 5～8 min,放出咖啡液。注意严格掌握抽提温度和时间,否则不仅会使风味下降,还会使制品产生浑浊。

(2)过滤、离心　咖啡液用板框式压滤机过滤,分离出咖啡渣;简易方法可采用双层纱布或布袋进行过滤,然后将滤液再用离心机进行离心处理,分离出较大颗粒,澄清浸提液。

(3)调配　将所需砂糖、稳定剂、乳化剂分别用一定量的温水溶解,分次加入调配罐中,搅拌使之混合均匀。制造咖啡液体饮料的技术关键是要防止沉淀的产生及脂肪上浮,因此必须通过添加适量乳化剂、稳定剂来改善其组织状态,提高其稳定性。

(4)灌装、密封、杀菌　趁热灌装、密封,及时进行杀菌。视包装材料不同,采用不同的灌装初温和杀菌方式:如用金属罐或玻璃瓶装时初温可高些,但注意温差不要过大,以防玻璃瓶破裂,杀菌温度为 90 ℃,保持 10 min;如使用聚酯瓶装填时,初温不要太高,以防变形,也可以采用微波杀菌。

所得咖啡饮料外观呈褐色或棕褐色,汁液均匀稳定、无沉淀,具有咖啡特有芳香,无异味。可溶性固形物≥8%,咖啡碱≥0.6%。

10.2.5　其他咖啡复合饮料

10.2.5.1　牛奶咖啡饮料

牛奶咖啡饮料是以咖啡提取液或速溶咖啡粉为主要原料,加入乳制品(奶粉),白砂糖及其他辅料经调配后有效杀菌制成的咖啡饮料。添加乳制品的咖啡饮料风味独特、营养丰富、提神醒脑、品味时尚,受到广大消费者的欢迎。影响牛奶咖啡饮料稳定性的因素较多,主要为脂肪含量及脂肪颗粒的大小、咖啡牛奶饮料体系的 pH 与黏度、工艺条件对咖啡牛奶饮料的影响等。

1. PET 瓶牛奶咖啡饮料生产工艺流程(图 10-5)

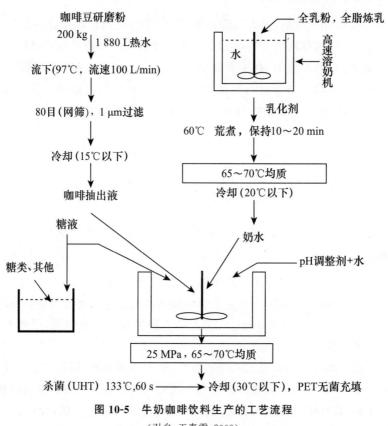

图 10-5　牛奶咖啡饮料生产的工艺流程

(引自:王春雷,2009)

2. 牛奶咖啡饮料基本配方

咖啡浓缩液 7.5%,白砂糖 7.0%,全脂奶粉 4.0%,乳化剂适量,增稠剂适量,磷酸氢二钠:柠檬酸钠为 1:1(添加量 0.07%),香精若干。

3. 操作要点

(1)乳化剂　硬脂酰乳酸钠、单甘酯和蔗糖酯复配而成的复合乳化剂的乳化效果较好,复配乳化剂 3 者在咖啡牛奶饮料中的最佳添加比为(3:4:2),复配乳化剂的 HLB 值 8~9,最佳添加量为 1 150 mg/kg。

(2)增稠剂　增稠剂对牛奶咖啡饮料口感有不同的作用,卡拉胶对咖啡牛奶饮料口感有显著性影响,CMC 钠与瓜尔胶口感次之,黄原胶的口感最差。增稠剂对牛奶咖啡饮料的稳定性影响因素依次为卡拉胶>CMC 钠>瓜尔胶,卡拉胶用量 0.04% 为佳,并不是用量越多越好,瓜尔胶用量 0.06% 为佳,卡拉胶和瓜尔胶最佳添加比为 2:3,两者复配时在配方中的添加量为 0.08%。

(3)调节 pH　为了防止酸性物质与蛋白变性结合导致蛋白质沉淀,通常加入 $NaHCO_3$ 与咖啡液中的酸性化学成分中和(pH 7.0),以添加量 400~600 mg/kg 为宜。通过测定添加磷酸氢二钠与柠檬酸不同配比,由稳定性、口感与 pH 缓冲效果的结果表明,磷酸氢二钠和柠檬酸钠为 1:1 时最好,添加量为 0.1%。

(4)溶解奶粉最佳工艺操作　奶粉加入 200 L(55±5)℃软水(奶水比 1:8)中搅拌 15~20 min,溶解后将水料泵入调配桶中,静置 10 min 以上,充分溶解,奶粉还原时间共需 30 min,不可缩短时间,冷却至 10 ℃以下备用。

(5)牛奶咖啡饮料工艺均质条件　均质压力 25 MPa,均质温度 70 ℃。压力增加,脂肪粒径变小,但是蛋白质与乳化剂用量增加,均质设备要求提高,对乳热稳定性有破坏,压力过小,又达不到均质效果。

(6)杀菌　牛奶咖啡饮料工艺 PET 瓶杀菌 133 ℃,60 s 稳定性相对较好,三片罐杀菌条件为 121 ℃,20 min。

10.2.5.2　咖啡豆乳饮料

我国传统的豆浆带有豆腥味、苦涩味和焦糊味,风味上有很大的缺陷。大豆蛋白质是一种很好的营养食品,但如果在豆乳生产工艺过程中缺少技术控制,则产品中会有一些不良气味。通常认为,豆乳不良风味主要来源于大豆加工过程中的脂肪氧化酶催化多不饱和脂肪酸氧化的结果。豆乳的营养价值高,消化率也很高。咖啡因对神经系统有兴奋大脑的作用,可以消除人们疲惫的感觉,使人感到轻松愉快,能让人精力集中、思维敏捷和唤起记忆。大豆和咖啡结合制作咖啡豆乳饮料,掩蔽了豆乳不良风味,又使豆乳具有咖啡风味和咖啡因的功效。

1. 咖啡豆乳的生产工艺流程

咖啡豆乳饮料的生产工艺流程见图 10-6。

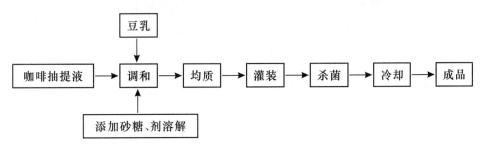

图 10-6　咖啡豆乳饮料的生产工艺流程

2. 咖啡豆乳饮料基本配方

原料配比为咖啡豆:大豆:糖=7:8:12,添加分子蒸馏单甘酯(用量为 0.2%),卡拉胶(用量为 0.02%),络合剂为柠檬酸钠(用量为 0.2%)和三聚磷酸钠(用量为 0.1%),酸度调节剂为 $NaHCO_3$(用量为 0.03%),得到的产品中蛋白质含量为 1.12%,脂肪含量为 0.88%,可溶性固形物含量为 10 °Bx。

3. 操作要点

(1)豆乳的制作

浸泡:将大豆用水洗净,加入生豆质量 3 倍的水,在水中溶解 0.5% $NaHCO_3$,室温下浸泡 12 h。

热烫:将泡好的大豆用水冲洗干净,在 80~85 ℃条件下热烫 6 min,钝化大豆中脂肪氧化酶的活性。

磨浆:以生豆计 7~8 倍的水磨浆,水温保持在 95 ℃以上。

浆渣分离:使用绒布过滤,除去浆中的豆渣。

均质:将豆浆加热至 65～70 ℃进行均质,均质压力为 22 MPa。

(2)咖啡抽提液的制作

焙烤:选用云南的小粒种咖啡豆,在 230 ℃下焙烤咖啡豆 22 min。

碾磨:使用粉碎机将焙烤好的咖啡豆碾磨成咖啡粉。

浸提:以咖啡粉计 5～6 倍的 90 ℃以上的热水浸提 4 min。

过滤:使用 3 号滤纸板真空过滤。

(3)咖啡豆乳的调配

砂糖用水溶解用绒布过滤,去除杂质。

将豆乳、咖啡抽提液、砂糖溶液混匀,加入总体积 0.03% NaCl 及 NaHCO₃。

调配混合:将稳定剂、乳化剂、络合剂等用水溶解完全,加入豆奶与咖啡、糖液的混合液中,用去离子水定容。

均质、灌装:将混合液加热至 80 ℃进行均质,均质压力为 22 MPa。

杀菌:采用高压杀菌釜进行杀菌,杀菌条件 121 ℃/15 min,然后冷却至室温。

10.2.5.3 杏仁咖啡饮料

杏仁中含有丰富的蛋白质、脂肪、人体所需的多种氨基酸和维生素,具有生津、止咳、润肺、养颜、防癌、抗癌等功效;但是杏仁中的苯甲醛属于特殊风味物质,许多人难以接受。可以在杏仁乳的基础上,配以优质天然咖啡制成杏仁咖啡饮料,不但保留了杏仁乳的纯天然营养成分,而且掩盖了苯甲醛的气味,从而得到一种风味独特、香气浓厚、提神醒脑、健脾开胃等功效的营养保健饮料。

1. 基本配方

脱苦杏仁 15 kg,白砂糖 85 kg,咖啡粉 20 kg,乳化稳定剂 3 kg。

2. 工艺流程

杏仁咖啡饮料加工工艺流程见图 10-7。

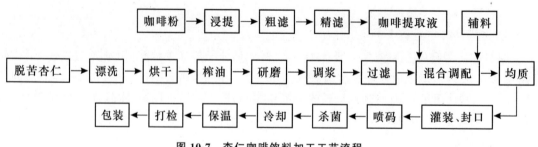

图 10-7 杏仁咖啡饮料加工工艺流程

3. 操作要点

(1)漂洗、烘干 脱苦杏仁采用 0.35% 的过氧乙酸消毒 3～5 min,然后用软化水冲洗 3～5 次,沥干水分,装盘送入烘箱烘干。烘干温度 85 ℃为宜,3 h 内烘干,使水分含量保持在 3%～4%。

(2)榨油 杏仁脂肪含量一般在 50% 左右,成品中脂肪过高,易出现脂肪上浮现象,影响

274

风味,应在加工过程中需用榨油机除去 8%～10% 的脂肪。

(3)研磨　用三辊研磨机将杏仁粕连续研磨 4～5 次,注意调整各辊间间隙,使杏仁泥细度在 25 μm 以下。

(4)咖啡提取液的制备　第一次提取:将咖啡粉投入到 90～100 ℃ 的热水中浸提 30 min,咖啡粉∶水＝1∶8(质量比),浸提结束后用 100 目滤布进行过滤;第二次提取:将滤渣投入到 90～100 ℃ 的热水中浸提 15 min,咖啡粉∶水＝1∶6(质量比),浸提结束后用 100 目滤布进行过滤。将两次滤液合并后,用精滤机进行过滤并打入配料罐中。

(5)辅料　乳化稳定剂需提前用 50～60 ℃ 温水调配好、备用。

(6)混合调配　将定量的白砂糖溶解过滤后打入配料罐中,在定量水中边搅拌边加入杏仁泥,待其完全溶解后,用 300 目离心机过滤后,打入配料罐中;加入浸泡好的乳化稳定剂,搅拌均匀定容至标准刻度;用 NaHCO$_3$ 调整料液 pH 至 6.5～7.0,加热至 80～85 ℃。

(7)均质　均质温度 80～85 ℃,压力为 20～30 MPa,以便饮料组织状态均匀稳定,口感细腻柔和。

(8)灌装、封口　均质后料液及时进行灌装、封口,灌装中心温度始终控制在 80 ℃ 以上,并要求封口完整不泄漏,达到密封要求。

(9)杀菌　杏仁咖啡饮料属于中性饮料,为防止耐热性芽孢菌造成的败坏,达到无致病菌及微生物引起的腐败现象,通常要进行中心温度在 121 ℃ 经 20 min 的杀菌处理。在杀菌过程中最好采用自动控制系统,防止因人为控制不当导致杀菌不足或过度引起饮料品质的恶化,杀菌后饮料及时冷却到 40 ℃ 以下,擦干后入保温库码放。

(10)保温、打检　库温 37 ℃,时间 7 d。经保温后的饮料用打检棒打检,剔除不合格品后,包装入库。

所得产品呈褐色或棕褐色,汁液均匀稳定,允许少量蛋白质沉淀,摇匀即消失,具有咖啡和杏仁特有芳香,无异味。可溶性固形物 6%～8%,pH 6.5～7.0。

10.2.5.4　咖啡茶

咖啡茶的加工方法是将干的咖啡豆分两步焙炒,同时不断地搅拌。第一步是在 180～200 ℃ 下焙炒,然后待粒料冷至 110～120 ℃ 时,按 1∶1 的比例加入绿茶,再进行第二步焙炒。最后将这种咖啡—茶的混合物冷却并磨粉而制得咖啡茶。

10.2.5.5　椰奶咖啡

这是速溶咖啡的一些新产品。将速溶咖啡粉、糖以及奶粉或椰奶粉等按一定比例混合均匀,然后用小袋包装,每包可冲成一杯便于随时饮用的咖啡。我国已有多家工厂生产。

❓ 思考题

1. 简述咖啡及可可的主要成分及性质。
2. 试比较咖啡豆干法加工和湿法加工的异同。
3. 试比较咖啡粉和速溶咖啡生产工艺的异同。
4. 简述咖啡豆生产工艺流程和提高产品质量的途径。
5. 简述咖啡液体饮料的生产工艺流程及技术要点。
6. 简述牛奶咖啡饮料生产工艺。

▣ 推荐学生参考书

[1] 李从发,陈文学,刘四新,等.热带农产品加工学.海口:海南出版社,2007.

[2] 王庆煌.热带作物产品加工原理与技术.北京:科学出版社,2012.

[3] 詹姆斯·霍夫曼.世界咖啡地图.2版.北京:中信出版社,2020.

■ 参考文献

[1] 蔡瑞玲,赵晋府,王志华,等.咖啡豆乳饮料的工艺技术研究.食品研究与开发,2004,25(1):84-87.

[2] 蔡瑞玲.植物蛋白咖啡饮料的研制与风味特征分析.天津:天津科技大学,2004.

[3] 董聪慧,董文江,程金焕,等.咖啡豆烘焙过程中油脂脂肪酸组成、挥发性风味及活性成分的演变规律.食品科学,2022,43(24):210-222.

[4] 符伟扬.冻干技术在速溶咖啡生产中的应用.冷饮与速冻食品工业,1999(3):16-18.

[5] 胡荣锁,陆敏泉,初众,等.海南咖啡主要营养成分对比研究.营养学报.2013,35(6):622-624.

[6] 黄龙芳.热带实用作物加工.北京:中国农业出版社,1997.

[7] Jon Thorn.咖啡鉴赏手册.杨树,译.上海:上海科学技术出版社,2000.

[8] 李从发,陈文学,刘四新,等.热带农产品加工学.海口:海南出版社,2007.

[9] 李晓波.咖啡核桃乳饮料的配方研究.食品研究与开发,2015,36(2):84-87.

[10] 刘恩平,刘海清,金琰.中国热带作物产业发展研究.北京:中国农业科学技术出版社,2021.

[11] 牟德华.新版饮料配方.北京:中国轻工业出版社,2001.

[12] 王春雷.牛奶咖啡饮料稳定性研究.无锡:江南大学,2009.

[13] 王庆煌.热带作物产品加工原理与技术.北京:科学出版社,2012.

[14] 武瑞瑞,李贵平,王雪松,等.咖啡湿法加工过程中影响品质的因素分析.热带农业工程,2012(5):1-3.

[15] 杨焰平,李维锐,李文伟.云南省咖啡生产现状、存在问题及今后发展意见.热带农业科技,2003,26(2):18-21.

[16] 于婷.冷萃咖啡生产关键工艺研究.泰安:山东农业大学,2022.

[17] 张栀俔,吴国泰,王晓禹,等.咖啡豆化学成分发现及药用价值研究现状.中国野生植物资源,2022,41(5):57-66.

[18] 中华人民共和国国家质量监督检验检疫总局,中国国家标准化管理委员会.中华人民共和国国家标准 饮料通则:GB/T 10789—2015.北京:中国标准出版社,2015.

[19] Bravo J, Monente C, Juániz I, et al. Influence of extraction process on antioxidant capacity of spent coffee. Food Research International, 2013, 50(2):610-616.

[20] Buffo R A, Cardelli-Freire C. Coffee flavour: an overview. Flavour and fragrance journal, 2004(19):99-104.

[21] Chahan Y, Alfons J, Raphael B. From the green bean to the cup of coffee: investigating coffee roasting by on-line monitoring of volatiles. Eur Food Res Technol, 2002(214):92-104.

[22] Clarke R J，Macrae R. Coffee(Volume 1~3). New York：Elsevier Applied Science Publishers，1985.

[23] Clarke R J，Vitzthum O G. Coffee：Recent developments. New Jersey：Wiley-Blackwell，2006.

[24] Hicks A. Post-harvest processing and quality assurance for speciality/organic coffee products. FAO Regional Office for Asia and the Pacific Bangkok，Thailand：1-8.

[25] Pandey A ，Soccol C R，Nigam P，et al. Biotechnological potential of coffee pulp and coffee husk for bioprocesses. Biochemical Engineering Journal，2000 (6)：153-162.

[26] Vignoli J A，Bassoli D G，Benassi M T. Antioxidant activity，polyphenols，caffeine and melanoidins in soluble coffee：The influence of processing conditions and raw material. Food Chemistry，2011，124(3)：863-868.

第 11 章

植物饮料

本章学习目的与要求

1. 了解植物饮料所包含的种类。

2. 掌握可可饮料、食用菌饮料、草本饮料、藻类饮料、谷物饮料的加工方法及产品加工特点。

主题词:植物饮料　可可饮料　食用菌饮料　草本饮料　藻类饮料　谷物饮料　浸提
脱腥　糊化　液化　糖化

11.1　植物饮料的概念与分类

GB/T 10789—2015《饮料通则》和 GB/T 31326—2014《植物饮料》将植物饮料（botanical beverages）定义为：以植物（包括可食的根、茎、叶、花、果、种子）或植物抽提物（包括水提取液或其浓缩液、粉）为原料，添加或不添加其他食品原辅料和（或）食品添加剂，经加工或发酵制成的饮料，包括以下几类：可可饮料、谷物类饮料、草本（本草）饮料、食用菌饮料、藻类饮料、其他植物饮料，不包括果蔬汁类及其饮料、茶（类）饮料和 咖啡（类）饮料。

1. 可可饮料

可可饮料（cocoa beverage）是以可可豆、可可粉为主要原料，添加或不添加其他食品原辅料和（或）食品添加剂，经加工制成的饮料，其固形物含量要求≥5 g/L。

2. 谷物类饮料

谷物类饮料（cereal beverage）是以谷物为原料，添加或不添加其他食品原辅料和（或）食品添加剂，经加工制成的饮料，其总膳食纤维含量要求≥1 g/L。

3. 草本饮料/本草饮料

草本饮料/本草饮料（herb beverage）是以国家允许使用的植物（包括可食的根、茎、叶、花、果、种子）或其提取物的一种或几种为原料，添加或不添加其他食品原辅料和（或）食品添加剂，经加工制成的饮料，如凉茶、花卉饮料等。其中，花卉饮料的固形物含量要求≥0.1 g/L，其他饮料要求≥0.5 g/L。

4. 食用菌饮料

食用菌饮料（edible fungi beverage）是以食用菌和（或）食用菌子实体的浸取液或浸取液制品为原料，或以食用菌的发酵液为原料，添加或不添加其他食品原辅料和（或）食品添加剂，经加工制成的饮料。

5. 藻类饮料

藻类饮料（algae beverage）是以藻类为原料，添加或不添加其他食品原辅料和（或）食品添加剂，经加工制成的饮料，如螺旋藻饮料。

6. 其他植物饮料

其他植物饮料（other botanical beverages）是除了以上 5 类之外的植物饮料。

11.2　植物饮料的生产工艺

11.2.1　可可饮料的生产工艺

11.2.1.1　可可概况

可可与咖啡、茶叶同被称为世界三大饮料作物，营养丰富，滋味醇香，具有兴奋和滋补作用，是制造巧克力、糕点等食品工业的重要原料。可可原产于南美洲亚马孙河上游的热带雨林，广泛分布在南北纬 20°以内地区，主要分布在南北纬 10°以内较狭窄地带。主产区为西非

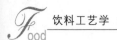

和拉丁美洲,亚洲则主产于印度尼西亚、马来西亚,而我国海南省及云南西双版纳是可可的适宜生长区域。

可可树是高大热带森林中的低矮树种,一般树高 7～10 m,一棵树每年可生长 20～30 个可可果,每个果实含 25～40 粒种子,经发酵和干燥后的种子称为可可豆,一株可可树每年可收获干可可豆 860～1 260 g。可可豆中含有大量的脂肪(50%左右)、丰富的蛋白质(20%左右)、淀粉(10%左右)等营养成分,还有较多的可可碱、咖啡碱等可使人兴奋的物质(表 11-1)。除此之外,可可豆中还含有维生素 A、维生素 E、B 族维生素以及多种氨基酸。

表 11-1 可可豆的主要成分 %

项目	水分	脂肪	含氮物质	可可碱	咖啡碱	其他非氮物	淀粉	粗纤维
生可可豆(附种皮)	5.58	50.09	14.13	1.55	—	13.91	8.77	4.93
炒熟可可豆	4.14	53.03	13.97	1.56	1.44	12.78	9.02	3.40

11. 2. 1. 2 可可豆的生产工艺

鲜可可豆→发酵→干燥→拣选→分级→包装。

1. 可可豆的收获

可可豆收获包括从树上采摘果实并劈开取出其中的可可豆。当可可果实成熟时,其颜色会发生变化,由绿色变成橙黄色。红色可可果实的变化不明显。

2. 可可豆的发酵

未经发酵的可可豆不但香气和风味低劣,而且组织结构发育不够完全,缺少脆性,因此可可豆在成为商品以前一般都要经过发酵处理。其的发酵过程是一个相当复杂的生物化学变化过程,多种微生物(酵母、细菌和霉菌)和酶参与其中。经发酵处理后,可可果的子叶部分分离,色素细胞碎裂,可可碱和鞣质含量下降,糖转变为酸使得含糖量下降;果胶含量增加;蛋白质酶解成为可溶性含氮物。由于这一系列的生物化学变化,发酵的可可豆焙炒后,才具有巧克力特有的优美香味;可可豆在发酵过程中,其内部原酪状组织逐渐转变成坚韧的组织,最后成为坚脆组织,并产生裂缝,同时色泽也从豆灰色逐渐变成紫红色、暗棕色。

可可豆的发酵方式一般采用堆积法。将可可豆堆成堆,用大蕉叶遮盖。每堆可可豆约 100 kg,如果堆太小,温度上升量就不能满足酵母菌的生长繁殖。但也有将可可豆放入浅盘中,用麻袋布盖面进行发酵的,适用于工厂化发酵加工。发酵周期视豆的品种而定,一般薄皮豆的发酵期为 2～3 d,厚皮豆则可长达 5～7 d。发酵过程的温度变化要控制得当,以厚皮豆发酵为例,开始发酵产生热量,温度可能升至 50～51 ℃。发酵温度过低和过高对可可豆的品质变化有较大影响,因此必须控制好发酵温度。

3. 可可豆的干燥

成熟的可可果实含有大量水分,采摘后的果实必须及时处理,以免变质。可可果发酵过程中,果肉在酵母菌和酶的作用下,糖发酵转变为乙醇和乙酸,果肉细胞破裂,最终成为污浊的黄色液体。因此经过发酵的可可豆应及时干燥。

　　一般将可可豆露天堆放,利用日光直接干燥;也可将豆装入浅盘内,经日光照射自然干燥。日光干燥温度范围在45～60 ℃,干燥气候条件一般需要 6 d,潮湿气候则长达 3 周才能达到干燥要求。也可将可可豆装盘送入烘房干燥,效率较高的干燥方式是采用旋转干燥设备热风干燥。烘房干燥可将干燥时间缩短为 2 d,旋转式干燥则只需 1 d。可可豆干燥温度应保持在45～50 ℃,超过 90 ℃是不适当的。高品位可可豆应先洗涤后再干燥。干燥作用可使可可豆的水分从 40％左右减少到 6％～9％,以利于较长期贮藏。通过干燥过程,可可豆水分减少,蛋白质和脂肪含量增大,碳水化合物含量也有所增大,而单宁和可可碱则增加不多,咖啡碱和着色剂则明显降低。

11. 2. 1. 3　可可制品的加工工艺

　　可可制品的生产工艺流程见图 11-1。

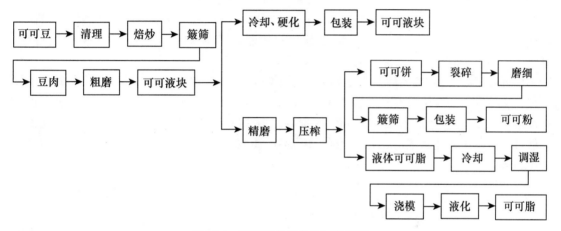

图 11-1　可可制品的生产工艺流程

　　可可豆首先要经过清理、焙炒、簸筛后,再加工成可可制品——可可液块、可可脂和可可粉,再进一步加工成巧克力。此处仅简单介绍可可制品的加工过程。

　　1. 可可豆的清理

　　可可豆在采集、发酵、干燥、运输过程中,难免沾染灰尘、泥沙、石子、毛发、木块和金属物等多种杂质,因此,必须对原料豆进行清理。可可豆的清理过程,一般在清理专用机械上进行。清理机是利用可控制和调节的气流原理以及机械振动,将夹杂在可可豆中密度不同的外来杂质分开。小型清理机每小时可处理可可豆 1 200 kg,现代的大型机每小时处理可可豆高达 3 000 kg。

　　2. 可可豆的焙炒

　　焙炒是在干热状态下进行的,它会使可可豆发生物理和化学变化,是加工可可和巧克力制品的一个极为重要的关键工艺。可可豆焙炒可起到以下作用:除去豆的残余水分;使豆壳变脆、豆粒膨胀,豆肉和壳易于分离;使豆肉和胚芽分离;通过热处理,松散细胞组织结构,使油脂易于渗透出来,磨成的可可液酱体,具有良好的可塑性质,便于磨酱加工;热处理使豆细胞内的淀粉颗粒成为可溶性微粒;热处理使细胞色素发生变化,增加油脂色泽;热处理使可可豆的香味和风味增加,从而形成可可制品特有的佳美香味;热处理使可可豆的有机酸、糖、蛋白质发生

反应,产生可可制品特有的滋味。

可可液块、可可脂、可可粉和巧克力的色、香、味品质,在很大程度上取决于可可豆的焙炒程度。焙炒的基本原则是最大限度地取得合格的豆肉,具有满意的香气和味道,壳与肉容易分离,并有较高的豆肉收得率。而控制焙炒程度的基本因素则是加热处理的时间和温度。确定可可豆焙炒温度,除了可可豆的含水量外,还涉及多种因素,如可可豆品种、可可豆大小、制成品的品质要求、加工方法、焙炒方式以及采用的设备等。一般制作巧克力的可可豆焙炒温度为95～104 ℃;而制作可可粉的可可豆焙炒温度,推荐 104～121 ℃。可可豆的焙炒时间可根据焙炒设备类型和批量大小而定,一般焙炒时间为 15～70 min。由于可可豆在焙炒中,干燥速率不同,而可可豆又是一种导热性差的物料,所以制定可可豆焙炒程序、焙炒温度和时间,还需要依靠丰富的实际经验加以选择和判定。

焙炒一般采用转鼓形焙炒机。若以直接火加热,单位容量为 100 kg,焙炒时间在 45～60 min。若采用球形焙炒机,以热空气焙炒,焙炒时间在 15～30 min。若采用连续焙炒机,以热空气焙炒,时间在 15～30 min。目前,国内可可制品厂都采用连续式焙炒机处理可可豆。除用火、热空气加热外,还可采用红外线和高频方式加热。

可可豆经过焙炒,最大的变化是失重。可可豆中的水分、乙酸和少量挥发酸,在高温条件下蒸发和挥发。通常失重在 6％左右,其中 4.6％是豆肉失去的,1.4％是豆壳挥发的。可可豆经过焙炒后,豆肉的色泽加深为深褐色,豆肉的辛辣味减少。这些变化是可可豆中的多元酚在焙炒过程中发生氧化造成的。此外,蛋白质、淀粉、生物碱等成分发生了变化,尤其是生物碱呈减少趋势。

3. 可可豆的簸筛

焙炒后的可可豆先经破碎成碎仁,这一过程称为裂碎。裂碎后的可可豆包含 3 部分:皮壳(11％～13％)、胚芽(1％左右)、豆肉(87％～88％)。将皮壳、豆肉和胚芽分开,这一过程称为筛分。可可豆裂碎和筛分是在同一设备上进行的,这一过程称为可可豆的簸筛。

4. 可可制品的生产

可可豆主要用于生产巧克力制品,也可被用来制造糖果、饮料和焙烤食品。一般首先将可可豆加工成可可液块、可可脂和可可粉,然后再生产色、香、味齐全,品种繁多的巧克力。

可可液块也称为可可料或苦料。可可豆经过焙炒去壳分离出来的碎仁,再研磨成的酱体称为可可液块,其在温热状态下具有流体的特性,冷却后凝固成块,呈棕褐色,香气浓郁并有苦涩味,含有极多的脂肪和其他复杂的组成。可可液块的含水量必须严格控制,若超过 4％,很容易发生品质变化,贮藏温度以 10 ℃为宜。将可可豆肉加工成可可液块可采用各种类型的磨碎机,如盘式磨碎机、齿盘式磨碎机、辊式磨碎机、叶片式磨碎机和球磨式磨碎机。

经磨细的可可酱料,采用压榨机压榨取出可可脂。可可脂又称可可白脱,是从可可液块中提取出的一类植物硬脂,液态时呈琥珀色,固态时呈淡黄色或乳黄色,具有可可特殊的香味,具有很短的塑性范围,27 ℃以下几乎全部是固体,随温度的升高会迅速熔化,到 35 ℃就完全熔化。

可可粉也是可可豆直接加工处理所得的可可制品,从可可液块经压榨除去部分可可脂即得可可饼,再将可可饼粉碎后,经筛分所得的棕红色粉体即为可可粉。可可粉具有浓烈的香气,不需添加香料,直接用于巧克力和饮料生产。

11.2.1.4 可可饮料制作实例

1. 可可果汁饮料

(1)工艺流程 可可果汁饮料制备工艺流程为:鲜果→剖果→果肉→加水搅拌→压榨过滤→调配→均质→装罐→杀菌→冷却→成品。

(2)操作要点

原料选择:选择无虫蚀、无霉变的成熟果。

提取果汁:以温开水为宜,若水温高于 50 ℃,则影响过滤速度和果汁质量。提取果汁反复多次,每千克种子(含果肉)加水 2 000～3 000 mL,洗至残汁含 2%～3%的糖度(手持糖度计)。提取果汁集中过滤,用纱布由疏到密 3 次过滤。

调配:将果汁糖度调至 10%左右。

杀菌:杀菌温度 115 ℃,时间 5 min。

2. 可可乳饮料

可可乳饮料是以可可粉、乳(或乳制品)和糖为主要原料,另加香料和焦糖色素等加工而成的饮料。工艺流程:原料处理→调制→均质→杀菌→冷却→灌装→调香→包装。可可乳饮料配料表见表 11-2(仅供参考)。

表 11-2 可可乳饮料配料表   kg

物料	料量	物料	料量
全脂牛乳	850	卡拉胶	0.4
可可粉	10	果胶	0.4
砂糖	80	磷酸镁	0.4
精盐	0.6	碳酸氢钠	0.25
乳糖	6	奶油香精	0.4
香草香精	—		

11.2.2 食用菌饮料的生产工艺

食用菌中蛋白质含量约占可食部分鲜重的 4%,占干物质总量的 20%～30%,其含量为大白菜、番茄、白萝卜等常见蔬菜的 3～6 倍,是香蕉、甜橙的 4 倍,接近于肉、蛋类食物,其中人体必需的 8 种氨基酸含量较高。此外,食用菌中还含有少量稀有氨基酸,如甲硫氨基酸亚枫、丙氨酸、羟脯氨酸等。食用菌富含维生素,富含多种矿物质如铁、钙、磷、钾、锌、锰、铜等,如每 100 g 银耳干品中含钙 357 mg,含铁 185 mg;每 100 g 双孢蘑菇干品中,含钾 640 mg,而含钠只有 10 mg,这种含高钾低钠的食品对高血压患者是十分有益的。食用菌含糖少,释放热能值低,一般脂肪含量为干重的 4%,而且不饱和脂肪的含量高,是健美减肥者的首选食品。食用菌还具有抗癌、降血压、降糖、调节机体代谢、健胃、保肝等多方面的医疗保健功能,每一种食用菌都可称为营养保健佳品。

11.2.2.1 食用菌饮料生产的工艺流程

提汁流程:原料→选剔→清洗→提汁(1)→提汁(2)→提汁(3)→提汁(4)→榨汁。

汁液处理过程如图 11-2 所示。

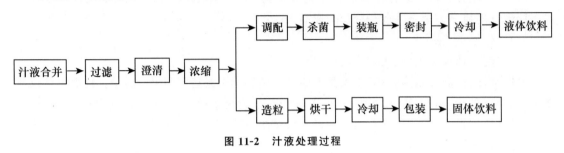

图 11-2　汁液处理过程

11.2.2.2 技术要点

1. 原料选剔

食用菌饮料通常采用食用菌子实体作为加工原料。子实体可以是鲜的,也可以是干的。若要制成复合饮料,还可搭配果品或蔬菜。加入果品蔬菜能使饮料营养成分更加完全,同时还能起到掩蔽某些食用菌不良气味和苦味,提高产品口感的作用。加工饮料所采用的原料都要求新鲜、无霉烂、无异味、无杂质。原料选剔后,用清水充分洗净,再切成薄片或将其破碎,然后浸泡提汁。

2. 浸泡提汁

在破碎的原料中加数倍水,用适当的温度(大多采用80~90 ℃)加热,然后在常温下浸泡,以提取营养物质。浸泡时间视原料种类、状态、加热温度而定。一般为几小时至十几小时不等。提汁分数次进行。第一次提汁后,将原料再泡于热水(大多采用 80~90 ℃)中,进行第二次提汁,得到第二次提取液,再进行第三次、第四次提汁。第三次、第四次提取液因浓度过稀可循环用于下一批食用菌的提汁。

用温水浸泡提汁后,再用有机溶剂提取一次,这样得到的饮料营养成分更完全。采用的有机溶剂有乙醇、丙酮、乙醚等。得到浸提液后,用蒸馏或浓缩的方法除去有机溶剂,再做成水溶液。

3. 榨汁、过滤

浸泡提汁后,将渣置于压榨机中压榨取汁。压榨可采用旋转压榨机或油压机、水压机,也可采用简易的杠杆压榨器。榨汁后,进行一次粗滤,去掉食用菌碎屑等物。粗滤可采用滤网或纱布。

4. 澄清

食用菌饮料通常为透明饮料,制作过程中需要澄清处理,以去除汁液中的悬浮物。常用的澄清方法包括自然澄清、加热澄清、离心澄清、酶法澄清等。

5. 浓缩

某些食用菌饮料制作时需要浓缩。浓缩的方法主要有常压浓缩、真空浓缩、冷冻浓缩,各有优缺点,具体采用哪种要根据生产实际进行选择。

6. 成分调整

为使食用菌饮料符合一定的规格要求或改变风味,需要对成分适当调配。要求成分调整的范围不宜过大,一般以调糖酸为主。饮料较适宜的糖酸比为(13～15)∶1。所使用的糖有蔗糖、果糖、蜂蜜等,所使用的酸为柠檬酸。有的饮料还添加香精、色素等,以增进成品风味色泽。此外,还可与其他食用菌、果汁等进行复配,制作复合型食用菌饮料。

7. 杀菌、装瓶

饮料杀菌通常采用高温瞬时杀菌法。杀菌时,将食用菌饮料迅速泵入瞬时杀菌器内,快速加热,使汁液温度达到 90 ℃ 以上,维持几秒至几十秒,然后装瓶、密封,并快速冷却至 38 ℃ 左右。

8. 造粒

用于制造固体饮料的食用菌汁液在浓缩时,要求浓度达到 60% 左右,成稠膏状。造粒时物料配比为浓缩汁 20%～30%,白砂糖 40%～65%,糊精 10%～20%,另加少量柠檬酸、香精等物。将物料混合均匀,含水量以手捏物料成团,揉搓时又呈现散状为宜。物料在摇摆式造粒机上造粒成型。

9. 烘干

将造好粒的物料均匀平摆在烘盘上,厚度以 1～2 mm 为宜,烘房温度 55～60 ℃,烘干至物料含水量不超过 5% 时取出,冷却后,包装即可。

11.2.2.3　食用菌饮料制作实例

以灰树花保健饮料的生产为例。

1. 加工工艺流程

灰树花保健饮料生产工艺流程见图 11-3。

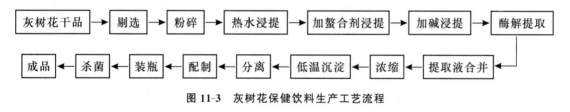

图 11-3　灰树花保健饮料生产工艺流程

2. 技术要点

(1)原料剔选、粉碎　原料采用灰树花干品,要求干燥,新鲜,无霉变,无异味,根部原料需剔除干净,然后用粉碎机粉碎,用 60 目筛过滤备用。

(2)浸提、分离　为了使制得的灰树花饮料营养成分更完全,浸提、分离分为 4 步。

①热水浸提:为抑制热水提取过程中酚类化合物和酪氨酸酶等各种酶的作用,需添加酶活性抑制剂。操作时,将粉碎的灰树花子实体粉加入含有 0.2% 柠檬酸、0.1% 维生素 C 以及 0.2% 蔗糖脂肪酸酯和山梨糖脂肪酸酯混合物的水溶液中,子实体与水质量之比为 1∶(10～12),于 90～98 ℃ 下加热 10～15 min,并进行均质,破坏灰树花组织,然后放入离心机中进行第一次离心分离提取。分离液中含有可溶性糖类、游离氨基酸、嘌呤及糖醇。

②加螯合剂浸提:将第一次浸提后的残渣加入含有 1% 左右的乙二胺四乙酸或柠檬酸钠

饮料工艺学

等金属螯合剂的水溶液中,于85～90 ℃加热20～25 min,置于离心机中进行第二次离心分离提取。第二次提取溶液中含有糖原及生物碱。

③加碱浸提:在残渣中添加含0.2%～0.3%磷酸钠的碱性溶液,加热到80～85 ℃,保持10 min,用离心机离心分离,得含半纤维素和蛋白质的第三次提取液。

④酶解提取:残渣中添加蛋白酶、半纤维素酶、甲壳酶等,溶解和破坏细胞膜,控制氢离子浓度10～100 μmol/L(pH 4.0～5.0)、温度35～45 ℃。酶处理后,用离心机离心提取得到第四次提取液。其中含有氨基酸、肽类和氨基葡萄糖。最后的残渣中含有壳质和木质素。

(3)浓缩　将上述4种提取液合并,其中主要成分除灰树花多糖和果胶外,还含有氨基酸、维生素、肽类、核酸类、半纤维素及少量无机盐,但它们的浓度较低,一般只有0.5%～2%,需浓缩至10%左右。浓缩方法以减压浓缩为好,真空薄膜浓缩最佳,浓缩的过程可通过糖度计测定加以控制。浓度过高,不仅会增加浓缩作业的负荷量,而且会使黏度上升,不利于果胶沉淀。

(4)低温沉淀、分离　灰树花子实体通过热水浸提,其所含的果胶质也同时被转移到提取液中。在贮藏过程中,果胶会形成灰色的絮状沉淀,严重影响商品外观。常规方法是用果胶酶进行分解,但此法不仅会影响提取液的成分,而且分解后还要将酶进行灭活处理,也要损害产品风味。为此,可以采用低温处理办法将果胶析出,即将浓缩后的提取液放在4 ℃的冷库中静置48 h,使沉淀积累于底部,然后用虹吸法吸出上清液,下部混合沉淀再用离心机分离。获得的澄清液经过浓缩,再经脱色处理,便可得到既保持原有营养和风味,又具有良好外观的灰树花保健饮料。

(5)配制、装瓶、杀菌　一般以调整糖酸为主,适宜的糖酸比为(12～15):1,可在1 L提取液中加入果糖或蜂蜜75 g,柠檬酸或乳酸3 g。为改进风味,也可使用猕猴桃汁或椰子汁调配。饮料调配好后,再按常规方法装入马口铁罐或铝罐等容器中,经杀菌后即为风味佳美的灰树花保健饮料成品。

11.2.3　草本(本草)饮料的生产工艺

中医素有"药食同源"之说,实际上,饮食的出现比医药早得多,因为人类的生存、繁衍必须依赖于食物的摄入。经过长期的生活实践,人们了解到通过食疗可以使某些疾病得到医治,而逐渐形成了药膳食疗学。而中国丰富的中医养生理论为草本饮料的发展奠定了坚实的基础。

草本饮料中最主要的种类是凉茶。凉茶是岭南人民根据本地的气候、水土特性,在长期预防疾病与保健的过程中,以中草药为基础,研制总结出的一类具有清热解毒、生津止渴等功效的饮料总称。凉茶始创于清道光八年(1828年),在我国具有悠久的历史、独特的文化底蕴、广泛的民间性和公认的有效性,加上凉茶企业的大力发展,使得凉茶产业取得了巨大的成就,成为世界饮料界的一匹"黑马"。2006年,广东凉茶成功列入国家首批"非物质文化保护遗产"名录。国家统计局发布的"2012年前三季度中国饮料行业运行状况分析报告"显示,罐装凉茶的销量超过可口可乐在中国大陆的销量,成为"中国饮料第一罐",并且根据之前的销售数据显示,其已连续7年销量领先,从中可以看出罐装凉茶在市场中的分量。目前,市场上凉茶主要有罐装、瓶罐、利乐包、凉茶铺的大碗装和凉茶颗粒冲剂几种包装销售形式,其中主要以罐装凉茶为主。以下就以罐装凉茶为例,简要介绍凉茶的加工工艺。

二维码 11-1
凉茶饮料的
开发与启示

286

11.2.3.1　罐装凉茶的生产工艺流程

罐装凉茶生产工艺流程见图 11-4。

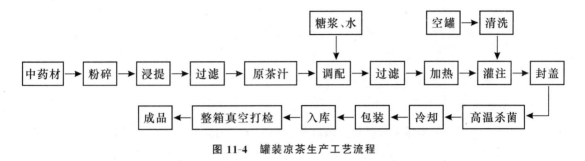

图 11-4　罐装凉茶生产工艺流程

11.2.3.2　技术要点

1. 中药材

中草药的选用应符合国家相关规范。凉茶品种繁多,市场上销售的产品大多具有清热解毒、清暑降火、生津止渴、润肺祛燥的功效。因此凉茶生产的中药材原料大多选择具有这些功效的中草药,常见的如金银花、淡竹叶、五指柑、布楂叶、枯草、桑叶、菊花、鸡蛋花等。首先需要确定产品配方,然后准备相关原料。所用原料应保证品质上乘,无腐败、虫蛀等,剔杂后待用。所用中药材既可以是干制品,也可以是鲜品,但鲜品不易保藏,干制品方便贮藏,方便周年生产。

2. 粉碎

合格的原料中药材需进行粉碎(干制品),主要目的是提高浸提时药材中有效成分的溢出。

3. 浸提

将预处理后的中草药,加入 20～60 倍纯水,保持一定温度(常用温度为 75～95 ℃)进行浸提(可分开浸提,也可以所有中药材混合后一起提取),通常进行 2 次浸提,合并浸提液。浸提液过滤后可以直接用于调配,也可以通过真空浓缩等方式得到浓缩汁贮藏待用。

4. 糖浆制备

所用的白砂糖要求为一级或优级,须符合相关国家标准。在一级贮糖缸中加入定量 85 ℃以上热水,边搅拌边加入定量白砂糖,直至白砂糖完全溶解为止。一级贮糖缸内的糖浆经加压,经过 5 μm 的袋式过滤器以及金属过滤器过滤,以去除白砂糖中含有的金属、玻璃、碎屑等杂质,过滤后的糖浆送入调配缸。

5. 调配

为使凉茶符合一定的规格要求,需要对成分适当调配。目前最简单的配方仅包括浸提汁、糖和水,将定量的浸提汁、糖和水送到调配缸,加水定容即可。但有些凉茶还需要添加增稠剂、甜味剂、稳定剂等,须按照 GB 2760—2014 的要求进行添加,并注意添加顺序。

6. 过滤

合格的凉茶调配液流经 5 μm 的 2 个串联袋式过滤器,之后被送至缓冲缸。

7. 加热

缓冲缸的凉茶调配液,经热交换器加热至(90 ± 5)℃,再送至灌注机灌装。

8. 灌注

控制好灌注机的速度,保证热灌装后产品中心的温度≥80 ℃。

9. 封盖

灌注后的产品立刻被送往封盖机进行封盖。

10. 高温杀菌

将已装入杀菌篮的实罐半成品送进杀菌釜加热至规定的温度,规定的时间进行杀菌。杀菌公式为:$\dfrac{21\ \min-16\ \min-21\ \min}{121\ ℃}$,恒温时压力控制在$(1.80\pm0.05)\times10^5$ Pa$[(1.80\pm0.5)$bar$]$。

11. 整箱真空打检

根据需要,整箱产品入库放置 72 h 进行整箱真空打检,并贴上识别标签。打检合格后,贴上识别标签。合格者即为成品。

11.2.3.3 几种凉茶原料浸提条件及配方

1. 无糖凉茶饮料

配方1:中草药配比为金银花∶红枣∶胖大海∶枸杞∶菊花=40∶20∶3∶2∶2,在 30 倍水溶液中 75 ℃,60 min 浸提 2 次,浸提液 30% 的比例,添加 2.0% 木糖醇、0.005 8% 三氯蔗糖、0.005% AK 糖、0.2% 果胶、0.08% 柠檬酸钠。

配方2:中草药配比为车前草∶蒲公英∶槐花∶桑叶∶菊花∶金银花∶甘草=10∶5∶2∶1∶1∶1∶1,加药材总量 30 倍的水在 90 ℃下提取 60 min;1 L 饮料中添加提取液 2.5 g、甜菊糖 0.15 g、麦芽糖醇 25 g。

2. 灵芝凉茶

灵芝提取液 25%(V/V)、茶提液 35%(V/V)、β-环化糊精 1%(W/V)、甜味剂 6%(V/V)、山梨酸钾 0.20 g/kg、抗坏血酸 0.03%、柠檬酸 3 g/kg。灵芝的浸提:取适量灵芝干片,剪成小片,按液固比为 130∶1 加水,于 0.1 MPa,121 ℃提取 1 h,提取 2 次。

3. 西瓜翠衣凉茶

混合汁 40%(西瓜翠衣汁∶金银花汁∶菊花汁∶甘草汁∶夏枯草汁=4∶3∶3∶1∶1)、柠檬酸 0.02%、白砂糖 1%、抗坏血酸 0.1%。夏枯草汁在 90 ℃下 50 倍加水量浸提 30 min,金银花在 90 ℃ 40 倍水浸提 28 min,菊花在 82 ℃ 60 倍水中浸提 30 min,甘草在 90 ℃,18 倍水中浸提 4 h。西瓜翠衣汁采用榨汁的方式,然后过滤得到澄清液。

11.2.4 藻类饮料的生产工艺

海藻是海洋中有机物的原始生产者和无机物的天然富集者,含有丰富的营养物质。海藻体基本由下列五大类营养成分组成:①蛋白质和氨基酸。蛋白质含量 8%~30%,而且必需氨基酸含量多。海藻蛋白质的组成氨基酸如丙氨酸、天冬氨酸、谷氨酸、甘氨酸、脯氨酸等中性、酸性氨基酸较多,这与陆生蔬菜相似,碱性氨基酸中精氨酸含量较高,这是陆生蔬菜等植物所没有的特征。②碳水化合物。占干重的 20%～60%,是藻体的主要成分,具体包括琼胶、卡拉胶、褐藻胶、蕨藻胶等多种胶体物质,淀粉、纤维素和多糖类。③脂肪。含量低,多在 4% 以下。但海藻能合成二十二碳六烯酸(DHA)等不饱和脂肪酸,有些藻类还能合成被誉为"脑黄金"的二十碳五烯酸(EPA)。其中,绿藻中 EPA 所占的比例较高,约 30%。④维生素。藻类含有多种维生素,B 族维生素的含量与蔬菜相比毫不逊色。尤其是紫菜等红藻类中维生素 B_{12} 的含量很高,而陆生植物中几乎不含维生素 B_{12}。⑤无机质。在海藻干物质中,灰分占 15%～30%,海水中存在的钙、钠、钾、磷、碘、锌、铁等微量元素海藻中几乎全有,而且这些微量元素多以可以供人体直接吸收利用的有机活性态存在,因此海藻素有"天然微量元素宝库"之称。

海藻中还含有具有独特生理调节作用的活性物质,如海藻多糖、海带氨酸、高不饱和脂肪酸、牛磺酸、多卤多萜类化合物、甾醇类化合物、β-胡萝卜素等,可以预防肥胖、胆结石、便秘、肠胃病等代谢性疾病,并具有防癌抗癌、降低血压、降低血糖、预防动脉硬化和血栓形成等功效。

藻类经加工,可以制备成藻类饮料。藻类饮料可以分为 3 类:第一类是利用藻类原汁(或全浆)制成的各种果肉型或果汁型饮料,如海带全浆。第二类是利用藻类浸取液,复配调味后制成的饮料,如紫菜杞果复合果汁、苹果海带复合汁。第三类是经加工后的藻类与其他的固体物料混合后制成的固体的饮料,如绿藻晶、速溶藻类粉末饮料。

11.2.4.1　藻类饮料的生产工艺流程

藻类饮料的生产工艺流程见图 11-5。

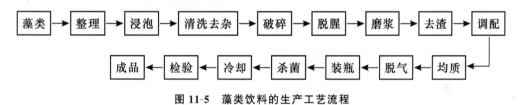

图 11-5　藻类饮料的生产工艺流程

11.2.4.2　技术要点

1. 整理、浸泡

原料可采用新鲜海藻也可采用干海藻。常见的很多藻类如海带、绿藻、螺旋藻、紫菜等均可作为加工原料。干海藻需要先进行晾晒,除去泥沙、杂质和根部,再用毛刷刷去表面黏附的部分盐卤,然后经过浸泡处理去除盐分,并使之吸水膨胀复鲜。如干海带可在其含量 10 倍的清水中浸泡 3～4 h,使其充分吸收膨胀。但清水浸泡时间不宜过长,以防可溶性成分如碘等的损失。浸泡水温以 20 ℃左右为宜。若以 3%～4% 淡盐水代替清水浸泡可缩短浸泡时间,并减少营养成分的损失,还有护色的作用。而鲜海藻可省去浸泡工序,直接进行清洗去杂处理。

2. 破碎

采用机械破碎,用破碎机将海藻破碎成 0.3～0.4 cm 的小块,或用磨浆机磨碎,边磨边加入 1 倍量的 85 ℃左右的热水。

3. 脱腥

海藻大多含有特殊的腥味。腥味的主要构成物质是一些低分子含氮化合物、萜烯类化合

物及低分子游离有机酸,如肉豆蔻酸、亚油酸、棕榈酸、丙酸、富马酸。常用的脱腥的方法有以下几种。

(1)酸煮法　常用 1%～5%柠檬酸或醋酸,将切碎后的藻类放入酸液中加热煮沸 5 min,并于 90～95 ℃下保温 60 min,使海藻熟化并脱腥。然后用清水漂洗,去除残留酸液。本方法适合于对脱腥要求不高者。

(2)乙醇法　采用 25%乙醇浸泡藻类 10 h,搅拌 3～5 次,使其脱腥,然后用清水彻底洗净。

(3)吸附法　采用 0.5%～1.5%活性炭进行吸附,这是常用的脱腥方法。活性炭脱腥常常在制得清液后进行,即将活性炭颗粒放入藻类汁液中吸附 1 h,再过滤除去活性炭。活性炭吸附法脱腥效果较佳,但脱腥的同时也脱去了藻类应有的颜色,部分营养成分也有可能在此过程中被活性炭吸附。

(4)碱煮法　常采用 2%～5%的氢氧化钠溶液,操作同酸煮法。

(5)发酵法　先将藻类配制成 10%溶液,灭菌处理,冷却后接种酵母进行发酵脱腥。酵母添加量为 0.2%～0.6%(质量比),温度 30～40 ℃,pH 中性。发酵 30～60 min 后,升温到 80～100 ℃,煮 15～30 min,使酵母失活。接种酵母后,通过酵母的发酵作用可消除腥味蛋白质,同时,由于发酵过程中产生一些中间代谢产物,对腥味有一定的掩盖作用。如发酵过度,副产物增多,会使饮料呈现不良的发酵味,使藻类的天然色泽消失。

(6)酶解脱腥　将藻类配制成一定浓度的溶液,调整 pH 至 6.0～7.0,加入 3%左右的中性蛋白酶,在 55～60 ℃保温 2 h,并不断搅拌,之后升温到 95℃灭酶处理 20 min,降至 40 ℃。由于蛋白酶的降解作用,腥味逐渐降低。当酶解过度时,蛋白质内部的疏水性氨基酸暴露出来,在蛋白酶的作用下产生较短的肽和氨基酸,出现类似于发酵的气味。但对于螺旋藻,由于其色泽主要是由叶绿素、藻蓝素、别藻蓝素等色素产生的,在酸性环境下容易发生褐变,在碱性条件下可以得到有效的保护,因此,螺旋藻的酶解脱腥选用碱性蛋白酶进行水解。

(7)β-环状糊精包埋法　采用 0.3%β-环状糊精可较为有效地掩蔽海藻的藻腥味。β-环状糊精具有内部憎水、外部亲水的环状结构,一般的有机物易被环内憎水部分吸附,形成包结物。但增大 β-环状糊精添加量,饮料颜色变浅,因此其添加量不宜过大。

在这几种方法中,酵母发酵法和活性炭吸附法脱腥效果最佳,且处理过程简单,不带来其他杂质,是常用的方法。对脱腥结果要求不高时也常采用酸煮法,并可与浸泡过程同时进行。除此之外,也可以利用添加果汁、香精等其他物质来对腥味进行掩蔽。总之,要根据产品特点和工艺要求来选用适当的脱腥方法。

4. 磨浆

加入一定量的热水进行磨浆,如可以采用 1 倍量的 85 ℃左右的热水。根据原料情况,可适当增加加水量。磨浆时,可采用孔径为 1 mm 的单道打浆机进行打浆。

5. 离心分离

在 3 500～4 000 r/min 下离心 15～20 min,得上清液,根据原料情况,可适当加水稀释。

6. 均质

均质采用胶体磨或高压均质机。均质压力 20～30 MPa,均质一次或两次。

7. 调配

取脱腥海藻提取液作为母液,加适量蔗糖和柠檬酸调配,将糖度调整至 10%～16%,含酸量 0.9%。有时也会添加香精、色素等来增进产品风味,或添加水果果肉、果汁或蔬菜汁等制作成复合饮料。调配可以在均质后进行,也可在均质前进行。

8. 脱气

脱气时真空度控制在 90.7～93.3 kPa,脱气温度 50～70 ℃。

9. 杀菌、冷却

将海藻饮料灌装密封后对其杀菌,常采用超高温瞬时加热方式进行杀菌处理。即在 120～130 ℃杀菌一定时间,杀菌后立即冷却至 38 ℃左右,经检验后最终制得成品。

11.2.4.3 藻类饮料生产实例(以螺旋藻营养饮料的生产为例)

1. 加工工艺流程

螺旋藻营养饮料加工工艺流程见图 11-6。

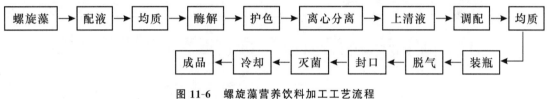

图 11-6 螺旋藻营养饮料加工工艺流程

2. 技术要点

(1)配液 称取一定量的螺旋藻粉,加入适量水,搅打分散后,加热至 55～60 ℃,配成 5%～6%螺旋藻液。

(2)均质 25～30 MPa 下均质,可起到对螺旋藻细胞进行较为彻底的破壁效果,增加营养成分的消化吸收。

(3)酶解 调节螺旋藻浆液的 pH 为 6.5 左右,按螺旋藻重量的 1%加入木瓜蛋白酶(酶活力单位为 1.0×10^6 U/g),在 55～60 ℃下保温 2 h,升温到 95 ℃灭酶 20 min,再降温至 40 ℃左右。酶解可以降低螺旋藻饮料的藻腥味,减少产品在灭菌后和贮存后蛋白质引起的沉淀和分层,并能增加产品中的氨基酸含量。实际操作中应控制螺旋藻蛋白质的水解程度,水解不足或水解过度均不利于产品的品质。

(4)护色 螺旋藻的色泽主要由叶绿素、藻蓝素、别藻蓝素等色素产生,在酸性环境下容易发生褐变,在碱性条件下可以得到有效的保护。因此,选用碱性蛋白酶进行水解。酶解后按 0.1 g/100 mL 的比例加入 EDTA。另外,调配时加入葡萄糖酸锌也有利于绿色的保护。

(5)离心分离 3 500～4 000 r/min 离心 15～20 min,得上清液,用水稀释 3～5 倍。

(6)调配 乳化剂 0.25%、乳酸 0.025%、柠檬酸 0.05%(调整 pH 至 4.5)、蔗糖 8%～10%、天然苹果香精 0.02%、葡萄糖酸锌 0.8%、β-胡萝卜素 1.3%、维生素 C 1.2 g(30 mg/100 g)、琼胶 0.05%～0.08%、乙基麦芽酚 20～30 mg/100 g。实际操作中,将琼脂配成 1%的溶液,熔化后加入。

(7)均质 在 30 MPa 下均质一次,使调配液质地更均匀。

(8)脱气　用真空脱气机充分除去饮料中的氧气和气泡,防止杀菌时产品质量下降。

(9)杀菌　热灌装、封口,121 ℃杀菌 20 min,杀菌后冷却至 38 ℃左右。

11.2.5　谷物饮料的生产工艺

在中国的膳食结构中,谷物类食物占有突出地位,是中国百姓的主食。人体每天所需的热能 60%～70%来自谷物类,所需的蛋白质有 50%～70%由谷物类及其制品提供,同时有相当比重的 B 族维生素和矿物质也要靠谷物类提供。

谷物饮料可以用多种谷物杂粮作为原料,如大米、小米、黑米、玉米、薏米、燕麦等,制作时可以生产单一品种饮料,也可采用几种原料复合调配或添加其他的水果蔬菜等制作复合饮料。既可制作成未经过发酵的调配型谷物饮料,也可制作成发酵型谷物饮料。

11.2.5.1　谷物饮料的一般加工工艺流程

谷物饮料的一般加工工艺见图 11-7。

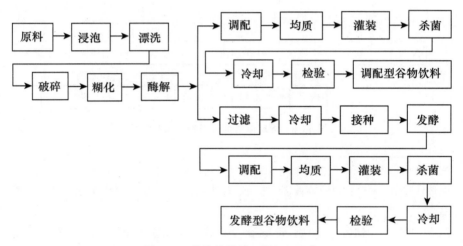

图 11-7　谷物饮料的一般加工工艺

11.2.5.2　技术要点

1. 原料选择、浸泡、漂洗

选择颗粒饱满、无虫蛀、无霉斑的原料,并除去原料中的砂石等杂质。挑选后,用清水浸泡使谷物原料软化,便于后继的磨浆或粉碎操作。浸泡用水根据原料的情况,从几倍到几十倍不等。对于某些原料,如薏米仁,由于其质地坚硬,常采用稀碱液浸泡,不仅有利于软化其组织,降低磨浆时的能耗,同时能有效除去由低分子链脂肪酸所产生的不良气味。浸泡时采用 0.1～0.5 mol/L 氢氧化钠溶液,用水量为薏米重量的 3～5 倍,浸泡时间约 6 h。浸泡后用流动水冲洗,充分去除残留碱液。

生产某些谷物饮料时,为增加成品的烘烤香味,可采用焙烤处理。原料洗净沥水处理后,根据原料的情况,采用适当的烘烤时间和温度进行处理,如玉米铺 2 粒玉米粒厚度,入箱焙烤,温度控制在 170 ℃,当有少量玉米发生爆裂时,每隔 5 min 左右搅拌一次,直至玉米全部烤成焦褐色的半发泡状。而大米可采用 190 ℃ 10 min 进行焙炒。小米则只需文火炒香即可。焙炒时必须注意不能太焦,以免给成品带来苦味等不良口感及影响产品外观。

2. 破碎

为了促进原料中可溶性物质的溶出,及使原料适合酶解的工艺要求,需要对原料进行破碎处理。破碎可以采用磨浆或粉碎的方式。磨浆即加入一定量的水,采用磨浆机将谷物磨成细浆。粉碎则使用相应的粉碎机进行,使其过 40 目以上的筛,并可根据产品要求对谷物进行 3～5 次重复粉碎,以获得较细的谷物颗粒。

3. 糊化

谷物的主要成分是糖类,而淀粉在谷物的糖中占很大比例,如大米中淀粉含量占到总糖含量的 75%。淀粉在常温下不溶于水,但当水温达到 53 ℃以上时,淀粉的物理性能发生明显变化。淀粉在高温下溶胀、分裂形成均匀糊状溶液的特性,称为淀粉的糊化。糊化过程中由于水分子作用,使淀粉分子的微晶束结构崩溃解体,易于酶解。

影响淀粉糊化的因素有:①淀粉的种类和颗粒大小。②食品中的含水量。③添加物。如高浓度糖降低淀粉的糊化;脂类物质能与淀粉形成复合物降低糊化程度,提高糊化温度;食盐有时会使糊化温度提高,有时会使糊化温度降低。④酸度。在 pH 为 4～7 时酸度对糊化的影响不明显,当 pH 大于 10.0 时,降低酸度会加速糊化。生产中,常采用 80～100 ℃时加热 15 min 进行糊化处理。

4. 酶解

谷物糊化后,必须经过液化,使糊化液中的直链淀粉分子被剪切成低聚糖和糊精等物质。而在生产某些谷物饮料尤其是发酵型谷物饮料时,为使淀粉能被微生物利用,还需要进一步将糊精转化为葡萄糖,此即淀粉的糖化。

(1)液化 淀粉颗粒的结晶性结构对于酶作用的抵抗力强。例如,细菌 α-淀粉酶水解淀粉颗粒和水解糊化淀粉的速度比约为 1:20 000。由于这个原因,故不能使液化曲直接作用于淀粉,需要先加热淀粉乳使淀粉颗粒吸水膨胀、物化,破坏其结晶结构。淀粉乳液化是酶法工艺的第一个必要步骤。

液化的另一个重要目的是为下一步的糖化创造有利条件。糖化使用的葡萄糖酶和麦芽糖酶都属于外酶,水解作用从底物分子的非还原尾端进行。在液化过程中,分子被水解到糊精和低聚糖范围,底物分子数量增多,尾端基增多,糖化酶作用的机会增多,有利于糖化反应。

液化使用 α-淀粉酶,它水解淀粉和其水解产物分子中的 α-1,4 糖苷键,使分子断裂,黏度降低。α-淀粉酶属于内酶,水解从分子内部进行,不能水解支链淀粉的 α-1,6 糖苷键,但能越过此键继续水解。液化酶的用量随酶制剂活力的高低而定,活力高则用量低。

在液化过程中,淀粉糊化、水解成较小的分子,应当达到何种程度,则需要考虑不同的因素。黏度应当降低到足够的程度,适于操作。葡萄糖酶属于外酶,水解只能由底物分子的非还原尾端开始,底物分子越多,水解生成葡萄糖的机会越多。但是,葡萄糖酶是先与底物分子生成络合结构,而后发生水解催化作用,这需要底物分子的大小具有一定的范围,有利于生成这种络合结构,过大或过小都不适宜。根据生产实践,淀粉在酶液化工序中水解到葡萄糖值为15～20 范围合适。水解超过这种程度,不利于糖化酶生成络合结构,影响催化效率,糖化液的最终葡萄糖值较低。

在谷物饮料生产中淀粉的液化:采用耐高温 α-淀粉酶制剂进行液化,主要原因是这种酶制剂是水解淀粉最强的酶,不仅耐高温,而且具有不依赖钙离子,作用 pH 范围大等特点。将

浆液的 pH 调至 6.2 ± 0.2,加入 α-淀粉酶制剂,其用量为 100 $\mu g/g$ 淀粉。同时加入 0.2%~0.25% 的 $CaCl_2$ 作为酶活性剂,在 70~90 ℃下作用 30~60 min,再将浆液加热至沸进行灭酶。

(2)糖化 在液化工序中,淀粉经 α-淀粉酶水解成糊精和低聚糖等较小分子产物,糖化是利用葡萄糖酶进一步将这些产物水解成葡萄糖。纯淀粉通过完全水解,因有水解增重的关系,每 100.00 份淀粉能生成 111.11 份葡萄糖。从生产葡萄糖的要求看,希望能达到淀粉完全水解的程度,但现在工业生产技术还没有达到这种水平。工业上常用"葡萄糖值"表示淀粉的水解程度或糖化程度。糖化液中还原性糖全部当作葡萄糖计算,占干物质的百分率称为葡萄糖值。葡萄糖的实际含量稍低于葡萄糖值,因为还有少量的还原性低聚糖存在。随着糖化程度的增高,二者的差别减小。

糖化操作比较简单,具体为:将淀粉液化液引入糖化桶中,调节到适当的温度和 pH,混入需要量的糖化酶制剂,保持 2~3 d 达到最高的葡萄糖值,即得糖化液。糖化桶具有夹层,用来通冷水或热水以调节和保持温度,并具有搅拌器。注意保持适当的搅拌,避免发生局部温度不均匀现象。

糖化的温度和 pH 决定于所用糖化酶制剂的性质。曲霉一般用 60 ℃,pH 4.0~4.5;根霉用 55 ℃,pH 5.0。根据酶的性质选用较高的温度,因为糖化速度较快,感染杂菌的危险较小。选用较低的 pH,因为糖化液的着色浅、易于脱色。加入糖化酶之前要注意先将温度和 pH 调节好,避免酶与不适当的温度和 pH 接触,活力受影响。在糖化反应的过程中,pH 稍有降低,可以调节 pH,也可将开始的 pH 稍调高一些。与液化酶不同,糖化酶不需要钙离子。糖化酶制剂的用量决定于活力的高低,活力高则用量少。

具体来说,在生产谷物饮料时,将液化好的浆液冷却到 50 ℃,调节 pH 至 5.0,加入糖化酶制剂(如 β-淀粉酶),其用量为 80~100 U/g 淀粉,作用时间为 30 min 到数小时,糖化结束后将浆液煮沸灭酶。

5. 接种

对于发酵型谷物饮料,需接入预先培育好的菌种。谷物饮料中常采用的菌种有嗜热乳杆菌和保加利亚乳杆菌(1:1),嗜热链球菌和保加利亚乳杆菌(1:1),接种量为 5%~10%;

6. 发酵

接种结束后,在 (42 ± 1)℃条件下发酵 6~8 h,再于 4 ℃下存放一段时间使其后熟,使最终酸度达到 0.8%~1.0%。

7. 调配

不管是调配型谷物饮料还是发酵型谷物饮料都需要进行调配。调配时,常加入一定量白砂糖、柠檬酸以调节其口感。除此之外,还常需要添加一定的稳定剂提高稳定性,常用的稳定剂有 CMC-Na、阿拉伯胶、黄原胶、琼脂等,有时也采用两种或两种以上的稳定剂复合使用,如黄原胶与琼脂按照 1:1 的比例用于嫩玉米饮料的生产。

8. 均质

先将配制好的混合浆液预热到 45~55 ℃,然后利用均质机在 15~30 MPa 压力下进行均质处理,也可利用胶体磨进行处理。根据情况可采用一次均质或两次均质处理。若采用两次均质,则第二次均质压力一般比第一次高一些。如第一次压力为 20 MPa,第二次为 30 MPa。

9. 灌装、杀菌

将上述均质后的饮料立即进行灌装,并封口,然后在 120 ℃下杀菌 15 min 左右,最后经过冷却即为成品。

11.2.5.3　谷物饮料生产实例(以薏米仁红枣饮料的生产为例)

1. 原料配方

基料:薏米仁乳(料水比 1∶6)和红枣汁(料水比 1∶7)之比为 1∶2。

辅料:蔗糖 6％、柠檬酸 0.25％、XGM 0.15％、羧甲基纤维素(CMC)0.15％、蔗糖酯 0.08％、单甘酯 0.08％。

2. 生产工艺流程

薏米仁红枣饮料生产工艺流程见图 11-8。

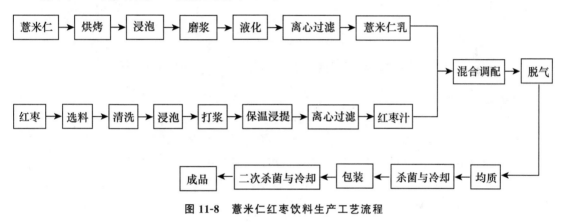

图 11-8　薏米仁红枣饮料生产工艺流程

3. 技术要点

(1)薏米仁乳的制备

烘烤:薏米仁味道独特,适度烘烤后称为烘烤香型,易为消费者接受。烘烤温度为 150～180 ℃,时间为 10～15 min,具体视薏米干燥程度而定。

浸泡与磨浆:浸泡时添加 0.5％的碳酸氢钠,料水比为 1∶3,常温浸泡 6～10 h,至仁粒松软即可磨浆,磨浆时料水比为 1∶6。

液化:按 5 μg/g 干料加入高温液化酶,于 100 ℃液化 30 min,冷却。

离心过滤:液化后的薏米仁通过离心过滤机(2 000～3 000 r/min)除去残渣,制得薏米仁乳备用。

(2)红枣汁的制备

选料:红枣要求剔除霉烂、虫蛀等不合格者。

清洗:先将红枣于水中浸泡 2 min,再反复搓洗,除去附着在红枣表面的泥沙等杂物。

浸泡打浆:常温下浸泡至枣皮无皱褶即可,打浆时料水比为 1∶7,筛孔直径为 1 mm。

保温浸提:将上述得到的浆体置于恒温水浴缸中保温 50～55 ℃,加入 0.02％的果胶酶浸提 2 h。

离心过滤:浸提后的红枣浆通过离心过滤机(3 000～4 000 r/min)除去残渣,制得红枣汁

备用。

(3)混合调配　先将薏米仁乳、红枣汁和稳定剂、乳化剂在配料罐中混合均匀,再加入糖、酸等配料。

(4)脱气　浆体利用真空脱气机进行脱气,温度为 45 ℃,真空度为 93.3 kPa。

(5)均质　将上述经过脱气的混合料液送入均质机中进行均质处理,压力为 20 MPa。

(6)杀菌与冷却　采用高温短时杀菌,即温度 95 ℃保持 30 s 处理,压力为 20 MPa。

(7)二次杀菌与冷却　采用常压沸水杀菌法,即 100 ℃保持 6~9 min。杀菌后迅速冷却至 30 ℃左右,经过冷却后即成为成品饮料。

❓ 思 考 题

1. 可可为何要进行发酵和焙炒?

2. 简述食用菌饮料的提汁方式。

3. 简述草本饮料的一般加工工艺。

4. 藻类饮料为什么带有腥味? 常用的脱腥方法有哪些?

5. 什么是谷物饮料的糊化、液化和糖化? 各有什么目的? 分别采用什么方法进行?

▫ 推荐学生参考书

[1] 蔡云升,张文治. 新版糖果巧克力配方. 北京:中国轻工业出版社,2002.

[2] 杜连起. 谷物杂粮食品加工技术. 北京:化学工业出版社,2004.

[3] 姜爱莉,孙丽芹. 藻类食品新工艺与新配方. 济南:山东科学技术出版社,2002.

[4] 严奉伟,严泽湘,王桂桢. 食用菌深加工技术与工艺配方. 北京:科学技术文献出版社,2002.

▪ 参考文献

[1] 蔡云升,张文治. 新版糖果巧克力配方. 北京:中国轻工业出版社,2002.

[2] 陈家华. 可可豆、可可制品的加工与检验. 北京:中国轻工业出版社,1994.

[3] 陈运中. 嫩玉米饮料的工艺与配方的研究. 食品与发酵工业,2001,27(7):75-76.

[4] 崔波. 饮料工艺学. 北京:科学出版社,2014.

[5] 邓腾. 无糖凉茶植物饮料的研制. 食品与机械,2013(4):210-213.

[6] 杜连起. 谷物杂粮食品加工技术. 北京:化学工业出版社,2004.

[7] 丰金玉,鲁方华,禹淞文,等. 金银花凉茶饮料保质期研究. 饮料工业,2021,24(4):31-35.

[8] 黄竞,孔宇,杨郑州,等. 食用菌的保健功效及食用菌水果复合饮料研究进展. 农产品加工,2021(17):74-77,83.

[9] 黄龙芳. 热带食用作物加工. 北京:中国农业出版社,1997.

[10] 姜爱莉. 孙丽芹. 藻类食品新工艺与新配方. 济南:山东科学技术出版社,2002.

[11] 蒋伟. 罐装凉茶在生产过程中的质量控制. 中国食品工业,2013(8):40-42.

[12] 李琪,李云龙,胡俊君. 国内谷物浓浆饮料稳定性研究进展. 食品与发酵工业,2020,46(21):299-303.

[13] 林露,谢志镭. 无糖凉茶饮料的生产工艺研究. 食品工业,2010(2):73-76.

[14] 刘婷玉,周素梅,刘丽娅,等. 植物基谷物饮料研究及产业开发进展. 食品与机械, 2020,36(10):18-22,27.

[15] 蒲彪,胡小松. 饮料工艺学. 2 版. 北京:中国农业大学出版社,2009.

[16] 秦俊哲,吕嘉枥. 食用菌贮藏保鲜与加工新技术. 北京:化学工业出版社,2003.

[17] 王晓兰,郝勇锋,陈扬,等. 灵芝凉茶的研制. 常熟理工学院学报,2009(10):66-69.

[18] 魏奇,吴艳钦,张锶莹,等. 食用菌饮料的研究开发现状及展望. 食品工业,2022,43(3):206-210.

[19] 严奉伟,严泽湘,王桂桢. 食用菌深加工技术与工艺配方. 北京:科学技术文献出版社,2002.

[20] 严莎莎,王少君,马挺军,等. 燕麦谷物饮料的研究进展. 保鲜与加工,2022,22(12):92-96.

[21] 詹永,樊保敏,廖霞,等. 凤尾茶精油提取工艺及凉茶饮料配方的优化. 食品与发酵工业,2019,45(24):196-201.

[22] 张力田. 淀粉糖(修订版). 北京:中国轻工业出版社,1998.

[23] 张瑞,刘敬科,常世敏,等. 谷物饮料的研究进展. 食品科技,2023,48(8):152-158.

[24] 赵溪竹,朱自慧,王华,等. 世界可可生产贸易现状. 热带农业科学,2012,32(9):76-81.

[25] 郑清,杨春香,张庆平. 西瓜翠衣凉茶的研制. 安徽农业科学,2014 (16):5214-5216,5219.

[26] 钟华锋. 功能性大米乳饮料的研制. 食品科技,2008(2):18-20.

[27] 邹东恢. 食用菌的保健功能与开发. 西部粮油科技,2002(6):55-57.

第 12 章
固体饮料

本章学习目的与要求

1. 了解果香型固体饮料的主要原料及特性。
2. 掌握果香型固体饮料的生产工艺及操作要点。
3. 了解蛋白型固体饮料的主要原料及特性。
4. 掌握蛋白型固体饮料的生产工艺及操作要点。
5. 熟悉咖啡、可可和速溶茶的生产工艺过程。
6. 了解其他相关类型固体饮料的生产情况。

主题词：固体饮料　果香型　蛋白型　原辅料

固体饮料(powdered beverages)是指用食品原辅料、食品添加剂等加工制成的粉末状、颗粒状或块状产品,供冲调或冲泡饮用的固态食品,如风味固体饮料、果蔬固体饮料、蛋白质固体饮料、茶固体饮料、咖啡固体饮料、植物固体饮料、特殊用途固体饮料、其他固体饮料等。固体饮料是相对饮料的物理状态而言的,是饮料中的一个特殊品种。

固体饮料的生产方法与一般饮料有所不同,是以某种原料为主,配以多种辅料加工制成的。与液体饮料相比,一方面固体饮料的质量显著减轻,体积显著变小,而且速溶性好;另一方面由于其含水量低,所以具有良好的保存性,因而应用范围十分广泛。

随着真空干燥技术的进步,各种干燥食品产生市场价值,出现了速溶食品时代。随着大型喷雾干燥机、冻结真空干燥机、真空泡沫干燥机的开发,聚乙烯、铝箔、纸的复合薄膜等新包装材料的出现,以及加工流程系统的现代化,固体饮料将会具有更加广阔的市场。

固体饮料根据其组分不同,可分为果香型(fruit flavoured type)固体饮料、蛋白型(protein type)固体饮料和其他型(other types)固体饮料 3 种类型。总的感官指标是应具有该品种特有的色泽、香气和滋味,无结块,无刺激、焦煳、酸败及其他异味,冲溶后呈澄清或均匀浑浊液体,无肉眼可见的外观杂质。

由于固体饮料具有体积小、运输贮存及携带方便、营养丰富等优点,它的历史虽然不长,但在品种、产量、包装等方面都发展很快。在美国、西欧、日本等国家或地区,固体饮料产量年增长率均在 10% 以上。近年来,国内固体饮料的产量和品种也有很大发展。目前,固体饮料还在朝着组分营养化、品种多样化、包装优雅化、携带方便化的方向发展。

由于固体饮料生产设备简单,建厂投资少,工艺不复杂,周期短,利润高,又能充分利用和开发当地原料资源,因而引起人们的重视。随着人们生活方式的改变和生活水平的不断提高,以及旅游业的日益发展和科技手段的改进,固体饮料必将得到持续发展,为满足人们日常生活需求起到更加重要的作用。

12.1　果香型固体饮料

果味固体饮料和果汁固体饮料,均属于果香型固体饮料,是夏天防暑降温的优良饮品。将其用凉开水冲溶后放置冰箱中冷却后再饮用,尤为佳美。因此每年夏秋季节,其销路最好。果汁和果味固体饮料稀释后具有与各种鲜果汁同样的色、香、味,酸甜可口,可使人感觉舒适与愉快。果味与果汁固体饮料在质量要求、所需原材料、设备和工艺操作等方面,基本相似,主要的差别在于果味固体饮料的色、香、味全部来自人工调配,几乎不用果汁;而果汁固体饮料的色、香、味则全部或主要来自天然果汁,原果汁含量一般为 20% 左右。

12.1.1　果香型固体饮料的主要原料

果香型固体饮料的主要原料有甜味剂、酸味剂、香精、果汁(或不加果汁)、食用色素、麦芽糊精等。

1. 甜味剂

甜味剂是果香型固体饮料的主要原料,是该类产品的主体成分之一,使人有甜美的感觉。蔗糖、葡萄糖、果糖、麦芽糖等,均可作为甜味剂,但一般都采用蔗糖,因为蔗糖便宜,货源充足,保管容易,工艺性能比较好。蔗糖在外观上必须洁白、干爽,晶体大小基本一致,无杂质,无异

味。蔗糖应保存于干燥处。

2．酸味剂

酸味剂是果香型固体饮料的重要原料，使产品具有酸味，起到调味，促进食欲的作用。柠檬酸、苹果酸、酒石酸均可作为酸味剂，其中最常用的是柠檬酸，其酸味比较纯正，货源比较充足。柠檬酸一般为白色结晶，容易受潮和风化，宜存放于阴凉干燥处，注意加盖避免受潮，用量一般为 0.7%～1%。

3．香精

香精使产品具有各种鲜果的香气和滋味。各种果味型食用香精如甜橙、橘子、柠檬、香蕉、杨梅、樱桃等均可采用，但必须可溶解于水，并且香气浓郁而无刺激，用量一般为 0.5%～0.8%。香精应存放于阴凉干燥处，避免日晒和靠近热源。

4．果汁

果汁是果汁固体饮料的主要原料，除了使产品具有相应鲜果的色、香、味外，还提供人体必需的营养素如糖、维生素、无机盐等。多种鲜果如苹果、广柑、橘子、杨梅、猕猴桃、刺梨、沙棘、葡萄等，经过破碎、压榨、过滤、浓缩，均可制得高浓度的果汁。果汁在生产过程中，要注意避免和铜、铁等金属容器接触，操作要快速，浓缩温度要尽可能低，应尽量不接触空气，以保证果汁的营养成分特别是维生素少受破坏。果汁浓度的高低，须根据果汁固体饮料生产工艺而定，如果采用喷雾干燥法或浆料真空干燥法，则果汁浓度可低些，否则果汁浓度应尽可能高，一般要求达到 40 °Be 左右，以使饮料能尽量多含一些果汁成分。产品中鲜汁含量一般为 20% 左右。

5．食用色素

食用色素使产品具有与鲜果相应的色泽和真实感，从而提高其商品价值。食用色素的品种、品牌很多，一般常用的有胭脂红、苋菜红、柠檬黄、亮蓝、姜黄、甜菜红、红花黄色素、虫胶色素、叶绿素铜钠、焦糖色素等。近年来，各地都在进一步研究天然色素的利用，以便更广泛地取代人工合成食用色素。无论采用何种色素，用量均不能超过国家食品卫生标准的规定。各种食用色素都必须存放于阴凉干燥处，封盖保存。

6．麦芽糊精

麦芽糊精是白色粉状物，由淀粉经低度水解而制成，为 D-葡萄糖的一种聚合物，其组成主要是糊精。麦芽糊精可以用来提高饮料的黏稠性和降低饮料的甜度，也具有浑浊剂的作用，与色素、香精等以适当比例配合使用，可使产品的透明感消失，外观给人以鲜果汁的真实感。如果饮料需要较高甜度或须保持透明清晰时，则不必添加麦芽糊精。

12.1.2　果香型固体饮料生产工艺

果香型固体饮料生产工艺流程见图 12-1。

1．合料

合料是果香型固体饮料生产中重要的工序，在操作时应特别注意以下几点。

(1)必须按照配方投料　果味固体饮料的一般配方是砂糖 97%，柠檬酸或其他食用酸 1%、各种香精 0.8%，食用色素控制在国家食品卫生标准以内。果汁固体饮料的配方基本上与果味固体饮料相似，所不同的是以浓缩果汁取代全部或绝大部分香精、柠檬酸，食用色素可以不用或少用。果味和果汁固体饮料,均可在上述配方基础上加进糊精,以减少甜度。

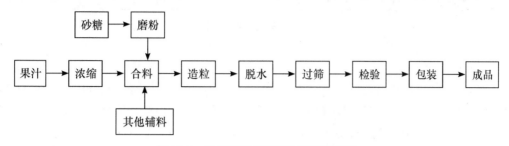

图 12-1　果香型固体饮料生产工艺流程

(2)砂糖须粉碎过筛　砂糖须先粉碎,成为能通过 80～100 目筛的细粉。砂糖的粉碎可另行加工。

(3)麦芽糊精应过筛　如需加入麦芽糊精,须先经筛子筛出,继糖粉之后投料。

(4)色素和柠檬酸须先用水溶解　食用色素和柠檬酸须分别先用水溶解,然后分别投料,再投入香精,搅拌混合。

(5)严格控制用水量　投入混合料的全部用水,须保持在投料的 5％～7％,全部用水包括用以溶解食用色素和溶解柠檬酸的水,也包括香精。用水过多,则成型机不好操作,并且颗粒坚硬,影响质量;用水过少,则产品不能形成颗粒,只能成为粉状,不合乎质量要求。如用果汁取代香精,则果汁浓度必须尽量高,并且绝对不能加水合料。

2. 造粒

将混合均匀和干湿适度的坯料,放进造粒机中进行造粒。成型颗粒的大小,与造粒机筛网孔眼大小有直接关系,必须合理选用,一般以 6～8 目为宜。造粒后的颗粒状坯料,由造粒机出料口盛入料盘。

3. 脱水

将盘子中盛装的颗粒坯料,放进干燥箱干燥。烘烤温度应保持 80～85 ℃,以取得产品较好的色、香、味;还可采用冷冻干燥方法,以减少营养成分的损失。

4. 过筛

将完成烘烤的产品通过 6～8 目筛子进行筛选,以除掉较大颗粒或少数结块,使产品颗粒大小基本一致。

5. 包装

将通过检验合格的产品,摊晾至室温之后包装。产品如不摊晾而在温度较高的情况下包装,则产品容易回潮,引起一系列变质。包装如不严密,也会引起产品的回潮变质。

12.1.3　果香型固体饮料生产实例

12.1.3.1　猕猴桃晶

猕猴桃晶的主要原料取自于猕猴桃,属于果汁固体饮料。成品猕猴桃晶呈黄绿色,颗粒为米粒大小,冲溶后的饮料呈淡黄绿色,味酸甜,具有猕猴桃风味,猕猴桃晶生产工艺流程如图 12-2 所示。

图 12-2 猕猴桃晶生产工艺流程

1. 选料

一般人工选料,选用新鲜、饱满、汁多、维生素 C 含量高、香气浓郁、充分成熟变软的猕猴桃果实,剔除未熟、病虫、伤烂和发酵变质的果实。选好的原料用流动清水冲洗掉果实表面的茸毛、泥土、污物,再用清水冲洗后置于竹篓中沥干。

2. 取汁

将沥干后的猕猴桃进行取汁,取汁可用打浆后离心分离法。用打浆机把果实先行打浆,然后用离心机分离取汁,为取得尽可能多的果汁,可加 1 倍左右的清水把果渣搅匀,30 min 后再分离 1 次,合并两次果汁。也可以用破碎、压榨法,用破碎机先行将果实破碎,然后用螺旋压榨机或杠杆式压汁机榨汁。将破碎的果肉装入干净的尼龙口袋,放入压榨机中徐徐加压,使果汁缓慢流出。如果胶含量高,果渣取出后可再加入 1 倍左右的清水,搅拌后再压榨 1 次。有条件的地方可用连续式榨汁机取汁,如果将破碎果肉加热至 65 ℃左右,降低其黏度,再行压榨可提高出汁率,最后把两次榨出的果汁合并在一起。

3. 过滤、浓缩

取汁后的汁液中含有不少杂质及较大的果肉碎块,可用纱布粗滤一次,也可将果汁加热到90 ℃,保温 5 min,静止冷却、沉淀 6～12 h,取其上清液,再用双层纱布过滤。

4. 浓缩

过滤后的果汁即进行浓缩,可采用常压浓缩或真空浓缩。常压浓缩在不锈钢夹层锅内进行,浓缩时保持蒸汽压力为 0.25 MPa,并不断进行搅拌,以加快蒸发,防止焦化。由于猕猴桃果汁属热敏性物质,故浓缩时间越短越好,每锅浓缩时间以不超过 40 min 为宜,在可溶性固形物为 60%时即可。

真空浓缩法在真空浓缩锅内进行。浓缩时保持锅内真空度为 60～87 kPa,蒸汽压力为0.15～0.20 MPa,果汁温度为 50～60 ℃。

5. 配料

先将洁白、干燥的砂糖用粉碎机制成糖粉,然后再把浓缩果汁、糖粉、糊精按 2∶10∶1 的比例混合搅拌均匀。为提高风味可加入少量柠檬酸。

6. 造粒

配料后的混合料可用造粒机造粒,通过机械振动,使之形成圆形或圆柱形颗粒,并以 12 目筛网筛粉。若湿度不够时,可用 70%乙醇湿润。如果没有造粒机,可用手轻轻揉搓,使混合料松散,再用孔径 2.5 mL 和 0.9 mL 的不锈钢筛过筛造粒。

7. 干燥

将造粒后的湿颗粒平摊于烘盘中,湿颗粒厚度为 1.5～2 cm,放入烘房中,在温度为 65～75 ℃进行干燥,干燥时间为 2～3 h,中间应搅动几次,使其受热均匀,加速干燥。

为尽量保持营养成分和风味,采用真空干燥为好,干燥时真空度为 87～91 kPa,温度为

55 ℃左右,时间为 30～40 min。

8. 包装

干燥后的成品即移入装有紫外线杀菌灯的包装间,待其冷却后立即进行包装,袋装、瓶装和罐装均可。为冲饮方便,一般用小塑料袋包装,每袋 20 g。

9. 注意事项

(1)猕猴桃果汁是属于热敏性物质,因此受热时间应尽量缩短,严防维生素 C 的氧化和其他营养物质的损失。

(2)防止金属污染,严禁采用铁、铜等容器。

(3)应注意操作工人及车间的卫生,防止微生物及异味物质污染产品。

12.1.3.2　山楂晶

山楂晶属果汁固体饮料,成品为浅棕黄色至浅红棕色颗粒状或粉末状固体,颗粒大致均匀,溶解性良好,经冲调稀释 10 倍后甜酸适口,无异味,具有山楂的风味及营养价值。山楂晶生产工艺流程如图 12-3 所示。

图 12-3　山楂晶生产工艺流程

1. 选料

制作山楂晶的主要原料是山楂,应挑选新鲜、色泽鲜艳、肉质厚实、汁液多的果实,并要求无虫蛀、干疤、黑斑及机械损伤,然后将选好的原料用清水漂洗干净。

2. 提汁

山楂由于肉薄汁少果核大,用机械法提汁一般效果较差,所以可以用浸提法取汁。它是先把山楂软化,然后放入水中浸泡,使汁液渗出,其基本参数为软化温度 80～95 ℃,时间 20～30 min,浸泡温度 65～80 ℃,时间 90～120 min,软化浸泡总用水量为山楂原料质量的 2～3 倍。

3. 过滤和浓缩

得到的山楂汁液含有许多悬浮颗粒,需先将其过滤,滤去粗大杂质,然后加以澄清处理。澄清工艺非常重要,因为原汁的浑浊不清会给以后的工序带来困难,对保证成品的溶解度也很不利。澄清方法常采用自然澄清法和加酶澄清法。

澄清后的汁液即进行浓缩,一般以真空浓缩为好,浓缩至含固形物 60% 左右为宜。

4. 配料

配料应保证产品不脱离山楂的天然色泽和风味,通常用增加山楂成分的添加增效剂,以体现山楂原有的天然风味。配料时主要是添加糖粉、糊精及少量添加剂。糖粉可提高其甜度,糊精可提高固形物含量。

5. 造粒与干燥

调配好以后即可进行造粒,造粒一般用造粒机进行,造粒后即可进行干燥处理,干燥采用真空干燥为好。干燥好的成品冷却后即可进行包装。

6. 注意事项

(1)山楂的取汁工艺比较关键,取汁率的高低对产品成本影响较大。本文介绍的提汁法只是取汁的一个方法,也可根据原料的品种和设备条件选取其他方法。

(2)生产山楂晶的原料也可用山楂片。用山楂片制取的山楂汁黏度小,不易黏筛网,但它的色、香、味及醇厚感不及鲜山楂。

(3)澄清时务必要获得比较澄清的汁液,这对产品质量影响较大。

(4)若要制取山楂粉,可用喷雾干燥法直接制取。但由于山楂汁中含果胶较多,温度一高,果胶则会软化,因此不宜采用小型喷雾塔干燥。

12.1.4　果香型固体饮料质量要求

目前国家还未制定出果香型固体饮料统一的国家标准,现根据一般饮料的质量要求和各地的实际情况,结合果香型固体饮料行业标准(QB/T 3623—1999 和 GB 7101—2015),提出果香型固体饮料的产品质量要求供参考。

1. 感官指标

色泽:具有相应鲜果的色泽,均匀一致;

杂质:无肉眼可见的外来杂质;

冲调性:溶解快、果味类应透明清晰,果汁类允许均匀浑浊和微量果屑;

香味:具有该品种应有的香气及滋味,没有异味;

外观形态:呈疏松的粉末,无颗粒、结块,冲溶后呈浑浊或澄清液;

颗粒状呈疏松、均匀小颗粒,无结块。

2. 理化指标

水分:颗粒状≤2%;粉末状≤5%;

铜<10 mg/kg;

铅<1 mg/kg;

砷<0.5 mg/kg;

添加剂:按 GB 2760—2014 执行;

溶解时间≤60 s;

颗粒度≥85%。

3. 微生物指标

细菌总数≤1 000 个/g;

大肠菌群≤30 个/100 g;

致病菌:不得检出。

12.2　蛋白型固体饮料

蛋白型固体饮料,是指含有蛋白质和脂肪的固体饮料。其主要共性原料是砂糖、葡萄糖、乳制品、蛋制品。在这些共性原料中再加入麦精和可可粉时,则成为可可型麦乳精;加入麦精和各种维生素(如维生素 A、维生素 B、维生素 D)时,则成为强化型麦乳精;加入人参浸膏、银耳浓浆等添加物及一定量的麦芽糊精时则成为一般用添加物取名的人参乳晶、银耳乳晶等。各种麦乳精和各种乳晶均系经化料、混合、乳化、脱气、干燥等工序制成的,疏松多孔、呈鳞片状或颗粒状的含有蛋白质和脂肪的固体饮料,具有良好的冲溶性、分散性和稳定性。用 8～10 倍的开水冲饮时,即成为各种独特滋味的含蛋白乳饮料,这些饮料都具有增加热量和滋补营养功效,适于老弱病人饮用,但不宜做婴幼儿代乳用。麦乳精和乳晶的最大区别是前者具有较浓厚的麦芽香和乳香,蛋白质和脂肪含量较高,后者则蛋白质和脂肪含量较低,有添加物的独特滋味。此外,利用大豆、杏仁、花生等含有丰富蛋白质和脂肪的植物原料,也可生产成植物蛋白固体饮料。

12.2.1　蛋白型固体饮料的主要原料

1. 白砂糖

白砂糖是各种蛋白型固体饮料的主要原料,纯度达到 99.6% 以上,水分在 0.5% 以内,呈中性。

2. 甜炼乳

甜炼乳以新鲜全脂牛乳加糖,经真空浓缩制成,呈淡黄色,无杂质沉渣,无异味及酸败现象,不得有霉斑及病原菌。一般要求水分少于 26.5%,脂肪不低于 8.5%,蛋白质不低于 7%,蔗糖含量 40%～44%,酸度低于 48 °T。

3. 可可粉

可可粉以新鲜可可豆发酵干燥后,经烘炒、去壳、榨油、干燥等工序加工制成,呈深棕色,有天然可可香,无受潮、发酶、虫蛀、变色等,无不正常气味。水分少于 3%,脂肪 16%～18%,细度以能通过 100～120 目筛为准。用于可可型麦乳精,用量约占全部原料的 7%。

4. 乳油

乳油由新鲜牛乳脱脂所获得的乳脂加工制成,呈淡黄色,无霉味、哈喇味和其他异味,无霉斑。水分少于 16%,酸度低于 20 °T,脂肪大于 80%。

5. 蛋黄粉

蛋黄粉以新鲜蛋黄或冰蛋黄混合均匀后,经喷雾干燥制成,为黄色粉状,气味正常,无苦味及其他异味,溶解性良好。脂肪不低于 42%,游离脂肪酸低于 5.6%(油酸计)。

6. 麦精

麦精呈棕黄色,有显著的麦芽香味,无发酵味、焦苦味及其他不正常气味,酸度不得超过 0.8%,水分少于 22%。

7. 乳粉

乳粉是以鲜乳喷雾制成的全脂乳粉,为淡黄色粉末,无结块及发霉现象,有明显乳香味,无不正常气味。脂肪含量不低于 26%,水分不高于 3%,酸度应低于 19 °T。

8. 柠檬酸

柠檬酸用以帮助形成乳油芳香,并有利于乳的热稳定性,一般用量为 0.002%,是白色晶体,容易受潮和风化,应贮存于阴凉干燥处。

9. 小苏打(碳酸氢钠)

小苏打用以中和原料带来的酸度,以避免蛋白质受酸的作用而产生沉淀和上浮现象。可采用药用级或食用级产品。

10. 维生素

维生素作为强化剂,用以生产强化麦乳精。常采用的是维生素 A、维生素 D 和维生素 B_1,其中维生素 A 和维生素 D 只溶于油,维生素 B_1 可溶于水,都应符合食用要求。

11. 麦芽糊精

麦芽糊精用于生产具特殊风味的乳晶如人参乳晶、银耳乳晶等,以降低其甜度并增加其黏稠性。

12. 其他添加物

主要是指用以生产具有特殊风味的乳晶饮料需要的添加物如人参浸膏、银耳浓浆等。这些添加物的使用,必须符合食品卫生法的规定,一般都是由各生产单位自行制备。

12.2.2 蛋白型固体饮料生产工艺

12.2.2.1 麦乳精

麦乳精的生产工艺,基本上可分为真空干燥法和喷雾干燥法,前一种方法较为普遍,后一种方法与乳粉生产相似。

麦乳精真空干燥法生产工艺流程如图 12-4 所示。

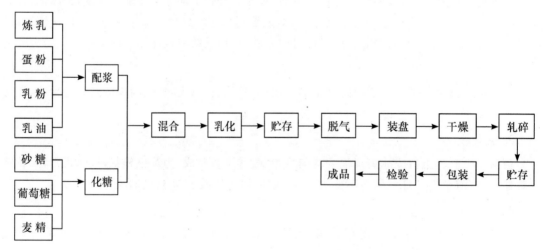

图 12-4 麦乳精真空干燥法生产工艺流程

1. 原料配比

各种原料的配比,须根据原料的成分情况和产品质量要求计算决定,一般麦乳精的配比是:乳粉 4.8%,葡萄糖粉 2.7%,炼乳 42.9%,乳油 2.1%,蛋粉 0.7%,柠檬酸 0.002%,麦精 18.9%,小苏打 0.2%,可可粉 7.6%,砂糖 20.1%。

生产强化麦乳精时,须加进维生素 A、维生素 D 及维生素 B_1,以达到产品质量要求。由于维生素 A、维生素 D 不溶于水,因此应先将其溶于乳油中,然后投料。维生素 B_1 溶于水,可在混合锅中投入。

加进其他添加物如人参浸膏、银耳浓浆的蛋白型固体饮料，一般不加麦精，以显示这些添加物的独特风味。为了降低此类产品的甜度并增加黏稠性，可加进 10%～20% 的麦芽糊精。

2. 化糖配浆

先在化锅中加入一定量水，然后按照配方加入砂糖、葡萄糖、麦精及其他添加物，在 90～95 ℃条件下搅拌溶化，使其全部溶解，然后用 40～60 目筛网过滤，投入混合锅，待温度降至 70～80 ℃时，在搅拌情况下加入碳酸氢钠，以中和各种原料可能引起的酸度，从而避免随后与之混合的乳浆引起凝结的现象。

在配浆锅中加入适量的水，然后按照配方加入炼乳、蛋粉、乳粉、可可粉、乳油等，使温度升至 70 ℃，搅拌混合，蛋粉、乳粉、可可粉等须先经 40～60 目的筛网过滤，避免硬块进入锅中而影响产品质量。乳油应先经熔化，然后投料。浆料混匀后，经 40～60 目筛网进入混合锅。

3. 混合

在混合锅中，使糖液与乳浆充分混合，并加入适量的柠檬酸以突出乳香并提高乳的热稳定性。柠檬酸用量一般为全部投料的 0.002%。

4. 乳化

可用均质机、胶体磨、超声波乳化机等进行两次以上的乳化。这一过程的主要作用是使浆料中的脂肪破碎成尽量小的微粒，以增大脂肪球的总表面积，改变蛋白质的物理状态，减缓或防止脂肪分离，从而大大地提高和改善产品的乳化性能。

5. 脱气

浆料在乳化过程中混进大量空气，如不加以排除，则浆料在干燥时势必发生气泡翻滚现象，使浆料从烘盘中逸出，造成损失。因此必须将乳化后的浆料在浓缩锅中脱气，以防止上述不良现象的产生。浓缩脱气所需的真空度为 96 kPa，蒸汽压力 0.1～0.2 MPa。当从视孔中看到浓缩锅内的浆料不再有气泡翻滚时，则说明脱气已完成。脱气浓缩还有调整浆料水分的作用，一般应使完成脱气的浆料水分控制在 28% 左右，以待分盘和干燥。

6. 分盘

分盘就是将脱气完毕并且水分含量合适的浆料分装于烘盘中。每盘数量须根据烘箱具体性能及其他实际操作条件而定，浆料厚度一般为 0.7～1 cm。

7. 干燥

将装了料的烘盘在干燥箱内的蒸汽排管上或蒸汽薄板上加热干燥。干燥初期，真空度保持 90～94 kPa。随后提高到 96～98.6 kPa，蒸汽压力控制在 0.15～0.2 MPa，干燥时间为 90～100 min。干燥完成后，不能立即消除真空，必须先停止蒸汽，然后放进冷却水进行冷却约 30 min。待料温度下降以后，才消除真空，再出料。全过程为 120～130 min。

8. 轧碎

将干燥完成的蜂窝状的整块产品，放进轧碎机中轧碎，使产品基本保持均匀一致的鳞片状。在此过程中，要特别重视卫生要求，所有接触产品的机件、容器及工具等均须保持洁净，工作场所要有空调设备，以保持温度为 20 ℃左右，相对湿度 40～45 ℃，避免产品吸潮而影响产品质量，并有利于正常进行包装操作。

9. 检验

产品轧碎后,在包装之前必须按照质量要求抽样检验。包装后,则着重检验成品包装质量。

10. 包装

检验合格的产品,可在空调情况下进行包装,包装时一般应保持温度 20 ℃左右,相对湿度 40%～45%。

12.2.2.2　速溶豆乳粉

大豆营养十分丰富,用它可生产多种食品。但是大豆有一种豆腥味,要使它为人们所喜爱,就须除去其豆腥味。

在豆乳生产过程中,产生豆腥味的主要原因是大豆中的脂肪氧化酶在大豆脂肪加水分解过程中生成的正己醇引起的。为了除去豆腥味,就应钝化大豆中的脂肪氧化酶活性,并在制成豆乳之前,除去这些带有豆腥味的物质。速溶豆乳粉生产工艺流程如图 12-5 所示。

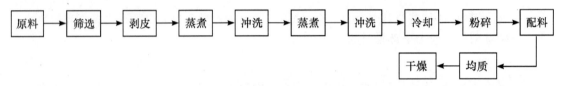

图 12-5　速溶豆乳粉生产工艺流程

1. 原料处理

应采用新鲜大豆,通过筛选,选取籽粒饱满、粒大圆正者,剔除有霉变、虫害的次品,用剥皮机把大豆的表皮剥去。

2. 蒸煮

在每 100 kg 大豆原料中加入 200 kg 水,0.2 kg 柠檬酸及 0.3 kg 磷酸,使用蒸汽加压蒸煮,温度保持在 115 ℃,时间为 15 min 左右。

此工艺在大豆剥皮后,不用水浸渍,可以防止水溶性蛋白质的流失,也可以防止在浸泡过程中,脂肪氧化酶所引起的大豆脂肪分解。添加柠檬酸可以防止蒸煮大豆时蛋白质发生不溶化的现象,磷酸可以防止可溶性蛋白质的流失。

3. 冲洗

放出蒸煮水后,即用 70 ℃的热水进行冲洗,可以去除腥味物质。在加压蒸煮时,通常要进行 2 次蒸煮和冲洗操作,即第一次冲洗完毕后,立刻加入少量 70 ℃的热水继续加压蒸煮,15 min 后停止加热,再用 70 ℃的热水进行冲洗。

4. 冷却、粉碎

经 2 次蒸煮、冲洗后的大豆基本上消除了豆腥味。为了进一步去掉大豆中残存的豆腥味,可以把冲洗后的大豆冷却至 40 ℃左右,加入 0.5 kg 乳酸菌和 0.1 kg 蛋白质分解酶与蛋白质合成酶制剂。乳酸菌使产品带有乳香,蛋白分解酶能使大豆蛋白分解生成的氨基酸带有香味,同时能清除产品中的苦味。

经上述处理后的大豆用粉碎机粉碎成浆状,并在 40 ℃下保持 2 h。

5. 配料

把 2 kg 山梨糖酯、0.7 kg 蔗糖酯、0.1 kg 偏磷酸钠溶解于 130 kg、70 ℃的热水中搅拌均匀。然后将其与粉碎后的豆浆混合。

6. 均质

混合料搅拌均匀以后即可用均质机进行均质。均质压力为 35～40 MPa。由于混合料中添加了山梨糖酯、蔗糖酯等乳化剂，使豆乳在均质后得以充分乳化，而偏磷酸钠的加入可进一步提高豆乳粉的溶解分散性。

7. 干燥

经均质乳化后的豆乳即在 80 ℃温度下用喷雾干燥法制成粉末状成品。

用这种方法制成的豆乳粉无豆腥味，可溶性蛋白质无损失，加水溶解后，分散性良好，富有乳香味。

12.2.2.3　冰激凌粉

冰激凌粉是一种粉末状固体饮料，加水复原后具有冰激凌的风味。成品中脂肪含量约占 27%，非脂乳固形物（主要是蛋白质）也占 27% 左右，糖类约占 40%，稳定剂用量控制在 0.25%～0.4%。冰激凌粉生产中，脂肪和蛋白质主要由乳类原料提供，如乳油、牛乳、脱脂炼乳及脱脂乳粉等；糖类主要是砂糖或果葡糖浆；蛋类使用鲜蛋、全蛋粉或蛋黄粉；使用的稳定剂主要有明胶、琼脂、海藻酸钠等；通常使用的香料有香兰素、可可、咖啡、巧克力及各种水果香精等。冰激凌粉生产工艺流程如图 12-6 所示。

图 12-6　冰激凌粉生产工艺流程

1. 配料

将各种原料按配方称量后，按工艺要求加入夹层锅中搅拌混合。注意控制好温度和时间。

2. 杀菌

混合料配制好后即可进行杀菌处理，条件为 75～80 ℃，保温 20 min，或 88～90 ℃，保温 5 min。

3. 均质

杀菌后的混合料应进行一次过滤，过滤后的混合料即可进行均质，均质可使混合料进一步细微化，均质压力为 15～20 MPa。

4. 老化

均质后的混合料迅速冷却至 4 ℃以下，并在 0～4 ℃的温度下保持 4～8 h，使混合料的黏度增加，有利于膨胀率的提高，并使其有良好的组织结构和稠度。

5. 浓缩

上述混合料中所含固形物仅为 22% 左右（因砂糖仅加入总量的 20%～25%），不能直接进行喷雾干燥，需先经浓缩。浓缩一般用真空浓缩，真空度为 87～93 kPa，沸腾温度为 55～60 ℃，使固形物含量为 42% 左右。

6. 喷雾干燥

使浓缩混合料借机械力(高压或离心力)的作用,通过雾化器使其在干燥室中分散成雾状的微粒,在与热空气接触时发生强烈的热交换,使其绝大部分水分被除去而干燥成粉末制品。通常使用离心喷雾机或高压喷雾机,进风温度为 130~150 ℃,干燥室内温度为 55~75 ℃。

7. 冷却、包装

喷雾后的制品温度较高,需冷却到 25~30 ℃才能进行包装。

生产冰激凌粉应注意:

配料时,砂糖不可一次全部加入,先加入 20%~25%,这是为了避免在喷雾时因砂糖受热产生焦糖味,其余砂糖粉碎成糖粉,在喷雾完毕后加入并搅匀。香料也要在喷雾结束后加入混合料中,以免喷雾时香味的散失。

12.2.3 蛋白型固体饮料质量要求

12.2.3.1 感官指标

1. 色泽

应基本均匀一致,带有光泽。可可型呈棕色到棕褐色,强化型呈乳白色到乳黄色。

2. 组织状态

颗粒疏松,呈多孔状,无结块。

3. 冲调性

溶解较快,呈均匀乳浊液,无上浮物。可可型允许有少量可可粉沉淀。

4. 滋气味

可可型具有牛乳、麦精、可可等复合的滋气味;强化型应具有牛乳、麦精和维生素添加物的滋味。甜度适中,无其他异味。

12.2.3.2 理化指标

水分<2.5%;

溶解度:可可型>90%,强化型>95%;

比容:真空法>195 cm³/100 g,喷雾法>160 cm³/100 g;

蛋白质:可可型>8%,强化型>7%;

脂肪>9%;

总糖 65%~70%(其中蔗糖 46%~49%);

灰分<2.5%;

重金属:铅<0.5 mg/kg,砷<0.5 mg/kg;

强化剂:维生素 A>1 500 IU/100 g,维生素 D>500 IU/100 g,维生素 B_1>1.5 mg/100 g。

12.2.3.3 卫生指标

细菌总数<20 000 个/g;

大肠菌群<40 个/100 g;

致病菌:不得检出。

12.2.3.4　其他要求

保存期:听装 1 年,玻璃瓶装 6 个月,塑料袋装 3 个月。

12.3　其他类型固体饮料

咖啡、茶、可可是世界三大饮料,由于它们含有不同的生物碱而具有兴奋神经、消除疲劳、提高工作效率、消食等功效。茶叶是我国的国饮,咖啡、可可在国外尤其在欧美已成为人们的生活必需品。速溶茶已在第 9 章中介绍,咖啡、可可饮料已分别在第 10 章、第 11 章中介绍,此处不再赘述。

12.4　固体饮料技术要求

根据 GB/T 29602—2013《固体饮料》规定,固体饮料的技术要求如下。

12.4.1　原辅材料要求

固体饮料生产原辅料要求应符合相应的国家标准、行业标准等有关规定。

12.4.2　感官要求

冲调或冲泡后具有该产品应有的色泽、香气和滋味,无异味,无外来杂质。

12.4.3　水分要求

固体饮料的水分应不高于 7%。对于含椰果、淀粉制品、糖制豆等调味(辅料)包的组合包装产品,水分要求仅适用于可冲调成液体的固体部分。

12.4.4　基本技术要求

按照标签标示的冲调或冲泡方法稀释后应符合表 12-1 的规定。

表 12-1　固体饮料基本技术要求

分类		项目	指标或要求
果蔬固体饮料	水果粉	果汁(浆)含量(质量分数)/%	100
	蔬菜粉	蔬菜汁(浆)含量(质量分数)/%	
	果汁固体饮料	果汁(浆)含量(质量分数)/%	≥10
	蔬菜汁固体饮料	蔬菜汁(浆)含量(质量分数)/%	≥5
	复合水果粉、复合蔬菜粉、复合果蔬粉	果汁(浆)和(或)蔬菜汁(浆)含量(质量分数)/%	100
		果汁(浆)和(或)蔬菜汁(浆)的比例	符合标签标示
	复合果汁固体饮料、复合蔬菜汁固体饮料、复合果蔬汁固体饮料	果汁(浆)和(或)蔬菜汁(浆)含量(质量分数)/%	≥10
		果汁(浆)和(或)蔬菜汁(浆)的比例	符合标签标示

注:"项目"列中部含"按原始配料计算"。

续表12-1

分类			项目	指标或要求
蛋白质固体饮料	含乳固体饮料		乳蛋白质含量(质量分数)/%	≥1
	植物蛋白固体饮料		蛋白质含量(质量分数)/%	≥0.5
	复合蛋白固体饮料		蛋白质含量(质量分数)/%	≥0.7
			不同来源蛋白质含量的比例	符合标签标示
	其他蛋白固体饮料		蛋白质含量(质量分数)/%	大于等于0.7
茶固体饮料	速溶茶粉、研磨茶粉	绿茶	茶多酚含量/(mg/kg)	≥500
		青茶		≥400
		其他茶		≥300
	调味茶固体饮料		茶多酚含量/(mg/kg)	≥200
			果汁含量(质量分数)/%(仅限于果汁茶)	≥5
			乳蛋白质含量(质量分数)/%(仅限于奶茶)	≥0.5
咖啡固体饮料	速溶咖啡		咖啡因含量/(mg/kg)	≥200[注]
	研磨咖啡			
	速溶/即溶咖啡饮料			
风味固体饮料 植物固体饮料 特殊用途固体饮料 其他固体饮料				

注:标注低咖啡因的产品,咖啡因含量应小于50mg/kg

12.5 固体饮料常见的质量问题及解决办法

12.5.1 粉末果汁常见的质量问题及解决办法

12.5.1.1 粉末果汁常见的质量问题

1. 粉末果汁冲调后香气不足

造成这一现象的原因,一是原料水果的香气、滋味不足,果汁浓度不高;二是加热浓缩过程中造成香气损失。

2. 喷雾干燥时,在干燥机内出现果汁黏附现象

产生原因是果汁可溶性固形物的黏结温度较低,即使水分被蒸发,也会出现黏附现象。

3. 果汁在干燥时和果粉在保藏中发生变质

这是由果汁中含有的脂肪、类胡萝卜素、花色苷系色素变质引起的。

12.5.1.2　解决方法

(1)应选用高浓度和风味良好的果汁作为主要原料,其中尤为重要的是浓缩果汁的质量。

(2)加热浓缩果汁时,应兑入原果汁或回收的香液。

(3)在果汁中加入干燥助剂,以提高果汁粉末的黏结温度,将干燥助剂溶解在果汁中,随着液滴水分的蒸发,干燥助剂就会抱合果汁固形物,因此容易粉末化。

(4)添加抗氧化剂 BHA 和抗坏血酸、柠檬酸、聚磷酸盐等防止其氧化变质。防止保藏中的结块,首先是降低水分的含量,其次可以添加防结块剂。

12.5.2　蛋白型固体饮料常见的质量问题及解决方法

12.5.2.1　蛋白型固体饮料常见的质量问题

在麦乳精生产中,最常见的缺陷是成品在冲调时,出现黏棒、僵粒上浮、分层、"小白点"、蜂窝变差等质量问题。

1. 黏棒

所谓黏棒是指冲调时麦乳精不能很好地溶解,黏附于搅棒上。产生原因,一是配方中麦芽糖、葡萄糖用量比例不当,葡萄糖用量过多;二是烘焙过程中成熟度掌握欠佳,成品水分含量偏高;三是在产品粉碎过程中,比较多的未透夹心块(俗称软块)未被捡出,混入成品中。

2. 僵粒上浮

冲调时,在液面上浮有坚硬褐色颗粒。产生原因包括烘盘内半成品清除不彻底(尤其是涂料层脱落的部位),漏料再次受高温,致使焦化;烘盘凹凸不平,物料厚度不一,盘中物料受热过高,产生焦化颗粒;浆料未经均质乳化成细小颗粒,形成团块,烘焙四周形成色膜,成为僵粒;烘焙结束后,未经冷却立即定型,破坏真空,盘料收缩比较差,产生部分僵化。

3. 分层

所谓分层是指冲调后,冲调液分为不同层次。产生原因,一是物料混合不匀,相对密度不一;二是浆料未经乳化均质,这也是应击碎脂肪球,使浆液质均匀、细腻的主要原因。

4. "小白点"

"小白点"是指点状的蛋白质凝集,即成品冲调时出现在杯底或悬浮在杯中的白色微粒。产生原因,一是高温熬制糖浆液后未经冷却,直接投入装有甜炼乳、奶粉的制浆锅中混合,使物料中部分蛋白质被高温破坏;二是奶油直接添加于高温糖浆液中,由于奶油中尚含有少量蛋白质(特别是白蛋白),使其遇高温而变性;三是原料奶粉未经溶解,直接采用干粉入料时,奶粉溶解不完全。

5. 蜂窝变差

料浆的黏度和表面张力使料浆分子间的拉力下降,逐渐形成蜂窝状。蜂窝变差的主要原因,一是料浆上面结皮,下面结焦,造成沸腾干燥不正常;二是料浆拌得不均匀,回品(潮块次品)太多而又没有很好溶化;三是烘盘不平整或摆放不平。

12.5.2.2　解决方法

(1)在进行原料配料时,应严格根据配方中各种原辅料的比例进行投料。

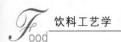

饮料工艺学

（2）在投料时，应注意水溶性原料、脂溶性原料的投料顺序。水溶性原料可在冷热缸中直接混合。脂溶性原料一般应先溶在奶油中，然后再投入冷热缸中混合。注意掌握好个别原料的投料顺序。

❓ 思考题

1. 简述果香型固体饮料的生产工艺流程及操作要点。
2. 影响果香型固体饮料品质的因素有哪些？
3. 简述蛋白型固体饮料的生产工艺流程及操作要点。
4. 生产固体饮料的主要原辅料有哪些？
5. 果香型固体饮料和蛋白型固体饮料的生产异同点是什么？
6. 简述速溶咖啡的生产工艺及操作要点。
7. 简述固体饮料常见质量问题及解决方法。

推荐学生参考书

[1] 崔波. 饮料工艺学. 北京：科学出版社，2014.
[2] 李勇，张佰清. 食品机械与设备. 北京：化学工业出版社，2019.
[3] 罗安伟，都凤华，谢春阳. 饮料工艺学. 郑州：郑州大学出版社，2020.
[4] 邵长富，赵晋府. 软饮料工艺学. 北京：中国轻工出版社，2005.
[5] 田海娟. 软饮料加工技术. 北京：化学工业出版社，2021.
[6] 温睿，王芳. 软饮料生产工艺. 哈尔滨：哈尔滨地图出版社，2017.
[7] 曾洁，朱新荣，张明成. 饮料生产工艺与配方. 北京：化学工业出版社，2014.
[8] 朱蓓薇. 饮料生产工艺与设备选用手册. 北京：化学工业出版社，2003.

参考文献

[1] 白宝兰，刘妍，李想. 食品工艺学. 北京：北京工业大学出版社，2018.
[2] 蒋和体，吴永娴. 软饮料工艺学. 北京：中国农业科学技术出版社，2006.
[3] 杨红霞. 饮料加工技术. 重庆：重庆大学出版社，2015.
[4] 杨晓萍. 茶叶深加工与综合利用. 北京：中国轻工业出版社，2019.
[5] 张国治. 软饮料加工机械. 北京：化学工业出版社，2006.
[6] 中华人民共和国国家质量监督检验检疫总局，中国国家标准化管理委员会. 中华人民共和国国家标准 固体饮料：GB/T 29602—2013. 北京：中国标准出版社，2013.